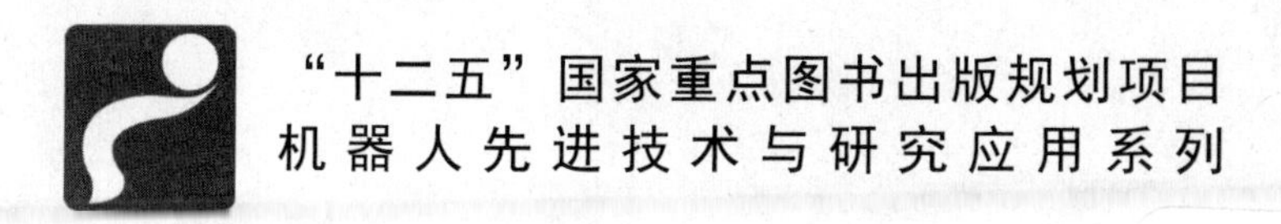

工业机器人设计与应用

Design and Application of Industrial Robot

李瑞峰 著

哈爾濱工業大學出版社
HARBIN INSTITUTE OF TECHNOLOGY PRESS

内容提要

本书是作者多年从事工业机器人研发的一些技术总结。针对工业机器人的设计和应用过程，本书分别从工业机器人的分类、机械系统设计、控制系统设计、机器人测试、机器人编程及应用等方面，为读者介绍了完整的工业机器人开发和应用流程以及应该注意的一些技术问题。

本书可供机器人研发、设计、工程应用的技术人员参考，也可以作为高等院校机械制造工程专业的教师、研究生和本科生的教学参考书。

图书在版编目(CIP)数据

工业机器人设计与应用/李瑞峰著.—哈尔滨：
哈尔滨工业大学出版社，2017.1(2020.8 重印)
ISBN 978-7-5603-5717-1

Ⅰ.①工… Ⅱ.①李 Ⅲ.①工业机器人-研究
Ⅳ.①TP242.2

中国版本图书馆 CIP 数据核字(2015)第 274629 号

策划编辑 王桂芝 张 荣
责任编辑 刘 瑶
出版发行 哈尔滨工业大学出版社
社 址 哈尔滨市南岗区复华四道街 10 号 邮编 150006
传 真 0451-86414749
网 址 http://hitpress.hit.edu.cn
印 刷 哈尔滨市工大节能印刷厂
开 本 787mm×1092mm 1/16 印张 16.25 字数 386 千字
版 次 2017 年 1 月第 1 版 2020 年 8 月第 3 次印刷
书 号 ISBN 978-7-5603-5717-1
定 价 38.00 元

“十二五”国家重点图书出版规划项目

机器人先进技术与研究应用系列

编审委员会

序

机器人技术是涉及机械电子、驱动、传感、控制、通信和计算机等学科的综合性高新技术，是光、机、电、软一体化研发制造的典型代表。随着科学技术的发展，机器人的智能水平越来越高，由此推动了机器人产业的快速发展。目前，机器人已经广泛应用于汽车及汽车零部件制造业、机械加工行业、电子电气行业、医疗卫生行业、橡胶及塑料行业、食品行业、物流和制造业等诸多领域，同时也越来越多地应用于航天、军事、公共服务、极端及特种环境下。机器人的研发、制造、应用是衡量一个国家科技创新和高端制造业水平的重要标志，是推进传统产业改造升级和结构调整的重要支撑。

习近平总书记在2014年6月9日两院院士大会上，对机器人发展前景进行了预测和肯定，他指出：我国将成为全球最大的机器人市场，我们不仅要把我国机器人水平提高上去，而且要尽可能多地占领市场。习总书记的讲话极大地激励了广大工程技术人员研发机器人的热情，预示着我国将掀起机器人技术创新发展的新一轮浪潮。

随着中国人口红利的消失，以及用工成本的提高，企业对自动化升级的需求越来越迫切，“机器换人”的计划正在大面积推广，2014年中国已经成为世界年采购机器人数量最多的国家，更是成为全球最大的机器人市场。为了反映和总结我国机器人研究的成果，满足机器人技术开发科研人员的需求，我们撰写了《机器人先进技术与研究应用系列》著作。

本系列图书总结、分析了国内外机器人技术的最新研究成果和发展趋势，主要基于哈尔滨工业大学在机器人技术领域的研究成果撰写而成。系列图书的许多作者为国内机器人研究领域的知名专家和学者，本着“立足基础，注重实践应用；科学统筹，突出创新特色”的原则，不仅注重机器人相关基础理论的系统阐述，而且更加突出机器人前沿技术的研究和总结。本系列图书重点涉及空间机器人技术、工业机器人技术、智能服务机器人技术、医疗机器人技术、特种机器人技术、机器人自动化装备、智能机器人人机交互技术、微纳机器人技术等方向，既可作为机器人技术研发人员的技术参考书，也可作为机器人相关专业学生的教材和教学参考书。

相信本系列图书的出版，必将对我国机器人技术领域研发人才的培养和机器人技术的快速提高起到积极的推动作用。

中国工程院院士 蔡鹤皋

2016年5月

前 言

机器人技术是涉及机械电子、驱动、感知测量、控制、通信和计算机等学科的综合性高新技术，是光、机、电、软一体化研发制造的典型代表。机器人的研发、制造、应用是衡量一个国家科技创新和高端制造业水平的重要标志，是推进传统产业改造升级和结构调整的重要支撑。

随着科学技术的发展，机器人的智能水平越来越高，也推动了工业机器人的快速发展。目前，工业机器人已经广泛应用于汽车及汽车零部件制造业、机械加工行业、电子电气行业、医疗卫生行业、橡胶及塑料行业、食品行业、物流和制造业等诸多领域。同时，工业机器人也是衡量一个国家制造水平和科技水平的重要标志。

习近平总书记在2014年6月9日两院院士大会上，对机器人的发展前景进行了预测和肯定，他指出：我国将成为未来全球最大的机器人市场，我们不仅要把我国机器人水平提高上去，而且要尽可能多地占领市场。此次讲话激励了广大工程技术人员研发机器人的热情，预示着我国将掀起机器人技术创新发展的新一轮浪潮。

随着中国人口红利的消失以及用工成本的提高，企业对自动化升级的需求越来越迫切，“机器换人”的计划正在大面积推广，目前全国已有40多家机器人产业园，从事机器人研发生产的公司达800多家。2014年中国已经成为世界年采购机器人数量最多的国家，并且是全球最大的机器人市场。社会对从事机器人技术开发的工程技术人员的需求越来越大，但能系统地介绍工业机器人研发的专业技术书籍还不多。本书作者多年从事工业机器人技术研发，先后承担过多项国家数控重大专项、863计划项目中的工业机器人研发课题，具有丰富的工业机器人研发经验，书中的部分机器人实例也是这些国家项目的技术成果。

本书除了介绍和讨论机器人学的基本理论外，更加注重机器人的实际设计及工程应用中应该注意的问题和一些关键技术的掌握。书中系统地介绍了工业机器人的基本概念、分类、结构特点、控制技术、编程技术及应用维护技术，并结合实际的典型工业机器人，介绍了机器人的设计、操作、系统集成、现场应用及维护技术。

本书由哈尔滨工业大学机器人研究所李瑞峰、葛连正共同撰写，其中第2章、第5章和第8章由葛连正撰写，第1章、第4章、第6章和第7章由李端峰撰写，全书由李瑞峰统稿。本书的撰写工作得到了陈健、仝勋伟、于殿勇、王淑英、吴重阳、郭万金等同志的大力支持与帮助，在此表示衷心感谢。

本书在撰写过程中向相关专家进行了咨询,同时查阅了同行专家学者和一些科研单位及院校的文献,在此向各位专家及文献作者致以诚挚的谢意。

由于作者水平有限,书中难免存在不足和疏漏之处,敬请广大读者批评指正。

作 者

2016 年 5 月

目　录

第1章　绪　论

自从20世纪60年代初人类制造了第一台工业机器人以来,机器人就显示出了极强的生命力。经过50多年的迅速发展,在工业发达国家,工业机器人已经广泛应用于汽车及汽车零部件制造业、机械加工行业、电子电气行业、橡胶及塑料工业、食品工业、物流和制造业等诸多领域。作为先进制造业中不可替代的核心自动化装备和手段,工业机器人已经成为衡量一个国家制造水平和科技水平的重要标志。

工业机器人的发展是一个由初级到高级、结构由简单到复杂、功能由单一到智能的过程,并且机器人的性能及应用将随着科技的发展而同步提升。为此,本章将对工业机器人的基本概念、发展状况及其应用前景做一个整体介绍,为后续章节的学习奠定基础。

1.1　机器人的定义与发展

机器人是"Robot"一词的中译名。由于受影视宣传和科幻小说的影响,人们往往把机器人想象成外貌似人的机械和电子装置。但事实并非如此,特别是工业机器人,与人的外貌毫无相像之处。1984年,国际标准化组织(ISO)采纳了美国机器人协会(RIA)对机器人的定义,即"机器人是一种可反复编程和多功能的用来搬运材料、零件和工具的操作工具,为了执行不同任务而具有可改变和可编程动作的机械手"。根据国家标准,工业机器人定义为"其操作机是自动控制的,可重复编程、多用途,并可对3个以上轴进行编程。它可以是固定式或移动式,在工业自动化应用中使用",其中"操作机"又定义为"是一种机器,其结构通常由一系列互相铰接或相对滑动的构件所组成。它通常有几个自由度,用以抓取或移动物体(工具或工件)"。所以对工业机器人可以理解为:具有拟人手臂、手腕和手功能的机械电子装置,它可以把任一物件或工具按空间位(置)姿(态)的时变要求进行移动,从而完成某一工业生产的作业任务。如夹持焊钳或焊枪,对汽车或摩托车车体进行点焊或弧焊;搬运压铸或冲压成型的零件或构件;进行激光切割、喷涂、装配机械零部件等。

1951年,美国麻省理工学院(MIT)成功开发了第一代数控铣床,从而开辟了机械与电子相结合的新纪元。1954年,美国人George C. Devol首次提出了"示教-再现机器人"的概念。1958年,美国推出了世界上第一台工业机器人实验样机。不久,Condec公司与Pulman公司合并,成立了Unimation公司,并于1961年制造出了用于模铸生产的工业机器人(命名为Unimate)。与此同时,美国AMF公司也研制生产出了另一种可编程的通用机器,并以"Industrial Robot"(工业机器人)为名投入市场。1970年4月,在伊利诺斯工学院召开了第一届全美工业机器人会议,当时在美国已有200余台工业机器人用于自动生产线上。日本的丰田和川崎公司于1967年分别引进了美国的工业机器人技术,经过消化、仿制、改进和创新,到1980年,机器人技术在日本取得了极大的成功与普及。因此,"1980年"被日本人称之为"日本的机器人元年"。现在,日本拥有工业机器人的台数(约占世界总台数的65%)

和制造技术都处于世界领先地位。

在国外，工业机器人技术日趋成熟，已经成为一种标准设备被工业界广泛应用，从而相继形成了一批具有影响力的、著名的工业机器人公司，它们包括瑞典的ABB，日本的FANUC及YASKAWA，德国的KUKA，美国的Adept Technology，意大利的COMAU，这些公司已经成为其所在国家的机器人产业的龙头企业。

我国的工业机器人研究始于20世纪70年代，由于受当时经济体制等因素的制约，发展比较缓慢，研究和应用水平也比较低。1985年，随着工业发达国家已开始大量应用和普及工业机器人，我国在"七五"科技攻关计划中将工业机器人列入了发展计划，由当时的机械工业部牵头组织了点焊、弧焊、喷漆和搬运等型号的工业机器人攻关，其他部委也积极立项支持，形成了中国工业机器人研究发展的第一次高潮。

进入20世纪90年代，为了实现高技术发展与国家发展经济主战场的密切衔接，国家"863计划"确定了特种机器人与工业机器人及其应用工程并重、以应用带动关键技术和基础研究的发展方针。经过广大科技工作者的辛勤努力，开发了7种工业机器人系列产品，102种特种机器人，实施了100余项机器人应用工程。

在20世纪90年代末期，我国建立了9个机器人产业化基地和7个科研基地，包括沈阳自动化研究所的新松机器人公司、哈尔滨博实自动化设备有限公司、北京机械工业自动化研究所机器人开发中心、青岛海尔机器人公司等。我国产业化基地的建设带来了工业机器人产业化的希望，为发展我国机器人产业奠定了基础。经过广大科技人员的不懈努力，我国目前已经能够生产具有国际先进水平的平面关节型装配机器人、直角坐标机器人、弧焊机器人、点焊机器人、搬运码垛机器人和AGV自动导引车等一系列产品，其中一些机器人的品种实现了小批量生产。一批企业根据市场需求，自主研制或与科研院所合作，进行机器人的产业化开发。例如，奇瑞汽车股份有限公司与哈尔滨工业大学合作进行点焊机器人的产业化开发，西安北村精密数控与哈尔滨工业大学合作进行机床上下料搬运机器人的产业化开发，昆山华恒与东南大学等合作开发弧焊机器人，广州数控设备有限公司开发焊接机器人等。

但是，我国目前还没有像日本的FANUC和德国的KUKA那样形成规模化的工业机器人制造厂，工业机器人产业目前在我国尚未形成，还仅仅处于萌芽阶段。随着我国现代制造业的发展，我国工业机器人的需求量呈现快速增长趋势。2013年，中国工业机器人采购量达到3.65万台，首次超过日本，成为全球最大的工业机器人市场。2014年中国市场销售的机器人超过5.7万台，占全球市场的1/5，连续两年成为全球最大的机器人市场，其中国产品牌机器人销售超过1.69万台，约占全国市场销售份额的30%。

工业机器人作为一种典型的机电一体化数字化装备，技术附加值很高，应用范围很广，作为先进制造业的支撑技术和信息化社会的新兴产业，将对未来生产和社会发展起着越来越重要的作用。国外专家预测，机器人产业是继汽车、计算机之后出现的一种新的大型高技术产业。随着我国工业企业自动化水平的不断提高，工业机器人市场也会越来越大，这就给工业机器人研究、开发和生产带来巨大的商机。然而机遇也意味着挑战，目前全球各大工业机器人供应商都已大力开拓中国市场，因此中国必须大力发展机器人产业，通过发挥自身生产制造优势，提高自主创新能力，寻求有特色的发展道路，在国家相关政策的支持下扶持和鼓励机器人产业成长、壮大。

1.2　工业机器人的分类

工业机器人可按照不同的功能、目的、用途、规模、结构和坐标形式等进行分类，目前国内外尚无统一的分类标准。参考国内外相关资料，本节将对机器人的分类问题进行探讨。

1.2.1　按机器人的发展程度分类

机器人在发展过程中，随着机械结构、控制系统和信息技术的发展经历了从低级到高级的发展过程。工业机器人作为机器人的一种形式，可根据从低级到高级的发展程度进行分类。

1. 第一代机器人

第一代机器人主要指只能以“示教-再现”方式工作的工业机器人，称为示教再现型。示教内容为机器人操作结构的空间轨迹、作业条件和作业顺序等。所谓示教，即由操作者指示机器人运动的轨迹、停留点位和停留时间等。然后，机器人依照示教的行为、顺序和速度重复运动，即所谓的再现。

示教可由操作员手把手地进行。例如，操作人员抓住机器人的喷枪把喷涂时要走的位置走一遍，机器人记住了这一连串运动的逻辑顺序及示教点的位置和姿态，工作时自动重复这些运动，从而完成给定位置的喷涂工作。这种方式属于手把手示教。更为普遍的示教方式是通过机器人的控制面板或专用手控盒完成的。操作人员利用控制面板上的开关或键盘控制机器人一步一步的运动，机器人自动记录下每一步，然后重复，并且操作者可以对示教的程序进行编辑。目前在工业现场应用的机器人大多采用这一方式。

2. 第二代机器人

第二代机器人带有一些可感知环境的装置，通过反馈控制，使机器人能在一定程度上适应环境的变化。

这样的技术现在正越来越多地应用在机器人上，如焊缝跟踪技术等。机器人在焊接过程中，一般通过示教方式给出机器人的运动曲线，机器人携带焊枪走这个曲线进行焊接。这就要求工件的一致性好，也就是说，工件被焊接的位置必须十分准确，否则，机器人行走的曲线和工件上的实际焊缝位置将产生偏差。焊缝跟踪技术是在机器人上加一个传感器装置，通过传感器装置感知焊缝的位置，再通过反馈控制，机器人自动跟踪焊缝，从而对示教的位置进行修正。即使实际焊缝相对于原始设定的位置有变化，机器人仍然可以很好地完成焊接工作。

另外一个典型例子为机器人打磨作业，机器人通过安装在腕部的力传感器可以控制打磨力的大小。近年来，FANUC 机器人公司推出一种视觉识别工业机器人，可以自动判别物料筐中工件的姿态和位置，自动进行散乱堆放零件的挑选，提高了工作效率。

3. 第三代机器人

第三代机器人是智能机器人，它具有多种感知功能，可进行复杂的逻辑推理、判断及决策，可在作业环境中独立行动，具有发现问题且能自主解决问题的能力。本田仿人型智能机器人如图 1.1 所示。

图 1.1 本田仿人型智能机器人

智能机器人至少要具备以下 3 个要素：一是感觉要素，用来认识周围的环境状态；二是运动要素，对外界做出反应性动作；三是思考要素，根据感觉要素所得到的信息，思考采用什么样的动作。

感觉要素包括能感知视觉和距离等非接触型传感器和能感知力、压觉、触觉等的接触型传感器。这些要素实质上就是相当于人的眼、鼻、耳等器官，可以利用诸如摄像机、图像传感器、超声波传感器、激光器、导电橡胶、压电元件、气动元件、行程开关和光电传感器等机电元器件来实现其功能。

对运动要素来说，智能机器人需要有一个无轨道型的移动机构，以适应诸如平地、台阶、墙壁、楼梯和坡道等不同的地理环境。可以借助轮子、履带、支脚、吸盘、气垫等移动机构来完成其功能。在运动过程中要对移动机构进行实时控制，这种控制不仅要有位置控制，而且还要有力控制、位置与力混合控制、伸缩率控制等。

智能机器人的思考要素是 3 个要素中的关键要素，也是人们要赋予智能机器人必备的要素。思考要素包括判断、逻辑分析、理解和决策等方面的智力活动。这些智力活动实质上是一个信息处理过程，而计算机则是完成这个处理过程的主要手段。

第三代机器人具有高度的适应性和自治能力，也是人们努力使机器人能够达到的目标。经过科学家多年来不懈的研究，已经出现了很多各具特点的智能机器人。但是，在已应用的智能机器人中，机器人的自适应技术仍十分有限，该技术是机器人今后发展的方向。

1.2.2 按机器人的性能指标分类

工业机器人的负载能力和工作空间是其重要的指标之一。机器人按照负载能力和作业空间等性能指标可分为 5 类。

1. 超大型机器人

超大型机器人的负载能力为 500 kg 以上，最大工作范围可达 3.2 m 以上，大多为搬运机器人（图 1.2）及码垛机器人。

2. 大型机器人

大型机器人的负载能力为 100 ~ 500 kg，最大工作范围为 2.6 m 左右，主要包括点焊机

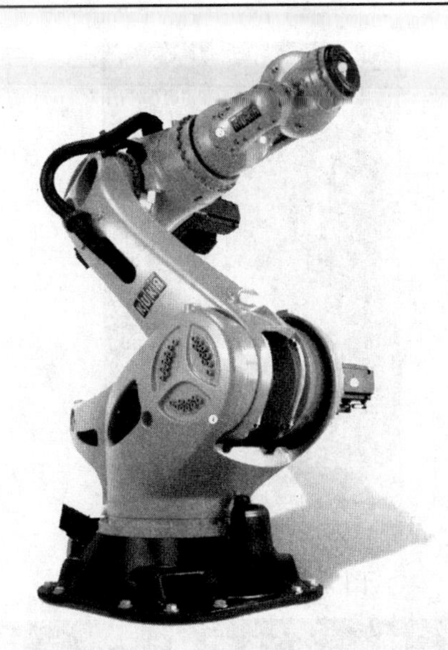

图1.2 KUKA搬运负载1 000 kg机器人

器人及搬运码垛机器人(图1.3)。

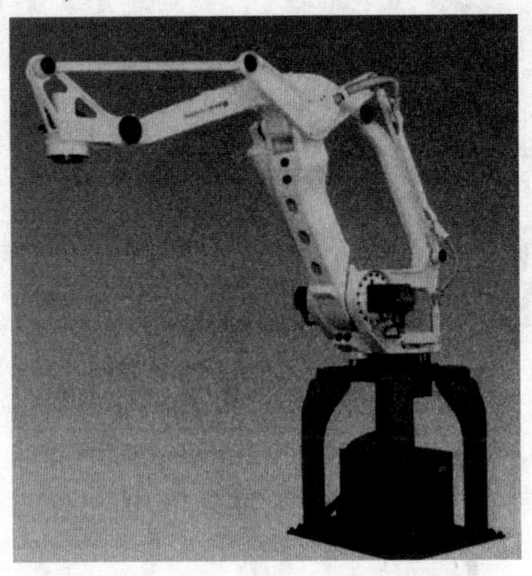

图1.3 FANUC搬运码垛机器人

3. 中型机器人

中型机器人的负载能力为10~100 kg,最大工作范围为2 m左右,主要包括点焊机器人(图1.4)、浇铸机器人和搬运机器人。

4. 小型机器人

小型机器人的负载能力为1~10 kg,最大工作范围为1.6 m左右,主要包括弧焊机器人、点胶机器人和装配机器人(图1.5)。

5. 超小型机器人

超小型机器人的负载能力为1 kg以下,最大工作范围为1 m左右,包括洁净环境机器人、装配机器人(图1.6)和精密操作机器人。

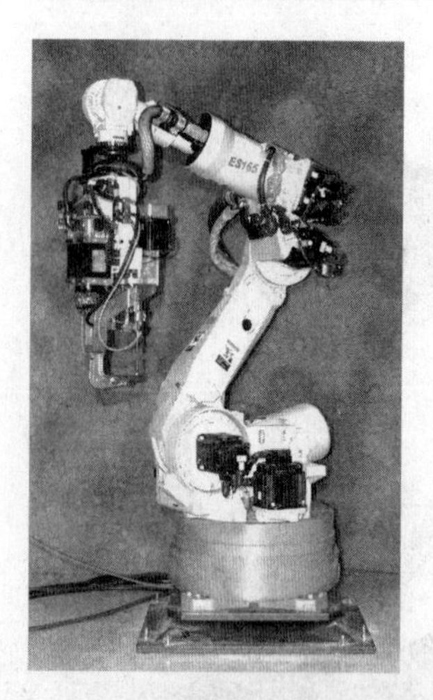

图1.4 点焊机器人

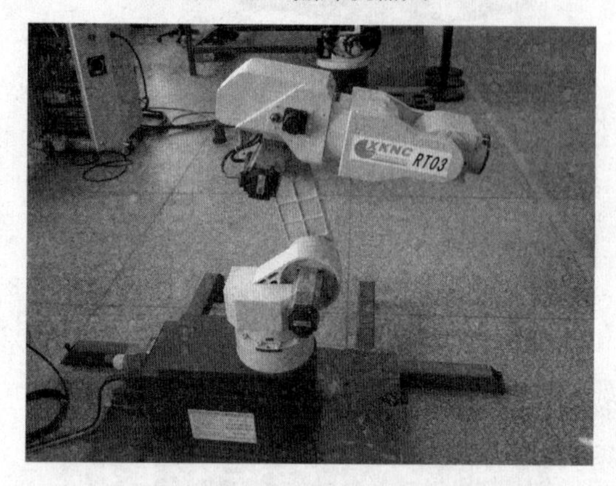

图1.5 哈尔滨工业大学与西安北村精密数控联合研制的小型装配机器人

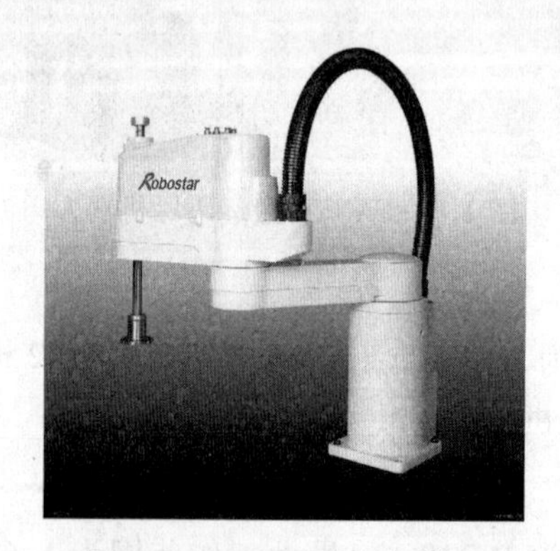

图1.6 SCARA装配机器人

1.2.3 按机器人的结构形式分类

机器人按结构形式可分为关节型机器人和非关节型机器人两大类。其中关节型机器人的机械本体部分一般为由若干关节与连杆串联组成的开式链机构；非关节型机器人(图1.7)包括直角坐标机器人和并联机器人等。

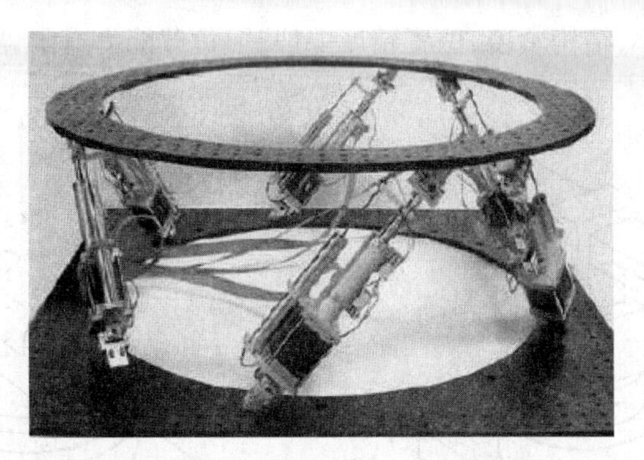

图1.7 非关节型 Stewart 机器人

1.2.4 按坐标形式分类

通常关节机器人依据坐标形式的不同可分为直角坐标型、圆柱坐标型、球坐标型以及关节坐标型。

1. 直角坐标型机器人

直角坐标型机器人(图1.8)手部空间位置的改变通过沿3个互相垂直的轴线的移动来实现,即沿着 X 轴的纵向移动,沿着 Y 轴的横向移动及沿着 Z 轴的升降。这种机器人的位置精度高,刚性好,控制无耦合,制作简单;但动作范围小,灵活性差。由于直角坐标型机器人有3个自由度,适合于只要求空间位置操作而对空间姿态无要求的场合。

图1.8 直角坐标型机器人

2. 圆柱坐标型机器人

圆柱坐标型机器人(图1.9)通过两个移动和一个转动运动实现手部空间位置的改变,VERSATRAN 机器人是该型机器人的典型代表。VERSATRAN 机器人手臂的运动系由垂直立柱平面内的伸缩和沿立柱的升降两个直线运动及手臂绕立柱的转动复合而成。圆柱坐标型机器人的位置精度仅次于直角坐标型,控制简单,避障性好;但结构庞大,难与其他机器人协调工作,两个移动轴的设计比较复杂。

3. 球坐标型机器人

球坐标型机器人手臂的运动由一个直线运动和两个转动所组成。如图1.10所示,机器人沿 X 轴(手臂方向)伸缩,绕 Y 轴俯仰,绕 Z 轴回转。UNIMATE 机器人是其典型代表。这种机器人占地面积较小,结构紧凑,位置精度一般,但负载能力有限,所以目前应用不多。

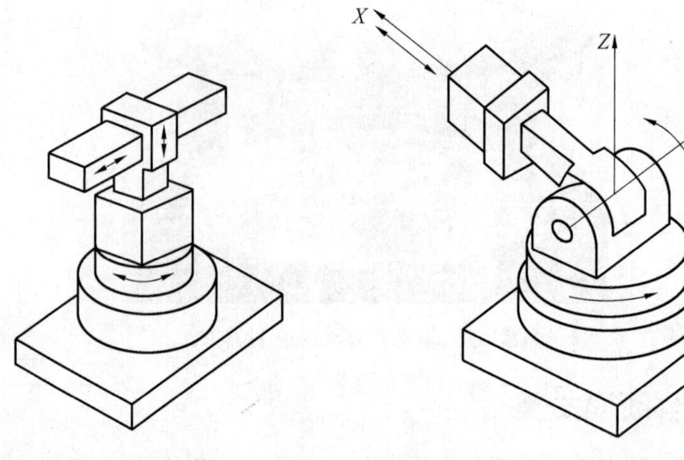

图 1.9 圆柱坐标型机器人示意图　　图 1.10 球坐标型机器人示意图

4. 关节坐标型机器人

关节坐标型机器人主要由腰座、大臂、小臂及腕部组成(图 1.11)。目前国内外机器人公司的主流产品均为关节坐标型机器人。机器人的运动由大臂、小臂的俯仰及腰座的回转构成,其结构最为紧凑,灵活性大,占地面积最小,工作空间最大,能与其他机器人协调工作,避障性好;但位置精度较低,有平衡问题,控制存在耦合,故控制比较复杂。图 1.11 所示为关系坐标机器人是目前应用最多的一种坐标型机器人。

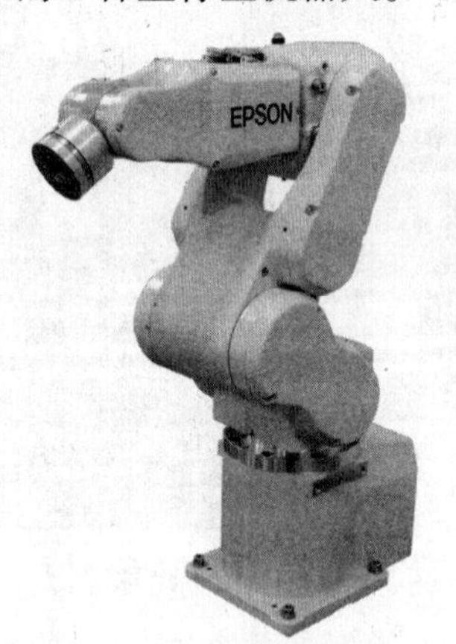

图 1.11 关节坐标型机器人

1.2.5 按控制方式分类

1. 点位控制

按点位方式进行控制的机器人,其运动为空间中点到点之间的轨迹运动,在作业过程中只控制几个特定工作点的位置,不对点与点之间的运动过程进行控制,中间过程不需要复杂的轨迹插补。在点位控制的机器人中,所能控制点数的多少取决于控制系统的性能扩展程度。目前,部分工业机器人是点位控制的,例如,点焊机器人一般采用点位控制。

2. 连续轨迹控制

按连续轨迹方式控制的机器人,其运动轨迹可以是空间的任意连续曲线。机器人在空间的整个运动过程都处于控制之下,能同时控制两个以上的运动轴,使得手部位置可沿任意形状的空间曲线运动,而手部的姿态也可以通过腕关节的运动得以控制,这对于机器人的焊接和喷涂作业十分有利。

1.2.6　按驱动方式分类

1. 气力驱动式

气力驱动式是机器人以压缩空气来驱动执行机构。这种驱动方式的优点是空气来源方便、动作迅速、结构简单、造价低;缺点是空气具有可压缩性,致使工作速度的稳定性较差。由于气源压力一般只有0.5~1 MPa,故此类机器人适宜抓举力要求较小的场合。

2. 液力驱动式

相对于气力驱动,液力驱动的机器人具有大得多的抓举能力,可高达上百千克。液力驱动式机器人的结构紧凑,传动平稳且动作灵敏,但对密封要求较高,且不宜在高温或低温的场合工作,要求的制造精度较高,成本较高。

3. 电力驱动式

目前越来越多的机器人采用电力驱动式,这不仅是因为电动机品种众多可供选择,更因为可以运用多种灵活的控制方法。

电力驱动是利用各种电动机产生的力或力矩,直接或经过减速机构驱动机器人,以获得所需的位移、速度和加速度。电力驱动具有无环境污染、易于控制、运动精度高、成本低和驱动效率高等优点,其应用最为广泛。

电力驱动可分为步进电动机驱动、直流伺服电动机驱动和交流伺服电动机驱动等。

4. 新型驱动方式

伴随着机器人技术的发展,出现了利用新的工作原理制造的新型驱动器,如静电驱动器、压电驱动器、形状记忆合金驱动器、人工肌肉、磁致伸缩驱动、超声波电机驱动和光驱动器等。

1.3　工业机器人的应用

根据常用的机器人系列和市场占有量来看,点焊、弧焊、装配、搬运和喷涂机器人是主要的机器人品种。考虑未来中国的工业机器人发展战略,应该主要发展以上这几种机器人,以此带动整个工业机器人技术的发展和产业壮大。

1.3.1　点焊机器人

点焊机器人是用于制造领域点焊作业的工业机器人。它由机器人本体、计算机控制系统、示教盒和点焊焊接系统等部分组成。点焊机器人的驱动方式常用的为交流伺服电机驱动,具有保养维修简便、能耗低、速度高、精度高和安全性好等优点。

随着汽车工业的发展,焊接生产线要求焊钳一体化,质量越来越大,165 kg 级点焊机器人是目前汽车焊接中最常用的一种机器人,国外点焊机器人已经有 200 kg 级,甚至负载更大的机器人。2008 年 9 月,哈尔滨工业大学与奇瑞汽车联合研制完成国内首台 165 kg 级点焊机器人(图 1.12),并成功应用于奇瑞汽车焊接车间,该机器人整体技术指标已经达到国外同类机器人水平。

图 1.12 哈尔滨工业大学与奇瑞汽车联合研制的 165 kg 级点焊机器人

1.3.2 弧焊机器人

弧焊机器人是用于进行自动部件弧焊的工业机器人。我国在 20 世纪 80 年代中期研制出华宇-I 型弧焊机器人。一般的弧焊机器人由示教盒、控制盘、机器人本体、自动送丝装置、焊接电源和焊钳清理等部分组成。弧焊机器人可以在计算机的控制下实现连续轨迹控制和点位控制,还可以利用直线插补和圆弧插补功能焊接由直线及圆弧所组成的空间焊缝。弧焊机器人主要有熔化极焊接作业和非熔化极焊接作业两种类型,具有可长期进行焊接作业、保证焊接作业的高生产效率、高质量和高稳定性等特点。

随着科学技术的发展,弧焊机器人正向着智能化的方向发展,采用激光传感器或者视觉传感器实现焊接过程中的焊缝跟踪,提升焊接机器人对复杂工件进行焊接的柔性和适应性,结合视觉传感器离线观察获得焊缝跟踪的残余偏差,基于偏差统计获得补偿数据并进行机器人运动轨迹的修正,在各种工况下都能获得最佳的焊接质量。

国内新松机器人公司已经开发出 RH6 弧焊机器人(图 1.13),并进行了小批量生产,其焊接质量已达到国外同类机器人产品的水平。

1.3.3 搬运机器人

搬运机器人是可以进行自动化搬运作业的工业机器人。搬运作业是指用一种设备握持工件,从一个加工位置移到另一个加工位置。搬运机器人可安装不同的末端执行器以完成各种不同形状和状态的工件搬运工作,大大减轻了人类繁重的体力劳动。

为了提高自动化程度和生产效率,制造企业通常需要快速高效的物流线来贯穿整个产品的生产及包装过程,而搬运机器人在物流线中发挥着举足轻重的作用。目前,世界上使用

图1.13　沈阳新松机器人公司的RH6弧焊机器人

的搬运机器人近10万台,被广泛应用于机床上下料、冲压机自动化生产线、自动装配流水线、码垛搬运、集装箱等自动搬运。部分发达国家已制订出人工搬运的最大限度,若超过此限度,则必须由搬运机器人来完成。搬运机器人的最大负载可以达到500 kg以上。

国内哈尔滨博实自动化设备有限公司已经开发出负载300 kg的搬运机器人(图1.14)。海尔机器人公司对直角坐标码垛机器人(图1.15)进行了批量生产。

图1.14　搬运机器人

1.3.4　喷涂机器人

喷涂机器人是可进行自动喷漆或喷涂其他涂料的工业机器人。我国已经研制出了几种型号的喷涂机器人并投入使用,取得了较好的经济效益。我国的喷涂机器人起步较早,北京机械工业自动化研究所研制出中国第一台全电动喷涂机器人和中国第一条机器人自动喷漆生产线——东风汽车喷漆生产线,但是近几年随着对喷涂机器人质量要求的提高,喷涂机器人一般作为喷涂生产线的单元设备集成在系统制造中。国内汽车车身喷涂生产线大多数被国外的机器人产品所占领,如德国的OURR、日本的FANUC等。

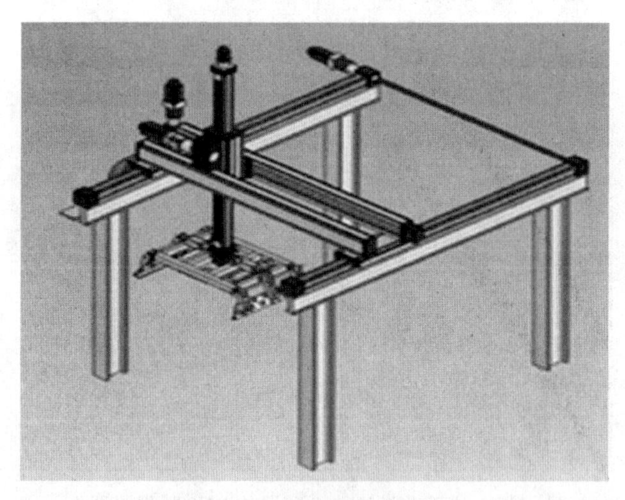

图 1.15 直角坐标码垛机器人

1.3.5 AGV 机器人

装配型 AGV(Automated Guided Vehicle)机器人主要应用于汽车生产线,实现了发动机、后桥、油箱等部件的动态自动化装配,具有移动、自动导航、多传感器感知和网络交换等功能,也应用于大屏幕彩色电视机和其他产品的自动化装配线,极大地提高了生产效率。搬运型 AGV 机器人广泛应用于机械、电子、纺织、造纸、卷烟和食品等行业,具有柔性搬运和传输等功能,是国际物流技术发展的新趋势之一。

新松机器人公司设计、制造的自动引导输送机器人(图 1.16)是该公司的龙头产品之一,拥有该领域内我国唯一自主知识产权,其系列产品有全方位运输型 AGV、全方位双举升装配型 AGV、叉车式 AGV 和激光导引 LGV(Laser Guicled Vehicle)。新松机器人公司拥有 20 多年 AGV 生产、制造和现场应用经验,其激光导引 LGV 的开发成功,使新松机器人公司的 LGV 产品达到国际一流水平。该机器人的主要特点是:AGV 是移动的输送机不固定占用地面空间;柔性大,改变运行路径比较容易;较高的系统可靠性,即使一台 AGV 出现故障,系统仍可正常运行;AGV 系统通过 TCP/IP 协议易与管理系统相连,是建设无人化车间、自动化仓库及实现物流自动化的最佳选择。

图 1.16 AGV 自动引导输送机器人

1.4　工业机器人的关键技术

工业机器人是目前在汽车制造业、造船、钢铁、电力设备等行业应用较为广泛的一种自动化设备，近年来随着科学技术的发展，工业机器人技术日新月异，其关键技术主要有以下几点。

1. 机器人机械结构

工业机器人的机械结构可分为串联式结构和并联式结构。同时，工业机器人的机械结构可以具有冗余自由度，一般来说，六自由度机器人已具有完整的空间定位能力，而采用冗余自由度的工业机器人可以改善机器人的灵活性、运动学和动力学性能，提高避障能力。

在机器人的机械结构设计中，通过有限元分析、模态分析及仿真设计等现代设计方法的运用，可实现机器人操作机构的优化设计，同时，探索新的高强度轻质材料，进一步提高负载/自重比。例如，以德国 KUKA 公司为代表的机器人公司，已将机器人并联平行四边形结构改为开链结构，拓展了机器人的工作范围，加之轻质铝合金材料的应用，大大提高了机器人的性能。另外，采用并联结构，利用机器人技术，可实现高精度测量及加工，这是机器人技术向数控技术的拓展，为实现机器人和数控技术一体化奠定了基础。

此外，采用先进的 RV 减速器及交流伺服电机，使机器人操作机几乎成为免维护系统。其机构向着模块化、可重构方向发展。例如，关节模块中的伺服电机、减速机、检测系统三位一体化；将关节模块、连杆模块用重组方式构造机器人整机；国外已有模块化装配机器人产品问世。机器人的结构更加灵巧，控制系统越来越小，二者正朝着一体化方向发展。

2. 机器人驱动系统

工业机器人的驱动方式主要有电机驱动、液压驱动和气压驱动。针对工业机器人不同的应用领域和要求，应选择合适的驱动方式。其中，电机驱动的方式在机器人中的应用最为普及。

电机用于驱动机器人的关节，要求有最大功率质量比和扭矩惯量比、启动转矩、低惯量和较宽广且平滑的调速范围。特别是像机器人末端执行器（手爪）应采用体积、质量尽可能小的电动机，尤其是要求快速响应时，伺服电动机必须具有较高的可靠性，并且有较大的短时过载能力。目前，高启动转矩、大转矩、低惯量的交、直流伺服电动机以及快速、稳定、高性能伺服控制器成为工业机器人的关键技术。

3. 机器人控制系统

机器人采用开放式、模块化控制系统，向基于 PC 机的开放型控制器方向发展，便于标准化、网络化；器件集成度提高，控制柜日见小巧，且采用模块化结构，大大提高了系统的可靠性、易操作性和可维修性。控制系统的性能进一步提高，机器人已由过去控制标准的 6 轴发展到现在能够控制 21 轴甚至 27 轴，并且实现了软件伺服和全数字控制。人机界面更加友好，语言、图形编程界面正在研制之中。机器人控制器的标准化和网络化以及基于 PC 机网络式控制器已成为研究热点。编程技术除进一步提高在线编程的可操作性外，离线编程的实用化将成为研究重点，在某些领域的离线编程已实现实用化。

4. 机器人软件系统

工业机器人采用实时操作系统和高速总线的开放式系统,采用基于模块化结构的机器人的分布式软件结构设计,可实现机器人系统不同功能之间的无缝连接,通过合理划分机器人模块,降低机器人系统集成难度,提高机器人控制系统软件体系的实时性。另外,机器人软件系统还需攻克现有机器人开源软件与机器人操作系统的兼容性,工业机器人模块化软硬件设计与接口规范及集成平台的软件评估与测试方法,工业机器人控制系统硬件和软件开放性等关键技术。并综合考虑总线实时性要求,攻克工业机器人伺服通信总线,针对不同应用和不同性能的工业机器人对总线的要求,完善总线通信协议、支持总线通信的分布式控制系统体系结构,支持典型多轴工业机器人控制系统以及与工厂自动化设备的快速集成。

5. 机器人感知系统

未来的工业机器人将大大提高工厂的感知系统,以检测机器人及周围设备的任务进展情况,及时检测部件和产品组件的生产情况,估算出生产人员的情绪和身体状态等,这就需要攻克高精度的触觉、力觉传感器和图像解析算法,重大的技术挑战包括非侵入式的生物传感器及表达人类行为和情绪的模型。通过高精度传感器构建用于装配任务和跟踪任务进度的物理模型,以减少自动化生产环节中的不确定性。多品种、小批量生产的工业机器人将更加智能、灵活,而且可在非结构化环境中运行。

机器人中的传感器作用日益重要,除采用传统的位置、速度、加速度等传感器外,装配、焊接机器人还应用了激光传感器、视觉传感器和力传感器,并实现了焊缝自动跟踪和自动化生产线上物体的自动定位以及精密装配作业等,大大提高了机器人的作业性能和对环境的适应性。遥控机器人则采用视觉、声觉、力觉、触觉等多传感器的融合技术来进行环境建模及决策控制。为进一步提高机器人的智能和适应性,多种传感器的使用是其问题解决的关键。其研究热点在于有效、可行的多传感器融合算法,特别是在非线性及非平稳、非正态分布的情形下的多传感器融合算法。

6. 机器人运动规划

为了提高工作效率,并使工业机器人能用尽可能短的时间完成其特定任务,工业机器人必须有合理的运动规划。运动规划可分为路径规划和轨迹规划。路径规划的目标是使机器人与障碍物的距离尽量远,同时路径的长度尽量短;轨迹规划的目的是使机器人关节空间运动的时间尽量短,并且满足机器人运动过程中速度和加速度要求,使机器人运动平稳。

7. 机器人网络通信系统

目前,机器人的应用工程由单台机器人工作站向机器人生产线发展,因此机器人控制器的联网技术变得越来越重要。控制器具有串口、现场总线及以太网的联网功能,可用于机器人控制器之间和机器人控制器同上位机的通信,便于对机器人生产线进行监控、诊断和管理。

同时,工业机器人可实现与 Canbus,Profibus 总线及一些网络的连接,使机器人由过去的独立应用向网络化应用迈进了一大步,也使机器人由过去的专用设备向标准化设备发展。

8. 机器人遥控和监控系统

在一些诸如核辐射、深水、有毒等高危险环境中进行焊接或其他作业时,需要有可遥控的机器人代替人去工作。当代遥控机器人系统的发展特点不是追求全自治系统，而是致力于操作者与机器人的人机交互控制，即遥控加局部自主系统构成完整的监控遥控操作系统，使智能机器人走出实验室，进入实用化阶段。美国发射到火星上的“索杰纳”机器人就是这种系统成功应用的最著名实例。多机器人和操作者之间的协调控制，可通过网络建立大范围内的机器人遥控系统，在有时延的情况下，建立预先显示进行遥控等。

9. 机器人系统集成技术

机器人作为一种自动化单元模块，必须配合操作者或其他设备工作，即机器人的系统集成技术。在生产环境中，工业机器人应具有协调控制能力，注重人类与机器人之间交互的安全性。根据终端用户的需求设计工业机器人系统、外围设备、相关产品和任务，将保证人机交互的自然，不但是安全的，而且效益更高。人和机器人的交互操作设计包括自然语言、手势、视觉和触觉技术等，也是未来机器人发展需要考虑的问题。工业机器人必须容易示教，而且人类易于学习如何操作。机器人系统应设立学习辅助功能，以实现机器人的使用、维护、学习和错误诊断、故障恢复等。

1.5 工业机器人发展现状和趋势

自1958年第一台机器人问世以来，经过50多年的发展，工业机器人在功能和技术层次上有了很大的提高。工业机器人在越来越多的领域得到了应用，尤其是在汽车生产线上得到了广泛应用，并在制造业中，如毛坯制造（如冲压、压铸、锻造等）、机械加工、焊接、热处理、表面涂覆、打磨抛光、上下料、装配、检测及仓库堆垛等作业中得到了应用，提高了加工效率与产品的一致性。作为先进制造业中典型的机电一体数字化装备，工业机器人已经成为衡量一个国家制造业水平和科技水平的重要标志。

世界各国纷纷将突破机器人技术、发展机器人产业摆在本国科技发展的重要战略地位。美国、日本、韩国等国家和地区都非常重视机器人技术与产业的发展，将机器人产业作为战略产业，纷纷制定其机器人国家发展战略规划。工业机器人作为高端制造装备的重要组成部分，技术附加值高，应用范围广，是我国先进制造业的重要支撑技术和信息化社会的重要生产装备，将对未来生产、社会发展及增强军事国防实力都具有十分重要的意义，有望成为继汽车、飞机、计算机之后出现的又一战略性新兴产业。

1.5.1 国外工业机器人的发展现状

自从20世纪60年代开始，经过近60年的迅速发展，随着对产品加工精度要求的提高，关键工艺生产环节逐步由工业机器人代替工人操作，再加上各国对工人工作环境的严格要求，高危、有毒等恶劣条件的工作逐渐由机器人进行替代作业，从而增加了对工业机器人的市场需求。

在工业发达国家中，工业机器人及自动化生产线成套装备已成为高端装备的重要组成部分，工业机器人已经广泛应用于汽车及汽车零部件制造业、机械加工行业、电子电气行业、橡胶及塑料工业、食品工业、物流、制造业等领域（图1.17）。从工业机器人在主要领域的年度供应量来看，日本在工业机器人的研发与生产方面占有优势，其中知名的4家机器人公司是ABB，KUKA，FANUC和YASKAWA，占工业机器人市场份额的60%～80%。美国特种机器人技术创新活跃,军用、医疗与家政服务机器人产业占有绝对优势,约占智能服务机器人市场的60%。

图1.17 COMAU和FUNAC机器人生产线

在国外,工业机器人技术日趋成熟,已经成为一种标准设备被工业界广泛应用,相继形成了一批具有影响力的、著名的工业机器人公司,如瑞典的ABB Robotics,日本的FANUC,YASKAWA,德国的KUKA Roboter,美国的Adept Technology,American Robot,Emerson Industrial Automation,S-T Robotics,意大利的COMAU,英国的AutoTech Robotics,加拿大的Jcd International Robotics,以色列的Robogroup Tek公司等,已经成为其所在地区的支柱性产业,它们的机器人本体制造技术稳定、先进,但其所提供的集成技术解决方案才是它们真正的核心竞争力。

从技术水平来看,日本和欧盟的工业机器人技术最为先进,日本是全球范围内工业机器人生产规模最大、应用最广的国家,而隶属于欧盟组织的德国则名列全球第二;韩国在服务类机器人上的发展较为优秀,而美国则侧重于医疗和军事机器人等方面。

根据国际机器人联合会(IFR)统计,国际工业机器人市场从2010年开始增长。全球范围内机器人的发展受到金融危机的影响,2009年工业机器人比2008年下降了0.5%。2010年,全世界新安装的工业机器人数量逐步接近2005~2008年的高峰期,共供应了115 000台工业机器人,机器人制造商的营业额总计20亿欧元,同比增长24%。

根据IFR预计,全球运行的工业机器人将从2009年的103.1万台提高到2011年的105.7万台,增长2.5%。到2012年,全球新安装工业机器人将达到10.4万台/年。全球工业机器人的销量增长趋势图如图1.18所示。

1.5.2 国内工业机器人的发展现状

我国工业机器人面临着历史上难得的发展机遇和挑战,包括政策红利、经济转型升级等刚性需求的释放。制造业的转型升级将推动我国高端制造装备的发展,我国制造业需要实现从“大”到“强”,同时国内外经济环境的变化将倒逼产业转型升级,我国制造业将从依靠廉价劳动力、破坏资源与环境的粗放式发展模式向依靠提高生产效率、环境友好型的精细式发展模式进行转变。工业机器人作为我国高端装备制造的基础设备之一,是我国“十二五”发展规划中高端制造装备战略性新兴产业的重要组成部分,也是其他战略性新兴产业发展

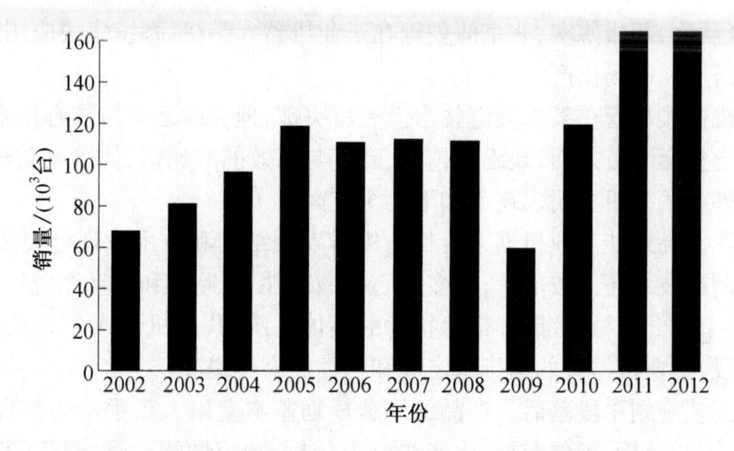

图1.18　全球工业机器人销量增长趋势图(数据来源:IFR)

的重要基础装备。随着我国产业的逐步转型升级,以工业机器人为代表的智能装备将实现爆发式增长。

我国工业机器人需求迫切,以每年25%～30%的速度增长,年需求量在2万～3万台,国产工业机器人产业化刚刚开始;在区域分布上,沿海地区企业需求高于内地需求,民营企业对工业机器人的需求高于国有企业的需求,各地政府及企业提出了相关发展规划,大力发展机器人产业。据统计,“十一五”期间,我国工业机器人的需求量快速增长,市场规模数据如图1.19所示。截止到2010年,我国工业机器人拥有量达到4万台以上,主要包括焊接、喷涂、注塑、装配、搬运、冲压等各类机器人。

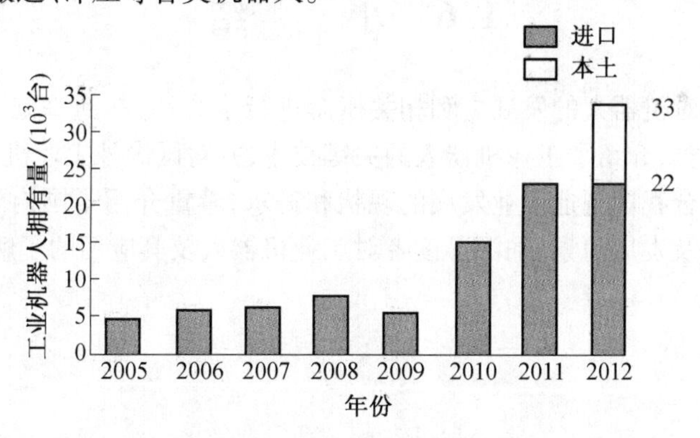

图1.19　我国工业机器人市场规模(数据来源:IFR)

国内在工业机器人研发方面,沈阳新松机器人公司在自动导引车(Automated Guided Vehicle,AGV)等方面取得了重要突破;哈尔滨博实自动化设备有限公司重点在石化等行业的自动包装与码垛机器人方面进行产品开发与产业化推广应用;广州数控设备有限公司研发了自主知识产权的工业机器人产品,用于机床上下料等;昆山华恒焊接股份有限公司开展了焊接机器人研发与应用;上海沃迪科技公司联合上海交通大学研制成功了码垛机器人并进行市场化推广;天津大学在并联机器人上取得了重要进展,相关技术获得了美国专利;奇瑞装备有限公司与哈尔滨工业大学合作研制的165 kg点焊机器人,已应用于自动化生产线,分别用于焊接、搬运等场合,并自主研制出我国第一条国产机器人自动化焊接生产线,可实现S11车型左右侧围的生产。另外,安徽埃夫特、南京埃斯顿、安徽巨一自动化、常州铭赛、青岛科捷自动化、苏州博实、北京博创等在工业机器人整机、系统集成应用或是核心部件方面也进行了研发和市场化产业推广。

我国工业机器人尽管在某些关键技术上有所突破,但还缺乏整体核心技术的突破,特别是在制造工艺与整套装备方面,缺乏高精密、高速与高效的减速机、伺服电动机、控制器等关键部件。国内外技术差距主要表现为如下几个方面:

(1) 缺乏本土高性能工业机器人。目前机器人的结构和技术原理已经成熟,但是我国的工业机器人制造技术还比较落后,许多核心机械部件、控制器和驱动系统需依赖国外。另外,机器人是一个综合机械、控制和信息技术的整体系统,我国机器人各分系统的融合研究还处于起步阶段,工业机器人的运行稳定性和可靠性有待提高。

(2) 国内工艺规划手段落后。产品的制造规划基本上以人工手段为主,所有的策划过程如工艺规划、工时分析、工位布局、生产线行为分析、物流性能分析、焊接管理、工程图解、产品配置管理、产品变更管理、工程成本分析等都以传统的方式进行。各过程的人员,各自进行设计,再经过协调综合形成最后方案,各个过程极易造成联系疏散、孤立,特别是相关工艺信息的查询、传输,基本上以纸样、磁盘为媒介,没有统一的数据平台,不具备完善的项目风险控制机制,项目协同能力差。

(3) 高新技术领域研究基础薄弱。机器人性能主要取决于机械系统和控制系统,包括运动精度、动态性能等。我国还缺乏基于动力学的机器人机械系统优化和控制算法的研究与应用。

1.6 小结

本章从总体上对机器人的发展史和相关概念进行了介绍,在此基础上详细阐述了工业机器人的功能和分类,介绍了工业机器人的关键技术,并对国内外工业机器人的发展现状进行了分析。同时结合我国制造工业发展的现状和需求,着重介绍了国内外工业机器人在制造领域的应用情况及发展前景,加深了读者对工业机器人及其应用的了解。

第2章　机器人运动学及动力学

机器人的工作由控制器控制,而关节在每个位置的参数是预先记录好的。当机器人执行工作任务时,其控制器给出预先记录好的位置数据,使机器人按照预定的位置序列运动。

工业机器人是以关节坐标直接编制程序的。开发比较高级的机器人程序设计语言,要求具有按照笛卡尔坐标规定工作任务的能力。物体在工作空间内的位置以及机器人手臂的位置,都是以某个确定的坐标系来描述的,而工作任务则是以某个中间坐标系(如附于手臂端部的坐标系)来规定的。

当工作任务由笛卡尔坐标系描述时,必须把上述这些规定变换为一系列能够由手臂驱动的关节位置。确定手臂位置和姿态的各关节位置的计算,即运动方程的求解。机器人雅可比矩阵是由某个笛卡尔坐标系规定的各单个关节速度对最后一个连杆速度的线性变换。大多数工业机器人具有6个关节,这意味着雅可比矩阵是一个6阶方阵。机器人动力学反映了运动和受力的映射关系,是研究机器人动力特性的基础。本章将介绍机器人运动方程的表示与求解方法以及机器人的动力学分析方法。

2.1　机器人运动方程表示

机械手是由一系列关节连接起来的连杆构成的。机械手的每一连杆需建立一个坐标系,并用齐次变换来描述这些坐标系间的相对位置和姿态。通常把描述一个连杆与下一个连杆间相对关系的齐次变换叫作$\boldsymbol{A}$矩阵。一个$\boldsymbol{A}$矩阵就是一个描述连杆坐标系间相对平移和旋转的齐次变换。如果$\boldsymbol{A}_1$表示第一个连杆对于基系的位置和姿态,$\boldsymbol{A}_2$表示第二个连杆相对于第一个连杆的位置和姿态,那么第二个连杆在基系中的位置和姿态可由下列矩阵的乘积给出:

$$\boldsymbol{T}_2=\boldsymbol{A}_1\boldsymbol{A}_2 \tag{2.1}$$

依此类推,若$\boldsymbol{A}_3$表示第三个连杆相对于第二个连杆的位置和姿态,则有

$$\boldsymbol{T}_3=\boldsymbol{A}_1\boldsymbol{A}_2\boldsymbol{A}_3 \tag{2.2}$$

通常称这些$\boldsymbol{A}$矩阵的乘积为$\boldsymbol{T}$矩阵,其前置上标若为0,则可略去不写。于是,对于六连杆机械手,则有

$$\boldsymbol{T}_6=\boldsymbol{A}_1\boldsymbol{A}_2\boldsymbol{A}_3\boldsymbol{A}_4\boldsymbol{A}_5\boldsymbol{A}_6 \tag{2.3}$$

六连杆机械手可具有6个自由度,每个连杆含有一个自由度,并能在其运动范围内任意定位与定向。其中,3个自由度用于指定位置,而另外3个自由度用来规定姿态。$\boldsymbol{T}_6$表示机器人手部的位置和姿态。

2.1.1 机械手运动姿态和方向角的表示

1. 机械手的运动方向

机械手的一个夹手可由图 2.1 表示。把所描述的坐标系的原点置于夹手指尖的中心，此原点由矢量 **p** 表示。描述夹手方向的 3 个单位矢量的指向如下：

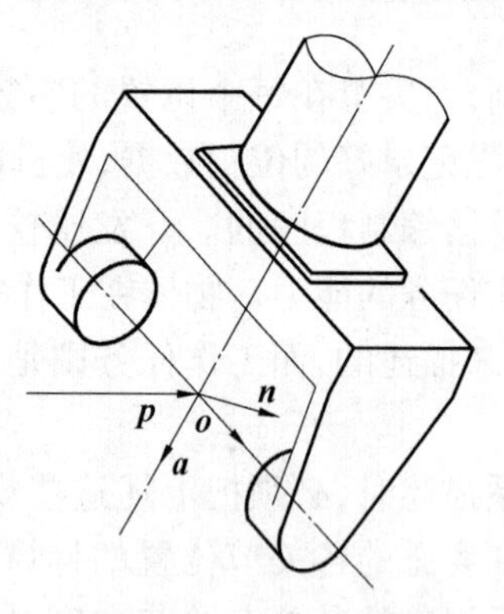

图 2.1 机械手的运动姿态

z 向矢量处于夹手进入物体的方向上，称为接近矢量 **a**；y 向矢量的 **n** 向从一个指尖指向另一个指尖，处于规定夹手方向上，称为方向矢量 **o**；最后一个矢量叫作法线矢量 **n**，它与矢量 **o** 和 **a** 一起构成一个右手矢量集合，并由矢量的叉乘所规定：$\boldsymbol{n}=\boldsymbol{o}\times\boldsymbol{a}$。因此，变换 $\boldsymbol{T}_6$ 具有下列元素：

$$\boldsymbol{T}_6=\begin{bmatrix} n_x & o_x & a_x & p_x \\ n_y & o_y & a_y & p_y \\ n_z & o_z & a_z & p_z \\ 0 & 0 & 0 & 1 \end{bmatrix} \tag{2.4}$$

六连杆机械手的 **T** 矩阵 $\boldsymbol{T}_6$ 可由指定其 16 个元素的数值来决定。在这 16 个元素中，只有 12 个元素具有实际含义，底行由 3 个 0 和 1 个 1 组成。左列矢量 **n** 是第二列矢量 **o** 和第三列矢量 **a** 的叉乘。当对 **p** 值不存在任何约束时，只要机械手能够到达期望位置，那么矢量 **o** 和 **a** 都是正交单位矢量，并且互相垂直，即有 $\boldsymbol{o}\cdot\boldsymbol{o}=1,\boldsymbol{a}\cdot\boldsymbol{a}=1,\boldsymbol{o}\cdot\boldsymbol{a}=0$。这些对矢量 **o** 和 **a** 的约束，使得对其分量的指定较为困难，除非是末端执行装置与坐标系平行的简单情况。

除了用上述 **T** 矩阵表示外，也可以应用通用旋转矩阵，把机械手端部的方向规定为绕某轴 f 旋转 θ 角，即 $Rot(f,\theta)$。遗憾的是，要达到某些期望方向，这一转轴没有明显的直观感觉。

2. 用欧拉变换表示运动姿态

机械手的运动姿态往往由一个绕轴 x，y 或 z 的旋转序列来规定。这种转角的序列称为欧拉(Euler)角。欧拉角用一个绕 z 轴旋转 ϕ 角，再绕新的 y 轴(y'') 旋转 θ 角，最后绕新的 z 轴(z'')旋转 ψ 角来描述任何可能的姿态，如图 2.2 所示。

在任何旋转序列下，旋转次序是十分重要的。这种旋转序列可由基系中相反的旋转次

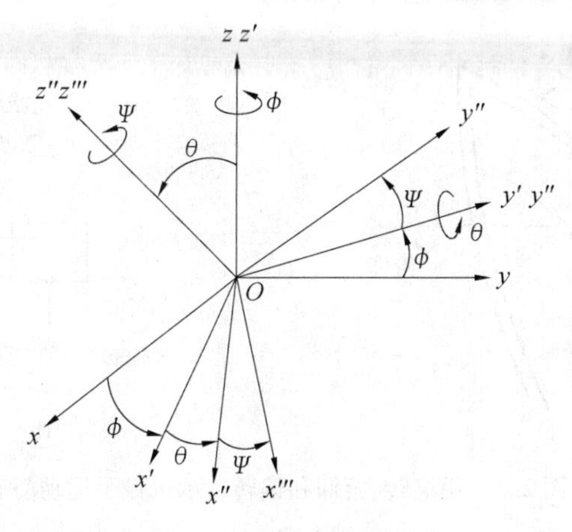

图 2.2　欧拉角的定义

序来解释:先绕 z 轴旋转 ψ 角,再绕 y 轴旋转 θ 角,最后绕 z 轴旋转 ϕ 角而成。

欧拉变换 $Euler(\phi,\theta,\psi)$ 可由连乘 3 个旋转矩阵来求得,即

$$Euler(\phi,\theta,\psi)=Rot(z,\phi)Rot(y,\theta)Rot(z,\psi)$$

$$Euler(\phi,\theta,\psi)=\begin{bmatrix} c\phi & -s\phi & 0 & 0 \\ s\phi & c\phi & 0 & 0 \\ 0 & 0 & 1 & 0 \\ 0 & 0 & 0 & 1 \end{bmatrix}\begin{bmatrix} c\theta & 0 & s\theta & 0 \\ 0 & 1 & 0 & 0 \\ -s\theta & 0 & c\theta & 0 \\ 0 & 0 & 0 & 1 \end{bmatrix}\begin{bmatrix} c\varphi & -s\psi & 0 & 0 \\ s\varphi & c\psi & 0 & 0 \\ 0 & 0 & 1 & 0 \\ 0 & 0 & 0 & 1 \end{bmatrix}$$

$$=\begin{bmatrix} c\phi c\theta c\psi-s\phi s\psi & -c\phi c\theta s\psi-s\phi c\psi & c\phi s\theta & 0 \\ s\phi c\theta c\psi+c\varphi s\psi & -s\phi c\theta s\psi+c\phi c\psi & s\phi s\theta & 0 \\ -s\theta c\psi & s\theta s\psi & c\theta & 0 \\ 0 & 0 & 0 & 1 \end{bmatrix} \tag{2.5}$$

式中,c 和 s 分别代表 cos 和 sin 函数,以下表述皆同。

在上述坐标变换过程中,要充分考虑坐标系的旋转顺序。这里尤其需要注意的是,变换次序不能随意调换,因为矩阵的乘法不满足交换律。在确定姿态矩阵的顺序时可以这样确认:若每次的坐标系变换都是相对于固定坐标系进行的,则矩阵左乘;若每次的坐标系变换都是相对于动坐标系进行的,则矩阵右乘。

3. 用 RPY 组合变换表示运动姿态

另一种常用的旋转集合是滚转(Roll)、俯仰(Pitch)和偏转(Yaw)。如果想象有只船沿着 z 轴方向航行,如图 2.3(a)所示,那么这时,滚转对应于绕 z 轴旋转 ϕ 角,俯仰对应于绕 y 轴旋转 θ 角,而偏转则对应于绕 x 轴旋转 ψ 角。适用于机械手端部执行装置的这些旋转示于图2.3(b)中。

对于旋转次序,则规定

$$RPY(\phi,\theta,\psi)=Rot(z,\phi)Rot(y,\theta)Rot(x,\psi) \tag{2.6}$$

式中,RPY 表示滚转、俯仰和偏转三旋转的组合变换。也就是说,先绕 x 轴旋转 ψ 角,再绕 y 轴旋转 θ 角,最后绕 z 轴旋 ϕ 角。此旋转变换计算如下:

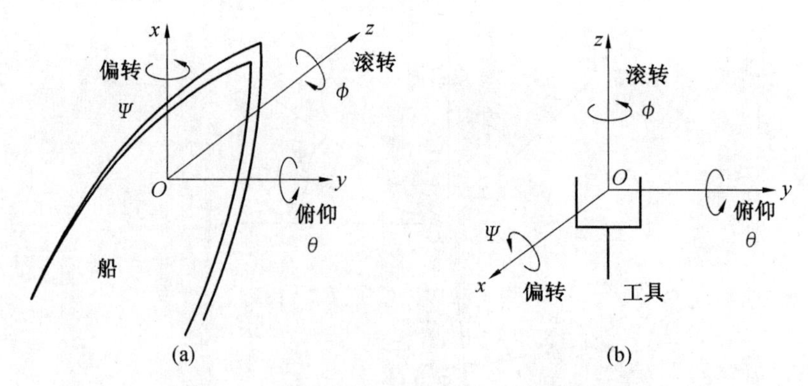

图 2.3 用滚转、俯仰和偏转表示机械手运动姿态

$$RPY(\phi,\theta,\psi)=\begin{bmatrix} c\phi & -s\phi & 0 & 0 \\ s\phi & c\phi & 0 & 0 \\ 0 & 0 & 1 & 0 \\ 0 & 0 & 0 & 1 \end{bmatrix}\begin{bmatrix} c\theta & 0 & s\theta & 0 \\ 0 & 1 & 0 & 0 \\ -s\theta & 0 & c\theta & 0 \\ 0 & 0 & 0 & 1 \end{bmatrix}\begin{bmatrix} 1 & 0 & 0 & 0 \\ 0 & c\psi & -s\psi & 0 \\ 0 & s\psi & c\psi & 0 \\ 0 & 0 & 0 & 1 \end{bmatrix}=$$

$$\begin{bmatrix} c\phi c\theta & c\phi s\theta s\psi - s\phi c\psi & c\phi s\theta c\psi + s\phi s\psi & 0 \\ s\phi c\theta & s\phi s\theta s\psi + c\phi c\psi & s\phi s\theta c\psi - c\phi s\psi & 0 \\ -s\theta & c\theta s\psi & c\theta c\psi & 0 \\ 0 & 0 & 0 & 1 \end{bmatrix} \tag{2.7}$$

2.1.2 平移变换的不同坐标系表示

一旦机械手的运动姿态由某个姿态变换规定之后，它在基系中的位置就能够由左乘一个对应于矢量 $\boldsymbol{P}$ 的平移变换来确定：

$$\boldsymbol{T}_6=\begin{bmatrix} 1 & 0 & 0 & p_x \\ 0 & 1 & 0 & p_y \\ 0 & 0 & 1 & p_z \\ 0 & 0 & 0 & 1 \end{bmatrix}[\text{某姿态变换}] \tag{2.8}$$

这一平移变换可用不同的坐标来表示。

除了应用已经讨论过的笛卡尔坐标外，还可以采用柱面坐标和球面坐标来表示这一平移。

1. 用柱面坐标系来表示运动位置

首先用柱面坐标来表示机械手臂的位置，即表示其平移变换。这对应于沿 x 轴平移 r，再绕 z 轴旋转 α，最后沿 z 轴平移 z，如图 2.4(a)所示，即

$$Cyl(z,\alpha,r)=Trans(0,0,z)Rot(z,\alpha)Trans(r,0,0) \tag{2.9}$$

式中，$Cyl(\cdot)$表示柱面坐标组合变换。计算式(2.9)并化简得

$$Cyl(z,\alpha,r)=\begin{bmatrix} 1 & 0 & 0 & 0 \\ 0 & 1 & 0 & 0 \\ 0 & 0 & 1 & z \\ 0 & 0 & 0 & 1 \end{bmatrix}\begin{bmatrix} c\alpha & -s\alpha & 0 & 0 \\ s\alpha & c\alpha & 0 & 0 \\ 0 & 0 & 1 & 0 \\ 0 & 0 & 0 & 1 \end{bmatrix}\begin{bmatrix} 1 & 0 & 0 & r \\ 0 & 1 & 0 & 0 \\ 0 & 0 & 1 & 0 \\ 0 & 0 & 0 & 1 \end{bmatrix}=\begin{bmatrix} c\alpha & -s\alpha & 0 & rc\alpha \\ s\alpha & c\alpha & 0 & rsa \\ 0 & 0 & 1 & z \\ 0 & 0 & 0 & 1 \end{bmatrix} \tag{2.10}$$

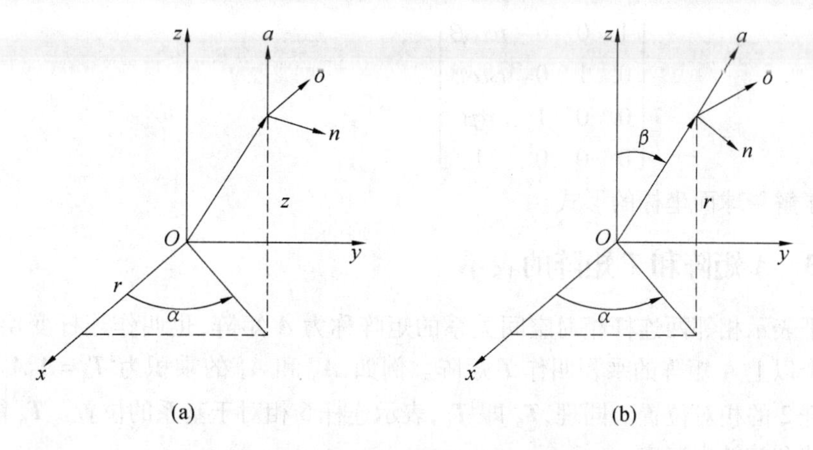

图 2.4　用柱面坐标和球面坐标表示位置示意图

如果用某个如式(2.9)所示的姿态变换右乘上述变换式,那么,手臂将相对于基系绕 z 轴旋转 α 角。要是需要相对于不转动的基系来规定姿态,那么就应对式(2.10)绕 z 轴旋转一个 $-\alpha$ 角,即

$$Cyl(z,\alpha,r)=\begin{bmatrix} c\alpha & -s\alpha & 0 & rc\alpha \\ s\alpha & c\alpha & 0 & rs\alpha \\ 0 & 0 & 1 & z \\ 0 & 0 & 0 & 1 \end{bmatrix}\begin{bmatrix} c(-\alpha) & -s(-\alpha) & 0 & 0 \\ s(-\alpha) & c(-\alpha) & 0 & 0 \\ 0 & 0 & 1 & 0 \\ 0 & 0 & 0 & 1 \end{bmatrix}=\begin{bmatrix} 1 & 0 & 0 & rc\alpha \\ 0 & 1 & 0 & rs\alpha \\ 0 & 0 & 1 & z \\ 0 & 0 & 0 & 1 \end{bmatrix} \tag{2.11}$$

这就是用以解释柱面坐标 $Cyl(z,\alpha,r)$ 的形式。

2. 用球面坐标表示运动位置

现在讨论用球面坐标表示手臂运动位置矢量的方法。这个方法对应于沿 z 轴平移 r,再绕 y 轴旋转 β 角,最后绕 z 轴旋转 α 角,如图 2.4(b)所示,即

$$Sph(\alpha,\beta,r)=Rot(z,\alpha)Rot(y,\beta)Trans(0,0,r) \tag{2.12}$$

式中,$Sph(\cdot)$ 表示球面坐标组合变换。对式(2.12)进行计算,结果为

$$Sph(\alpha,\beta,r)=\begin{bmatrix} c\alpha & -s\alpha & 0 & 0 \\ s\alpha & c\alpha & 0 & 0 \\ 0 & 0 & 1 & 0 \\ 0 & 0 & 0 & 1 \end{bmatrix}\begin{bmatrix} c\beta & 0 & s\beta & 0 \\ 0 & 1 & 0 & 0 \\ -s\beta & 0 & c\beta & 0 \\ 0 & 0 & 0 & 1 \end{bmatrix}\begin{bmatrix} 1 & 0 & 0 & 0 \\ 0 & 1 & 0 & 0 \\ 0 & 0 & 1 & r \\ 0 & 0 & 0 & 1 \end{bmatrix}=$$

$$\begin{bmatrix} c\alpha c\beta & -s\alpha & c\alpha s\beta & rc\alpha s\beta \\ s\alpha c\beta & c\alpha & s\alpha s\beta & rs\alpha s\beta \\ -s\beta & 0 & c\beta & rc\beta \\ 0 & 0 & 0 & 1 \end{bmatrix} \tag{2.13}$$

如果不希望用相对于这个旋转坐标系来表示运动姿态,那么就必须用 $Rot(y,-\beta)$ 和 $Rot(z,-\alpha)$ 右乘式(2.12),即

$$Sph(\alpha,\beta,r)=Rot(z,\alpha)Rot(y,\beta)Trans(0,0,r)Rot(y,-\beta)Rot(z,-\alpha)=$$

$$\begin{bmatrix} 1 & 0 & 0 & rc\alpha s\beta \\ 0 & 1 & 0 & rs\alpha s\beta \\ 0 & 0 & 1 & rc\beta \\ 0 & 0 & 0 & 1 \end{bmatrix} \tag{2.14}$$

这就是用于解释球面坐标的形式。

2.1.3 A 矩阵和 T 矩阵的表示

本节把表示相邻两连杆相对空间关系的矩阵称为 $\boldsymbol{A}$ 矩阵，也叫作连杆变换矩阵，并把两个或两个以上 $\boldsymbol{A}$ 矩阵的乘积叫作 $\boldsymbol{T}$ 矩阵。例如，$\boldsymbol{A}_3$ 和 $\boldsymbol{A}_4$ 的乘积为 ${}^2\boldsymbol{T}_4=\boldsymbol{A}_3\boldsymbol{A}_4$，它表示连杆 4 对连杆 2 的相对位置。同理，$\boldsymbol{T}_6$ 即 ${}^0\boldsymbol{T}_6$，表示连杆 6 相对于基系的位置。$\boldsymbol{T}_6$ 能够用不同形式的平移和旋转来确定。

Denavit 和 Hartenberg 于 1955 年提出了一种为关节链中每个杆件建立坐标系的矩阵方法，即 DH 参数法。它是机器人运动学模型常用的一种建立方法，具体过程如下。

1. 广义连杆

相邻坐标系间及其相应连杆可以用齐次变换矩阵来表示。求解机械手所需要的变换矩阵，需要对每个连杆进行广义连杆描述。在求得相应的广义变换矩阵之后，可对其加以修正，以适合每个具体的连杆。

机械手由一系列连接在一起的连杆（杆件）构成。需要用两个参数来描述一个连杆，即公共法线距离 a_i 和垂直于 a_i 所在平面内两轴的夹角 α_i；需要另外两个参数来表示相邻两杆的关系，即两连杆的相对位置 d_i 和两连杆法线的夹角 θ_i，如图 2.5 所示。

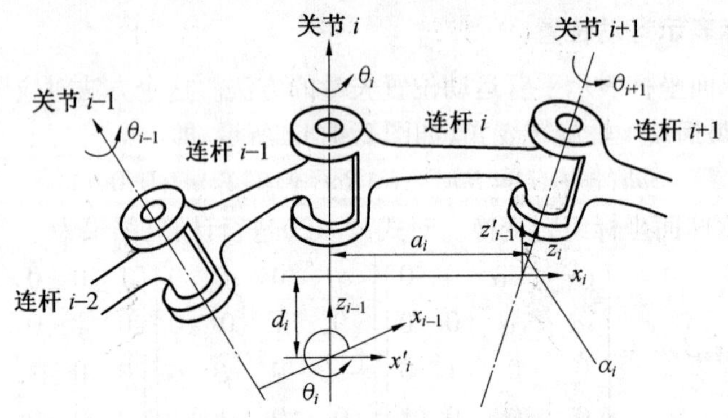

图 2.5 转动关节连杆参数示意图

除第一个和最后一个连杆外，每个连杆两端的轴线各有一条法线，分别为前、后相邻连杆的公共法线。这两条法线间的距离即为 d_i。这里称 a_i 为连杆长度，α_i 为连杆扭角，d_i 为两连杆间距离，θ_i 为两连杆夹角。

机器人机械手上坐标系的配置取决于机械手连杆连接的类型。有两种类型，即连接-转动关节和棱柱联轴节。对于转动关节，θ_i 为关节变量。连杆 i 的坐标系原点位于关节 i 和 i+1 的公共法线与关节 i+1 轴线的交点上。如果两相邻连杆的轴线相交于一点，那么原点就在这一交点上。如果两轴线互相平行，那么就选择原点使对下一连杆（其坐标原点已确定）的距离 d_{i+1} 为零。连杆 i 的 z 轴与关节 i+1 的轴线在一条直线上，而 x 轴则在连杆 i 和 i+

1的公共法线上,其方向从 i 指向 $i+1$,如图2.5所示。当两关节轴线相交时,x 轴的方向与两矢量的交积 $z_{i-1}\times z_i$ 平行或反向平行,x 轴的方向总是沿着公共法线从转轴 i 指向 $i+1$。当两轴 x_{i-1} 和 x_i 平行且同向时,第 i 个转动关节的 θ_i 为零。

现在来考虑棱柱联轴节(平动关节)的情况。图2.6表示出其特征参数 θ,d 和 α。这时,距离 d_i 为联轴节(关节)变量,而联轴节轴线方向即为此联轴节移动方向。该轴的方向是规定的,但不同于转动关节的情况,该轴的空间位置则没有规定。对于棱柱联轴节来说,长度 a_i 没有意义,令其为零。联轴节的坐标系原点与下一个规定的连杆原点重合。棱柱式连杆的 z 轴在关节 $i+1$ 的轴线上。x_i 轴平行或反向平行于棱柱联轴节方向矢量与 z_i 矢量的交积。当 $d_i=0$ 时,定义该联轴节的位置为零。

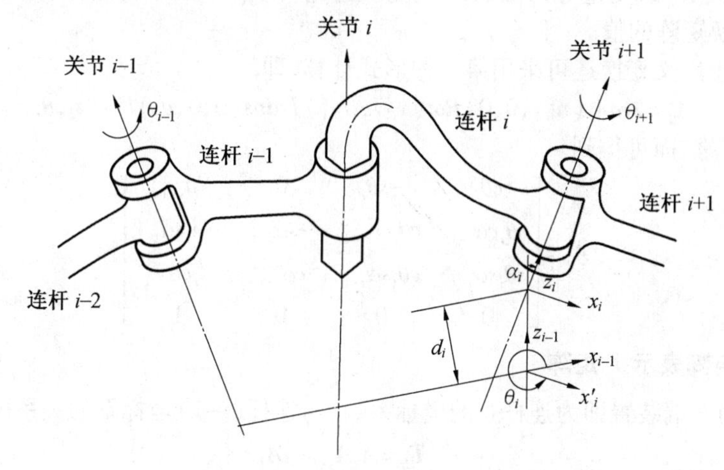

图2.6　棱柱关节的连杆参数示意图

当机械手处于零位置时,能够规定转动关节的正旋转方向或棱柱联轴节的正位移方向,并确定 z 轴的正方向。底座连杆(连杆0)的原点与连杆1的原点重合。如果需要规定一个不同的参考坐标系,那么该参考系与基系间的关系可以用一定的齐次变换来描述。在机械手的端部,最后的位移 d_6 或旋转角度 θ_6 是相对于 z_5 而言的。选择连杆6的坐标系原点,使之与连杆5的坐标系原点重合。如果所用工具(或端部执行装置)的原点和轴线与连杆6的坐标系不一致,那么此工具与连杆6的相对关系可由一个确定的齐次变换来表示。

2. 广义变换矩阵

在对全部连杆规定坐标系之后,就能够按照下列顺序由两个旋转和两个平移来建立相邻两连杆 $i-1$ 与 i 之间的相对关系,如图2.5和图2.6所示。

(1)绕 z_{i-1} 轴旋转 θ_i 角,使 x_{i-1} 轴转到与 x_i 同一平面内。

(2)沿 z_{i-1} 轴平移一距离 d_i,把 x_{i-1} 移到与 x_i 同一直线上。

(3)沿 x_i 轴平移一距离 a_i,把连杆$(i-1)$的坐标系移到使其原点与连杆 n 的坐标系原点重合的地方。

(4)绕 x_{i-1} 轴旋转 α_i 角,使 z_{i-1} 转到与 z_i 同一直线上。

这种关系可由表示连杆 i 对连杆$(i-1)$相对位置的4个齐次变换来描述,并叫作 $\boldsymbol{A}_i$ 矩阵。此关系式为

$$\boldsymbol{A}_i=Rot(z_{i-1},\theta_i)Trans(0,0,d_i)Trans(a_i,0,0)Rot(x_i,\alpha_i) \tag{2.15}$$

展开式(2.15)得

$$A_i=\begin{bmatrix} c\theta_i & -s\theta_i c\alpha_i & s\theta_i s\alpha_i & a_i c\theta_i \\ s\theta_i & c\theta_i c\alpha_i & -c\theta_i s\alpha_i & a_i s\theta_i \\ 0 & s\alpha_i & c\alpha_i & d_i \\ 0 & 0 & 0 & 1 \end{bmatrix} \tag{2.16}$$

当机械手各连杆的坐标系被规定之后,就能够列出各连杆的常量参数。对于跟在旋转关节 i 后的连杆,这些参数为 d_i,a_i 和 α_i。对于跟在棱柱联轴节 i 后的连杆来说,这些参数为 θ_i 和 a_i。然后,α 角的正弦值和余弦值也可计算出来。这样,$\boldsymbol{A}$ 矩阵就成为关节变量 θ 的函数(对于旋转关节)或变量 d 的函数(对于棱柱联轴节)。一旦求得这些数据之后,就能够确定 6 个 $\boldsymbol{A}_i$ 变换矩阵的值。

另外,对于广义变换还可采用第二种形式计算,即

$$A_i=Trans(a_{i-1},0,0)Rot(x_{i-1},\alpha_{i-1})Trans(0,0,d_i)Rot(z_i,\theta_i) \tag{2.17}$$

请读者自推,而可得到

$$A_i=\begin{bmatrix} c\theta_i & -s\theta_i & 0 & a_{i-1} \\ s\theta_i c\alpha_{i-1} & c\theta_i c\alpha_{i-1} & -s\alpha_{i-1} & -d_i s\alpha_{i-1} \\ s\theta_i s\alpha_{i-1} & c\theta_i s\alpha_{i-1} & c\alpha_{i-1} & d_i c\alpha_{i-1} \\ 0 & 0 & 0 & 1 \end{bmatrix}$$

3. 用 $\boldsymbol{A}$ 矩阵表示 $\boldsymbol{T}$ 矩阵

机械手的末端装置即为连杆 6 的坐标系,它与连杆(i-1)坐标系的关系可由 ${}^{i-1}\boldsymbol{T}_6$ 表示为

$${}^{i-1}\boldsymbol{T}_6=\boldsymbol{A}_i\boldsymbol{A}_{i+1}\cdots\boldsymbol{A}_6 \tag{2.18}$$

可得连杆变换通式为

$${}^{i-1}\boldsymbol{T}_i=\begin{bmatrix} c\theta_i & -s\theta_i c\alpha_{i-1} & s\theta_i s\alpha_{i-1} & a_i c\theta_i \\ s\theta_i & c\theta_i c\alpha_{i-1} & -c\theta_i s\alpha_{i-1} & a_i s\theta_i \\ 0 & s\alpha_{i-1} & c\alpha_{i-1} & d_i \\ 0 & 0 & 0 & 1 \end{bmatrix} \tag{2.19}$$

而由式(2.3)可知机械手端部对基座的关系 $\boldsymbol{T}_6$ 为

$$\boldsymbol{T}_6=\boldsymbol{A}_1\boldsymbol{A}_2\boldsymbol{A}_3\boldsymbol{A}_4\boldsymbol{A}_5\boldsymbol{A}_6 \tag{2.20}$$

如果机械手与参考坐标系的相对关系是由变换 $\boldsymbol{Z}$ 来表示的,而且机械手与其端部工具的关系是由变换 $\boldsymbol{E}$ 表示的,那么此工具端部对参考坐标系的位置和方向可由变换 $\boldsymbol{X}$ 表示为

$$\boldsymbol{X}=\boldsymbol{Z}\boldsymbol{T}_6\boldsymbol{E} \tag{2.21}$$

此机械手的位姿有向变换图如图 2.7 所示。

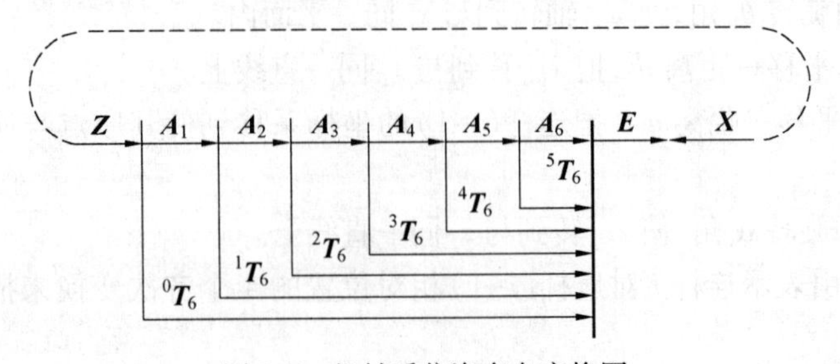

图 2.7 机械手位姿有向变换图

从图 2.7 可求得

$$\boldsymbol{T}_6=\boldsymbol{Z}^{-1}\boldsymbol{X}\boldsymbol{E}^{-1} \tag{2.22}$$

2.2 机器人运动方程求解

绝大多数机器人的程序设计语言，是用某个笛卡尔坐标系来指定其机械手末端位置的。这一指定可用于求解机器人手最后一个连杆的位置和姿态矩阵 $\boldsymbol{T}_6$。但是，在机器人能够被驱动至这个姿态之前，必须知道与这个位置有关的机器人所有关节的位置。

求解机器人运动方程时，从 $\boldsymbol{T}_6$ 开始求解关节位置。使 $\boldsymbol{T}_6$ 的符号表达式的各元素等于 $\boldsymbol{T}_6$ 的一般形式，并据此确定 θ_1。其他 5 个关节参数不可能从 $\boldsymbol{T}_6$ 求得，因为所求得的运动方程过于复杂而无法求解，可以由 2.1 节讨论的其他 $\boldsymbol{T}$ 矩阵来求解它们。一旦求得 θ_1 之后，可由 $\boldsymbol{A}_1^{-1}$ 左乘 $\boldsymbol{T}_6$ 的一般形式，得

$$\boldsymbol{A}_1^{-1}\boldsymbol{T}_6={}^1\boldsymbol{T}_6 \tag{2.23}$$

式中，左边为 θ_1 和 $\boldsymbol{T}_6$ 各元的函数。此式可用来求解其他各关节变量，如 θ_2 等。不断地用 $\boldsymbol{A}$ 的逆矩阵左乘式(2.20)，可得下列另 4 个矩阵方程式：

$$\boldsymbol{A}_2^{-1}\boldsymbol{A}_1^{-1}\boldsymbol{T}_6={}^2\boldsymbol{T}_6 \tag{2.24}$$

$$\boldsymbol{A}_3^{-1}\boldsymbol{A}_2^{-1}\boldsymbol{A}_1^{-1}\boldsymbol{T}_6={}^3\boldsymbol{T}_6 \tag{2.25}$$

$$\boldsymbol{A}_4^{-1}\boldsymbol{A}_3^{-1}\boldsymbol{A}_2^{-1}\boldsymbol{A}_1^{-1}\boldsymbol{T}_6={}^4\boldsymbol{T}_6 \tag{2.26}$$

$$\boldsymbol{A}_5^{-1}\boldsymbol{A}_4^{-1}\boldsymbol{A}_3^{-1}\boldsymbol{A}_2^{-1}\boldsymbol{A}_1^{-1}\boldsymbol{T}_6={}^5\boldsymbol{T}_6 \tag{2.27}$$

上列各方程的左式为 $\boldsymbol{T}_6$ 和前 $(i-1)$ 个关节变量的函数。可用这些方程来确定各关节的位置。

求解运动方程，即求得机械手各关节坐标，这对机械手的控制是至关重要的。根据 $\boldsymbol{T}_6$ 可以知道机器人的机械手要移动到什么地方，而且需要获得各关节的坐标值，以便进行这一移动。求解各关节的坐标需要有直觉知识，这是将要遇到的一个最困难的问题。只已知机械手的姿态，没有一种算法能够求得解答。几何设置对于引导求解是必需的。

2.2.1 欧拉变换解

1. 基本隐式方程的解

首先令

$$Euler(\phi,\theta,\psi)=\boldsymbol{T} \tag{2.28}$$

式中

$$Euler(\phi,\theta,\psi)=Rot(z,\phi)Rot(y,\theta)Rot(z,\psi) \tag{2.29}$$

已知任一变换 $\boldsymbol{T}$，要求得 ϕ,θ 和 ψ。也就是说，如果已知 $\boldsymbol{T}$ 矩阵各元的数值，求其所对应的 ϕ,θ 和 ψ 值。

由式(2.4)和式(2.29)，有

$$\begin{bmatrix} n_x & o_x & a_x & p_x \\ n_y & o_y & a_y & p_y \\ n_z & o_z & a_z & p_z \\ 0 & 0 & 0 & 1 \end{bmatrix}=\begin{bmatrix} c\phi c\theta c\psi-s\phi s\psi & -c\phi c\theta s\psi-s\phi c\psi & c\phi s\theta & 0 \\ s\phi c\theta c\psi+c\phi s\psi & -s\phi c\theta s\psi+c\phi c\psi & s\phi s\theta & 0 \\ -s\theta c\psi & s\theta s\psi & c\theta & 0 \\ 0 & 0 & 0 & 1 \end{bmatrix} \tag{2.30}$$

令矩阵方程两边各对应元素一一相等,可得 16 个方程式,其中有 12 个为隐式方程,可从这些隐式方程求得所需解答。在式(2.30)中,只有 9 个隐式方程,因为其平移坐标也是明显解。这些隐式方程为

$$n_x = c\phi c\theta c\psi - s\phi s\psi \tag{2.31}$$

$$n_y = s\phi c\theta c\psi + c\phi s\psi \tag{2.32}$$

$$n_z = -s\theta c\psi \tag{2.33}$$

$$o_x = -c\phi c\theta s\psi - s\phi c\psi \tag{2.34}$$

$$o_y = -s\phi c\theta s\psi + c\phi c\psi \tag{2.35}$$

$$o_z = s\theta s\psi \tag{2.36}$$

$$a_x = c\phi s\theta \tag{2.37}$$

$$a_y = s\phi s\theta \tag{2.38}$$

$$a_z = c\theta \tag{2.39}$$

2. 用双变量反正切函数确定角度

可以试探地对 ϕ,θ 和 ψ 进行如下求解。根据式(2.39)得

$$\theta = \arccos(a_z) \tag{2.40}$$

根据式(2.37)和式(2.40)有

$$\phi = \arccos(a_x / s\theta) \tag{2.41}$$

根据式(2.33)和式(2.40)有

$$\psi = \arccos(-n_z / s\theta) \tag{2.42}$$

但是,这些解答是无用的,因为:

(1)当由余弦函数求角度时,不仅此角度的符号是不确定的,而且所求角度的准确程度又与该角度本身有关,即 $\cos\theta = \cos(-\theta)$ 及 $\mathrm{d}\cos\theta / \mathrm{d}\theta |_{0°, 180°} = 0$。

(2)在求解 ϕ 和 ψ 时,见式(2.41)和式(2.42),再次用到反余弦函数,而且除式的分母为 $\sin\theta$。这样,当 $\sin\theta$ 接近于 0 时,总会产生不准确解。

(3)当 $\theta = 0°$ 或 $\theta = \pm 180°$ 时,式(2.41)和式(2.42)没有定义。

因此,在求解时,总是采用双变量反正切函数 atan 2 来确定角度(令 atan 表示 arctan)。atan 2 提供两个向变量,即纵坐标 y 和横坐标 x,如图 2.8 所示。当 $-\pi \leqslant \theta \leqslant \pi$ 时,由 atan 2 反求角度时,同时检查 y 和 x 的符号来确定其所在象限。这一函数也能检验什么时候 x 或 y 为 0,并反求出正确的角度。atan 2 的精确程度对其整个定义域都是一样的。

3. 用显式方程求各角度

要求得方程式的解,则采用另一种通常能够导致显式解答的方法。用未知逆变换依次左乘已知方程,对于欧拉变换有

$$Rot(z,\phi)^{-1}\boldsymbol{T} = Rot(y,\theta)Rot(z,\psi) \tag{2.43}$$

$$Rot(y,\theta)^{-1}Rot(z,\phi)^{-1}\boldsymbol{T} = Rot(z,\psi) \tag{2.44}$$

式(2.43)的左式为已知变换 $\boldsymbol{T}$ 和 ϕ 的函数,而右式各元素或者为 0,或者为常数。令式(2.43)的两边对应元素相等,对于式(2.43)有

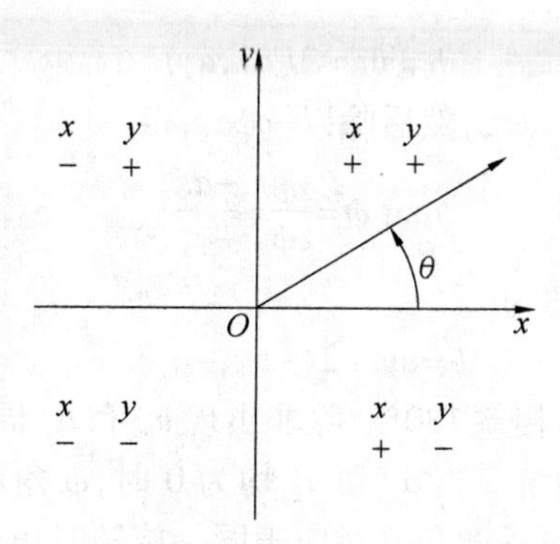

图2.8　反正切函数 atan 2 分布图

$$\begin{bmatrix} c\phi & s\phi & 0 & 0 \\ -s\phi & c\phi & 0 & 0 \\ 0 & 0 & 1 & 0 \\ 0 & 0 & 0 & 1 \end{bmatrix}\begin{bmatrix} n_x & o_x & a_x & p_x \\ n_y & o_y & a_y & p_y \\ n_z & o_z & a_z & p_z \\ 0 & 0 & 0 & 1 \end{bmatrix}=\begin{bmatrix} c\theta c\psi & -c\theta s\psi & s\theta & 0 \\ s\psi & c\psi & 0 & 0 \\ -s\theta c\psi & s\theta s\psi & c\theta & 0 \\ 0 & 0 & 0 & 1 \end{bmatrix} \tag{2.45}$$

在计算此方程左式之前,用下列形式来表示乘积:

$$\begin{bmatrix} f_{11}(n) & f_{11}(o) & f_{11}(a) & f_{11}(p) \\ f_{12}(n) & f_{12}(o) & f_{12}(a) & f_{12}(p) \\ f_{13}(n) & f_{13}(o) & f_{13}(a) & f_{13}(p) \\ 0 & 0 & 0 & 1 \end{bmatrix}$$

其中

$$f_{11}=c\phi x+s\phi y$$
$$f_{12}=-s\phi x+c\phi y$$
$$f_{13}=z$$

而 x,y 和 z 为 f_{11},f_{12} 和 f_{13} 的各相应分量,例如

$$f_{12}(a)=-s\phi a_x+c\phi a_y$$
$$f_{11}(p)=c\phi p_x+s\phi p_y$$

于是可把式(2.45)重写为

$$\begin{bmatrix} f_{11}(n) & f_{11}(o) & f_{11}(a) & f_{11}(p) \\ f_{12}(n) & f_{12}(o) & f_{12}(a) & f_{12}(p) \\ f_{13}(n) & f_{13}(o) & f_{13}(a) & f_{13}(p) \\ 0 & 0 & 0 & 1 \end{bmatrix}=\begin{bmatrix} c\theta c\psi & -c\theta s\psi & s\theta & 0 \\ s\psi & c\psi & 0 & 0 \\ -s\theta c\psi & s\theta s\psi & c\theta & 0 \\ 0 & 0 & 0 & 1 \end{bmatrix} \tag{2.46}$$

检查式(2.46)右式可见,p_x,p_y 和 p_z 均为0 。这是求解过程所期望的,因为欧拉变换不产生任何平移。此外,位于第二行第三列的元素也为0。所以可得 $f_{12}(a)=0$,即

$$-s\phi a_x+c\phi a_y=0 \tag{2.47}$$

式(2.47)两边分别加上 $s\phi a_x$ 再除以 $c\phi a_x$,得

$$\tan\phi=\frac{s\phi}{c\phi}=\frac{a_y}{a_x}$$

这样,即可从反正切函数 atan 2 得

$$\phi = \text{atan}\ 2(a_y, a_x) \tag{2.48}$$

对式(2.47)两边分别加上 $s\phi a_x$，然后除以 $-c\phi a_x$，得

$$\tan\ \phi = \frac{s\phi}{c\phi} = \frac{-a_y}{-a_x}$$

这时，可得式(2.47)的另一个解为

$$\phi = \text{atan}\ 2(-a_y, -a_x) \tag{2.49}$$

式(2.49)与式(2.48)两解相差180°。除非出现 a_y 和 a_x 同时为0的情况，否则总能得到式(2.47)的两个相差180°的解。当 a_y 和 a_x 均为0时，ϕ 角没有定义。这种情况是在机械手臂垂直向上或向下，且 ϕ 和 ψ 两角又对应于同一旋转时出现的，参阅图2.4(b)。这种情况称为退化。这时，可任取 $\phi=0°$。

求得 ϕ 值后，式(2.46)左式的所有元素也就随之确定。令左式元素与右边对应元素相等，得

$$s\theta = f_{11}(a)$$
$$c\theta = f_{13}(a)$$

或者

$$s\theta = c\phi a_x + s\phi a_y$$
$$c\theta = a_z$$

于是有

$$\theta = \text{atan}\ 2(c\phi a_x + s\phi a_y, a_z) \tag{2.50}$$

当正弦和余弦都确定时，θ 角总是唯一确定的，而且不会出现前述角度 ϕ 那种退化问题。

最后求解角度 ψ。由式(2.46)有

$$s\psi = f_{12}(n),\ c\psi = f_{12}(o) \text{或}\ s\psi = -s\phi n_x + c\phi n_y,\ c\psi = -s\phi o_x + c\phi o_y$$

从而得

$$\psi = \text{atan}\ 2(-s\phi n_x + c\phi n_y, -s\phi o_x + c\phi o_y) \tag{2.51}$$

概括地说，如果已知一个表示任意旋转的齐次变换，那么就能够确定其等价欧拉角：

$$\begin{cases} \phi = \text{atan}\ 2(a_y, a_x),\ \phi = \phi + 180° \\ \theta = \text{atan}\ 2(c\phi a_x + s\phi a_y, a_z) \\ \psi = \text{atan}\ 2(-s\phi n_x + c\phi n_y, -s\phi o_x + c\phi o_y) \end{cases} \tag{2.52}$$

2.2.2 RPY 变换解

在分析欧拉变换时已经知道，只有用显式方程才能求得确定的解答，所以在这里直接从显式方程来求解用滚转、俯仰和偏转表示的变换方程。式(2.6)和式(2.7)给出了这些运动的方程式，由式(2.7)得

$$Rot(z,\phi)^{-1}\boldsymbol{T} = Rot(y,\theta)Rot(x,\psi)$$

$$\begin{bmatrix} f_{11}(n) & f_{11}(o) & f_{11}(a) & f_{11}(p) \\ f_{12}(n) & f_{12}(o) & f_{12}(a) & f_{12}(p) \\ f_{13}(n) & f_{13}(o) & f_{13}(a) & f_{13}(p) \\ 0 & 0 & 0 & 1 \end{bmatrix} = \begin{bmatrix} c\theta & s\theta s\psi & s\theta c\psi & 0 \\ 0 & c\psi & -s\psi & 0 \\ -s\theta & c\theta s\psi & c\theta c\psi & 0 \\ 0 & 0 & 0 & 1 \end{bmatrix} \tag{2.53}$$

式中，f_{11}，f_{12}，和 f_{13} 的定义同前。令 $f_{12}(n)$ 与式(2.53)右式的对应元素相等，得

$$-s\phi n_x + c\phi n_y = 0$$

从而得

$$\phi = \operatorname{atan}2(n_y, n_x) \tag{2.54}$$

$$\phi = \phi + 180° \tag{2.55}$$

又令式(2.53)中左、右式中的(3,1)及(1,1)元素分别相等，有

$$-s\theta = n_z$$

$$c\theta = c\phi n_x + s\phi n_y$$

于是得

$$\theta = \operatorname{atan}2(-n_z, c\phi n_x + s\phi n_y) \tag{2.56}$$

最后，令式(2.53)中的(2.3)和(2.2)对应元素分别相等，有

$$-s\psi = -s\phi a_x + c\phi a_y \text{ 与 } c\psi = -s\phi o_x + c\phi o_y$$

据此可得

$$\psi = \operatorname{atan}2(s\phi a_x - c\phi a_y, -s\phi o_x + c\phi o_y) \tag{2.57}$$

综上，可得 RPY 变换各角如下：

$$\begin{cases} \phi = \operatorname{atan}2(n_y, n_x) \\ \phi = \phi + 180° \\ \theta = \operatorname{atan}2(-n_z, c\phi n_x + s\phi n_y) \\ \psi = \operatorname{atan}2(s\phi a_x - c\phi a_y, -s\phi o_x + c\phi o_y) \end{cases} \tag{2.58}$$

2.2.3　球面变换解

也可以把上述求解方法用于球面坐标表示的运动方程，这些方程如式(2.12)和式(2.13)所示。由式(2.13)可得

$$Rot(z,\alpha)^{-1}\boldsymbol{T} = Rot(y,\beta)Trans(0,0,r)$$

$$\begin{cases} \begin{bmatrix} c\alpha & s\alpha & 0 & 0 \\ -s\alpha & c\alpha & 0 & 0 \\ 0 & 0 & 1 & 0 \\ 0 & 0 & 0 & 1 \end{bmatrix} \begin{bmatrix} n_x & o_x & a_x & p_x \\ n_y & o_y & a_y & p_y \\ n_z & o_z & a_z & p_z \\ 0 & 0 & 0 & 1 \end{bmatrix} = \begin{bmatrix} c\beta & 0 & s\beta & rs\beta \\ 0 & 1 & 0 & 0 \\ -s\beta & 0 & c\beta & rc\beta \\ 0 & 0 & 0 & 1 \end{bmatrix} \\ \begin{bmatrix} f_{11}(n) & f_{11}(o) & f_{11}(a) & f_{11}(p) \\ f_{12}(n) & f_{12}(o) & f_{12}(a) & f_{12}(p) \\ f_{13}(n) & f_{13}(o) & f_{13}(a) & f_{13}(p) \\ 0 & 0 & 0 & 1 \end{bmatrix} = \begin{bmatrix} c\beta & 0 & s\beta & rs\beta \\ 0 & 1 & 0 & 0 \\ -s\beta & 0 & c\beta & rc\beta \\ 0 & 0 & 0 & 1 \end{bmatrix} \end{cases} \tag{2.59}$$

令式(2.59)两边的右列相等，即

$$\begin{bmatrix} c\alpha p_x + s\alpha p_y \\ -s\alpha p_x + c\alpha p_y \\ p_z \\ 1 \end{bmatrix} = \begin{bmatrix} rs\beta \\ 0 \\ rc\beta \\ 1 \end{bmatrix}$$

由此可得 $-s\alpha p_x + c\alpha p_y = 0$，即

$$\alpha = \operatorname{atan}2(p_x, p_y) \tag{2.60}$$

$$\alpha = \alpha + 180° \tag{2.61}$$

以及 $c\alpha p_x + s\alpha p_y = rs\beta, p_z = rc\beta$。当 $r>0$ 时，有

$$\beta = \operatorname{atan}2(c\alpha p_x + s\alpha p_y, p_z) \tag{2.62}$$

要求得 r，必须用 $Rot(y,\beta)^{-1}$ 左乘式(2.59)的两边，即

$$Rot(y,\beta)^{-1} Rot(z,\alpha)^{-1} \boldsymbol{T} = Trans(0,0,r)$$

计算上式后，让其右列相等，即

$$\begin{bmatrix} c\beta(c\alpha p_x + s\alpha p_y) - s\beta p_z \\ -s\alpha p_x + c\alpha p_y \\ s\beta(c\alpha p_x + s\alpha p_y) + c\beta p_z \\ 1 \end{bmatrix} = \begin{bmatrix} 0 \\ 0 \\ r \\ 1 \end{bmatrix}$$

从而可得

$$r = s\beta(c\alpha p_x + s\alpha p_y) + c\beta p_z \tag{2.63}$$

综上可得球面变换的解为

$$\begin{cases} \alpha = \operatorname{atan}2(p_y, p_x), \alpha = \alpha + 180° \\ \beta = \operatorname{atan}2(c\alpha p_x + s\alpha p_y, p_z) \\ r = s\beta(c\alpha p_x + s\alpha p_y) + c\beta p_z \end{cases} \tag{2.64}$$

2.3 机器人运动分析

由以上分析可知，能够由式(2.19)、式(2.22)及式(2.23)来求解用笛卡尔坐标表示的运动方程。这些矩阵右式的元素，或者为零，或者为常数，或者为第 n 至第 6 个关节变量的函数。矩阵相等表明其对应元素分别相等，并可从每个矩阵方程得到 12 个方程式，每个方程式对应于 4 个矢量 $\boldsymbol{n}, \boldsymbol{o}, \boldsymbol{a}$ 和 $\boldsymbol{p}$ 的每个分量。下面将以 PUMA560 机器人为例来阐述这些方程的求解。

2.3.1 机器人正运动学举例

PUMA560 属于关节式机器人，6 个关节都是转动关节。前 3 个关节确定手腕参考点的位置，后 3 个关节确定手腕的方位。和大多数工业机器人一样，后 3 个关节轴线交于一点。该点选作手腕的参考点，也选作连杆坐标系{4}，{5}和{6}的原点。关节 1 的轴线为垂直方向，关节 2 和 3 的轴线水平，且平行，距离为 a_2。关节 1 和 2 的轴线垂直相交，关节 3 和 4 的轴线垂直交错，距离为 a_3。各连杆坐标系如图 2.9 所示。

机器人相应的连杆参数列于表 2.1 中。其中，$a_2 = 431.8$ mm，$a_3 = 20.32$ mm，$d_2 = 149.09$ mm，$d_4 = 434.07$ mm，$d_6 = 56.25$ mm。

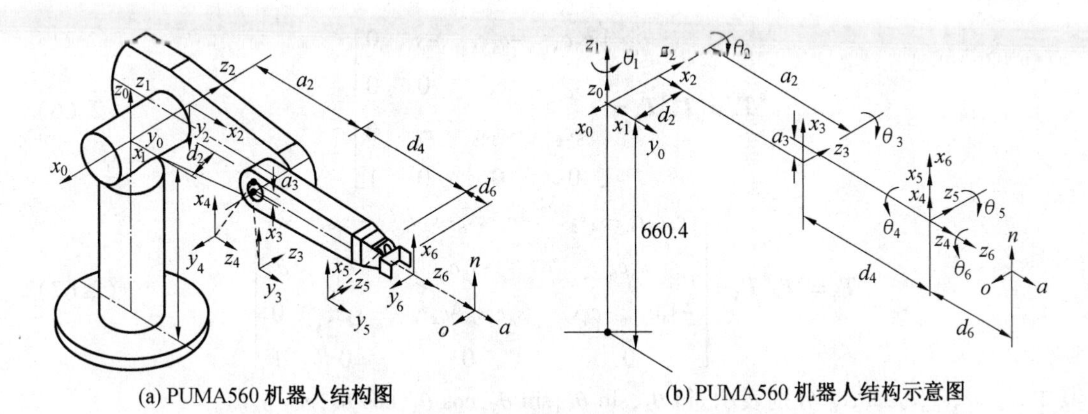

图2.9 PUMA560 机器人的连杆坐标系布置图

表2.1 PUMA560 机器人的连杆参数

连杆	变量 θ_i	α_{i-1}	a_{i-1}	d_i	变量范围
1	$\theta_1(90°)$	0°	0	0	-160° ~ 160°
2	$\theta_2(0°)$	-90°	0	d_2	-225° ~ 45°
3	$\theta_3(-90°)$	0°	a_2	0	-45° ~ 225°
4	$\theta_4(0°)$	-90°	a_3	d_4	-110° ~ 170°
5	$\theta_5(0°)$	90°	0	0	-100° ~ 100°
6	$\theta_6(0°)$	-90°	0	d_6	-266° ~ 266°

据式(2.19)及表2.1所示连杆参数,可求得各连杆变换矩阵如下:

$$
{}^0\boldsymbol{T}_1=\begin{bmatrix} c\theta_1 & -s\theta_1 & 0 & 0\\ s\theta_1 & c\theta_1 & 0 & 0\\ 0 & 0 & 1 & 0\\ 0 & 0 & 0 & 1 \end{bmatrix},\quad {}^1\boldsymbol{T}_2=\begin{bmatrix} c\theta_2 & -s\theta_2 & 0 & 0\\ 0 & 0 & 1 & d_2\\ -s\theta_2 & -c\theta_2 & 0 & 0\\ 0 & 0 & 0 & 1 \end{bmatrix}
$$

$$
{}^2\boldsymbol{T}_3=\begin{bmatrix} c\theta_3 & -s\theta_3 & 0 & a_2\\ s\theta_3 & c\theta_3 & 0 & 0\\ 0 & 0 & 1 & 0\\ 0 & 0 & 0 & 1 \end{bmatrix},\quad {}^3\boldsymbol{T}_4=\begin{bmatrix} c\theta_4 & -s\theta_4 & 0 & a_3\\ 0 & 0 & 1 & d_4\\ -s\theta_4 & -c\theta_4 & 0 & 0\\ 0 & 0 & 0 & 1 \end{bmatrix}
$$

$$
{}^4\boldsymbol{T}_5=\begin{bmatrix} c\theta_5 & -s\theta_5 & 0 & 0\\ 0 & 0 & -1 & 0\\ s\theta_5 & c\theta_5 & 0 & 0\\ 0 & 0 & 0 & 1 \end{bmatrix},\quad {}^5\boldsymbol{T}_6=\begin{bmatrix} c\theta_6 & -s\theta_6 & 0 & 0\\ 0 & 0 & 1 & 0\\ -s\theta_6 & -c\theta_6 & 0 & 0\\ 0 & 0 & 0 & 1 \end{bmatrix}
$$

各连杆变换矩阵相乘,得到 PUMA560 的机器人变换矩阵为

$$
{}^0\boldsymbol{T}_6={}^0\boldsymbol{T}_1(\theta_1)\,{}^1\boldsymbol{T}_2(\theta_2)\,{}^2\boldsymbol{T}_3(\theta_3)\,{}^3\boldsymbol{T}_4(\theta_4)\,{}^4\boldsymbol{T}_5(\theta_5)\,{}^5\boldsymbol{T}_6(\theta_6) \tag{2.65}
$$

即为关节变量 $\theta_1,\theta_2,\cdots,\theta_6$ 的函数。要求解此运动方程,需先计算某些中间结果:

$$
{}^{4}\boldsymbol{T}_{6}={}^{4}\boldsymbol{T}_{5}{}^{5}\boldsymbol{T}_{6}=\begin{bmatrix} c_5c_6 & -c_5c_6 & -s_5 & 0 \\ s_6 & c_6 & 0 & 0 \\ s_5c_6 & -s_5s_6 & c_5 & 0 \\ 0 & 0 & 0 & 1 \end{bmatrix} \tag{2.66}
$$

$$
{}^{3}\boldsymbol{T}_{6}={}^{3}\boldsymbol{T}_{4}{}^{4}\boldsymbol{T}_{6}=\begin{bmatrix} c_4c_5c_6-s_4s_6 & -c_4c_5s_6-s_4c_6 & -c_4s_5 & a_3 \\ s_5c_6 & -s_5c_6 & c_5 & d_4 \\ -s_4c_5c_6-c_4s_6 & s_4c_5s_6-c_4c_6 & s_4s_5 & 0 \\ 0 & 0 & 0 & 1 \end{bmatrix} \tag{2.67}
$$

其中,s_4,s_5,s_6,c_4,c_5,c_6 分别表示 $\sin\theta_4,\sin\theta_5,\sin\theta_6,\cos\theta_4,\cos\theta_5,\cos\theta_6$。

由于 PUMA560 的关节 2 和 3 相互平行,把${}^{1}\boldsymbol{T}_2(\theta_2)$和${}^{2}\boldsymbol{T}_3(\theta_3)$相乘得

$$
{}^{1}\boldsymbol{T}_{3}={}^{1}\boldsymbol{T}_{2}{}^{2}\boldsymbol{T}_{3}=\begin{bmatrix} c_{23} & -s_{23} & 0 & a_2c_2 \\ 0 & 0 & 1 & d_2 \\ -s_{23} & -c_{23} & 0 & -a_2s_2 \\ 0 & 0 & 0 & 1 \end{bmatrix} \tag{2.68}
$$

其中,$c_{23}=\cos(\theta_2+\theta_3)=c_2c_3-s_2s_3$,$s_{23}=\sin(\theta_2+\theta_3)=c_2s_3+s_2c_3$。可见,两旋转关节平行时,利用角度之和的公式,可以得到比较简单的表达式。再将式(2.68)与式(2.67)相乘,得

$$
{}^{1}\boldsymbol{T}_{6}={}^{1}\boldsymbol{T}_{3}{}^{3}\boldsymbol{T}_{6}=\begin{bmatrix} {}^{1}n_x & {}^{1}o_x & {}^{1}a_x & {}^{1}p_x \\ {}^{1}n_y & {}^{1}o_y & {}^{1}a_y & {}^{1}p_y \\ {}^{1}n_z & {}^{1}o_z & {}^{1}a_z & {}^{1}p_z \\ 0 & 0 & 0 & 1 \end{bmatrix}
$$

$$
\begin{cases}
{}^{1}n_x=c_{23}(c_4c_5c_6-s_4s_6)-s_{23}s_5s_6 \\
{}^{1}n_y=-s_4c_5c_6-c_4s_6 \\
{}^{1}n_z=-s_{23}(c_4c_5c_6-s_4s_6)-c_{23}s_5c_6 \\
{}^{1}o_x=-c_{23}(c_4c_5s_6+s_4c^6)+s_{23}s_5s_6 \\
{}^{1}o_y=s_4c_5s_6-c_4c_6 \\
{}^{1}o_z=s_{23}(c_4c_5s_6+s_4c_6)+c_{23}s_5s_6 \\
{}^{1}a_x=-c_{23}c_4s_5-s_{23}c_5 \\
{}^{1}a_y=s_4s_5 \\
{}^{1}a_z=s_{23}c_4s_5-c_{23}c_5 \\
{}^{1}p_x=a_2c_2+a_3c_{23}-d_4s_{23} \\
{}^{1}p_y=d_2 \\
{}^{1}p_z=-a_3s_{23}-a_2s_2-d_4c_{23}
\end{cases} \tag{2.69}
$$

其中,c_2 表示 $\cos\theta_2$,其余依此类推。

于是,可求得机器人的 $\boldsymbol{T}$ 变换矩阵为

$$
{}^{0}\boldsymbol{T}_{6}={}^{0}\boldsymbol{T}_{1}{}^{1}\boldsymbol{T}_{6}=\begin{bmatrix} n_x & o_x & a_x & p_x \\ n_y & o_y & a_y & p_y \\ n_z & o_z & a_z & p_z \\ 0 & 0 & 0 & 1 \end{bmatrix}
$$

$$
\begin{cases}
n_x=c_1[c_{23}(c_4c_5c_6-s_4s_6)-s_{23}s_5c_6]+s_1(s_4c_5c_6+c_4s_6)\\
n_y=s_1[c_{23}(c_4c_5c_6-s_4s_6)-s_{23}s_5c_6]-c_1(s_4c_5c_6+c_4s_6)\\
n_z=-s_{23}(c_4c_5c_6-s_4s_6)-c_{23}s_5c_6\\
o_x=c_1[c_{23}(-c_4c_5s_6-s_4c_6)+s_{23}s_5s_6]+s_1(c_4c_6-s_4c_5s_6)\\
o_y=s_1[c_{23}(-c_4c_5s_6-s_4c_6)+s_{23}s_5s_6]-c_1(c_4c_6-s_4c_5c_6)\\
o_z=-s_{23}(-c_4c_5s_6-s_4c_6)+c_{23}s_5s_6\\
a_x=-c_1(c_{23}c_4s_5+s_{23}c_5)-c_1s_4s_5\\
a_y=-s_1(c_{23}c_4s_5+s_{23}c_5)+c_1s_4s_5\\
a_z=s_{23}c_4s_5-c_{23}c_5\\
p_x=c_1(a_2c_2+a_3c_{23}-d_4s_{23})-d_2s_1\\
p_y=s_1(a_2c_2+a_3c_{23}-d_4s_{23})+d_2c_1\\
p_z=-a_3s_{23}-a_2s_2-d_4c_{23}
\end{cases}
\tag{2.70}
$$

式(2.70)表示的 PUMA560 手臂变换矩阵${}^{0}\boldsymbol{T}_6$,描述了末端连杆坐标系{6}相对基坐标系{0}的位姿,是机械手运动分析和综合的基础。

为校核${}^{0}\boldsymbol{T}_6$ 的正确性,计算 $\theta_1=90°,\theta_2=0°,\theta_3=-90°,\theta_4=\theta_5=\theta_6=0°$时手臂变换矩阵${}^{0}\boldsymbol{T}_6$ 的值。计算结果为

$$
{}^{0}\boldsymbol{T}_{6}=\begin{bmatrix} 0 & 1 & 0 & -d_2 \\ 0 & 0 & 1 & a_2+d_4 \\ 1 & 0 & 0 & a_3 \\ 0 & 0 & 0 & 1 \end{bmatrix}
$$

与图 2.9 所示的情况完全一致。

2.3.2　机器人逆运动学举例

机器人运动方程的求解或综合方法很多,2.2 节已介绍了几种,能够由式(2.22)及式(2.23)~(2.27)来求解用笛卡尔坐标表示的运动方程。下面同样先以 PUMA560 机器人为例来阐述这些方程的求解。

将 PUMA560 的运动方程(2.70)写为

$$
{}^{0}\boldsymbol{T}_{6}=\begin{bmatrix} n_x & o_x & a_x & p_x \\ n_y & o_y & a_y & p_y \\ n_z & o_z & a_z & p_z \\ 0 & 0 & 0 & 1 \end{bmatrix}={}^{0}\boldsymbol{T}_1(\theta_1){}^{1}\boldsymbol{T}_2(\theta_2){}^{2}\boldsymbol{T}_3(\theta_3){}^{3}\boldsymbol{T}_4(\theta_4){}^{4}\boldsymbol{T}_5(\theta_5){}^{5}\boldsymbol{T}_6(\theta_6) \tag{2.71}
$$

若末端连杆的位姿已经给定,即 $\boldsymbol{n},\boldsymbol{o},\boldsymbol{a}$ 和 $\boldsymbol{p}$ 为已知,则求关节变量 $\theta_1,\theta_2,\cdots,\theta_6$ 的值称为运动反解。用未知的连杆逆变换左乘方程(2.71)两边,把关节变量分离出来,从而求解。

具体步骤如下。

1. 求 θ_1

用逆变换${}^0T_1^{-1}(\theta_1)$左乘方程(2.71)两边,则

$$ {}^0\boldsymbol{T}_1^{-1}(\theta_1)\,{}^0\boldsymbol{T}_6={}^1\boldsymbol{T}_2(\theta_2)\,{}^2\boldsymbol{T}_3(\theta_3)\,{}^3\boldsymbol{T}_4(\theta_4)\,{}^4\boldsymbol{T}_5(\theta_5)\,{}^5\boldsymbol{T}_6(\theta_6) \tag{2.72}$$

$$\begin{bmatrix} c_1 & s_1 & 0 & 0 \\ -s_1 & c_1 & 0 & 0 \\ 0 & 0 & 1 & 0 \\ 0 & 0 & 0 & 1 \end{bmatrix}\begin{bmatrix} n_x & o_x & a_x & p_x \\ n_y & o_y & a_y & p_y \\ n_z & o_z & a_z & p_z \\ 0 & 0 & 0 & 1 \end{bmatrix}={}^1\boldsymbol{T}_6 \tag{2.73}$$

令矩阵方程(2.73)两端的元素(2,4)对应相等,得

$$-s_1p_x+c_1p_y=d_2 \tag{2.74}$$

利用三角代换

$$p_x=\rho\cos\phi,\ p_y=\rho\sin\phi \tag{2.75}$$

式中,$\rho=\sqrt{p_x^2+p_y^2}$;$\phi=\mathrm{atan}\,2(p_y,p_x)$。

把代换式(2.75)代入式(2.74),得到 θ_1 的解为

$$\begin{cases} \sin(\phi-\theta_1)=d_2/\rho;\cos(\phi-\theta_1)=\pm\sqrt{1-(d_2/\rho)^2} \\ \phi-\theta_1=\mathrm{atan}\,2\left[\dfrac{d_2}{\rho},\pm\sqrt{1-\left(\dfrac{d_2}{\rho}\right)^2}\right] \\ \theta_1=\mathrm{atan}\,2(p_y,p_x)-\mathrm{atan}\,2(d_2,\pm\sqrt{p_x^2+p_y^2-d_2^2}) \end{cases} \tag{2.76}$$

式中,正、负号对应于 θ_1 的两个可能解。

2. 求 θ_3

在选定 θ_1 的一个解之后,再令矩阵方程(2.73)两端的元素(1,4)和(3,4)分别对应相等,即得

$$\begin{Bmatrix} c_1p_x+s_1p_y=a_3c_{23}-d_4s_{23}+a_2c_2 \\ p_z=a_3s_{23}+d_4c_{23}+a_2s_2 \end{Bmatrix} \tag{2.77}$$

式(2.74)与式(2.77)的平方和为

$$a_3c_3-d_4s_3=k \tag{2.78}$$

其中

$$k=\frac{p_x^2+p_y^2+p_z^2-a_2^2-a_3^2-d_2^2-d_4^2}{2a_2}$$

方程(2.78)中已经消去 θ_2,且方程(2.78)与方程(2.74)具有相同的形式,因而可由三角代换求解 θ_3 为

$$\theta_3=\mathrm{atan}\,2(a_3,d_4)-\mathrm{atan}\,2(k,\pm\sqrt{a_3^2+d_4^2-k^2}) \tag{2.79}$$

式中,正、负号对应 θ_3 的两种可能解。

3. 求 θ_2

为求解 θ_2,在矩阵方程(2.71)两边左乘逆变换${}^0T_3^{-1}$,得

$${}^0\boldsymbol{T}_3^{-1}(\theta_1,\theta_2,\theta_3)\,{}^0\boldsymbol{T}_6={}^3\boldsymbol{T}_4(\theta_4)\,{}^4\boldsymbol{T}_5(\theta_5)\,{}^5\boldsymbol{T}_6(\theta_6) \tag{2.80}$$

$$\begin{bmatrix} c_1c_{23} & s_1c_{23} & -s_{23} & -a_2c_3 \\ -c_1s_{23} & -s_1s_{23} & -c_{23} & a_2s_3 \\ -s_1 & c_1 & 0 & -d_2 \\ 0 & 0 & 0 & 1 \end{bmatrix}\begin{bmatrix} n_x & o_x & a_x & p_x \\ n_y & o_y & a_y & p_y \\ n_z & o_z & a_z & p_z \\ 0 & 0 & 0 & 1 \end{bmatrix} = {}^3\boldsymbol{T}_6 \tag{2.81}$$

式中,变换${}^3\boldsymbol{T}_6$由公式(2.67)给出。令矩阵方程(2.81)两边的元素(1,4)和(2,4)分别对应相等,可得

$$\begin{cases} c_1c_{23}p_x+s_1c_{23}p_y-s_{23}p_z-a_2c_3=a_3 \\ -c_1s_{23}p_x-s_1s_{23}p_y-c_{23}p_z+a_2s_3=d_4 \end{cases} \tag{2.82}$$

联立求解得

$$\begin{cases} s_{23}=\dfrac{(-a_3-a_2c_3)p_z+(c_1p_x+s_1p_y)(s_2s_3-d_4)}{p_z^2+(c_1p_x+s_1p_y)^2} \\ c_{23}=\dfrac{(-d_4+a_2s_3)p_z-(c_1p_x+s_1p_y)(-a_2c_3-a_3)}{p_z^2+(c_1p_x+s_1p_y)^2} \end{cases}$$

s_{23}和c_{23}表达式的分母相等,且为正。于是

$$\begin{aligned} \theta_{23}=\theta_2+\theta_3= \\ \operatorname{atan} 2[-(a_3+a_2c_3)p_z+(c_1p_x+s_1p_y)(a_2s_3-d_4), \\ (-d_4+a_2s_3)p_z+(c_1p_x+s_1p_y)(a_2c_3+a_3)] \end{aligned} \tag{2.83}$$

根据θ_1和θ_3解的4种可能组合,由式(2.83)可以得到相应的4种可能值θ_{23},于是可得到θ_2的4种可能解为

$$\theta_2=\theta_{23}-\theta_3 \tag{2.84}$$

式中,θ_2取与θ_3相对应的值。

4. 求θ_4

因为式(2.81)的左边均为已知,令两边元素(1,3)和(3,3)分别对应相等,则

$$\begin{cases} a_xc_1c_{23}+a_ys_1c_{23}-a_zs_{23}=-c_4s_5 \\ -a_xs_1+a_yc_1=s_4s_5 \end{cases}$$

只要$s_5\neq0$,即可求出θ_4为

$$\theta_4=\operatorname{atan} 2(-a_xs_1+a_yc_1,-a_xc_1c_{23}-a_ys_1c_{23}+a_zs_{23}) \tag{2.85}$$

当$s_5=0$时,机械手处于奇异形位。此时,关节轴4和6重合,只能解出θ_4与θ_6的和或差。奇异形位可以由式(2.85)中atan 2的两个变量是否都接近零来判别。若都接近零,则为奇异形位;否则,不是奇异形位。在奇异形位时,可任意选取θ_4的值,再计算相应的θ_6值。

5. 求θ_5

根据求出的θ_4,可进一步解出θ_5,将式(2.71)两端左乘逆变换${}^0\boldsymbol{T}_4^{-1}(\theta_1,\theta_2,\theta_3,\theta_4)$,有

$${}^0\boldsymbol{T}_4^{-1}(\theta_1,\theta_2,\theta_3,\theta_4)\,{}^0\boldsymbol{T}_6={}^4\boldsymbol{T}_5(\theta_5)\,{}^5\boldsymbol{T}_6(\theta_6) \tag{2.86}$$

因式(2.86)的左边$\theta_1,\theta_2,\theta_3$和$\theta_4$均已解出,逆变换${}^0\boldsymbol{T}_4^{-1}(\theta_1,\theta_2,\theta_3,\theta_4)$为

$$\begin{bmatrix} c_1c_{23}c_4+s_1s_4 & s_1c_{23}c_4-c_1s_4 & -s_{23}c_4 & -a_2c_3c_4+d_2s_4-a_3c_4 \\ -c_1c_{23}s_4+s_1c_4 & -s_1c_{23}s_4-c_1c_4 & s_{23}s_4 & a_2c_3s_4+d_2c_4+a_3s_4 \\ -c_1s_{23} & -s_1s_{23} & -c_{23} & a_2s_3-d_4 \\ 0 & 0 & 0 & 1 \end{bmatrix}$$

方程(2.86)的右边${}^4\boldsymbol{T}^6(\theta_5,\theta_6)$由式(2.66)给出。根据矩阵两边元素(1,3)和(3,3)分别对应相等,可得

$$\begin{cases} a_x(c_1c_{23}c_4+s_1s_4)+a_y(s_1c_{23}c_4-c_1s_4)-a_z(s_{23}c_4)=-s_5 \\ a_x(-c_1s_{23})+a_y(-s_1s_{23})+a_z(-c_{23})=c_5 \end{cases} \tag{2.87}$$

由此得到 θ_5 的封闭解为

$$\theta_5=\operatorname{atan}2(s_5,c_5) \tag{2.88}$$

6. 求 θ_6

将式(2.71)改写为

$${}^0\boldsymbol{T}_5^{-1}(\theta_1,\theta_2,\cdots,\theta_5)\,{}^0\boldsymbol{T}_6={}^5\boldsymbol{T}_6(\theta_6) \tag{2.89}$$

令矩阵方程(2.89)两边元素(3,1)和(1,1)分别对应相等,可得

$$-n_x(c_1c_{23}s_4-s_1c_4)-n_y(s_1c_{23}s_4+c_1c_4)+n_z(s_{23}s_4)=s_6$$

$$n_x[(c_1c_{23}c_4+s_1s_4)c_5-c_1s_{23}s_5]+n_y[(s_1c_{23}c_4-c_1s_4)c_5-s_1s_{23}s_5]-n_z(s_{23}c_4c_5+c_{23}s_5)=c_6$$

由此可求出 θ_6 的封闭解为

$$\theta_6=\operatorname{atan}2(s_6,c_6) \tag{2.90}$$

PUMA560 的运动反解可能存在 8 种解。但是由于结构限制,例如各关节变量不能全部在 360°范围内运动,有些解不能实现。在机器人存在多种解的情况下,应选取其最满意的一组解,以满足机器人的工作要求。

2.3.3 机器人雅可比矩阵

工业机器人运动学反映了机器人的几何运动关系,未涉及机器人运动的力、速度和加速度等动态过程。在机器人运动学的基础之上,本小节将研究机器人操作空间运动速度与关节空间速度之间的映射关系,即雅可比矩阵。

1. 机器人雅可比矩阵的定义

数学上雅可比矩阵是一个多元函数的偏导矩阵,设机器人有 6 个数学函数,每个函数有 6 个变量,即

$$\begin{cases} x_1=f_1(q_1,q_2,q_3,q_4,q_5,q_6) \\ x_2=f_2(q_1,q_2,q_3,q_4,q_5,q_6) \\ x_3=f_3(q_1,q_2,q_3,q_4,q_5,q_6) \\ x_4=f_4(q_1,q_2,q_3,q_4,q_5,q_6) \\ x_5=f_5(q_1,q_2,q_3,q_4,q_5,q_6) \\ x_6=f_6(q_1,q_2,q_3,q_4,q_5,q_6) \end{cases} \tag{2.91}$$

将式(2.91)简记为

$$\boldsymbol{X}=\boldsymbol{F}(\boldsymbol{q}) \tag{2.92}$$

将其微分，得

$$\begin{cases} dx_1 = \frac{\partial f_1}{\partial q_1}dq_1 + \frac{\partial f_1}{\partial q_2}dq_2 + \frac{\partial f_1}{\partial q_3}dq_3 + \frac{\partial f_1}{\partial q_4}dq_4 + \frac{\partial f_1}{\partial q_5}dq_5 + \frac{\partial f_1}{\partial q_6}dq_6 \\ dx_2 = \frac{\partial f_2}{\partial q_1}dq_1 + \frac{\partial f_2}{\partial q_2}dq_2 + \frac{\partial f_2}{\partial q_3}dq_3 + \frac{\partial f_2}{\partial q_4}dq_4 + \frac{\partial f_2}{\partial q_5}dq_5 + \frac{\partial f_2}{\partial q_6}dq_6 \\ \vdots \\ dx_6 = \frac{\partial f_6}{\partial q_1}dq_1 + \frac{\partial f_6}{\partial q_2}dq_2 + \frac{\partial f_6}{\partial q_3}dq_3 + \frac{\partial f_6}{\partial q_4}dq_4 + \frac{\partial f_6}{\partial q_5}dq_5 + \frac{\partial f_6}{\partial q_6}dq_6 \end{cases} \tag{2.93}$$

简记为

$$d\boldsymbol{X} = \frac{\partial \boldsymbol{F}}{\partial \boldsymbol{X}} d\boldsymbol{q} \tag{2.94}$$

式中，$\frac{\partial \boldsymbol{F}}{\partial \boldsymbol{X}}$为雅可比矩阵。

如果取 $\boldsymbol{X}=[V,\boldsymbol{\omega}]^{\mathrm{T}}$ 为机器人末端运动的线速度和角速度，$\boldsymbol{q}=[\dot{\theta}_1,\dot{\theta}_2,\cdots,\dot{\theta}_n]^{\mathrm{T}}$ 为机器人各关节的运动角速度，则

$$\dot{\boldsymbol{X}} = \boldsymbol{J}\dot{\boldsymbol{q}} \tag{2.95}$$

式中，$\boldsymbol{J}$ 为机器人的雅可比矩阵，它是机器人操作速度与关节速度的线性变换，可以视为从关节空间向操作空间运动速度的传动比。

同理，可得到机器人的逆雅可比矩阵关系为

$$\dot{\boldsymbol{q}} = \boldsymbol{J}^{-1}\dot{\boldsymbol{X}} \tag{2.96}$$

逆雅可比矩阵反映的是机器人关节运动速度和机器人末端速度的映射关系。

2. 机器人雅可比矩阵求解举例

本小节以平面二自由度关节机器人为例说明雅可比矩阵的求解过程（图 2.10）。

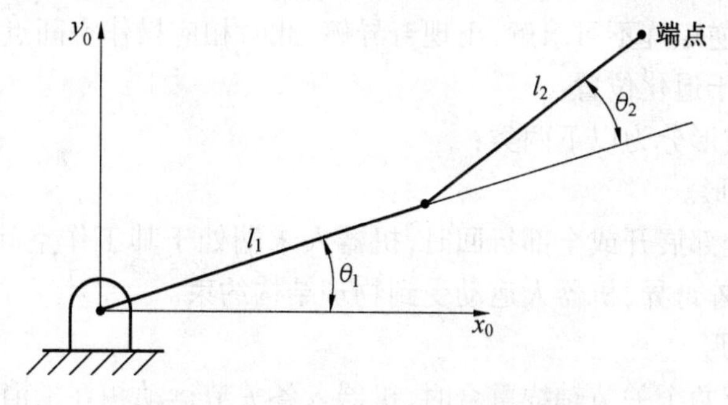

图 2.10　平面二自由度关节机器人

设机器人末端位置为(x,y)，则可得到(x,y)与(θ_1,θ_2)的关系式为

$$\begin{cases} x = l_1\cos\,\theta_1 + l_2\cos\,(\theta_1+\theta_2) \\ y = l_1\sin\,\theta_1 + l_2\sin\,(\theta_1+\theta_2) \end{cases} \tag{2.97}$$

式中，l_1 和 l_2 分别为杆 1 和杆 2 的长度；θ_1 和 θ_2 分别为关节 1 和关节 2 的旋转角度。

将式(2.97)微分，得

$$\begin{cases} \dot{x}=\dfrac{\partial x}{\partial \theta_1}\dot{\theta}_1+\dfrac{\partial x}{\partial \theta_2}\dot{\theta}_2 \\ \dot{y}=\dfrac{\partial y}{\partial \theta_1}\dot{\theta}_1+\dfrac{\partial y}{\partial \theta_2}\dot{\theta}_2 \end{cases} \tag{2.98}$$

将其写成矩阵形式为

$$\begin{bmatrix} \dot{x} \\ \dot{y} \end{bmatrix}=\begin{bmatrix} \dfrac{\partial x}{\partial \theta_1} & \dfrac{\partial x}{\partial \theta_2} \\ \dfrac{\partial y}{\partial \theta_1} & \dfrac{\partial y}{\partial \theta_2} \end{bmatrix}\begin{bmatrix} \dot{\theta}_1 \\ \dot{\theta}_2 \end{bmatrix} \tag{2.99}$$

这样可得到机器人的雅可比矩阵 $\boldsymbol{J}$ 为

$$\boldsymbol{J}=\begin{bmatrix} \dfrac{\partial x}{\partial \theta_1} & \dfrac{\partial x}{\partial \theta_2} \\ \dfrac{\partial y}{\partial \theta_1} & \dfrac{\partial y}{\partial \theta_2} \end{bmatrix} \tag{2.100}$$

根据式(2.97)可得

$$\boldsymbol{J}=\begin{bmatrix} -l_1\sin\theta_1-l_2\sin(\theta_1+\theta_2) & -l_2\sin(\theta_1+\theta_2) \\ l_1\cos\theta_1+l_2\cos(\theta_1+\theta_2) & l_2\cos(\theta_1+\theta_2) \end{bmatrix} \tag{2.101}$$

3. 机器人雅可比矩阵分析

经过以上分析可以看出，机器人的末端运动速度和机器人各关节运动速度是由雅可比矩阵决定的。这样，可以根据机器人的关节速度计算机器人的运动速度。同时，在机器人的运动规划时，可以规划其末端运动速度，通过雅可比逆矩阵得到其关节空间的运动速度，进行机器人的关节运动速度规划。

在机器人进行速度规划时，应计算出路径每一时刻的关节速度，但是当速度雅可比矩阵不是满秩时，雅可比逆矩阵不可求解，出现奇异解，此时相应操作空间点为奇异点，无法计算关节速度，机器人处于退化位置。

机器人的奇异位形分为以下两类：

(1)边界奇异位形。

当机器人臂部全部展开或全部折回时，机器人末端处于其工作空间边界上或者边界附近，出现雅可比逆矩阵奇异，机器人运动受到物理结构约束。

(2)内部奇异位形。

当机器人两个或两个关节轴线重合时，机器人各关节运动相互抵消，不产生操作运动。

由此可见，当机器人处于奇异位形时会产生退化现象，丧失一个或更多自由度。这意味着在工作空间的某个方向上，不管怎样选择机器人的关节运动速度，机器人末端也不可能实现移动。

2.4 机器人系统动力学

工业机器人是一个多刚体系统，也是一个复杂的动力学系统。机器人的动态性能不仅与运动学因素相关，还与机器人的结构形式、质量分布、执行机构和传动装置等动力学因素相关。机器人动力学主要研究机器人运动与受力之间的关系,解决动力学正问题和逆问题两类问题。

(1)已知机器人各关节的驱动力矩,求取各关节的位置、速度和加速度,得到机器人运动轨迹,也就是动力学正问题。

(2)已知机器人的关节位置、速度和加速度,求取相应的关节力矩,用以实现机器人的动态控制,也就是动力学逆问题。

研究机器人动力学的方法主要有牛顿-欧拉法、拉格朗日法、高斯法和凯恩法等。本节主要介绍常用的拉格朗日方法,该方法不仅能以最简单的形式求解复杂系统的动力学方程,而且所求得的方程具有显式结构,物理意义比较明确。

2.4.1 拉格朗日方程

在机器人的动力学研究中,目前主要应用拉格朗日方程建立机器人的动力学模型。这类方程可直接表示为系统控制输入的函数,若采用齐次坐标,通过递推的拉格朗日方程也可建立比较方便而有效的动力学方程。

对于任何机械系统,拉格朗日函数 L(拉格朗日算子)定义为系统总动能 E_k 与总势能 E_p 之差,即

$$L=E_k-E_p \tag{2.102}$$

由于系统的动能 E_k 是广义关节变量 q_i 和 $\dot{q}_i$ 的函数,系统势能 E_p 是 q_i 的函数,因此拉格朗日函数 L 也是 q_i 和 $\dot{q}_i$ 的函数。机器人系统的拉格朗日方程为

$$F_i=\frac{\mathrm{d}}{\mathrm{d}t}\frac{\partial L}{\partial \dot{q}}-\frac{\partial L}{\partial q},i=1,2,\cdots,n \tag{2.103}$$

式中,L 为拉格朗日函数;n 为机器人连杆数目;q_i 为系统选定的广义坐标,单位为 m 或 rad,单位的具体选择需要根据 q_i 的坐标形式(直线坐标或转角坐标)确定;$\dot{q}_i$ 为广义速度,单位为 m/s 或 rad/s,单位的具体选择同样需要根据 q_i 的坐标形式确定;F_i 是系统作用在第 i 个关节上的广义力或力矩,单位为 N 或 N · m,单位的具体选择需要根据作用在关节上的驱动力形式确定。

用拉格朗日法建立系统的动力学模型的步骤如下:

(1)选取坐标系,选定独立的广义关节变量 q_i。

(2)选定相应的广义力 F_i。

(3)求出各构件的动能和势能,构造拉格朗日函数。

(4)带入拉格朗日方程得到机器人系统的动力学方程。

2.4.2 平面二连杆机器人动力学建模

本小节以图 2.11 所示地平面二自由度机器人为例,说明机器人动力学方程的推导步骤。

1. 选取广义关节变量及广义力

选取图 2.11 所示的笛卡尔坐标系,θ_1 和 θ_2 分别为连杆 1 和连杆 2 的关节变量,τ_1 和 τ_2 分别为关节 1 和关节 2 的驱动力矩,m_1 和 m_2 分别为连杆 1 和连杆 2 的质量,杆长分别为 l_1 和 l_2,质心分别为 C_1 和 C_2,离关节中心的距离分别为 d_1 和 d_2。

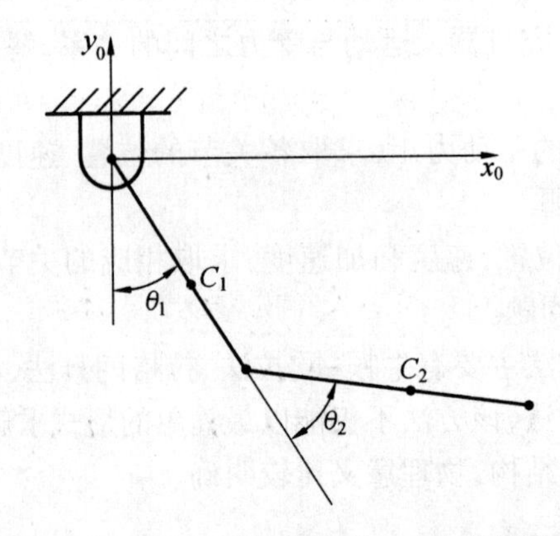

图 2.11 平面二自由度关节机器人动力学模型示意图

因此，杆 1 质心 C_1 的位置坐标为

$$x_1 = d_1 \sin \theta_1$$
$$y_1 = -d_1 \cos \theta_1$$

杆 1 质心速度的平方为

$$\dot{x}_1^2 + \dot{y}_1^2 = (d_1 \dot{\theta}_1)^2$$

杆 2 质心 C_2 的位置坐标为

$$x_1 = l_1 \sin \theta_1 + d_2 \sin(\theta_1 + \theta_2)$$
$$y_1 = -l_1 \cos \theta_1 - d_2 \cos(\theta_1 + \theta_2)$$

杆 2 质心 C_2 速度的平方为

$$\dot{x}_2^2 + \dot{y}_2^2 = l_1^2 \dot{\theta}_1^2 + d_2^2 (\dot{\theta}_1 + \dot{\theta}_2)^2 + 2 l_1 d_2 (\dot{\theta}_1^2 + \dot{\theta}_1 \dot{\theta}_2) \cos \theta_2$$

2. 求系统动能

系统总动能为

$$E_k = E_{k1} + E_{k2}$$

杆件 1 动能为

$$E_{k1} = \frac{1}{2} m_1 d_1^2 \dot{\theta}_1^2$$

杆件 2 动能为

$$E_{k2} = \frac{1}{2} m_2 l_1^2 \dot{\theta}_1^2 + \frac{1}{2} m_2 d_2^2 (\dot{\theta}_1 + \dot{\theta}_2)^2 + m_2 l_1 d_2 (\dot{\theta}_1^2 + \dot{\theta}_1 \dot{\theta}_2) \cos \theta_2$$

3. 求系统势能

系统总势能为

$$E_p = E_{p1} + E_{p2}$$

杆件 1 势能为

$$E_{p1} = -m_1 g d_1 \cos \theta_1$$

杆件 2 势能为

$$E_{p2} = -m_2 g l_1 \cos \theta_1 - m_2 g d_2 \cos(\theta_1 + \theta_2)$$

4. 建立拉格朗日函数

$$L = E_k - E_p =$$

$$\frac{1}{2}(m_1 d_1^2+m_2 l_1^2)\dot{\theta}_1^2+\frac{1}{2}m_2 d_2^2(\dot{\theta}_1+\dot{\theta}_2)^2+m_2 l_1 d_2(\dot{\theta}_1^2+\dot{\theta}_1\dot{\theta}_2)\cos\theta_2+$$

$$(m_1 d_1+m_2 l_1)g\cos\theta_1+m_2 g d_2\cos(\theta_1+\theta_2)$$

5. 建立系统动力学方程

根据拉格朗日方程(2.103)，可计算各关节的驱动力矩，得到系统的动力学方程。

(1)计算关节 1 上的力矩 τ_1。

$$\tau_1=\frac{\mathrm{d}}{\mathrm{d}t}\frac{\partial L}{\partial\dot{\theta}_1}-\frac{\partial L}{\partial\theta_1}=D_{11}\ddot{\theta}_1+D_{12}\ddot{\theta}_2+D_{112}\dot{\theta}_1\dot{\theta}_2+D_{122}\dot{\theta}_2^2+D_1$$

式中

$$D_{11}=m_1 d_1^2+m_2 d_2^2+m_2 l_1^2+2m_2 l_1 d_2\cos\theta_2$$

$$D_{12}=m_2 d_2^2+m_2 l_1 d_2\cos\theta_2$$

$$D_{112}=-2m_2 l_1 d_2\sin\theta_2$$

$$D_{122}=-m_2 l_1 d_2\sin\theta_2$$

$$D_1=(m_1 d_1+m_2 l_1)g\sin\theta_1+m_2 d_2 g\sin(\theta_1+\theta_2)$$

(2)计算关节 2 上的力矩 τ_2。

$$\tau_2=\frac{\mathrm{d}}{\mathrm{d}t}\frac{\partial L}{\partial\dot{\theta}_2}-\frac{\partial L}{\partial\theta_2}=D_{21}\ddot{\theta}_1+D_{22}\ddot{\theta}_2+D_{212}\dot{\theta}_1\dot{\theta}_2+D_{211}\dot{\theta}_1^2+D_2$$

式中

$$D_{21}=m_2 d_2^2+m_2 l_1 d_2\cos\theta_2$$

$$D_{22}=m_2 d_2^2$$

$$D_{212}=0$$

$$D_{211}=m_2 l_1 d_2\sin\theta_2$$

$$D_2=m_2 d_2 g\sin(\theta_1+\theta_2)$$

将系统的动力学方程写成矩阵形式，可得

$$\boldsymbol{\tau}=\boldsymbol{D}(\boldsymbol{q})\ddot{\boldsymbol{q}}+\boldsymbol{H}(\boldsymbol{q},\dot{\boldsymbol{q}})+\boldsymbol{G}(\boldsymbol{q}) \tag{2.104}$$

式中

$$\boldsymbol{\tau}=\begin{bmatrix}\tau_1\\ \tau_2\end{bmatrix},\boldsymbol{q}=\begin{bmatrix}\theta_1\\ \theta_2\end{bmatrix},\dot{\boldsymbol{q}}=\begin{bmatrix}\dot{\theta}_1\\ \dot{\theta}_2\end{bmatrix},\ddot{\boldsymbol{q}}=\begin{bmatrix}\ddot{\theta}_1\\ \ddot{\theta}_2\end{bmatrix}$$

式(2.104)即是机器人动力学方程的一般形式，它反映了关节力矩与关节变量、速度和加速度之间的函数关系。对于 n 个关节的机器人，$\boldsymbol{D}(\boldsymbol{q})$ 是 $n\times n$ 的正定对称矩阵，称为系统的惯性矩阵；$\boldsymbol{H}(\boldsymbol{q},\dot{\boldsymbol{q}})$ 是 $n\times1$ 的离心力和科氏力矢量；$\boldsymbol{G}(\boldsymbol{q})$ 是 $n\times1$ 的重力矢量，与机器人的位形有关。

2.5 小　结

本章对工业机器人的数学基础进行了介绍，详细说明了机器人的位姿描述及各种坐标系描述的运动关系，建立了典型工业机器人的运动学模型，推导了机器人运动学的正解和逆解方程，并以 PUMA560 机械手为例对机器人运动学求解进行了阐述。同时，本章对机器人的速度雅可比矩阵和机器人动力学进行了介绍，为工业机器人的运动控制算法奠定了理论基础。

第3章 工业机器人机械设计及性能测试

机器人的机械系统结构是指其机体结构和机械传动系统,也是机器人的支撑基础和执行机构。本章以工业机器人为主要对象,介绍机器人本体主要组成部分的特点和结构形式,包括机器人关节形式、传动机构等,同时对机器人的结构设计过程、零部件加工及机械系统维护等方面进行说明。

机器人本体是机器人的重要部分,所有的计算、分析、控制和编程最终要通过本体的运动和动作完成特定的任务。同时,机器人本体各部分的基本结构、材料的选择将直接影响机器人整体性能。为此,本章将对工业机器人系统性能指标及其检测方法进行介绍。

3.1 工业机器人的机械系统组成

工业机器人(通用及专用)一般指用于机械制造业中,可以代替人来完成具有大批量、高质量要求工作的机器人。其应用范围包括汽车制造、摩托车制造、舰船制造、某些家电产品(电视机、电冰箱、洗衣机)、化工等行业自动化生产线中的点焊、弧焊、喷漆、切割、电子装配以及物流系统的搬运、包装和码垛等产业。组成机器人的连杆和关节按功能可以分成两类:一类是组成手臂的长连杆,也称臂杆,它产生主运动,是机器人的位置机构;另一类是组成手腕的短连杆,它实际上是一组位于臂杆端部的关节组,是机器人的姿态机构,用以确定手部执行器在空间的方向。

3.1.1 工业机器人系统构成

1. 执行系统

执行系统是工业机器人完成握持工具(或工件)实现所需各种运动的机构部件,包括以下几个部分:

(1)手部。手部是工业机器人直接与工件或工具接触,用来完成握持工件或工具的部件。有些工业机器人直接将工具(如焊枪、喷枪、容器)装在手部位置,而不再设置手部。

(2)腕部。腕部是用来连接工业机器人的手部与臂部,确定手部工作位置并扩大臂部动作范围的部件。有些专用机器人没有手腕部件,而是直接将手部安装在手臂部件的端部。

(3)臂部。臂部是工业机器人用来支撑腕部和手部,以实现较大运动范围的部件。它不仅承受被抓取工件的质量,而且承受末端操作器、手腕和手臂自身质量。臂部的结构、工作范围、灵活性、臂力和定位精度都直接影响机器人的工作性能。

(4)机身。机身是工业机器人用来支撑手臂部件,并安装驱动装置及其他装置的部件。机身结构在满足结构强度的前提下应尽量减小尺寸,降低质量,同时考虑外观要求。

(5)行走机构。行走机构是工业机器人用来扩大活动范围的机构,有的采用专门的行走装置,有的采用轨道、滚轮等机构。

2. 驱动系统

驱动系统是向执行系统的各个运动部件提供动力的装置。按照采用的动力源不同，驱动系统分为液压式、气压式及电气式。液压驱动的特点是驱动力大，运动平稳，但泄漏是不可忽视的，同时也是难以解决的问题；气压驱动的特点是气源方便，维修简单，易于获得高速，但驱动力小，速度不易控制，噪声大，冲击大；电气驱动的特点是电源方便，信号传递运算容易，响应快。

3. 控制系统

控制系统是工业机器人的指挥决策系统，一般由计算机或高性能芯片（如DSP、FPGA、ARM等）完成。它控制驱动系统，让执行机构按照规定的要求进行工作。按照运动轨迹可以分为点位控制和轨迹控制。

4. 传感系统

为了使工业机器人正常工作，必须与周围环境保持密切联系，除了关节伺服驱动系统的位置传感器（称作内部传感器）外，还要配备视觉、力觉、触觉、接近觉等多种类型的传感器（称作外部传感器）以及传感信号的采集处理系统。

5. 输入/输出系统接口

为了与周边系统及相应操作进行联系与应答，还应有各种通信接口和人机通信装置。工业机器人提供一内部PLC，它可以与外部设备相连，完成与外部设备间的逻辑与实时控制。一般还有一个以上的串行通信、USB接口和网络接口等，以完成数据存储、远程控制及离线编程、多机器人协调等工作。

3.1.2　机器人本体设计

本小节以当前主流大负载串联关节型机器人为例来说明机器人本体的基本结构。机器人本体主要包括传动部件、机身与机座机构、臂部、腕部及手部。关节型机器人的主要特点是模仿人类腰部到手臂的基本结构，因此本体结构通常包括机器人的机座（即底部和腰部的固定支撑）结构及腰部关节转动装置、大臂（即大臂支撑架）结构及大臂关节转动装置、小臂（即小臂支撑架）结构及小臂关节转动装置、手腕（即手腕支撑架）结构及手腕关节转动装置和末端执行器（即手爪部分）。串联结构具有结构紧凑、工作空间大的特点，是机器人机构采用最多的一种结构，可以达到其工作空间的任意位置和姿态。

进行机器人本体的运动学、动力学和其他相关分析时，一般将机器人简化成由连杆、关节和末端执行器首尾相接，通过关节相连而构成的一个开式连杆系。在连杆系的开端安装有末端执行器（简称手部）。关节型机器人总体结构如图3.1所示。

1. 机器人的机座

J1轴利用电机的旋转输入通过一级齿轮传动到RV减速器，减速器输出部分驱动腰座的转动，如图3.2所示。减速器采用RV减速器，具有回转精度高、刚度大及结构紧凑的特点，腰座转动范围为-180°~180°。腰座（J2轴基座）底座和回转座材料为球墨铸铁，采用铸造技术，有利于批量生产。

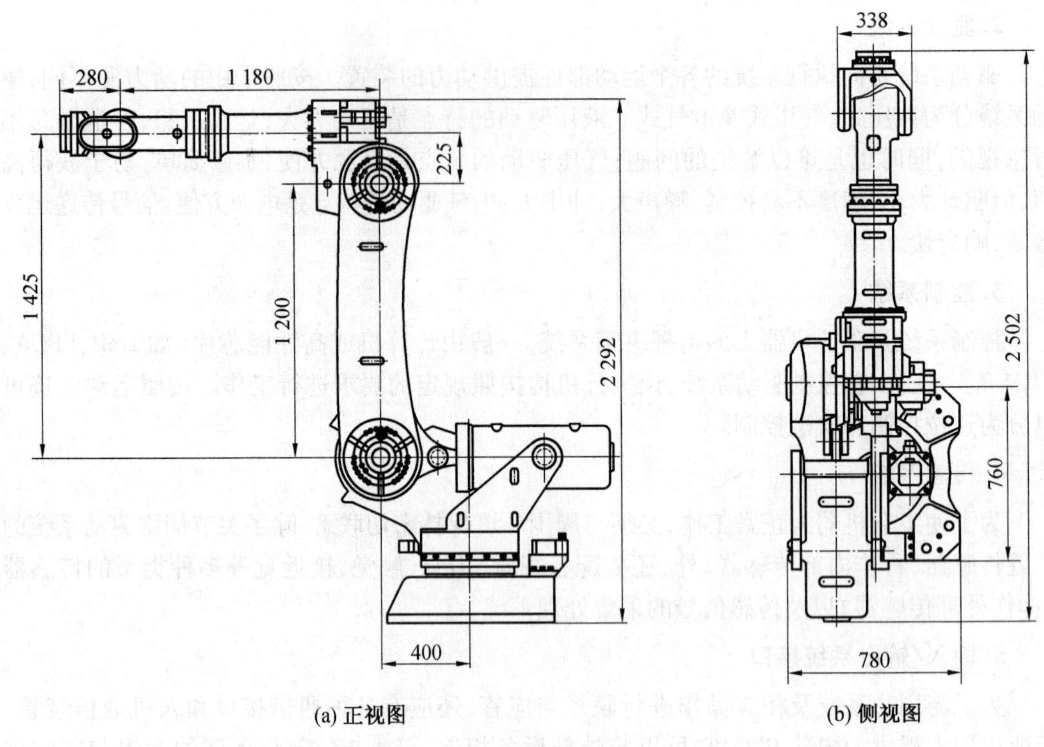

图 3.1 关节型机器人总体结构

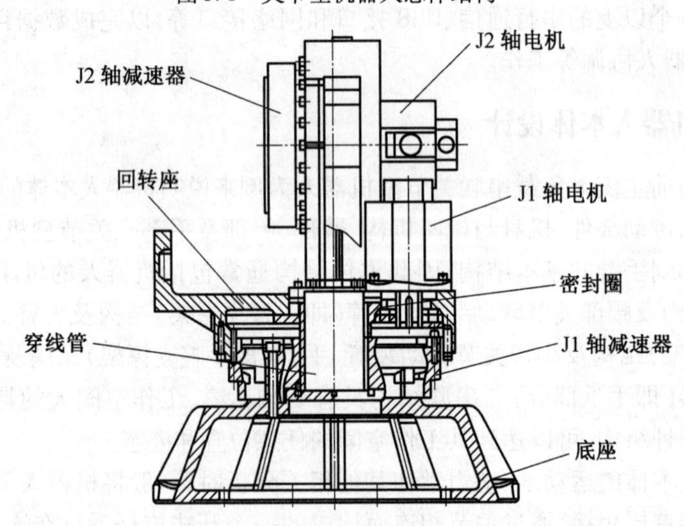

图 3.2 关节型机器人机座示意图

2. 机器人的 2,3 轴

J2 轴利用电机的旋转直接输入到减速器,减速器输出部分驱动 J2 轴臂的转动。机器人大臂要承担机器人本体的小臂、腕部和末端负载,所受力及力矩最大,要求其具有较高的结构强度(图 3.3)。J2 轴臂(大臂)材料为球墨铸铁,采用筋板式结构,由于其结构复杂,焊接不能保证其精度和强度,为满足日后批量生产的要求,因此采用铸造方式,然后对各基准面进行精密加工。

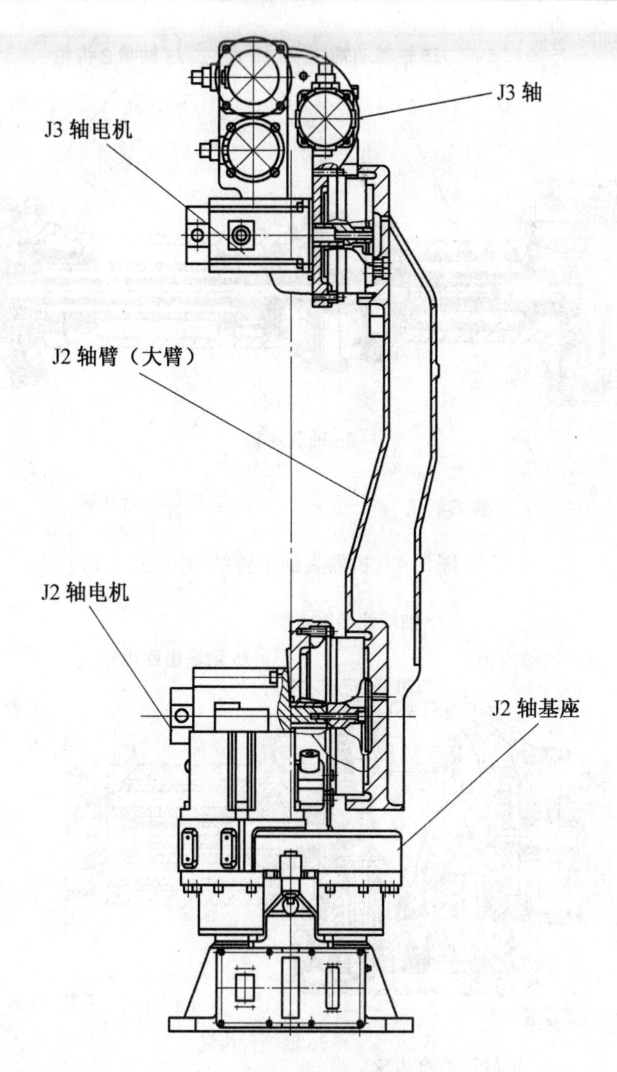

图 3.3　机器人的 2,3 轴示意图

3. 机器人的 4,5,6 轴

机器人 J4 轴利用电机的旋转通过齿轮、驱动轴输入到减速器,减速器输出部分驱动 J4 轴。J4 轴驱动轴材料为 40Cr,齿轮材料为 20CrMnTi,小臂材料为 ZG310-570,采用铸造方式制作。

机器人 J5 轴利用电机的旋转通过齿轮、驱动轴输入到减速器,减速器输出部分驱动 J5 轴(图 3.4、3.5)。

机器人 J6 轴利用电机的旋转通过齿轮、驱动轴输入到减速器,减速器输出部分驱动 J6 轴(图 3.4、3.5)。

4. 机器人末端工具及手爪

(1)手部与手腕相连处可拆卸。手部与手腕有机械接口,也可能有电、气、液接头,当工业机器人作业对象不同时,可以方便地拆卸和更换手部。

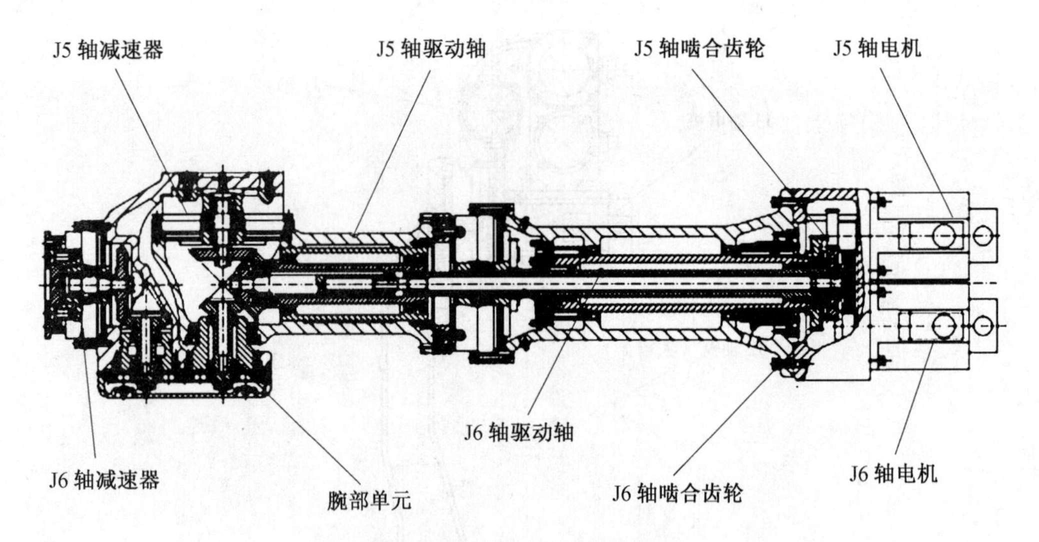

图 3.4　机器人的小臂结构图

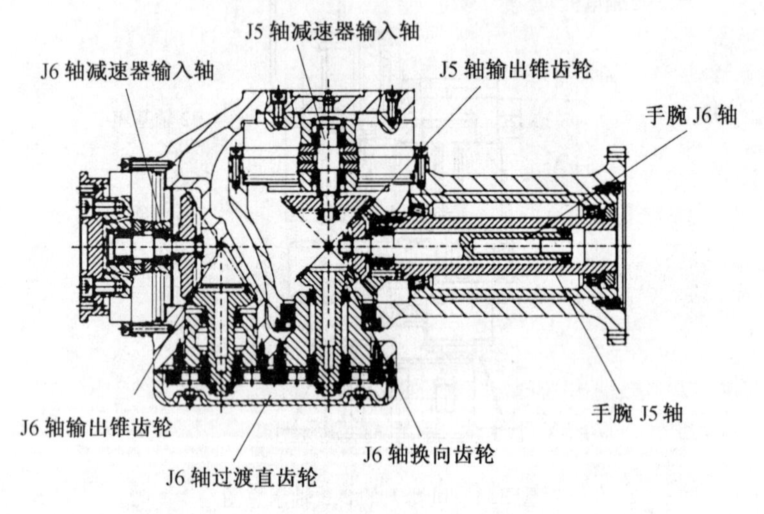

图 3.5　机器人的 J4、J5、J6 轴及腕部结构图

(2)手部是机器人末端执行器。机器人执行器可以像人手那样有手指,也可以不具备手指,可以是类人的手爪,也可以是进行专业作业的工具,如装在机器人手腕上的喷漆枪、焊接工具等。

(3)手部的通用性比较差。机器人手部通常是专用的装置,例如,一种手爪往往只能抓握一种或几种在形状、尺寸和质量等方面相近似的工件,一种工具只能执行一种作业任务。

(4)手部是一个独立的部件。假如把手腕归属于手臂,那么机器人机械系统的三大件就是机身、手臂和手部(末端执行器)。手部对于整个工业机器人来说是完成作业好坏以及作业柔性好坏的关键部件之一。最近出现了具有复杂感知能力的智能化手爪,增加了工业机器人作业的灵活性和可靠性。

目前,有一种弹钢琴的表演机器人的手部已经与人手十分相近(图 3.6),具有多个多关节手指,一个手的自由度达到 20 余个,每个自由度独立驱动。目前,工业机器人手部的自由度还比较少,把具备足够驱动力量的多个驱动源和关节安装在紧凑的手部内部是十分困难的。这里主要介绍和讨论手爪式手部的原理和设计,因为它具有一定的通用性。喷漆枪、焊具之类的专用工具是行业性专业工具,这里不予介绍。

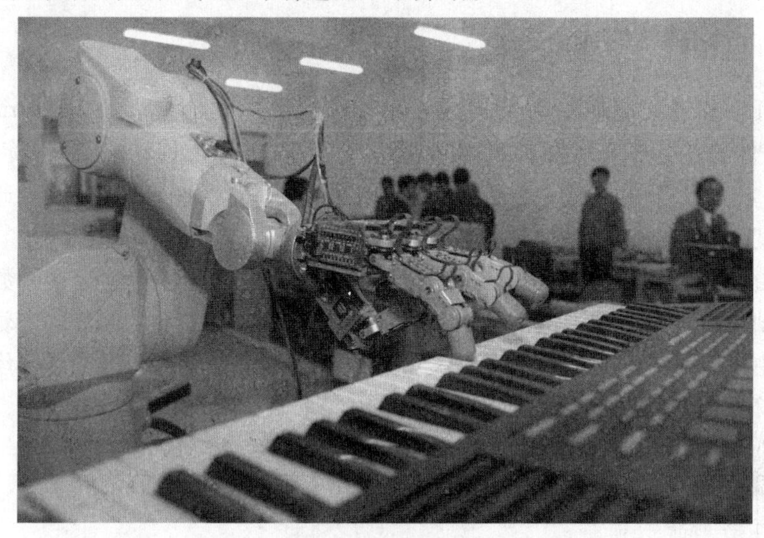

图 3.6　钢琴表演的多关节手部机器人

机器人本体基本结构的特点主要有以下 4 点:

(1)一般可以简化成各连杆首尾相接、末端无约束的开式连杆系,连杆系末端自由且无支撑,这决定了机器人的结构刚度不高,并随连杆系在空间位姿的变化而变化。

(2)开式连杆系中的每根连杆都具有独立的驱动器,属于主动连杆系,连杆的运动各自独立,不同连杆的运动之间没有依从关系,运动灵活。

(3)连杆驱动扭矩的瞬态过程在时域中的变化非常复杂,且和执行器反馈信号有关。连杆的驱动属于伺服控制型,因而对机械传动系统的刚度、间隙和运动精度都有较高的要求。

(4)连杆系的受力状态、刚度条件和动态性能都随位姿的变化而变化,因此,极易发生振动或出现其他不稳定现象。

综合以上特点可见,合理的机器人本体结构应当使其机械系统的工作负载与自重的比值尽可能大,结构的静、动态刚度尽可能高,并尽量提高系统的固有频率,改善系统的动态性能。

臂杆质量小,有利于改善机器人操作的动态性能。结构静、动态刚度高,有利于提高手臂端点的定位精度和对编程轨迹的跟踪精度,这在离线编程时是至关重要的。刚度高还可降低对控制系统的要求和系统造价。机器人具有较好的刚度还可以增加机械系统设计的灵活性,比如在选择传感器安装位置时,刚度高的结构允许传感器放在离执行器较远的位置上,减少了设计方面的限制。

3.2 机器人关节及自由度

3.2.1 自由度

手臂由杆件和连接它们的关节构成。在日本工业标准(Japanese Industrial Standards,JIS)中,将杆件的连接部分称为Joint,将平移移动的Joint称为移动关节,将旋转的Joint称为旋转关节。一个关节可以有一个或多个自由度(Degree of Freedom,DOF)。通用机器人具有6个自由度,可以实现空间任意位置和姿态。

所谓自由度,是表示机器人运动灵活性的尺度,意味着独立的单独运动的数量。由驱动器产生主动动作的自由度称为主动自由度,无法产生驱动力的自由度称为被动自由度。分别将这些自由度所对应的关节称为主动关节和被动关节。表3.1给出了具有代表性的单自由度关节的符号和运动方向。

表3.1 单自由度关节的符号和运动方向

名称	符号	举例
移动	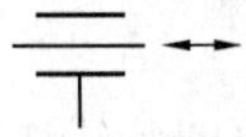	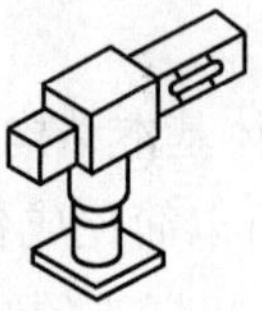
旋转	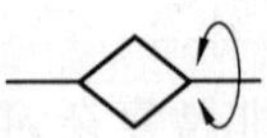	

在三维空间中的无约束物体可以做平行于 X 轴、Y 轴、Z 轴的平移运动(Translation),还有围绕各轴的旋转运动(Rotation),因此它具有与位置有关的3个自由度和与姿态有关的3个自由度,共计6个自由度。为了能任意操纵物体的位置和姿态,机器人手臂至少必须有6个自由度。人的手臂有7个自由度,其中肩关节有3个,肘关节有2个,手关节有2个。从功能来看,也可以认为肩关节有3个,肘关节有1个,手关节有3个,它比6个自由度还多,把这种比6个自由度还多的自由度称为冗余自由度(Redundant Degree of Freedom),把这种自由度的构成称为具有"冗余位"(Redundancy)。

决定机器人自由度构成的依据是它为完成给定目标作业所必须做的动作。例如,若仅限于二维平面内的作业,有3个自由度就够了。如果在一类障碍物较多的典型环境中,如用机器人来实施维修作业,那么也许将需要7个或7个以上的自由度。

3.2.2 关节及其自由度的构成

关节及其自由度的构成方法将极大地影响机器人的运动范围和可操作性等性能指标。例如,机器人如果是球形关节构造,由于它是具有向任意方向动作的3个自由度机构,因此能方便地决定适应作业的姿态。然而，由于驱动器的可动范围受限制，它很难完全实现与人的手腕等同的功能，所以机器人通常是串联杆件型的。

如果采用串联连接的方法，即使是相同的 3 个自由度，由于自由度的组合方法有多种，致使各自的功能也各不相同。例如，3 个自由度手腕机构的具体构成方法就有多种。在考虑到 X 轴、Y 轴、Z 轴分别有移动和旋转（转动）自由度的条件下，假设相邻杆件之间无偏距，而且相邻关节的轴之间又相互垂直或平行，这样就得出共计有 63 种构型。另外，如果再叠加各具 1 个旋转自由度的 3 个关节构成 6 个自由度的手臂，则它共有 909 种关节构成形式。因此，有必要根据目标作业的要求等若干准则来决定有效的关节构成形式。

3.2.3　机器人关节形式

传动机构用来把驱动器的运动传递到关节和动作部位，这涉及关节形式的确定、传动方式以及传动部件的定位和消除间隙等多个方面的内容。

机器人中连接运动部分的机构称为关节。关节有转动型和移动型，分别称为转动关节和移动关节。

1. 转动关节

转动关节就是在机器人中被简称为关节的连接部分，它既连接各机构，又传递各机构间的回转运动（或摆动），用于基座与臂部、臂部之间、臂部和手部等连接部位。关节由回转轴、轴承、固定座和驱动机构组成。关节一般有以下几种形式：

（1）驱动机构和回转轴同轴式。这种形式直接驱动回转轴，有较高的定位精度。但是，为减轻质量，要选择小型减速器并增加臂部的刚性。它适用于水平多关节型机器人。

（2）驱动机构与回转轴正交式。质量大的减速机构安放在基座上，通过臂部的齿轮、链条传递运动。这种形式适用于要求臂部结构紧凑的场合。

（3）外部驱动机构驱动臂部的形式。这种形式适合于传递大扭矩的回转运动，采用的传动机构有滚珠丝杠、液压缸和气缸。

（4）驱动电动机安装在关节内部的形式。这种方式称为直接驱动方式，如图 3.7 所示。

2. 移动关节

机器人移动关节由直线运动机构和在整个运动范围内起直线导向作用的直线导轨部分组成。导轨部分分为滑动导轨、滚动导轨、静压导轨和磁性悬浮导轨等形式。

一般来说，要求机器人导轨间隙小或能消除间隙。在垂直于运动方向上要求刚度高，摩擦系数小且不随速度变化，并且有高阻尼、小尺寸和小惯量。通常，由于机器人在速度和精度方面要求很高，故一般采用结构紧凑且价格低廉的滚动导轨。

直线导轨又称线轨、滑轨、线性导轨、线性滑轨，用于直线往复运动场合，拥有比直线轴承更高的额定负载，同时可以承担一定的扭矩，可在高负载的情况下实现高精度的直线运动，如图 3.8 所示。

直线运动导轨的作用是用来支撑和引导运动部件，按给定的方向做往复直线运动。按摩擦性质而定，直线运动导轨可以分为滑动摩擦导轨、滚动摩擦导轨、弹性摩擦导轨和流体摩擦导轨等种类。

直线导轨的移动元件和固定元件之间不用中间介质，而用滚动钢球。这是因为滚动钢

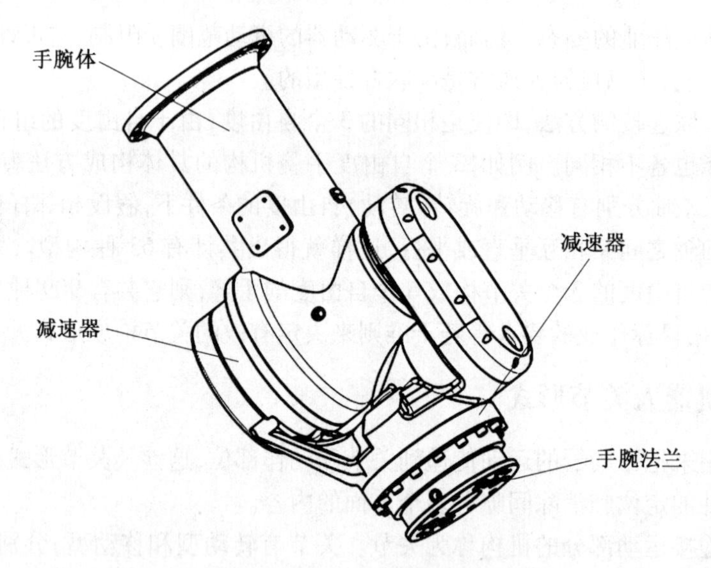

图 3.7　转动关节示意图

图 3.8　直线导轨

球具有高速运动、摩擦因数小、灵敏度高的优点,而且可以满足运动部件的工作要求,如机床的刀架、拖板等。直线导轨系统固定元件(导轨)的基本功能如同轴承环,安装钢球的支架形状为"V"字形。支架包裹着导轨的顶部和两个侧面。为了支撑机床的工作部件,一套直线导轨至少有 4 个支架。用于支撑大型的工作部件,支架的数量可以多于 4 个。

当机器人的工作部件移动时,钢球就在支架沟槽中循环流动,把支架的磨损量分摊到各个钢球上,从而延长直线导轨的使用寿命。为了消除支架与导轨之间的间隙,预加负载能提高导轨系统的稳定性,预加负荷的获得是在导轨和支架之间安装超尺寸的钢球。钢球直径公差为±20 μm,以 0.5 μm 为增量,将钢球筛选分类,分别装到导轨上,预加负载的大小取决于作用在钢球上的作用力。如果作用在钢球上的作用力太大,钢球经受预加负荷时间过长,则导致支架运动阻力增大。这里就有一个平衡作用问题,为了提高系统的灵敏度,减少运动阻力,相应地要减少预加负荷,而为了提高运动精度和精度的保持性,要求有足够的预加负数,这是矛盾的两方面。

工作时间过长,钢球开始磨损,作用在钢球上的预加负载开始减弱,导致机床工作部件运动精度降低。如果要保持初始精度,则必须更换导轨支架,甚至更换导轨。如果导轨系统已有预加负载作用,系统精度已丧失,唯一的方法就是更换滚动元件。

导轨系统的设计,力求固定元件和移动元件之间有最大的接触面积,这不但能提高系统的承载能力,而且系统能承受间歇切削或重力切削产生的冲击力,把作用力广泛扩散,扩大承受力的面积。为了实现这一点,导轨系统的沟槽形状有多种多样,具有代表性的有两种,一种称为哥待式(尖拱式),形状是半圆的延伸,接触点为顶点;另一种为圆弧形,同样能起到相同的作用。无论哪一种结构形式,目的只有一个,就是力求更多的滚动钢球半径与导轨接触(固定元件)。决定系统性能特点的因素是滚动元件怎样与导轨接触,这是问题的关键。

直线导轨副必需根据使用条件、负载能力和预期寿命选用。但由于直线导轨的寿命分散性较大,通常为了便于选用直线导轨副,必须先清楚以下几个重要概念。

(1)相同的条件及额定负荷下的额定寿命。所谓额定寿命是指一批相同的产品,有90%未曾发生外表剥离现象而达到运行距离。直线导轨副使用钢珠作为滚动体的额定寿命,基本动额定负荷下为50 km。

(2)在负荷方向和大小均等的状态下,基本动额定负荷是指一批相同规格的直线导轨副,经过运行50 km后,90%直线导轨的滚道外表不发生疲劳损坏(剥离或点蚀)时的最高负荷。基本静额定负荷是指在负荷方向和大小均等的状态下,受到最大应力的接触面处,钢珠与滚道表面的总永久变形量恰为钢珠直径万分之一时的静负荷。

(3)直线导轨副的精度等级划分越来越细。一般直线导轨副的精度分为普通级、高级、精密级、超精密级和超高精密级5种。

(4)利用钢珠与珠道之间负向间隙给予预压力。所谓预压力是预先给予钢珠负荷力,这样能够提高直线导轨的刚性和消除间隙。依照预压力的大小可以分为不同的预压等级。

(5)必须根据使用条件、负载能力和预期寿命选用直线导轨副。所谓使用条件主要是指应用何种设备、精度要求、刚性要求、负荷方式、行程、运行速度、使用频率、使用环境等因素。

直线导轨在应用中有6大考核要素:

①导向精度。导向精度是指运动构件沿导轨导面运动时其运动轨迹的准确水平。影响导向精度的主要因素有导轨承导面的几何精度、导轨的结构类型、导轨副的接触精度、外表粗糙度、导轨和支撑件的刚度、导轨副的油膜厚度及油膜刚度。

直线运动导轨的几何精度一般包括:垂直平面和水平平面内的直线度;两条导轨面间的平行度。导轨几何精度可以用导轨全长上的误差或单位长度上的误差表示。

②精度坚持性。精度坚持性是指导轨在工作过程中保持原有几何精度的能力。导轨的精度坚持性主要取决于导轨的耐磨性及其尺寸的稳定性。耐磨性与导轨副的材料匹配、受力、加工精度、润滑方式和防护装置性能等因素有关。导轨及其支撑件内的剩余应力也会影响导轨的精度坚持性。

③运动灵敏度和定位精度。运动灵敏度是指运动构件能实现的最小行程;定位精度是指运动构件能按要求停止在指定位置的能力。运动灵敏度和定位精度与导轨类型、摩擦特性、运动速度、传动刚度、运动构件质量等因素有关。

④运动平稳性。导轨运动平稳性是指导轨在低速运动或微量移动时不出现爬行现象的性能。平稳性与导轨的结构、导轨副材料的匹配、润滑状况、润滑剂性质及导轨运动的传动系统的刚度等因素有关。

⑤稳定性与抗振性。稳定性是指在给定的运转条件下不出现自激振动的性能。抗振性是指导轨副接受受迫振动和冲击的能力。

⑥刚度。刚度是指导轨受力时抵抗弹性变形的能力,这对于机器人尤为重要。导轨变形包括导轨本体变形和导轨副接触变形。导轨抵抗受力变形的能力将影响构件之间的相对位置和导向精度,两者均应考虑。

3.3 工业机器人本体材料选择

选择机器人本体材料应从机器人的性能要求出发,满足机器人的设计和制作要求。一方面,机器人本体用来支撑、连接和固定机器人的各部分,当然也包括机器人的运动部分,这一点与一般机械结构的特性相同。机器人本体所用的材料也是结构材料。另一方面,机器人本体不仅仅是固定结构件,比如,机器人手臂是运动的,机器人整体也是运动的。所以,机器人运动部分的材料的质量应轻。

精密机器人对于机器人的刚度有一定的要求,即对材料的刚度有要求。刚度设计时要考虑静刚度和动刚度,即要考虑振动问题。从材料角度看,控制振动涉及减轻质量和抑制振动两方面,其本质就是材料内部的能量损耗和刚度问题,它与材料的抗振性紧密相关。另外,家用和服务机器人的外观与传统机械大有不同,故将会出现比传统工业材料更富有美感的机器人本体材料。从这一点看,机器人材料又应具备柔软和外表美观等特点。总之,正确选用结构件材料不仅可降低机器人的成本价格,更重要的是可适应机器人的高速化、高载荷化及高精度化,满足其静力学及动力学特性要求。随着材料工业的发展,新材料的出现为机器人的发展提供了广阔的空间。

与一般机械设备相比,机器人结构的动力学特性十分重要,这是材料选择的出发点。材料选择的基本要求如下:

(1)强度高。机器人臂是直接受力的构件,高强度材料不仅能满足机器人臂的强度条件,而且可望减少臂杆的截面尺寸,减轻质量。

(2)弹性模量大。由材料力学的知识可知,构件刚度(或变形量)与材料的弹性模量 E,G 有关。弹性模量越大,变形量越小,刚度越大。不同材料弹性模量的差异比较大,而同一种材料成分的改变对弹性模量却没有太多改变。比如,普通结构钢的强度极限为 420 MPa,高合金结构钢的强度极限为 2 000 ~ 2 300 MPa,但是二者的弹性模量 E 却没有多大变化,均为 2.1×10^5 MPa。因此,还应寻找其他提高构件刚度的途径。

(3)质量轻。机器人手臂构件中产生的变形在很大程度上是由惯性力引起的,与构件的质量有关。也就是说,为了提高构件刚度而选用弹性模量 E 大、密度 ρ 也大的材料是不合理的。因此提出了选用高弹性模量、低密度材料的要求。

(4)阻尼大。选择机器人的材料时不仅要求刚度大、质量轻,而且希望材料的阻尼尽可能大。机器人臂经过运动后,要求能平稳地停下来。可是在终止运动的瞬时,构件会产生惯性力和惯性力矩,构件自身又具有弹性,因而会产生残余振动。从提高定位精度和传动平稳性来考虑,希望能采用大阻尼材料或采取增加构件阻尼的措施来吸收能量。

(5)材料经济性好。材料价格是机器人成本价格的重要组成部分。有些新材料如硼纤维增强铝合金、石墨纤维增强镁合金等用来作为机器人臂的材料是很理想的,但价格昂贵。

3.4　机器人传动机构

机器人在运动时,各个部位都需要能源和动力,因此设计和选择良好的传动部件是非常重要的。本节主要介绍关节常用的传动机构以及传动部件的定位和消隙问题。

机器人可分为固定式和行走式两种,一般的工业机器人多为固定式。但是,随着海洋科学、原子能科学及宇宙空间事业的发展可以预见,具有智能的可移动机器人是今后机器人的发展方向。比如,美国研制的“探索者”轮式机器人已成功应用于火星探测。

3.4.1　机器人齿轮传动机构

传动机构用来把驱动器的运动传递到关节和动作部位。机器人常用的传动机构有齿轮传动、螺旋传动、带传动及链传动、流体传动和连杆机构与凸轮传动。其中,机器人常用的齿轮传动机构是行星齿轮传动机构和谐波传动机构等。

电动机是高转速、小力矩的驱动机构,而机器人通常却要求低转速、大力矩,因此,常用行星齿轮传动机构和谐波传动机构减速器来完成速度和力矩的变换与调节。输出力矩有限的原动机要在短时间内加速负载,要求其齿轮传动机构的速比 i_n 为最优,i_n 的计算式为

$$i_n=\sqrt{\frac{I_a}{I_m}} \tag{3.1}$$

式中,I_a 为工作臂的惯性矩;I_m 为电动机的惯性矩。

1. 行星齿轮传动机构

图3.9为行星齿轮传动机构简图。行星齿轮传动尺寸小,惯量低,一级传动比大,结构紧凑,载荷分布在若干个行星齿轮上,内齿轮也具有较高的承载能力。

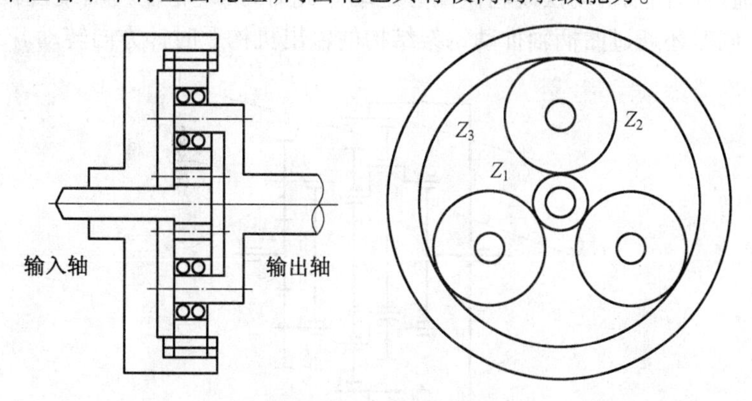

图3.9　行星齿轮传动机构简图

2. RV(Rotate Vector)减速器

RV传动是在摆线针轮传动的基础上发展起来的一种新型传动(图3.10),它具有体积小、质量轻、传动比范围大、传动效率高等优点,比单纯的摆线针轮行星传动具有更小的体积和更大的过载能力,且输出轴刚度大,因而在国内外受到广泛重视,在日本机器人的传动机构中,RV传动已在很大程度上逐渐取代单纯的摆线针轮行星传动和谐波传动。

与现有的普通行星传动形式相比,该减速器采用共用曲柄轴和中心圆盘支撑的结构形式组成封闭式行星传动,这样不仅克服了原有摆线针轮传动的一些缺点,而且较谐波减速器又具有高得多的疲劳强度、刚度和寿命,加之回差和传动精度稳定,不会随着使用时间的增长而显著降低,并具有传动比大、刚度大、运动精度高、传动效率高、回差小、承载平稳等优点,因而特别适用于工业机器人及其他精密伺服传动系统。

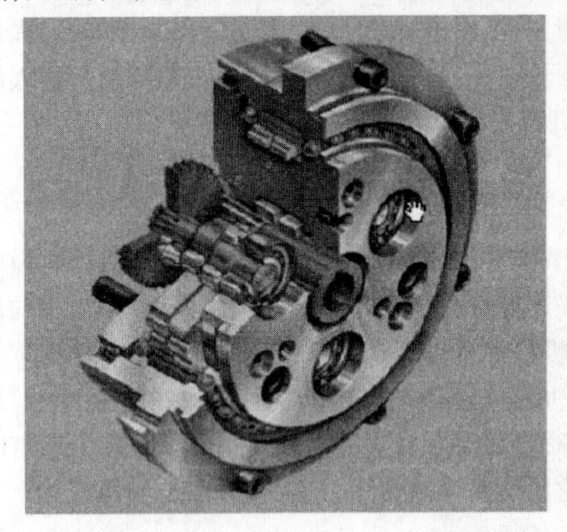

图 3.10 RV 减速器

(1)RV 减速器传动原理及机构特点。

图 3.11 是 RV 减速器传动简图。它由渐开线圆柱齿轮行星减速机构和摆线针行星减速机构两部分组成。渐开线行星齿轮 2 与曲柄轴 3 连成一体,作为摆线轮传动部分的输入。如果渐开线中心齿轮 1 顺时针方向旋转,那么渐开线行星齿轮在公转的同时还进行逆时针方向自转,并通过曲柄轴带动摆线轮做偏心运动。此时,摆线轮在其轴线公转的同时,还将顺时针转动。同时还通过曲柄轴推动钢架结构的输出机构顺时针方向转动。

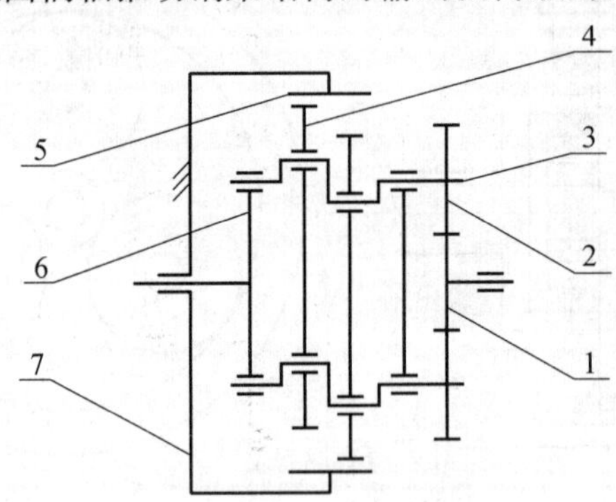

图 3.11 RV 减速器传动简图

1—中心齿轮;2—行星齿轮;3—曲柄轴;4—摆线轮;5—针齿;6—输出轴;7—针齿壳

(2)RV 减速器传动特点。

RV 减速器的主要性能参数包括扭转刚度、空程误差、角传动精度及机械传动效率。RV 减速器传动作为一种新型传动,从结构上看,其基本特点如下:

①如果传动机构置于行星架的支撑主轴承内,则这种传动的轴向尺寸可大大缩小。

②采用二级减速机构,处于低速级的摆线针轮行星传动更加平稳,同时由于转臂轴承个数增多且内外环相对转速下降,其寿命也可大大提高。

③只要设计合理,就可以获得很高的运动精度和很小的回差。

④RV 减速器传动的输出机构是采用两端支撑的尽可能大的刚性圆盘输出结构,比一般摆线减速器的输出机构具有更大的刚度,且抗冲击性能也有很大提高。

⑤传动比范围大。即使摆线齿数不变,只改变渐开线齿数就可以得到很多的速度比。其传动比 $i=31\sim171$。

⑥传动效率高,其传动效率 $\eta=0.85\sim0.92$。

目前,国外对 RV 减速器已有较为系统的研究,并形成了相当规模的减速器产业。例如,日本帝人公司的 RV 减速机已经成为定型产品,并根据市场需求不断更新换代。我国关于该类减速器的研究工作起步于 20 世纪 80 年代末,但是由于尚未掌握其设计及加工的核心关键技术,至今仍处于单件样机研制阶段。

围绕工业机器人对高精度、高效率减速器的发展需求,系统开展 RV 系列减速器关键技术的研究,攻克该减速器在数字化设计、制造工艺、精度与效率保持等方面的关键技术问题,对推动我国工业机器人产业的发展有着重要的工程意义。

3. 谐波传动机构

谐波传动是随着 20 世纪 50 年代末航天技术的发展由美国学者 C. Walton Musser 发明。谐波传动是利用弹性元件可控的变形来传递运动和动力。谐波传动技术的出现被认为是机械传动中的重大突破, 并推动了机械传动技术的重大创新。

谐波传动在运动学上是一种具有柔性齿圈的行星传动,但是,它在机器人上获得比行星齿轮传动更加广泛的应用。谐波发生器是在椭圆形凸轮的外周嵌入薄壁轴承而制成的部件,轴承内圈固定在凸轮上,外圈依靠钢球发生弹性变形,一般与输入轴相连。

柔轮是杯状薄壁金属弹性体,杯口外圆切有齿,底部称为柔轮底,用来与输出轴相连。刚轮内圆有很多齿,齿数比柔轮多两个,一般固定在壳体上。

谐波发生器通常由凸轮或偏心安装的轴承构成。刚轮为刚性齿轮,柔轮为能产生弹性变形的齿轮。当谐波发生器连续旋转时,产生的机械力使柔轮变形,变形曲线为一条基本对称的谐波曲线。发生器波数表示谐波发生器转一周时,柔轮某一点变形的循环次数。其工作原理是:当谐波发生器在柔轮内旋转时,迫使柔轮发生变形,同时进入或退出刚轮的齿间。在谐波发生器的短轴方向,刚轮与柔轮的齿间处于啮入或啮出的过程,伴随着发生器的连续转动,齿间的啮合状态依次发生变化,即产生“啮入→啮合→啮出→脱开→啮入”的变化过程。这种错齿运动把输入运动变为输出的减速运动。

图 3.12 是谐波传动的结构简图。由于谐波发生器 4 的转动使柔轮 6 上的柔轮齿圈 7 与刚轮 1(圆形花键轮)上的刚轮内齿圈 2 相啮合。输入轴为 3,如果刚轮 1 固定,则轴 5 为输出轴;如果轴 5 固定,则刚轮 1 的轴为输出轴。

谐波传动速比的计算与行星齿轮传动相同。如果刚轮(圆形花键轮)1 不转动($\omega_1=0$),谐波发生器(ω_3)为输入,柔轮轴(ω_5)为输出,速比为

$$i_{35}=\frac{\omega_3}{\omega_5}=-\frac{Z_7}{Z_2-Z_7} \tag{3.2}$$

式中,负号表示柔轮向谐波发生器旋转方向的反向旋转。ω 代表输入、输出轴的角速度;Z_2

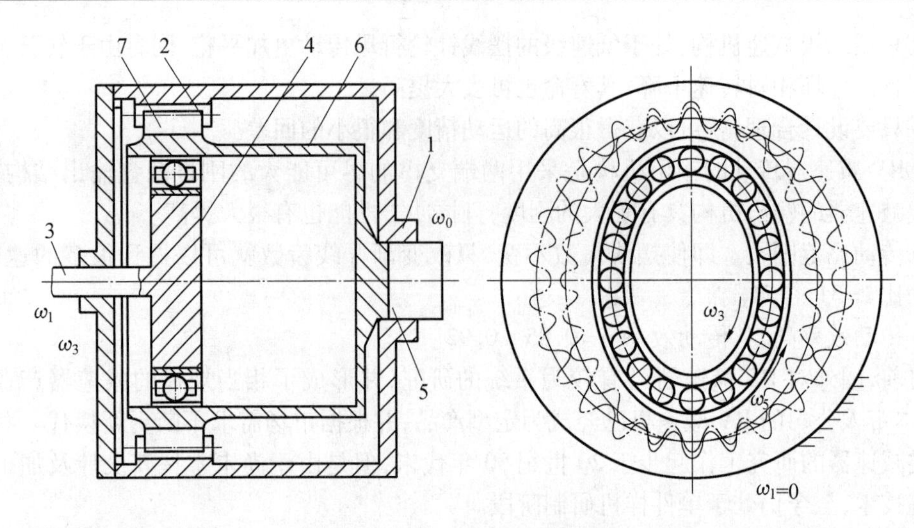

图 3.12 谐波传动结构简图

1—刚轮;2—刚轮内齿圈;3—输入轴;4—谐波发生器;5—轴;6—柔轮;7—柔轮齿圈

为刚轮(圆形花键轮)内齿圈 2 的齿数;Z_7 为柔轮齿圈 7 的齿数。

如果输出轴 6 静止不转动($\omega_5=0$),谐波发生器(ω_3)为输入,则中心齿轮 1 的轴(ω_1)为输出,速比为

$$i_{31}=\frac{\omega_3}{\omega_1}=+\frac{Z_2}{Z_2-Z_7} \tag{3.3}$$

式中,正号表示刚轮与发生器同方向旋转。谐波传动的速比 $i_{\min}=60$,$i_{\max}=300$,传动效率高达 80% ~90%,如果在柔轮和刚轮之间能够多齿啮合,例如任何时刻有 10% ~30% 的齿同时啮合,那么可以大大提高谐波传动的承载能力。

谐波传动具有以下优点:

(1)结构简单,体积小,质量轻。谐波齿轮传动的主要构件只有 3 个,即谐波发生器、柔轮及刚轮。它同传动比相当的普通减速器比较,其零件减少 50%,体积和质量均减少 1/3 左右或更多。

(2)传动比范围大。单级谐波减速器传动比为 50 ~300,优选为 75 ~250;双级谐波减速器传动比为 3 000 ~60 000;复级谐波减速器传动比为 200 ~140 000。

(3)同时啮合的齿数多。双级谐波减速器同时啮合的齿数可达 30%,甚至更多些。而在普通齿轮传动中,同时啮合的齿数只有 2% ~7%,对于直齿圆柱渐开线齿轮同时啮合的齿数只有 1 ~2 对。正是由于同时啮合齿数多这一独特的优点,使谐波传动的精度高,齿的承载能力大,进而可实现大速比、小体积。

(4)承载能力大。谐波齿轮传动同时啮合齿数多,即承受载荷的齿数多,在材料和速比相同的情况下,受载能力要大大超过其他传动。其传递的功率范围可为几瓦至几十千瓦。

(5)运动精度高。由于多齿啮合,在一般情况下,谐波齿轮与相同精度的普通齿轮相比,其运动精度能提高 4 倍左右。

(6)运动平稳,无冲击,噪声小。齿的啮入、啮出是随着柔轮的变形,逐渐进入和逐渐退出刚轮齿间,啮合过程中齿面接触,滑移速度小,且无突变。

(7)齿侧间隙可以调整。谐波齿轮传动在啮合中,柔轮和刚轮齿之间主要取决于谐波

发生器外形的最大尺寸及两齿轮的齿形尺寸,因此可以使传动的回差很小,某些情况甚至可以是零侧间隙。

(8)传动效率高。与相同速比的其他传动相比,谐波传动由于运动部件数量少,而且啮合齿面的速度很低,因此效率很高,随速比的不同(60 ~250),效率为 65% ~96%(谐波复波传动效率较低),齿面的磨损很小。

(9)同轴性好。谐波齿轮减速器的高速轴、低速轴位于同一轴线上。

(10)可实现向密闭空间传递运动及动力。采用密封柔轮谐波传动减速装置,可以驱动工作在高真空、有腐蚀性及其他有害介质空间的机构,谐波传动这一独特优点是其他传动机构难于达到的。

(11)可方便地实现差速传动。由于谐波齿轮传动的 3 个基本构件中,可以任意两个主动,第三个从动,那么如果让谐波发生器和刚轮主动,柔轮从动,就可以构成一个差动传动机构,从而方便地实现快慢速工作状况。

谐波传动的主要缺点:

(1)柔轮易于疲劳破坏。

(2)扭转刚度低,过大的扭矩会引起柔轮的变形。

(3)以 2,4,6 倍输入轴速度的啮合频率会产生振动。

总之,谐波传动与行星齿轮传动相比具有较小的传动间隙和较轻的质量,但是刚度比行星减速器差。

谐波传动装置在机器人技术比较先进的国家已得到了广泛的应用,仅就日本来说,机器人驱动装置的 60% 都采用了谐波传动。美国送到月球上的机器人,其各个关节部位都采用谐波传动装置,其中一只上臂就用了 30 个谐波传动机构。苏联送入月球的移动式机器人“登月者”,其成对安装的 8 个轮子均是用密闭谐波传动机构单独驱动的。

3.4.2　机器人丝杠传动机构

丝杠传动有滑动式、滚珠式和静压式等。机器人传动用的丝杠具有结构紧凑、间隙小和传动效率高等特点。

滑动式丝杠螺母机构是连续的面接触,传动中不会产生冲击,传动平稳,无噪声,并且能自锁。因丝杠的螺旋升角较小,所以用较小的驱动力矩可获得较大的牵引力。但是,丝杠螺母螺旋面之间的摩擦为滑动摩擦,故传动效率低。滚珠丝杠传动效率高,而且传动精度和定位精度均很高,传动时灵敏度和平稳性也很好。由于磨损小,滚珠丝杆的使用寿命比较长,但成本较高。图 3.13 为滚珠丝杠的基本组成。导向槽 4 连接螺母的第一圈和最后一圈,使其形成的滚动体可以作为连续循环的导槽。滚珠丝杠在工业机器人上的应用比滚柱丝杠多,因为后者结构尺寸大(径向和轴向),传动效率低。

图 3.14 为采用丝杠螺母传动的手臂升降机构。由电动机 1 带动蜗杆 2 使蜗轮 5 回转,依靠蜗轮内孔的螺纹带动丝杠 4 做升降运动。为了防止丝杠的转动,在丝杠上端铣有花键,花键与固定在箱体 6 上的花键套 7 组成导向装置。

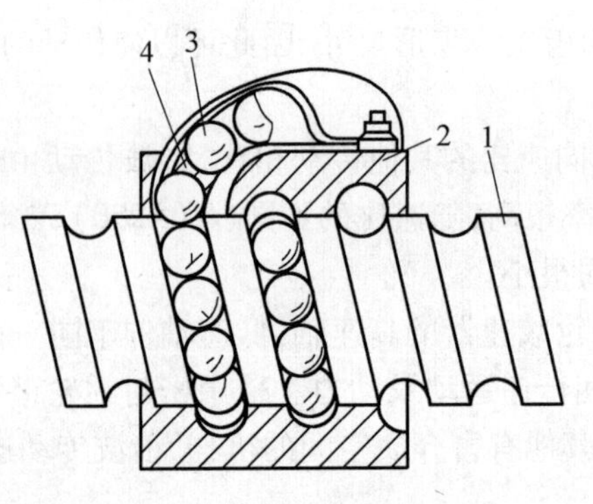

图3.13　滚珠丝杠的基本组成

1—丝杠;2—螺母;3—滚珠;4—导向槽

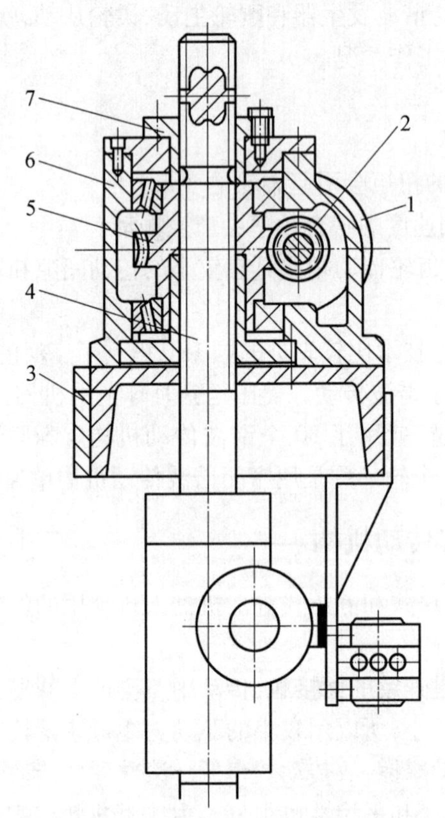

图3.14　丝杠螺母传动的手臂升降机构

1—电动机;2—蜗杆;3—臂架;4—丝杠;5—蜗轮;6—箱体;7—花键套

3.4.3　机器人带传动与链传动机构

带传动(Belt Drive)和链传动用于传递平行轴之间的回转运动,或把回转运动转换成直线运动。特别是当机械上的主动轴和从动轴相距较远时,常常采用带传动或链传动。机器人中的带传动和链传动分别通过带轮或链轮传递回转运动,有时还用来驱动平行轴之间的小齿轮。

其中,带传动是机械传动学科的一个重要分支,主要用于传递运动和动力。它是机械传动中重要的传动形式,也是机电设备的核心连接部件,种类异常繁多,用途极为广泛。其最大特点是可以自由变速、远近传动、结构简单和更换方便。带传动根据其传动原理可分为摩擦型和啮合型两大类。摩擦型带传动包括平带传动(Flat Belt Drive)、V带传动、多楔带传动(Ribbed V-belt Drive)以及双面V带传动、圆形带传动等。啮合型带传动即同步带传动(Synchronous Belt Drive)。今后传动带的主流是向着小型化、精密化和高速化的方向发展。老式的平板带将被日渐淘汰,新型的环形平板带重新崛起;切割三角带将取代大部分包布V形带,同时代之而起的V形平板带、多楔带、齿型带可能成为新的主流产品。

链传动具有传动效率高、承载能力强、可实现远距离传动等诸多优点,广泛应用于农业、采矿、冶金、起重、运输、石油、化工、汽车、纺织以及印刷包装等各种机械的动力传动中。

1. 同步带传动

同步带传动由一根内周表面设有等间距齿的封闭环形胶带和具有相应齿的带轮组成。运转时,带的凸齿与带轮齿槽相啮合来传递运动和动力(图3.15(a))。同步带传动属于低惯性传动,适合于在电动机和高速比减速器之间使用。同步带上安装滑座可完成与齿轮齿条机构同样的功能。由于同步带传动惯性小,且有一定的刚度,所以适合于高速运动的轻型滑座。

如图3.15(b)所示,同步带的传动面上有与带轮啮合的梯形齿。同步带传动时无滑动,初始张力小,被动轴的轴承不易过载。因无滑动,它除了用作动力传动外还适用于定位。同步带采用氯丁橡胶作为基材,并在中间加入玻璃纤维等伸缩刚性大的材料,齿面上覆盖耐磨性好的尼龙布。用于传递轻载荷的齿形带用聚氨基甲酸酯制造。同步带按齿形分为梯形齿和圆弧形齿两种,梯形齿同步带已列入ISO及我国同步带标准,其型号及尺寸已标准化。圆弧齿同步带目前尚处于各国的企业标准阶段。

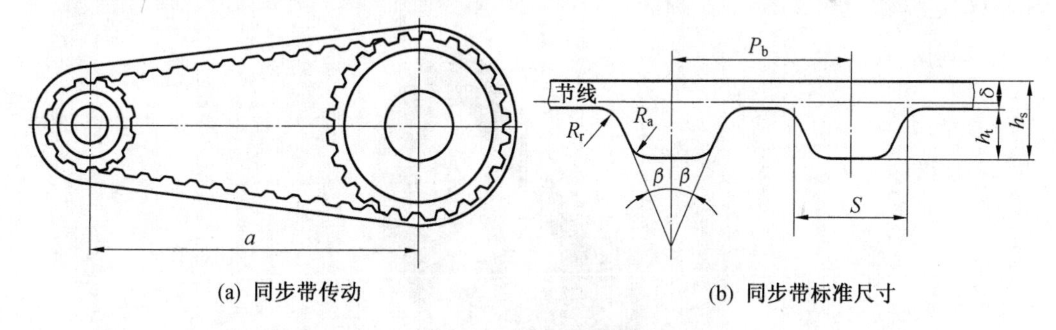

(a) 同步带传动　　(b) 同步带标准尺寸

图3.15　同步带结构图

在图3.15中,a为同步带传动齿轮距离;R_r为带齿的齿根圆角半径;R_a为齿顶圆角半径;β为齿形角;P_b为带的节距;S为齿根宽度;h_t为带的齿高;h_s为同步带齿厚。

2. 滚子链传动

滚子链传动属于比较完善的传动机构,由于噪声小、效率高,因此得到了广泛的应用。但是,高速运动时滚子与链轮之间的碰撞会产生较大的噪声和振动,只有在低速时才能得到满意的效果,即滚子链传动适合于低惯性负载的关节传动。链轮齿数少,摩擦力会增加,要得到平稳运动,链轮的齿数应大于17,并尽量采用奇数齿。滚子链传动如图3.16所示。

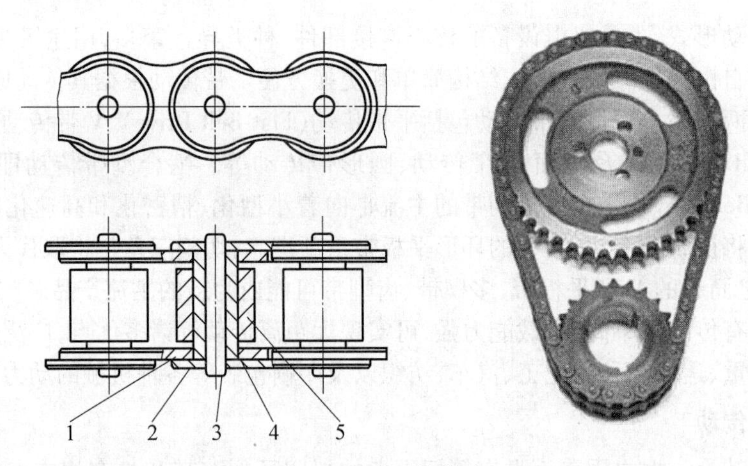

图 3.16 滚子链传动

1—内链板;2—外链板;3—销轴;4—套筒;5—滚子

3.4.4 机器人绳传动与钢带传动机构

1. 绳传动

近年来,由于一般传动方式自身特点的局限,新式绳驱动技术受到越来越多的研究学者的重视。事实上,绳传动已经发展演变成了一种新型的传动机制。绳驱动技术主要通过将电机和减速装置全部安装在基座上,利用绳索牵引下一关节的运动,从而达到远距离动力传输的目的。绳驱动技术已经完全可以达到接触传动的形式,如齿轮传动、蜗轮蜗杆传动、齿轮齿条传动等,这一技术可以有效地提高远距离传输的效率,已经应用于拟人机械臂的设计(图 3.17)。

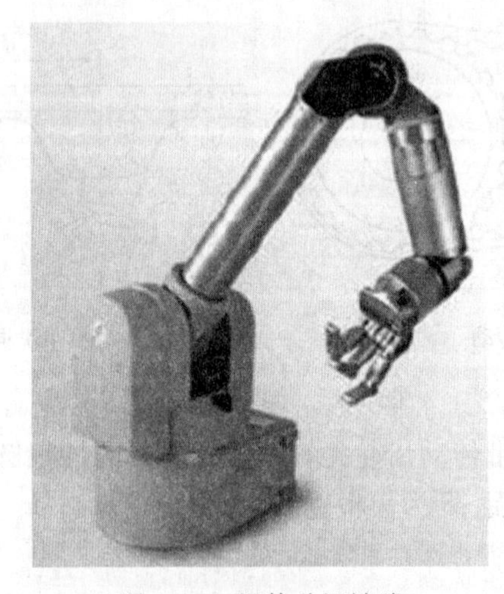

图 3.17 绳传动机械臂

绳传动广泛应用于机器人的手爪开合传动,特别适合有限行程的运动传递。绳传动的主要优点是:钢丝绳强度大,各方向上的柔软性好、尺寸小,预载后有可能消除传动间隙;主要缺点是:不加预载时存在传动间隙,因为绳索的蠕变和索夹的松弛使传动不稳定,多层缠绕后,在内层绳索及支撑中损耗能量,效率低,易积尘垢。

2. 钢带传动

钢带传动的优点包括传动比精确、传动件质量小、惯量小、传动参数稳定、柔性好、不需润滑及强度高等。图 3.18 为钢带传动示意图,钢带末端紧固在驱动轮和被驱动轮上,因此,摩擦力不是传动的重要因素。钢带传动适合于有限行程的传动。图 3.18(a)为适合于等传动比,图 3.18(c)所示适合于变化的传动比,图 3.18(b)和图 3.18(d)为一种直线传动,而图 3.18(a)和图 3.18(c)所示为一种回转传动。

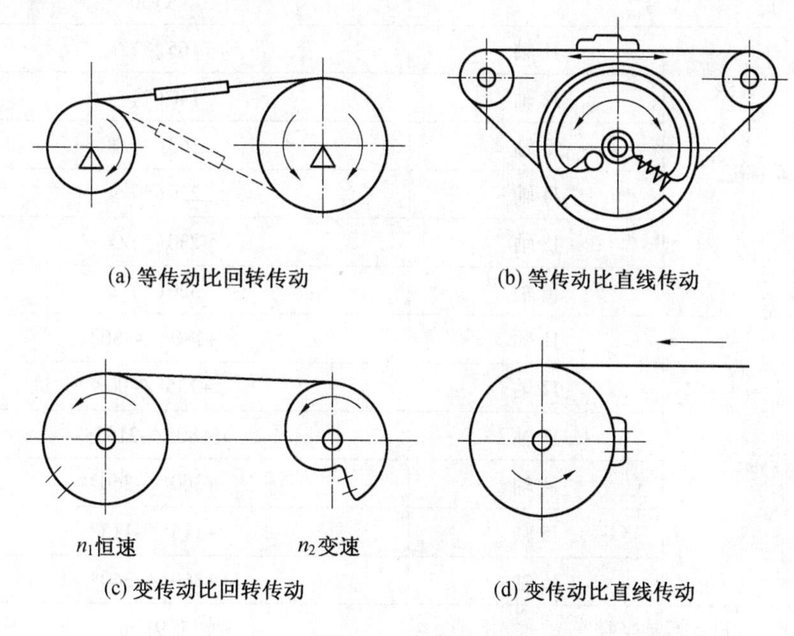

图 3.18　钢带传动

3.5　典型工业机器人设计

前面章节已经讲过,典型工业机器人依据用途分为点焊机器人、弧焊机器人、搬运机器人、喷涂机器人和 AGV 机器人等。不同用途的机器人的结构形式、传动方式及控制形式各有不同,在 3.2.2 节中,已经详细讲解了机器人本体的结构及传动原理,本节以 XT30 搬运机器人为例来阐述工业机器人的设计过程。

3.5.1　机器人性能参数确定

XT30 搬运机器人的主要性能指标:末端最大负载 30 kg;搬运最高频率为 1 000 次/h;末端作业最大展臂半径为 2.04 m 等。参照国内外同类产品的资料及用户的实际要求,可确定本机器人的主要性能参数。XT30 搬运机器人性能参数见表 3.2。

表 3.2 XT30 搬运机器人性能参数

项目		性能参数
动作类型		多关节型
控制轴		6 轴
放置方式		地装
型号		XT30
最大运动速度	J1 轴	165(°)/s
	J2 轴	140(°)/s
	J3 轴	163(°)/s
	J4 轴	230(°)/s
	J5 轴	230(°)/s
	J6 轴	320(°)/s
最大动作范围	J1 轴	+180°/-180°
	J2 轴	+135°/-90°
	J3 轴	+80°/-210°
	J4 轴	+360°/-360°
	J5 轴	+115°/-115°
	J6 轴	+360°/-360°
最大活动半径		1.91 m
最大臂展半径		2.040 m
手腕额定负载		30 kg
重复精度		±0.3 mm
噪声		低于 80 dB
恶劣状态运行时间		24 h
额定状态运行时间		120 h

标注:

(1)末端最大负载为机器人在工作范围内的任何位置和姿态上所能承受的最大质量。

(2)机器人搬运的最高频率为在各单关节运动时的最大速度、末端的合成最高运行速度下,单位小时内机器人末端搬运物品的次数。

(3)机器人最大作业空间为机器人运动时各关节所能达到的最大角度。机器人的每个轴都有软、硬限位,机器人的运动无法超出软限位,如果超出,称为超行程,由硬限位完成对该轴的机械约束。最大工作空间为机器人运动时手腕末端所能达到的所有点的集合。

3.5.2 机器人机构设计方案

XT30 搬运机器人是地装多关节机器人,参照 3.2.2 节,依次为腰座回转、大臂俯仰、小

臂俯仰、小臂回转、手腕俯仰及末端负载旋转 6 个自由度机器人。XT30 机器人结构简图如图 3.19 所示。

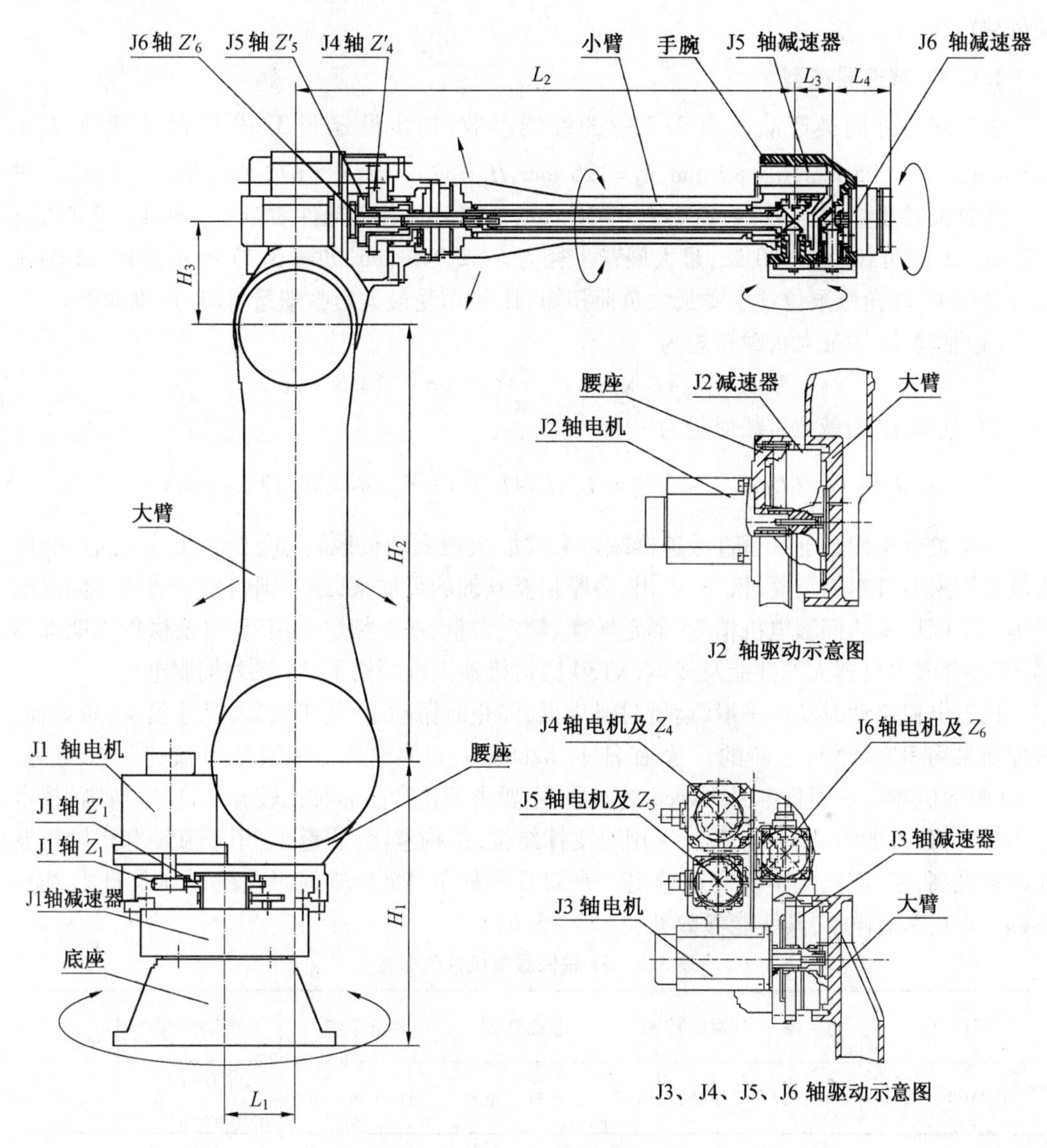

图 3.19　XT30 机器人结构简图

1. 传动原理

如图 3.19 所示，机器人结构图传动原理如下：

(1) J1 轴电机通过 Z_1，Z'_1 齿轮啮合驱动 J1 轴减速器带动腰座回转。

(2) J2 轴电机直接驱动 J2 轴减速器带动大臂俯仰。

(3) J3 轴电机直接驱动 J3 轴减速器带动小臂俯仰。

(4) J4 轴电机通过 Z_4，Z'_4 齿轮啮合（减速比 65 : 38）驱动 J4 轴减速器带动小臂回转。

(5) J5 轴电机通过 Z_5，Z'_5 齿轮外啮合（减速比 49 : 42）及一对螺旋伞齿轮啮合（减速比 1 : 1）驱动 J5 轴减速器带动手腕俯仰。

(6)J6 轴电机通过 Z_6,Z'_6 齿轮外啮合(减速比 33∶32)、螺旋伞齿轮(减速比 1∶1)、直齿轮(减速比 1∶1)、螺旋伞齿轮(减速比 1∶1)分别啮合传动来驱动 J6 轴减速器,带动末端负载转动。

2. 电机、减速器选型

参照国内外同类产品及表 3.2 中的性能参数,初步设定图 3.19 中尺寸参数,$L_1=145$ mm,$L_2=1\ 025$ mm,$L_3=80$ mm,$L_4=125$ mm,$H_1=570$ mm,$H_2=870$ mm,$H_3=210$ mm。

估算大臂质量 $G_1=70$ kg,重心 $L_5=430$ mm,小臂及传动零部件质量 $G_2=50$ kg,重心 $L_6=530$ mm,末端负载为 $G=30$ kg,最大展臂半径为 $R=2\ 040$ mm,如图 3.17 所示结构,J2 轴在运行过程中,转角极限位置承受最大负荷扭矩,J1 轴承受最大负载惯量,计算过程如下。

(1)估算 J2 轴最大负载转矩为

$$M=G_1\times L_5+G_2\times(H_2+L_6)+G_1\times R=1\ 613\ \text{N}\cdot\text{m}$$

(2)估算 J1 轴最大负载惯量为

$$J=\frac{1}{3}G_1\times(L_1+L_5)^2+\frac{1}{3}G_2\times(L_1+H_2+L_6)^2+\frac{1}{3}G_1\times R^2=89.12\ \text{kg}\cdot\text{m}^2$$

每个关节由伺服电机通过减速器减速来增加扭矩驱动负载转动,工业机器人选用的伺服电机厂家有日本的三菱、松下、安川、多摩川及欧洲的贝加莱,还有国内生产的翡叶伺服电机等。不同厂家的伺服电机精度、额定转速、额定惯量、输出额定扭矩、价格及供货周期都不同,经综合考虑机器人的性能及成本,XT30 搬运机器人选用松下 A5 系列伺服电机。

松下电机启动时动作平滑,运行时噪声低,停止时振动小;便于安装,尺寸紧凑,质量轻。减速器采用 RV 结构,生产的厂家有日本 Nabtesco、日本住友、韩国韩中减速机公司等。XT30 搬运机器人采用日本 Nabtesco 减速器,主要由于该产品品种比较齐全,样本清晰,技术服务好,新开发的 N 系列减速器,采用双支撑结构,结构紧凑,质量小,用于五轴和六轴机器人时精度高,刚性好,可实现高速输出。查阅日本松下 A5 交流伺服电机样本及日本 Nabtesco RV 减速器样本,其性能参数见表 3.3 ~3.6。

表 3.3 J1 轴伺服电机性能参数

型 号	功 率	额定转速	最高转速	额定转矩	转动惯量	推荐惯量比
MDME402S1H	4.0 kW	2 000 r/min	3 000 r/min	19.1 N·m	38.6×10^{-4} kg·m^2	<10

表 3.4 J1 轴 RV 减速器性能参数

型 号	减速比	输入功率	输出转矩	质 量
RV-200C-34.86-A-T	34.86	4 kW	1 686 N·m	55.6 kg

核算 J1 轴性能参数:

机构设计中 J1 轴选用 Z'_1 与 Z 齿数比为 96/34,减速器减速比为 34.86,综合减速比为 98.43,伺服电机额定转速为 2 000 r/min,最高转速为 3 000 r/min。

$$\text{J1 轴额定转速}=2\ 000/98.43\times6=121.92((°)/\text{s})$$

$$\text{J1 轴最高转速}=3\ 000/98.43\times6=182.87((°)/\text{s})$$

J1 轴性能参数中要求最大转速为 165(°)/s。

J1 轴电机转子惯量为 38.6×10^{-4} kg · m²，综合减速比为 98.43，则输出惯量为 38.6×10^{-4} kg · m²$\times98.43^2=37.4$ kg · m²。

J1 轴最大负载惯量与输出惯量比值为89.12/37.4=2.62，选用的松下 MDME402S1H 伺服电机推荐的惯量比值小于 10。以上核算的结果，验证 J1 轴电机、减速器选择合理。

表 3.5　J2 轴伺服电机性能参数

型　号	功　率	额定转速	最高转速	额定转矩	转动惯量	推荐惯量比
MDME502S1H	5.0 kW	2 000 r/min	3 000 r/min	23.9 N · m	48.8×10^{-4} kg · m²	<10

表 3.6　J2 轴 RV 减速器性能参数

型　号	减速比	输入功率	输出转矩	质　量
RV-320E-100-B	100	5 kW	2 695 N · m	44.3 kg

核算 J2 轴性能参数：

J2 轴额定转速=2 000/100×6=120((°)/s)

J2 轴最高转速=3 000/100×6=180((°)/s)

J2 轴性能参数中要求最大转速为 140(°)/s。

J2 轴输出转矩 23.9×100=2 390 N · m，J2 轴最大负载转矩为 1 613 N · m，验证 J2 轴电机、减速器选用合理。依此方法，其他各轴选用的交流伺服电机及 RV 减速器性能参数见表 3.7 ~3.14。

表 3.7　J3 轴伺服电机性能参数

型　号	功　率	额定转速	最高转速	额定转矩	转动惯量	推荐惯量比
MDME302S1H	3.0 kW	2 000 r/min	3 000 r/min	14.3 N · m	14×10^{-4} kg · m²	<10

表 3.8　J3 轴 RV 减速器性能参数

型　号	减速比	输入功率	输出转矩	质　量
RV-110E-80-B	80	3 kW	925 N · m	17.4 kg

表 3.9　J4 轴伺服电机性能参数

型　号	功　率	额定转速	最高转速	额定转矩	转动惯量	推荐惯量比
MDME152S1H	1.5 kW	2 000 r/min	3 000 r/min	7.16 N · m	7.9×10^{-4} kg · m²	<10

表 3.10　J4 轴 RV 减速器性能参数

型　号	减速比	输入功率	输出转矩	质　量
RV-42N-30.23	30.23	1.5 kW	412 N · m	5.8 kg

表 3.11 J5 轴伺服电机性能参数

型 号	功 率	额定转速	最高转速	额定转矩	转动惯量	推荐惯量比
MSME152S1H	1.5 kW	3 000 r/min	5 000 r/min	4.77 N·m	3.2×10^{-4} kg·m^2	<15

表 3.12 J5 轴 RV 减速器性能参数

型 号	减速比	输入功率	输出转矩	质 量
RV-42N-80	81	1.5 kW	412 N·m	6.3 kg

表 3.13 J6 轴伺服电机性能参数

型 号	功 率	额定转速	最高转速	额定转矩	转动惯量	推荐惯量比
MSME152S1H	1.5 kW	3 000 r/min	5 000 r/min	4.77 N·m	3.2×10^{-4} kg·m^2	<15

表 3.14 J6 轴 RV 减速器性能参数

型 号	减速比	输入功率	输出转矩	质 量
RV-35N-61	61	1.5 kW	343 N·m	6.6 kg

3.5.3 机器人三维建图及仿真建模

目前三维软件有 SOLIDWORKS,UG,PROE,CATIA,AUTOCAD 和 CAXA 等,每种软件都各有其优点,SOLIDWORKS 作为 Windows 平台下的机械设计软件,Windows 的很多功能都可以在这里实现,比如“复制”“粘贴”。多数用户系统中都有 CAD 二维图纸,SOLIDWORKS 可兼容 AutoCAD 文件。DWGeditor 可以使用原创 DWG 文件,提供 AutoCAD 用户熟悉的界面。SOLIDWORKS 三维制图软件具有使用方便和操作简单的特点,其强大的设计功能可以满足机械产品的设计需要。本书使用 SOLIDWORKS 三维制图软件制作 XT30 搬运机器人零部件图纸、部件图及仿真建模。

1. 建立 3D 零件图注意事项

(1)确定零件的材质。该机器人的底座、腰座、大臂、小臂、手腕采用 QT500-7,传动轴采用 40Cr,直齿轮、伞齿轮采用 20CrMnTi,隔套、调节垫采用 Q235,缓冲垫、限位垫采用聚氨酯。

(2)建立结构复杂零件 3D 图时,选择合理的基面 A,便于建立行程回转面 B、铸造圆角等。

(3)建完零件 3D 图后,对于复杂铸造件,点击评估中“质量属性”命令,验证质量、重心、惯量性能。必要时点击“拔模分析”命令及“对称检查”命令检查零件结构的合理性。

2. 建立 3D 装配图注意事项

(1)理解各轴自由度的装配约束类型。本机器人采用自底向上的装配方法,在装配过程中,进行零部件的干涉检查,便于及时修改不合理的零件结构。

(2)在装配过程中,依据各轴最大的动作范围,检验各轴极限转角的合理性。检查各关节达到最大角度的硬限位,如图 3.20 所示。

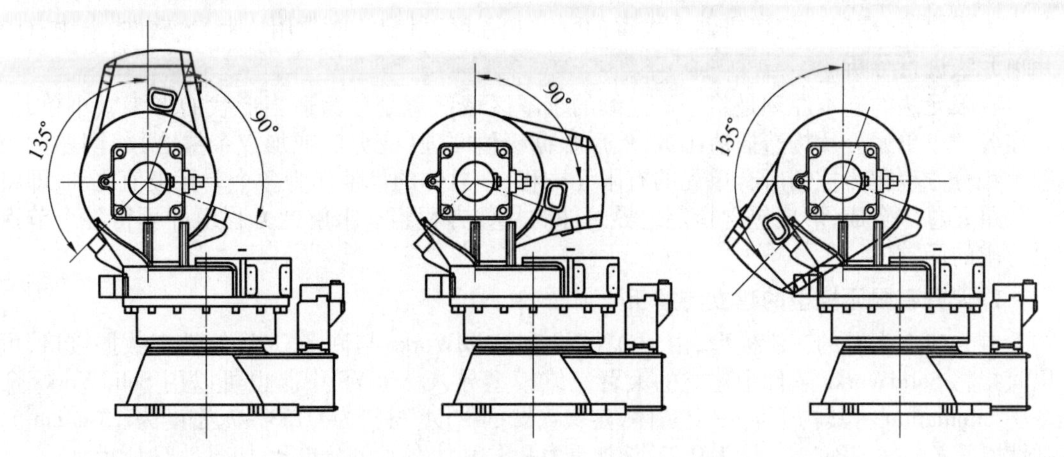

图3.20 J2轴大臂最大转角示意图

3.3D 装配体仿真建模

XT30 搬运机器人,在 SolidWorks 中进行自下向上的装配,通过使用多种不同的方法将零部件插入到装配体中,并利用相应的装配约束关系对零件定位。还可以用鼠标拖动未完全定位的零部件,带动机构进行有限的运动仿真,从而了解整体设计与目标的一致程度,并在运动中进行碰撞或干涉检查。由于装配图中的零部件文件与装配图连接,零部件的数据还保持在原零部件文件中,对零部件文件进行任何改变都会更新装配体。XT30 搬运机器人三维建模示意图如图3.21所示。

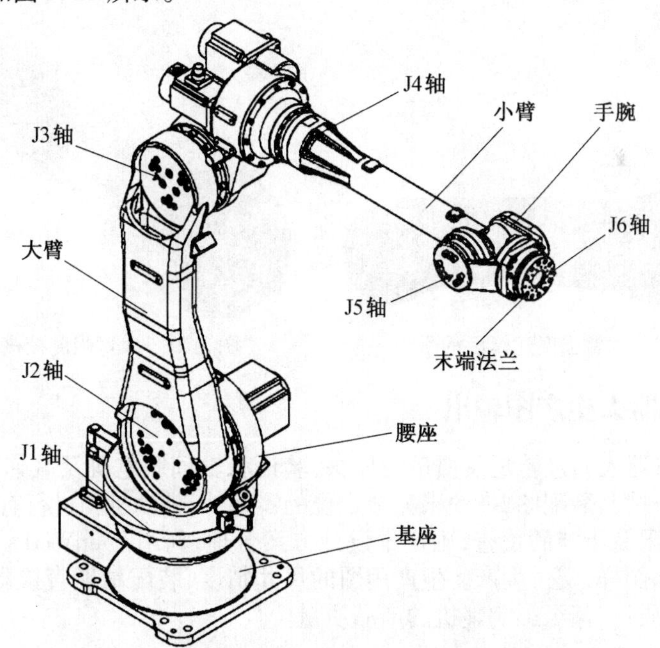

图3.21 XT30 搬运机器人三维建模示意图

3.5.4 机器人主要杆件强度校核

大臂是整个工业机器人本体中一个很重要的零件,它的刚度直接影响着整个机器人的精度。由于大臂结构复杂,将其等效为简单的杆件模型时,不可避免地产生力学解析上的误差。为了快速、准确地校核机器人大臂的刚度和强度，目前一般常用 ANSYS 软件，采用有限元单元法进行分析。

有限元法的基本原理是将一个连续的求解区域任意划分为适当形状的许多微小单元，并在各个小单元分片构造插值函数，然后根据极值原理（变分法或加权余量法）将问题的控制微积分方程化为控制所有单元的有限元方程，把总体的极值作为各个单元极值之和，即将局部单元总体合成，形成包含指定边界条件的代数方程组。求解此方程组即可得各个节点上待求的函数值。

1. 大臂有限元模型的建立与解析

首先建立大臂的三维模型，由于 ANSYS 和 SolidWorks 与许多 CAD 软件有数据接口，可以直接将 SolidWorks 软件中建立的大臂三维模型导入 ANSYS 中。也可以用 SolidWorks 命令中 Simulation 将其构造成一个实体，定义大臂的密度（材料为 QT500-7，密度为7.3 g/cm^3），弹性模量 E=154 GPa，泊松比为 0.27，施加重力和作用力，然后划分单元，如图 3.22 所示。

2. 计算结果分析

ANSYS 软件具有强大的后处理功能，利用其后处理模块可以清楚地看出大臂的变形分布情况，如图 3.23 所示。最大变形发生在大臂 J2 轴减速器连接处，最大变形 0.002 mm，满足刚度的要求。可以看出，大臂应力的总体分布规律是靠近大端 J2 轴减速器连接处应力逐渐增大，小端 J3 轴减速器连接处应力逐渐减小，小于一般球铁的抗拉强度（500 MPa）。因此，结构参数满足强度要求。

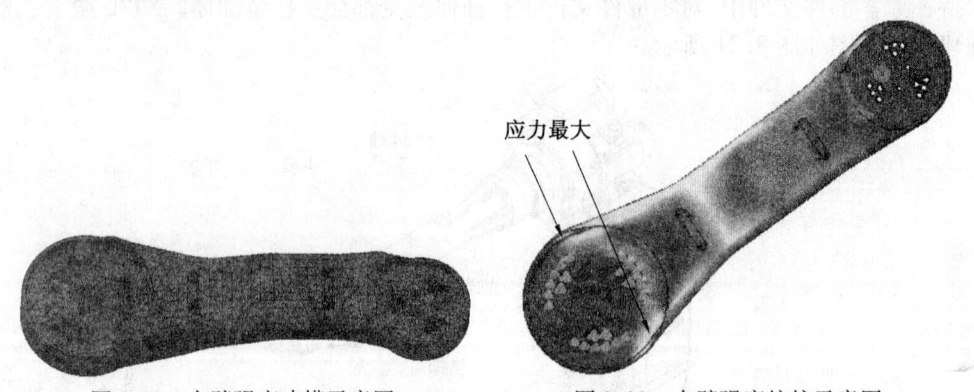

图 3.22 大臂强度建模示意图　　图 3.23 大臂强度校核示意图

3.5.5 机器人生产图输出

XT30 搬运机器人通过转矩及惯量的校核，验证各轴伺服电机及减速器满足性能要求，通过建立三维零件图、装配图，拖动未完全定位的零部件，带动机构进行有限的运动仿真，检测各轴的转角极限及干涉的检查，确定本设计方案合理，利用 SolidWorks 软件或 CAD 软件建立生产图，打印图样，交付生产。生产用图的尺寸精度、装配精度直接影响零件的加工质量及部件的装配质量，甚至影响整机的产品质量。

1. 零件图注意事项

传动轴与轴承配合部位除了注明尺寸精度、粗糙度精度外，还要注明形位公差精度。技术要求中注明热处理的要求。五轴支撑轴如图 3.24 所示。齿轮要注明齿轮的参数、配对齿轮的图纸图号及齿数，在技术要求中注明热处理方法，节圆处标注圆跳动公差要求。五轴电机齿轮如图 3.25 所示。铸件要求铸造圆角尽量大，尤其是受力部位，防止应力集中，配合面要求位置精度，技术要求中注明探伤、时效处理及非加工面表面处理等要求。

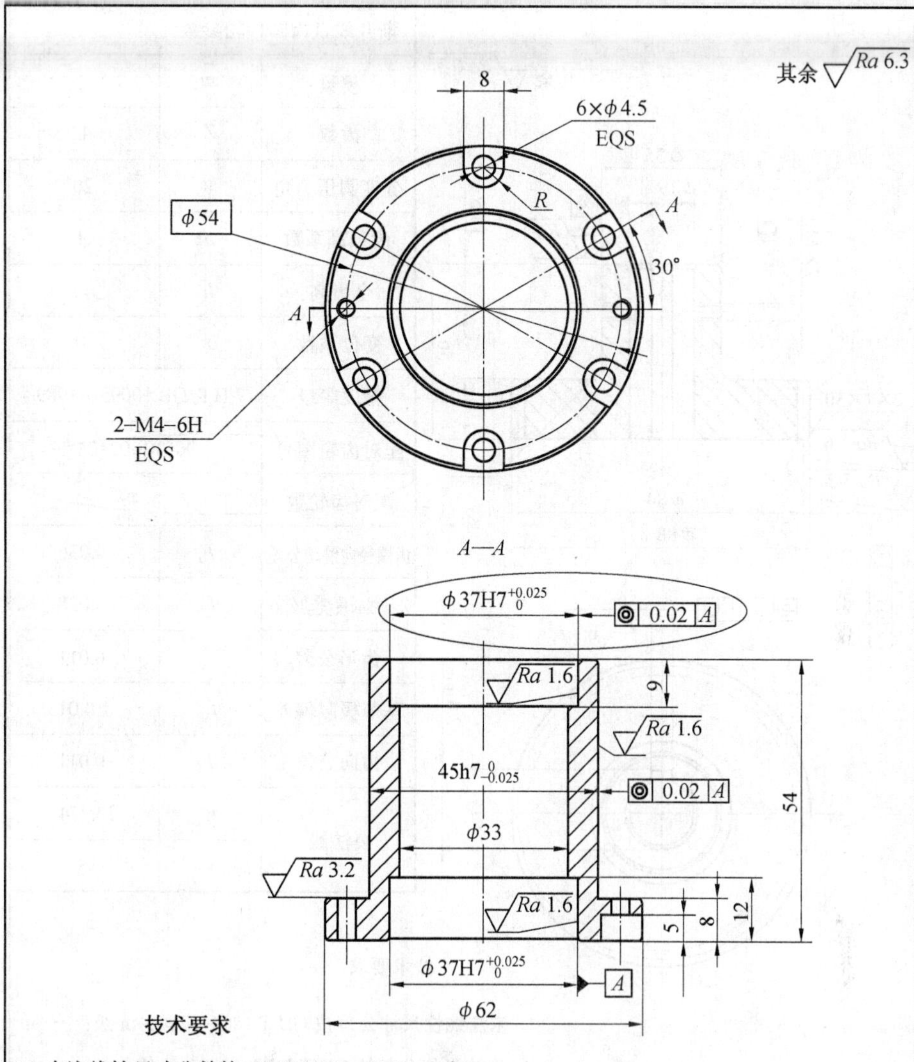

技术要求

1. 未注线性尺寸公差按 GB/T 1804—2000-m 级；
2. 未注形位公差按 GB/T 1184—1996-K 级；
3. 未注倒角 C0.5；锐边倒印；
4. 调质处理 240~265HBS；
5. 发黑。

							1	图号			
标记	处数	分区	更改文件号	签字	日期	所属装配图号	数量				
设计						五轴支承轴		材料	45# 钢		
校核											
审核											
工艺									阶段标记	质量	比例
标准化										0.35	1:1
审定											
批准									共 1 页	共 1 页	

图 3.24　五轴支撑轴

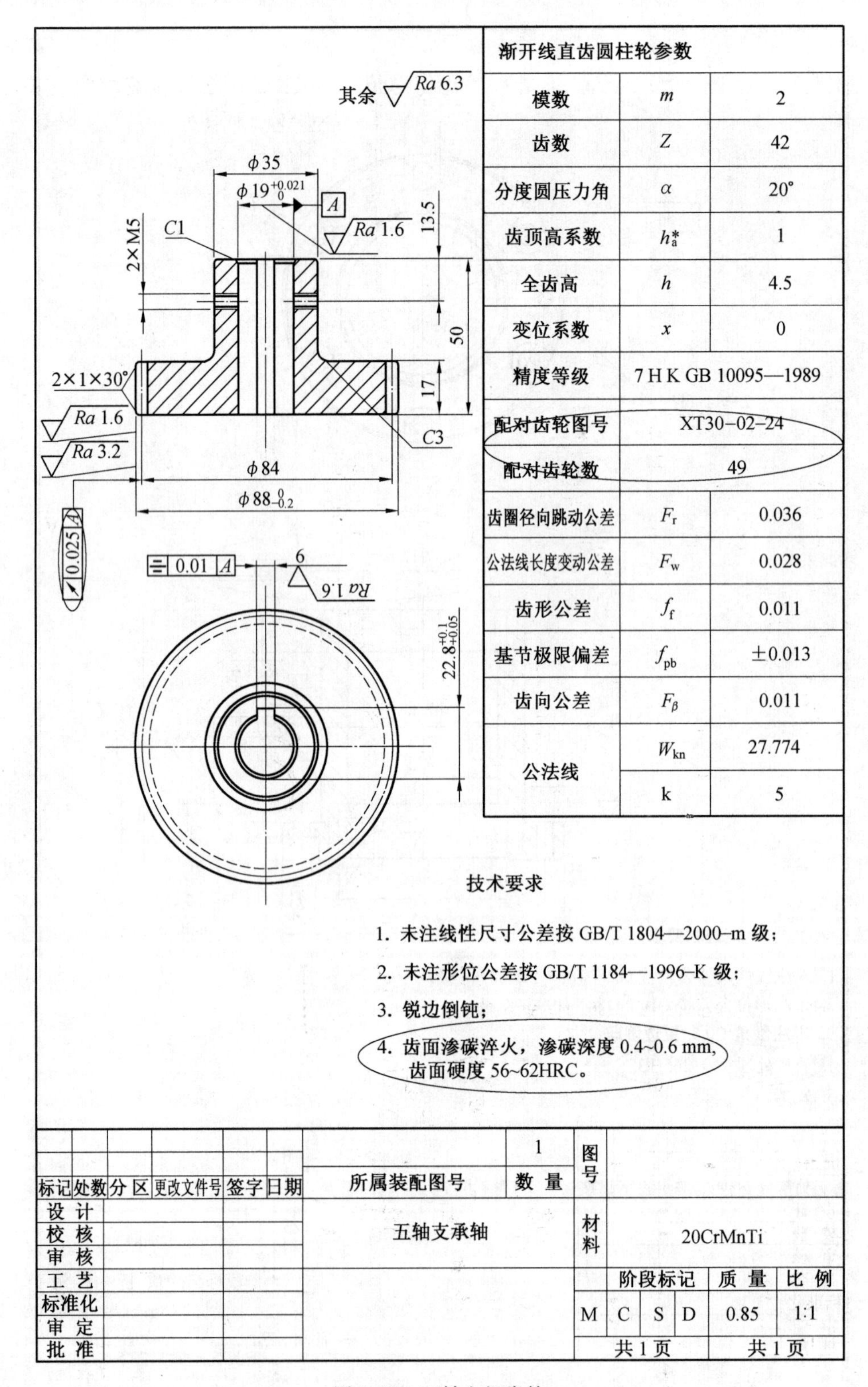

渐开线直齿圆柱轮参数		
模数	m	2
齿数	Z	42
分度圆压力角	α	20°
齿顶高系数	h_a^*	1
全齿高	h	4.5
变位系数	x	0
精度等级	7 H K GB 10095—1989	
配对齿轮图号	XT30-02-24	
配对齿轮数	49	
齿圈径向跳动公差	F_r	0.036
公法线长度变动公差	F_w	0.028
齿形公差	f_f	0.011
基节极限偏差	f_{pb}	±0.013
齿向公差	F_β	0.011
公法线	W_{kn}	27.774
	k	5

图 3.25 五轴电机齿轮

2. 装配图注意事项

装配图应标注装配图的外形尺寸，重要配合部位标准装配尺寸公差。技术要求中注明，装配前按照图纸标题栏明细，清点并检查零件是否合格，避免将不合格的零件组装后返修；RV 减速器注满由厂家携带的润滑脂至标识位置；相对运动件要求灵活无卡滞；正式装配时，螺钉连接处涂螺纹紧固剂；伺服电机及减速器连接螺钉用定扭矩扳手拧紧。标题栏明细表中注明选用轴承的精度等级要求，本机器人要求轴承的精度 P5；伺服电机及 RV 减速器要求注明型号、厂家，便于保证外购件安装尺寸及产品质量。装配总图中还要注明本机主要性能参数及适应环境要求。

3.5.6　机器人零部件加工、装配及检查维护

1. 机器人机械零部件加工

机器人主要机械零部件包含腰座、大臂及小臂箱体类铸件，J4，J5 及 J6 传动轴，直齿及锥齿齿轮等。加工前，先进行零部件图的分析，确定装配尺寸及关键尺寸精度，选用合理设备加工，确定零件定位基准、装夹及工艺路线。

（1）腰座零件加工。首先振动时效 QT500-7 铸件，不应有裂纹、粘砂、气孔及砂眼等缺陷，采用数控铣床加工工艺基准面，一次装夹，数控加工安装 J1 轴、J2 轴减速器及电机的配合面，保证其同轴度、平行度及垂直位置公差精度，如图 3.26 所示。

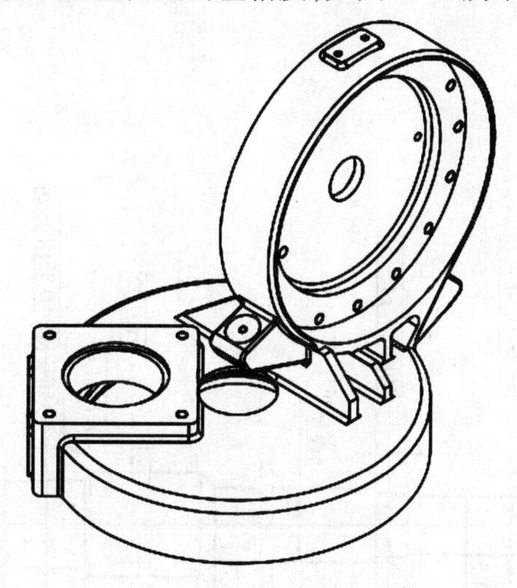

图 3.26　腰座结构图

（2）大臂零件加工（详见图 3.27 大臂示意图）。先加工基准面，以此平面定位装夹，加工安装 J2，J3 轴减速器的配合面，保证其同轴度及两孔轴线的平行度。

（3）小臂零件加工。先加工面 *A*，以此为基准面一次定位装夹，采用数控机床加工与 J4 轴减速器配合轴面 *B* 及 J5 驱动轴配合轴面 *C*，加工 J5 轴减速器配合面 *D* 及 J6 轴传动过渡轴配合面 *E*，保证面 *B* 与面 *C* 同轴，面 *D* 与面 *E* 同轴，面 *B* 的轴线与面 *D* 的轴线垂直且在同一平面内。

（4）轴类零件加工。机器人轴类零件材料一般选用 40Cr 或 45#钢，加工前调质热处理 240～265HBS，细长轴加工采用跟刀架或中间支撑装夹，轴的跳动精度应能保证平衡精度不

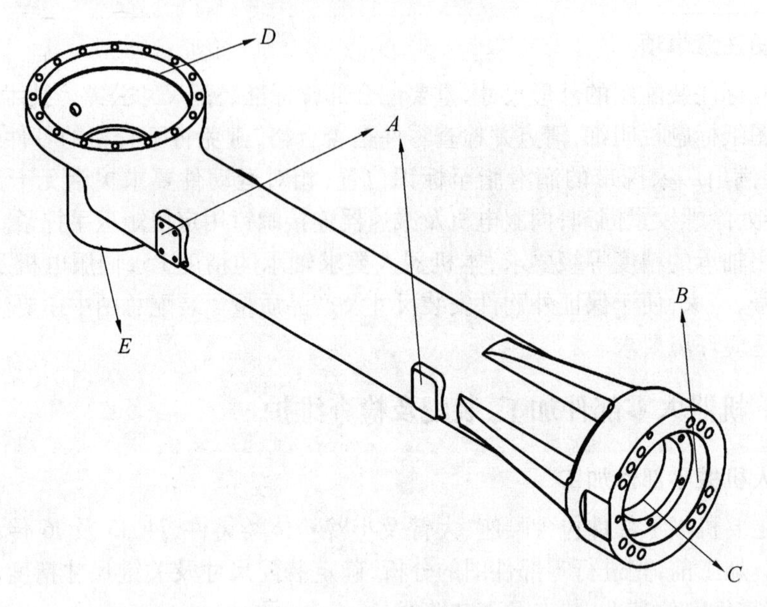

图 3.27 小臂加工基准面

低于 G6.3,安装轴承部位,保证同轴度精度,轴端外花键配合面高频淬火处理 45~50HRC。

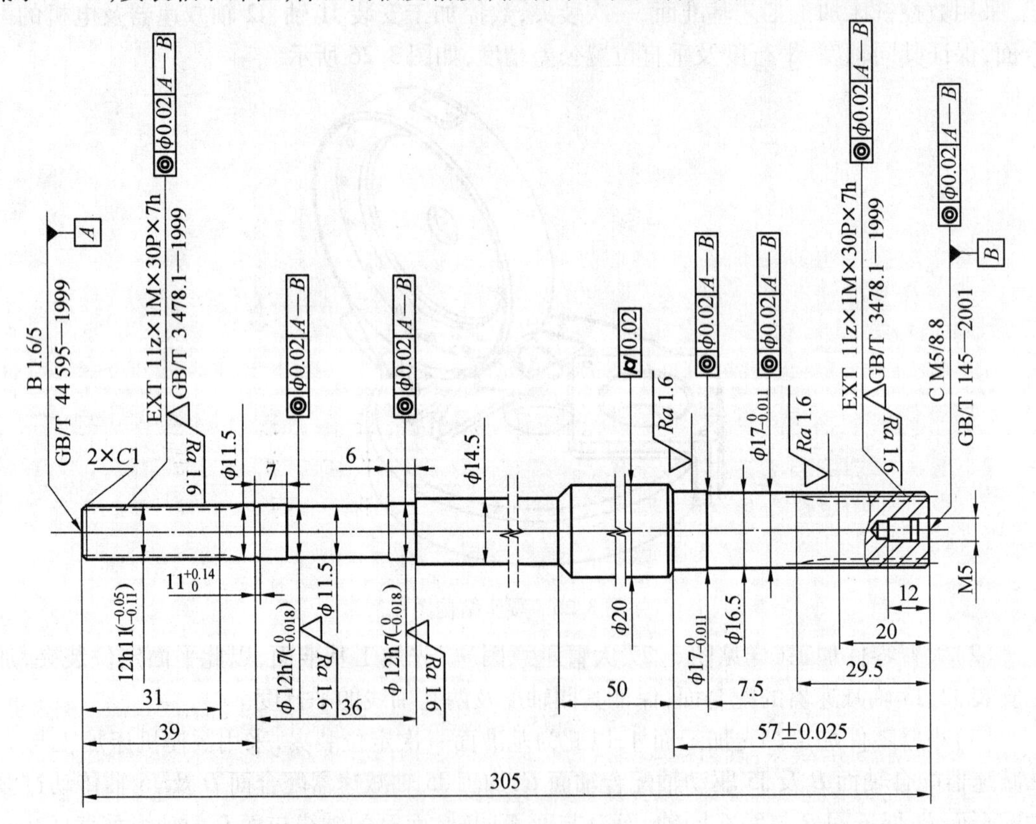

图 3.28 轴加工图

(5)齿轮零件加工。机器人齿轮零件材料一般选用 20CrMnTi,把材料截断,烧红后模锻,正火,然后把坯料用车床打孔,车毛边,数控车床两道工序完成毛皮的粗加工,用滚齿机、插齿机、铣床等制齿、剃齿、拉床拉键槽、打孔攻丝等工序。齿面渗碳淬火、回火、喷丸、磨孔、磨齿等,保证传递运动的准确性及平稳性,载荷分布的均匀性等精度指标,啮合齿轮成对加工检验,确保中心距及啮合精度。

2. 机器人机械零部件装配

参照图3.19和图3.21简要说明XT30搬运机器人的安装过程。安装前,正确理解图纸,依据序号,依次检查零件加工精度是否符合图纸要求,清点标准件和外购件的型号及数量;遵守装配规范,合理安排装配工序,尽量减少手工操作,提高装配机械化和自动化程度,尽量缩短装配周期;确定合理的装配顺序及装配方向;安装前各RV减速器内灌注由厂家携带的润滑脂至注油孔位置;零部件清理干净,尤其是铸件,用和好的面团粘清内表面灰尘及铁屑,防止杂质进入润滑油内,研磨零件表面,产生突然卡滞现象;零件表面不得有磕碰划伤的现象;准备好专用的定扭矩扳手及专业吊装设备等安装工具;准备螺纹密封胶及RV润滑油等;安装场地要清洁、无噪声、不潮湿。

(1)底座及腰转部件的安装。J1轴减速器在底座上,接触面涂密封胶,注油孔对正,连接螺钉涂螺纹密封胶,用定扭矩扳手均匀上紧螺钉;安装转接盘、腰座及轴承,用密封圈使之密封;在腰座上安装J1轴电机及驱动齿轮组件,接触面涂密封胶;安装J2轴减速器,用密封圈密封,用定扭矩扳手均匀上紧螺钉;安装J2轴电机及驱动花键轴组件,用唇型密封圈密封,防止减速器油泄漏;转动接盘,使腰座旋转,检查无卡滞、无异响,安装完成。

(2)小臂部件的安装。将J4传动轴、轴承、齿轮,J5传动轴、轴承、齿轮,J6传动轴、轴承、齿轮依次安装在小臂杆上,边安装边转动,保证转动顺畅,无异响;将小臂杆组件安装在3,4轴座上,用密封圈密封;安装J4轴、J5轴、J6轴电机及驱动齿轮组件在3,4轴座上,用专用工具转动J4传动轴、J5传动轴及J6传动轴,检查齿轮啮合正常,无异响,接触面涂密封胶,用定扭矩扳手均匀上紧螺钉;在小臂杆上安装J4轴减速器,用专用工具转动减速器转子,检查内外花键啮合正常,密封圈密封,定扭矩扳手均匀上紧螺钉;安装四轴转接盘;安装J3轴减速器在3,4轴座上,密封圈密封,用定扭矩扳手均匀上紧螺钉;安装J3轴电机及驱动花键轴,接触面涂密封胶。

(3)大臂的安装。在腰座的J2轴减速器上,用密封圈密封,用定扭矩扳手均匀上紧螺钉;将大臂转动到理想角度,借助专用吊装设备,将小臂部件的J3轴减速器安装在大臂上,用密封圈密封,用定扭矩扳手均匀上紧螺钉。检验小臂杆的轴线与腰座的轴线垂直且在同一平面内。

(4)手腕部件的安装。将J6传动轴、锥齿轮、轴承,J5传动轴、锥齿轮、轴承安装在手腕连接体上;安装J5轴减速器及锥齿轮组件在手腕连接体上,用专业工具转动J5传动轴,检查J5轴锥齿轮啮合正常,可用调整垫调整,使间隙尽量小,运行平稳、无噪声;安装手腕在J5轴减速器转子上,将其转动合理的角度;安装J6过渡轴及轴承在手腕上,利用调整垫调整,专用工具转动J6传动轴,检验锥齿轮、直齿轮的啮合正常;安装J6轴减速器及锥齿轮组件,专用工具转动J6传动轴,检验J6轴减速器锥齿轮啮合正常;安装末端法兰。

(5)利用专业吊装设备将手腕部件与小杆臂组在一起,用密封圈密封。检查各运动付运行平稳,无异响后,加注RV专业润滑油,压紧注油嘴,防止漏油。整机安装完成。

3. 机器人的维护

机器人在装配调试完毕后,正常使用下都有一定的寿命,包括机械系统的轴承、减速机、控制器和控制柜线路等部件。上述部件故障属于机器人重大故障,需要生产厂家进行更换。同时机器人还存在常规故障,包括电池、润滑和继电器等小部件,在机器人运行过程中,对非重大故障进行定期检查维护,不仅能够保持机器人的最佳性能,还可以增加机器人的寿命。

对机器人的维护可分为以下几种:

(1)预防性维护。

①日常检查(表3.15)。

表3.15 日常检查表

<table>
<tr><th>序号</th><th colspan="3">检查项目</th><th>判定标准</th></tr>
<tr><td>1</td><td rowspan="6">操作人员</td><td rowspan="6">开机检查</td><td>泄漏检查</td><td>检查三联件、水气管、接头等元件有无泄漏</td></tr>
<tr><td>2</td><td>异响检查</td><td>检查各传动机构是否有异常噪声</td></tr>
<tr><td>3</td><td>干涉检查</td><td>检查各传动机构是否运转平稳,有无异常抖动</td></tr>
<tr><td>4</td><td>风冷检查</td><td>检查控制柜后风扇是否通风顺畅</td></tr>
<tr><td>5</td><td>外围附件检查</td><td>是否完整齐全,是否磨损,有无锈蚀</td></tr>
<tr><td>6</td><td>外围电气附件检查</td><td>检查机器人外部线路,按钮是否正常</td></tr>
</table>

②每季度检查(表3.16)。

表3.16 季度检查表

序号	检查内容	检查点
1	控制单元电缆	检查示教器电缆是否存在不恰当扭曲
2	控制单元的通风单元	如果通风单元脏了,则切断电源,清理通风单元
3	机械单元中的电缆	检查机械单元插座是否损坏,弯曲是否异常,检查电机连接器和航插是否连接可靠
4	清理检查每个部件	清理每个部件,检查部件是否存在问题
5	上紧外部螺栓	上紧末端执行器螺栓及外部主要螺栓

③每年检查(表3.17)。

表3.17 年检查表

序号	检查条目	检查点
1	润滑平衡器套管	对平衡器轴进行润滑
2	电池	更换机械单元中的电池
3	更换轴、减速器及齿轮箱的润滑脂	按照润滑要求进行更换

(2)定期维护。更换驱动装置润滑脂。

每年更换J1,J2,J3,J4,J5,J6轴减速器、电机座齿轮箱和手腕部分润滑脂。

更换润滑脂的基本步骤如下:

①切断电源。

②移去润滑脂出口的直通式压注油杯,将机器人体内的陈旧润滑脂倒出。

③通过润滑脂入口提供润滑油脂,直至新的润滑脂从润滑脂出口流出。

④将直通式压注油杯装到润滑脂出口上,重新使用直通式压注油杯时,用密封胶密封直通式压注油杯。

如果未能正确润滑操作,润滑腔体的内部压力可能会突然增加,有可能损坏密封部分,从而导致润滑脂泄漏和异常操作。因此,在执行润滑操作时,应注意:

①执行润滑操作前,打开润滑脂出口(移去润滑脂出口的插头或直通式压注油杯)。

②缓慢地提供润滑脂,不要过于用力,使用手动泵。

③仅使用具有指定类型的润滑脂。如果使用了指定类型之外的其他润滑脂,则可能会损坏减速器或导致其他问题。

④润滑完成后,确认在润滑脂出口处没有润滑脂泄漏,而且润滑腔体未加压,然后闭合润滑脂出口。

⑤为了避免润滑而导致的意外,应将地面和机器人上的多余润滑脂彻底清除。

3.6 工业机器人系统性能测试

3.6.1 工业机器人性能测试指标

根据国标 GB/T 12642—2001,工业机器人的性能指标包括14项:①位姿准确度和位姿重复性;②多方向位姿准确度变动;③距离准确度和距离重复性;④位置稳定时间;⑤位置超调量;⑥位姿特性漂移;⑦互换性;⑧轨迹准确度和轨迹重复性;⑨重复定向轨迹准确度;⑩拐角偏差;⑪轨迹速度特性;⑫最小定位时间;⑬静态柔顺性;⑭摆动偏差。该标准确定了工业机器人的所有相关设计指标,针对某一具体工业机器人应选择上述指标的相关项目进行测试,并非要测其全部指标。XT30 搬运机器人结构简图如图 3.29 所示。

图 3.29 中,$(x_0y_0z_0)$为基础坐标系,建立在机器人的底部安装本体上;$(x_iy_iz_i)_{i=1,2,\cdots,6}$为机器人相应各关节坐标系,分别建立在各个关节处;$(x_Ty_Tz_T)$为工具坐标系,建立在机器人的末端法兰盘上。

工业机器人包括搬运、焊接、涂胶和浇注等,结构形式包括串联和并联,工作负载涵盖了小负载至重负载的一系列机器人。在机器人设计过程中采用设计→试验→优化方法,能提高工业机器人的设计水平,典型的检测工作包括以下几个方面:

1. 关节运动范围

单轴工作范围由机械部分保证,在建立机器人坐标系后各关节的转动范围可以在关节坐标系下测试得到。

测试方法:在机器人按以上坐标标定好零位以后,分别运动各轴在正反两个方向上到达极限位置,记录机器人的运动范围,重复测试10次,以10次所测结果的平均值作为测试结果,然后整理数据给出报告。

2. 单轴额定速度

各轴的最大速度由电机的最大转速及各轴减速比保证,各轴减速比由机械部分保证。由于减速比固定,所以各关节轴的速度指标可以通过测试各轴电机转速得到。

测试方法:在额定负载条件下,使被测关节进入稳定工作状态。令机器人被测关节以最

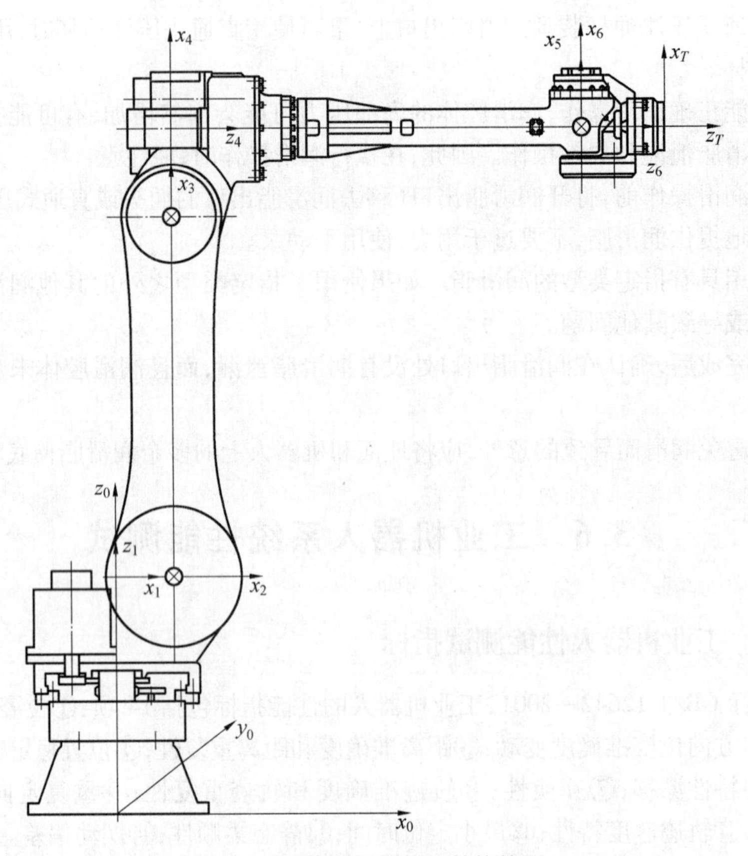

图 3.29　XT30 搬运机器人结构简图

大速度做大范围的运动，然后采用驱动器中自带的软件记录各轴的最大运动速度值，或者采用激光跟踪仪，测量设置在机器人各关节的标志点的运动速度。重复测试 10 次，以 10 次所测结果的平均值作为测试结果，然后整理数据给出报告。

3. 位置准确度

位置准确度是指令位姿的位置与实到位置集群中心之差。

测试方法：以激光跟踪仪为测试工具，给定工业机器人一个指令位置 P_c 点。启动机器人，使其在额定负载条件下进入稳定工作状态。驱动机器人末端点到达 P_c 点，并停留一定时间，测出实到位置数据。重复上述步骤 30 次。

$$AP_p = \sqrt{(\overline{X} - X_c)^2 + (\overline{Y} - Y_c)^2 + (\overline{Z} - Z_c)^2}$$

$$\overline{X} = \frac{1}{n}\sum_{j=1}^{n} X_j,\ \overline{Y} = \frac{1}{n}\sum_{j=1}^{n} Y_j, \overline{Z} = \frac{1}{n}\sum_{j=1}^{n} Z_j$$

式中，$\overline{X},\overline{Y},\overline{Z}$ 是重复响应同一指令位置后，所得点的位置集中心坐标；X_j,Y_j,Z_j 是第 j 次实到位置的位置坐标；X_c,Y_c,Z_c 是机器人指令位置坐标。

4. 位置特性漂移

位置特性漂移是指在指定时间内位置准确度的变化。

测试方法：以激光跟踪仪为测试工具，给定工业机器人一个指令位置 P_c 点。启动机器人,测量时间 T_1 和时间 T_2 的位置准确度,重复上述步骤30次,报告中取其最大值。

$$dAP_p = |AP_{t=1} - AP_{t=2}|$$

5. 位置重复精度

重复定位精度是机器人的一项重要指标,在机器人设计时应根据机械结构、装配精度、控制精度和位置传感器分辨率确定机器人的重复定位精度。

(1)测试方法。以激光跟踪仪为测试工具,选取机器人工作空间最大包容正方体对棱斜平面上5个点(P_1,P_2,P_3,P_4,P_5)作为指令设定位置点。启动机器人,使其在额定负载条件下进入稳定工作状态。按 $P_1 \to P_2 \to P_3 \to P_4 \to P_5 \to P_1$ 的顺序,驱动机器人末端点到达以上各点。分别在上述各点停留一定时间,测出实到位置数据。重复上述步骤30次,计算位置重复性。

(2)测试点的选择。在被选择的测试平面对角线上设置5个测试点,指令位置相应地设在这5个点上。P_1 点是对角线交点和正方体中心,$P_2 \sim P_5$ 点距对角线端点的距离为对角线长度 L 的10% ±2%。对角线平面及测试点分布如图3.30所示。经过对机器人末端工作空间搜索,可得末端工作空间最大内截正方体上顶点坐标,其中和测试点相关的顶点坐标为 C_1,C_2,C_7,C_8。测试点在如图3.29所示0坐标系下进行,测试点坐标分别为 P_1,P_2,P_3,P_4,P_5,并给定姿态角,测试过程中姿态角不发生变化。

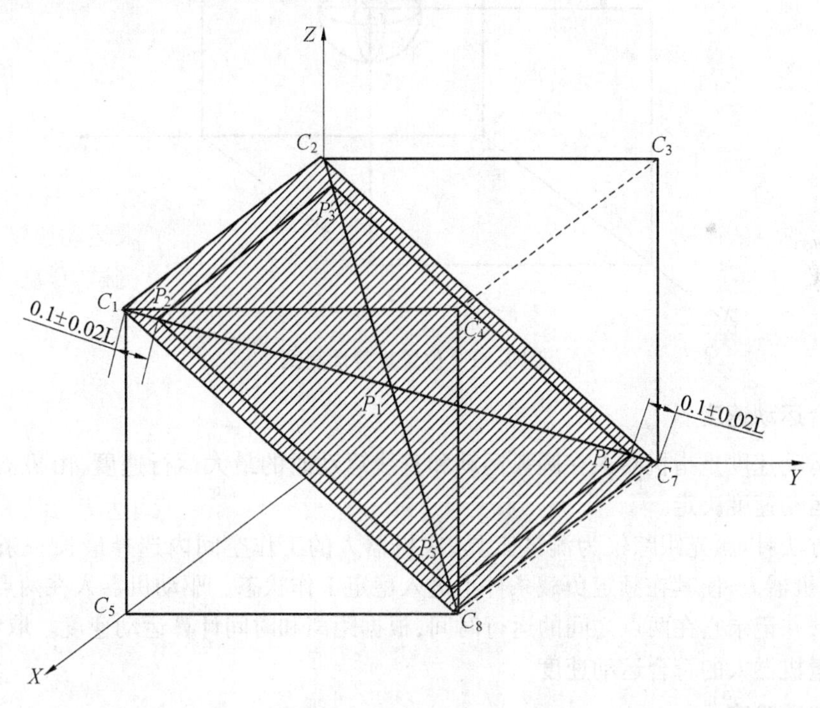

图3.30　对角线平面及测试点分布

(3)位置重复精度的计算。由每个测试点 P_1,P_2,P_3,P_4,P_5 所测得的实际位置构成各点的位置集,然后由此位置集构造一个包络所有数据的外截球,如图3.31所示。球心半径 R 表示末端的重复位置精度。球心位于位置集中心,计算过程为

$$R = \overline{D} + 3S_D$$

式中
$$\overline{D}=\frac{1}{n}\sum_{j=1}^{n}D_j$$

$$D_j=\sqrt{(X_j-\overline{X})^2+(Y_j-\overline{Y})^2+(Z_j-\overline{Z})^2}$$

$$S_D=\sqrt{\frac{\sum_{j=1}^{n}(D_j-\overline{D})^2}{n-1}}$$

$$\overline{X}=\frac{1}{n}\sum_{j=1}^{n}X_j,\overline{Y}=\frac{1}{n}\sum_{j=1}^{n}Y_j,\overline{Z}=\frac{1}{n}\sum_{j=1}^{n}Z_j$$

其中，$\overline{X},\overline{Y},\overline{Z}$ 是重复响应同一指令位置后，所得点的位置集中心坐标；X_j,Y_j,Z_j 是第 j 次实到位置的位置坐标。

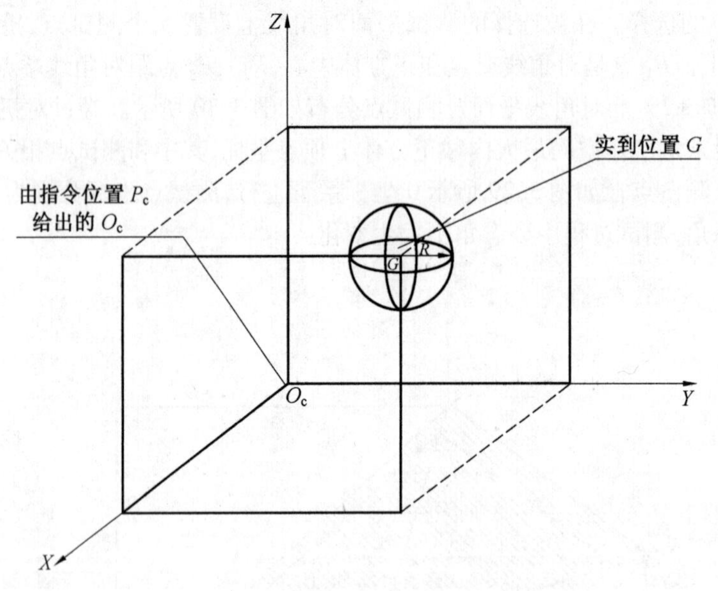

图 3.31 位置重复性测试

6. 复合运动速度

复合运动速度是指机器人在圆弧运动和直线运动时的最大运行速度，由机器人结构尺寸和单轴运动速度决定。

测试方法：以激光跟踪仪为测试工具，在机器人的工作空间内选择最长一条空间直线 P_1P_2，启动机器人，使其在额定负载条件下进入稳定工作状态。驱动机器人在两点之间循环运动 30 次，并记录它在两点之间的运行时间，根据距离和时间计算运动速度。取 30 次的平均速度衡量机器人的符合运动速度。

7. 轨迹准确度

轨迹准确度表示机器人在同一方向上沿指令轨迹 n 次移动，指令轨迹的位置与各实际轨迹位置集群的中心线之间的偏差（图 3.32）。位置轨迹准确度 AT_p 定义为指令轨迹上一些（m 个）计算点的位置与 n 次测量的集群中心 G_i 间的距离的最大值。位置轨迹准确度的计算公式为

$$AT_p=\max\sqrt{(\overline{x}_i-x_{ci})^2+(\overline{y}_i-y_{ci})^2+(\overline{z}_i-z_{ci})^2},i=1,2,\cdots,m$$

式中，$\bar{x}_i=\frac{1}{n}\sum_{j=1}^{m}x_{ij}$，$\bar{y}_i=\frac{1}{n}\sum_{j=1}^{m}y_{ij}$，$\bar{z}_i=\frac{1}{n}\sum_{j=1}^{m}z_{ij}$，$x_{ci}$，$y_{ci}$，$z_{ci}$ 是在指令轨迹上第 i 点的坐标；x_{ij}，y_{ij}，z_{ij} 是第 j 条实到轨迹与第 i 个正交平面交点的坐标。

测量方法：以激光跟踪仪为测试工具，在机器人的工作空间内选择一条空间曲线 P_1P_2，启动机器人，使其在额定负载条件下进入稳定工作状态。驱动机器人在两点之间循环运动 30 次，按照上述公式计算机器人轨迹准确度。

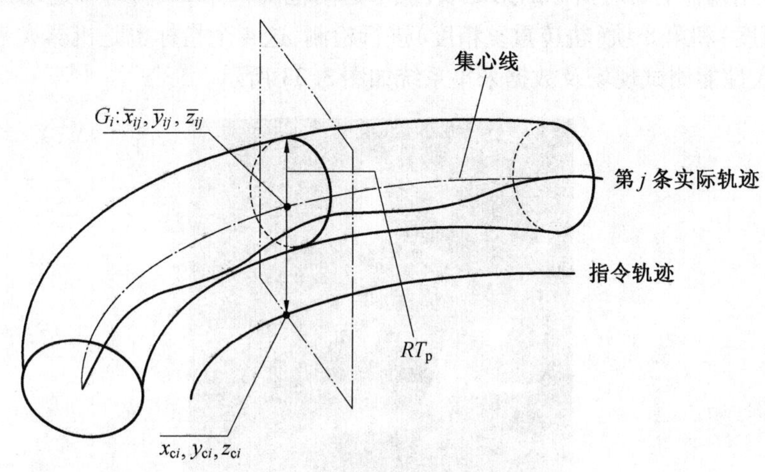

图 3.32　轨迹准确度和重复性

8. 轨迹重复精度

轨迹重复性表示机器人对同一指令轨迹重复 n 次时，实到轨迹的一致程度。对某一给定轨迹跟踪 n 次，轨迹重复性可表示为 RT_p。

RT_p 等于以下式计算的在正交平面内且圆心在集群中心线上圆的半径 RT_{pi} 的最大值（图 3.32）。轨迹重复性由下式计算：

$$RT_p=\max RT_{pi}=\max[\bar{l}_i+3S_{li}],i=1,2,\cdots,m$$

式中

$$\bar{l}_i=\frac{1}{n}\sum_{j=1}^{n}l_{ij},S_{li}=\sqrt{\frac{\sum_{j=1}^{n}(l_{ij}-\bar{l}_i)^2}{n-1}}$$

$$l_{ij}=\sqrt{(x_{ij}-\bar{x}_i)^2+(y_{ij}-\bar{y}_i)^2+(z_{ij}-\bar{z}_i)^2}$$

$$\bar{x}_i=\frac{1}{n}\sum_{j=1}^{n}x_{ij},\bar{y}_i=\frac{1}{n}\sum_{j=1}^{n}y_{ij},\bar{z}_i=\frac{1}{n}\sum_{j=1}^{n}z_{ij}$$

x_{ci}，y_{ci}，z_{ci}——指令轨迹上第 i 点的坐标；

x_{ij}，y_{ij}，z_{ij}——第 j 条实到轨迹与第 i 个正交平面交点的坐标。

测量方法：以激光跟踪仪为测试工具，与轨迹准确度相同的步骤来测量。

9. 运行可靠性

机器人运行可靠性受机械结构、零部件性能、电气部件性能和控制算法等因素影响，也是工业机器人在工业现场应用的重要考核指标。

测试方法：机器人带动额定负载，编制机器人在其工作空间内的一组最大运动路径。开启机器人进行不间断运行，测量机器人的无故障工作时间，并记录运行过程中的故障，形成运行日志报告。

3.6.2 工业机器人性能测试举例

本小节以图 3.29 所示的搬运机器人为例，对工业机器人的指标检测进行详细阐述。由于检测工具的限制，主要对指标的第 1 项(关节运动范围)、第 2 项(单轴运动速度)、第 5 项(位置重复精度)和第 8 项(轨迹重复精度)进行检测，这 4 个指标也是机器人最重要的性能指标。机器人性能测试现场及数据采集系统如图 3.33 所示。

(a) 机器人本体与 FARO 激光跟踪仪

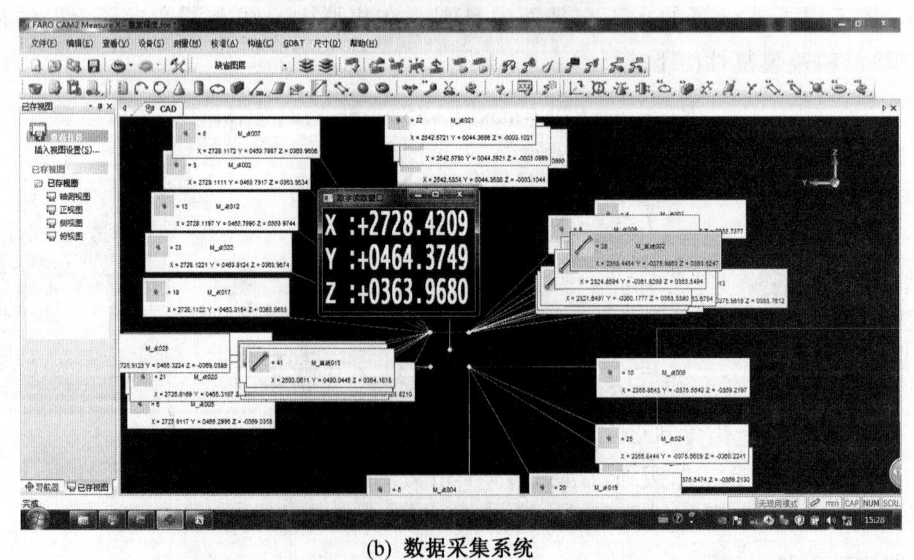

(b) 数据采集系统

图 3.33 工业机器人整机性能测试现场及数据采集系统

测试是在机器人零位标定、各项性能调试基本结束后进行。其目的是测试机器人的各项关键性能指标是否满足设计要求，对设计中的性能指标在实施过程中变动的部分给出相应的解释说明，并对机器人的整体性能给出评价。测试将根据国家标准《工业机器人性能测试方法》(GB/T 12645—90)进行。

此次测试是在标准安装方式、正常环境条件下进行，具体条件如下。

(1)测量负载：机器人设计额定负载。

(2)测量速度：基准速度(能达到的最大速度)。

(3)测量仪器：FARO激光跟踪仪及其附件、笔记本电脑、末端工具等。

1. 单轴工作范围测试

(1)设计指标。

单轴工作范围由机械部分保证，在建立机器人坐标系后各关节的转动范围可以在工具坐标系下测试得到。各轴的设计参数见表3.18，其对应的坐标系如图3.29所示。

表3.18　各轴设计工作范围

轴号	1	2	3	4	5	6
正最大运动角度/(°)	180	135	80	360	115	360
负最大运动角度/(°)	-180	-90	-210	-360	-115	-360
备注	各轴以图3.29所示姿态为零位，具体运动方向正负为绕各坐标系所在 z 轴正方向按右手法则确定					

(2)测试方法。

在机器人按以上坐标标定好零位以后，分别运动各轴在正反两个方向上到达极限位置，记录机器人的运动范围，重复测试10次，以10次所测结果的平均值作为测试结果，然后整理数据点给出报告。

(3)测试结果。

按以上说明，对各轴最大实际运动范围进行测试，所得结果见表3.19。从测试结果可以看出，机器人6个关节的运动范围要大于机器人的设计指标，为机器人的控制提供了一定的冗余量。

表3.19　各轴工作范围测试结果

轴号	1	2	3	4	5	6
正最大运动角度/(°)	360	155	85	360	180	720
负最大运动角度/(°)	-360	-90	-225	-360	-180	-720
备注	各轴以图3.29所示姿态为零位，具体运动方向正负为绕各坐标系所在 z 轴正方向按右手法则确定					

2. 单轴速度测试

(1)设计指标。

机器人各轴的最大速度由电机的最大转速及各轴的减速比确定，各轴的减速比由机械部分保证。各轴减速比见表3.20。由于减速比固定，所以各关节轴的速度指标可以通过测试各轴电机的转速得到。

应当注意的是,选定机器人电机后,虽然其理论最大速度可由计算得到,但没有考虑机器人本体和控制特性。机器人在实际运行过程中要考虑负载特性、工作的空间位置和姿态、动作稳定性和柔顺性等因素,因此机器人的电机速度不可能达到其理论最大值。

根据关节最大速度可以确定各轴电机的设计最大转速。各轴设计最大速度与电机最大速度见表3.21。

表3.20 各轴减速比

轴号	J1	J2	J3	J4	J5	J6
减速比	98.43	100	80	30.23	81	61

表3.21 各轴及电机设计最大速度

轴号	J1	J2	J3	J4	J5	J6
最大速度/[(°)·s^{-1}]	165	140	163	230	230	320
设计电机最大转速/(r·min^{-1})	2 706.8	2 333.3	2 173	1 158	3 105	3 253

(2)测试方法。

根据设计要求对以上速度指标进行测试。测试方法:在额定负载条件下,使被测关节进入稳定工作状态。令机器人被测轴以最大速度做大范围的运动,然后采用驱动器中自带的软件记录各轴的最大运动速度值。重复测试10次,以10次所测结果的平均值作为测试结果,然后整理数据点给出报告。

(3)测试结果。

各轴转速在以上说明条件下测试完成,测试结果见表3.22。

表3.22 各轴速度测试结果

轴号	J1	J2	J3	J4	J5	J6
最大转速/(r·min^{-1})	3 000	2 800	2 500	1 800	3 500	3 600

3. 位置重复精度测试

(1)设计指标。

重复定位精度是机器人的一项重要指标,设计时的指标要求重复定位精度为±0.1 mm。

(2)测试方法。

以机器人工作空间最大包容正方体对棱斜平面上5个点(P_1,P_2,P_3,P_4,P_5)作为指令设定位置点(图3.30)。启动机器人,使其在额定负载条件下进入稳定工作状态。按$P_1 \to P_2 \to P_3 \to P_4 \to P_5 \to P_1$的顺序,驱动机器人末端点到达以上各点。分别在上述各点停留一定时间,测出实到位置数据。重复上述步骤30次,计算位置重复性。

测试点的选择:在被选择的测试平面对角线上设置5个测试点,指令位置相应地设在这5个点上。P_1点是对角线交点和正方体中心,$P_2 \sim P_5$点到对角线端点的距离为对角线长度L的10%±2%。对角线平面及测试点分布如图3.30所示。经过对机器人末端工作空间搜索,可得末端工作空间最大内截正方体上顶点坐标,其中和测试点相关的顶点坐标为:C_1(1 888.9,-260,1 072.46),C_2(1 368.9,-260,1 072.46),C_7(1 368.9,260,552.46),

C_8(1 888.9,260,552.46)。测试点在如图 3.29 所示 O 坐标系下进行,测试点坐标分别为 P_1(2 461.02,-569.5,-180.45),P_2(2 282.01,-946.14,115.76),P_3(2 074.98,-394.11,108.2),P_4(2 635.3,-189.6,-484.2),P_5(2 845.2,-744.8,-472.7),给定姿态角为(0,-37,180),测试过程中姿态角不发生变化。

(3)测试结果。

按以上方法进行测试,示教机器人到以上 5 个点逐点进行 30 次测量,具体测量结果见表 3.23。

表 3.23　位置重复精度测试结果

特性	测试点				
	P_1	P_2	P_3	P_4	P_5
$\overline{D}$/mm	0.053 4	0.062 7	0.051 9	0.058 3	0.051 8
S_D/mm	0.010 2	0.011 0	0.012 8	0.011 5	0.013 8
重复精度 R/mm	0.084 0	0.095 7	0.090 3	0.092 8	0.095 2

4. 轨迹重复精度测试

(1)设计指标。

轨迹重复精度是机器人进行轨迹运动的一项重要指标,设计时的指标要求轨迹重复精度为 0.2 mm。

(2)测试方法。

以机器人工作空间最大包容正方体对棱斜平面上 5 个点(P_1,P_2,P_3,P_4,P_5)作为指令设定位置点(图 3.30)。启动机器人,使其在额定负载条件下进入稳定工作状态。通过示教使机器人完成 $P_2 \to P_3$,$P_3 \to P_4$、$P_4 \to P_5$ 和 $P_5 \to P_2$ 之间的直线运动,运动速度分别设定为 1 m/s和 2 m/s。分别在上述各点停留一定时间,测出机器人在各个轨迹上的实到位置数据。重复上述步骤 30 次,计算轨迹重复性。

(3)测试结果。

按以上方法进行测试,示教机器人在以上 4 个点之间进行直线运动,进行 30 次测量,具体测量结果见表 3.24。

表 3.24　轨迹重复精度测试结果

特性	测试点			
	$P_2 \to P_3$	$P_3 \to P_4$	$P_4 \to P_5$	$P_5 \to P_2$
RT_P(1 m/s)/mm	0.142	0.116	0.098	0.125
RT_P(2 m/s)/mm	0.187	0.168	0.184	0.175

由表 3.24 数据可知,机器人在最大轨迹速度 2 m/s 的情况下,各测试轨迹机器人重复定位精度在 0.168 ~0.187 mm 范围内,取最大值 0.187 mm 作为机器人重复定位精度指标,满足轨迹重复定位精度设计要求。

3.7　小　　结

本章对工业机器人的机械系统进行了分析,包括机器人本体的总体结构、关节形式、材料选择、传动机构等。以典型的工业机器人为例对机械系统设计、部件选型等过程进行了详细阐述,包括对机器人的机械系统安装、零件强度分析等。同时还介绍了机器人的维护方法,最后对工业机器人的性能指标及测试方法进行了介绍,并结合搬运机器人性能检测实例给出了测量结果。通过本章的学习,使读者对工业机器人的设计过程有一个总体概念。

第4章　工业机器人驱动与控制

工业机器人在机械本体设计完成之后,驱动与控制系统是本体设计的后续设计和研究内容,也是机器人系统的重要组成部分。其中,驱动器如同人身上的肌肉,是机器人结构中的重要环节,因此驱动器的选择和设计在研发机器人时是至关重要的。常见的驱动器主要有电驱动器、液压驱动器和气压驱动器。随着驱动技术的发展,现在涌现出许多新型驱动器,如压电元件、超声波电机、形状记忆元件、橡胶驱动器、静电驱动器、氢气吸留合金驱动器、磁流体驱动器、ER 流体驱动器、高分子驱动器和光学驱动器等。

而控制器则是机器人的大脑,工作中向机器人驱动器发送指令,包括脉冲信号、电压和电流,使驱动器带动机器人各关节的执行机构,从而完成机器人的运动控制。控制器承担着机器人系统的控制算法、逻辑控制、运动规划、信号采集和处理等功能,是实现机器人功能的核心和最重要的部分。

本章将对工业机器人的驱动系统和控制系统进行介绍,包括常见的驱动器及其特点,控制系统理论及其工程实现。

4.1　工业机器人驱动系统

工业机器人驱动系统又称随动系统,主要任务是按照控制命令,对控制信号进行放大、转换调控等处理,最终将给定指令变成期望的机构运动。按动力源分为液压、气动和电动 3 大类,并且根据需要也可由这 3 种基本类型组合成复合式的驱动系统。这 3 类基本驱动系统各有各的特点。

4.1.1　电机驱动器

电机驱动器主要用来实现旋转运动的驱动器,这类驱动系统在机器人中被大量应用,不需能量转换,使用方便,控制灵活,相对于其他机器人驱动,优点比较突出。比较常见的有步进电机、直流伺服电机、交流伺服电机等,下面根据它们的特点进行说明。

1. 步进电机驱动

图 4.1 给出了步进电机的使用方法。在控制电路中,给电机输入一个脉冲,电机轴仅旋转一定的角度,称为一个步长的转动。这个旋转角的理论值称为步距角。因此,步进电机轴按照与脉冲频率成正比的速度旋转。当输入脉冲停止时,电机轴在最后的脉冲位置处停止,并产生对于外力的一个反作用力。因此,步进电机的控制较为简单,常适用于开环回路驱动器。

(1)步进电机的驱动方法。

将步进电机应用于机器人,目前已经有几种比较成熟的控制和驱动方法。

①定电压驱动方法。该方法是将施加在绕组上的电压固定。这个方法的前提是提高脉

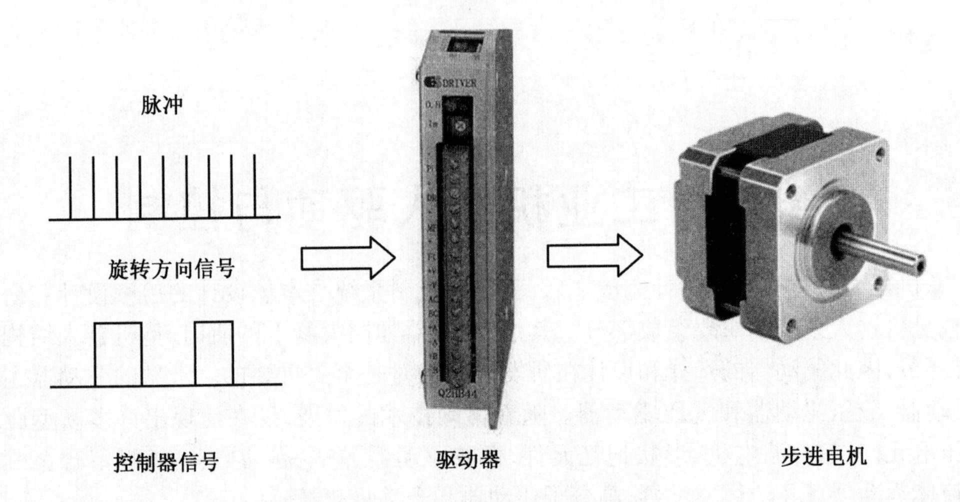

图4.1 步进电机的使用方法

冲频率,电机就会高速转动,减小电流,进而减小转矩。

②定电流驱动方法。该方法是固定电流或让电流按照指令值发生变化。此时速度越高,外加电压也自动增高,由于电流保持不变,所以不易引起转矩的减小。因此,这种驱动方式适用于高速运转。

③单相励磁和二相励磁。步进电机转动原理是针对A相或B相中的一相励磁的方法。但实际上,这会引起低频电气振动,尤其是共用壳体的凸极型步进电机在单相励磁状态下运转时,步距角的偏差很大,因此通常采用二相励磁运转方式,即始终对A相、B相同时励磁,通过控制励磁极性的组合顺序产生旋转运动。

(2)步进电机的基本特性。

①平衡点与制动位置。被励磁的电机在无载荷时停止的位置称为平衡点或稳定点,无励磁时停止的位置称为制动位置。

②步距角误差。步距角误差是当让转子一步步从某一个平衡点到达相邻平衡点时,实际转动角度与步距角的位置误差的最大值。

③静止角度误差。静止角度误差是从某一个基准点所观察到的所有稳定点,与理论稳定点(步距角的整数倍)偏差的最大值。

④保持力与停止转矩。给处于励磁状态的电机施加外力,将外力徐徐增大,当超过反力极限后,电机轴就会转动。这个极限值随绕组相数的不同而不同,其最小值就是保持力(也称为最大静止转矩),它与励磁电流有关。另外,在无励磁状态下,仅靠永久磁铁的磁力稳固位置的极限值称为停止转矩。

⑤步进电机加减速运转。步进电机在静止状态立刻用高频脉冲启动比较困难,为了使它能高速运转,如图4.2所示,可以通过调整脉冲间隔达到加速、等速及减速运转的目的。

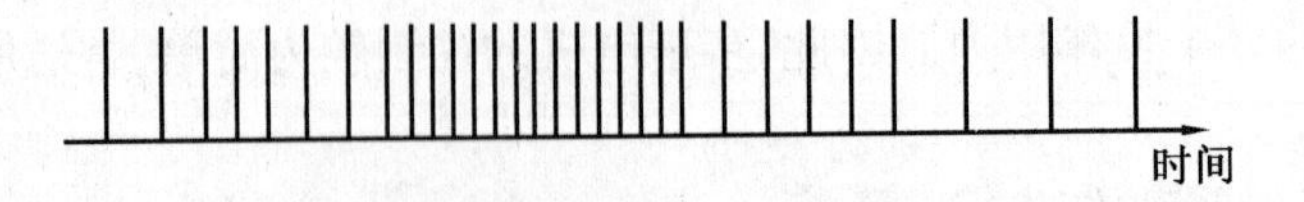

图4.2 调整脉冲间隔实现步进电机加减速

2. 直流伺服电机驱动

直流伺服电机最适合应用于工业机器人的试制阶段或竞技用机器人。

(1)直流伺服电机的特点。

①转矩 T 基本与电流 i 成比例,其比例常数 K_t 称为转矩常数,即

$$T=K_t i \tag{4.1}$$

②无负载速度与电压基本成比例。

直流电机轴在外力的作用下旋转,两个端子之间会产生电压,称为反电动势。反电动势 e 与转动速度 ω 成比例,比例系数是 K_e,则有

$$e=K_e\omega \tag{4.2}$$

在无负载运转时,施加的电压基本等于反电动势,与转动速度成正比。前述两个量 K_e, K_t 在电学上是同一个量,即 $K_t=K_e$。

直流伺服电机的运转方式有两种,即线性驱动和 PWM 驱动。线性驱动即给电机施加的电压以模拟量的形式连续变化,是电机理想驱动方式,但在电子线路中易产生大量热损耗。实际应用较多的是脉宽调制方法(Pulse-Width-Modulation,PWM),其特点是在低速时转矩大,高速时转矩急速减小。因此,常用于竞技机器人的驱动器。

(2)直流伺服电机的控制方法。

步进电机控制是开环控制,而直流伺服电机采用闭环实现速度和位置的控制。这就需要利用速度传感器和位置传感器进行反馈控制。在这种情况下,不仅希望有位置控制,同时也希望有速度控制。进行电机的速度控制有以下两种基本方式:

①电压控制:向电机施加与速度偏差成比例的电压。

②电流控制:向电机供给与速度偏差成比例的电流。

从控制电路来看,前者简单,而后者具有较好的稳定性。

3. 交流伺服电机驱动

常见的交流伺服电机有3类,即鼠笼式感应型电机、交流整流子型电机和同步电机。机器人中采用交流伺服电机,可以实现精确的速度控制和定位功能。这种电机还具备直流伺服电机的基本性质,又可以理解为把电刷和整流子换为半导体元件的装置,所以也称为无刷直流伺服电机。

对交流伺服电机而言,转子的位置信息和施加在绕组上的电压或电流的关系是至关重要的。首先,为了向绕组配电,有两种检测转子位置的方法:一种是用霍尔元件把转动一圈分为三相;另一种是借助于编码器或旋转变压器进一步提高分辨率。前者给电机绕组施加方电压或电流;后者与传统的交流电机一样,供给近似于正弦波那样的电流。就交流伺服电机而言,后者的应用最普遍。

交流伺服电机具有以下特征:

(1)交流伺服电机的形式。

无刷电机的形状变化很多,在现代机器人的设计中从这一点上得益很多。伺服电机大体分为内转子型结构电机和外转子型结构电机。内转子型结构电机又有细长型电机和扁平型电机之分。外转子型结构电机转动惯量大,由于增大了永久磁铁的体积,因此适用于小型高转矩电机。除了商品类电机之外,有时电机还与机器人合起来进行一体化设计,此时外转

图 4.3 交流伺服电机及驱动系统

子型结构电机比较适用。

(2)槽数与磁极数目的选择。

小型高转矩电机与增加转子的磁极数目有关。对于直流伺服电机,不容易做到这一点。即使转子极数一定,也有几种选择槽数的方法。

(3)磁铁材料与磁化模式。

选择平均转矩高的电机,这样虽然会稍微牺牲一些平均转矩,但是却能获得平滑的运转。

4. 直接驱动电机

在齿轮、皮带等减速机构组成的驱动系统中,存在间隙、回差、摩擦等问题。克服这些问题的手段可以借助于直接驱动电机。该电机被广泛地应用于装配型 SCARA 机器人、自动装配机、加工机械、检测机器及印刷机械中。

对直接驱动电机的要求是没有减速器,但仍要提供大输出转矩(推力),可控性要好。

(1)直接驱动电机的工作原理及其特点。

直接驱动电机的工作原理从特性上看,有基于电磁铁原理的可变磁阻(Variable Reluctance)电机和基于永久磁铁的(Hybrid)永磁电机。在相同质量条件下,后者能够提供大转矩。

世界上第一台关节型直接驱动机器人使用的是直流伺服电机,其后又开发出使用交流伺服电机。在商用机器中,大多数使用的是 VR 电机。但是,VR 电机的磁路具有非线性,控制性能比较差。

(2)直接驱动电机的特点。

目前,直接驱动电机分为 3 类,即转动型直接驱动电机、直线型直接驱动和平面型直接驱动电机,如图 4.4 所示。

①转动型直接驱动电机。转动型直接驱动电机分为 HB 型转动直接驱动电机和 VR 型转动直接驱动电机。HB 型转动直接驱动电机的结构与普通电机不同,电机的内侧为定子,外侧为转动结构。

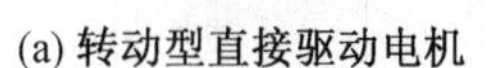
(a) 转动型直接驱动电机

(b) 直线型直接驱动电机

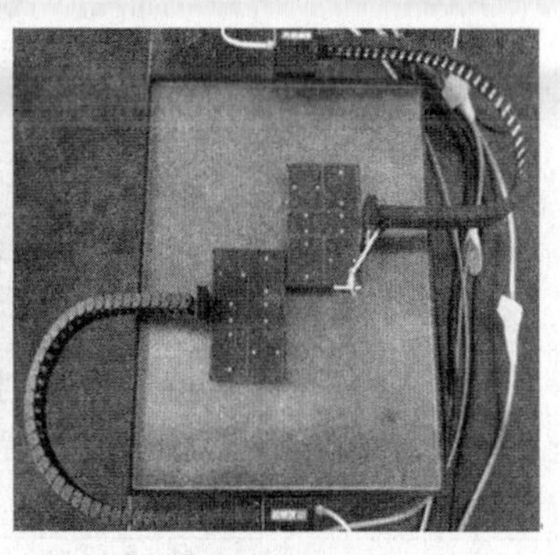
(c) 平面型直接驱动电机

图4.4　直接驱动电机类型

由于磁路相向的面积增大,而且作用半径也加大,于是能产生强大的转矩。此外,由于从结构上稍微改变了定子与动子的齿距,还受到了减小永久磁铁所产生的转速波动的效果。VR型转动直接驱动电机的结构是定子从两侧把转子夹在中间,这样的结构可以产生两倍转矩的效果。驱动电流与转矩的非线性关系通过软件进行补偿。

最近,该结构又被改进成把永久磁铁夹在磁路的各个齿之间,从而使转矩得到进一步提升,这种电机正在实用化之中。

转动型直接驱动电机能够在精确定位的自动机械中代替减速器加伺服电机的传动系统。以卡耐基-梅隆大学为首,世界上已经开发出多种关节型的直接驱动机器人。但这种机器人目前除了进行高速搬运作业外,尚未达到普及的程度。

②直线型直接驱动电机。直线型直接驱动电机是把转动型直接驱动电机展开成直线的结构,传感器为玻璃刻度尺。该电机的精度高、重复性好、速度快,用它代替滚珠丝杠传动的机器人运动单元的事例日益增多。最近,装备直线型直接驱动电机的机床数量急速增多。这种机床的最大特点是速度快,使生产效率得到大幅度提高。

③平面型直接驱动电机。在多数情况下,人们将两个直线型直接驱动电机以直角形式组合起来,并且用三轴(X,Y,Q)位置传感器组成全闭环控制的超高精度平面直接驱动电机。该超高精度平面直接驱动电机能在500 mm×500 mm的平面内达到0.1 μm分辨率和1 μm精度,性能非常好。由于它的摩擦力非常小,可以在15 ms的调整时间内达到±1 μm的定位精度,因此其在高精度的检测装置中得到应用。

在实际应用中,在选择机器人电机时,有必要从多个角度进行考虑,见表4.1。

表4.1　4类电机的性能比较

	步进电机	直流伺服电机	交流伺服电机	直接驱动电机
基本性质	转速与脉冲信号同步,与脉冲频率成正比	转矩与电流成正比,无负载转速与电压成比例	相似于直流伺服电机	可控性依磁路产生方式的差异而不同;精度高,尚未普及
驱动方式	驱动控制电路	加电可动,控制时要有相应控制电路	用逆变器将直流驱动变为交流驱动	要求直接驱动位置传感器与控制电路配合

续表 4.1

	步进电机	直流伺服电机	交流伺服电机	直接驱动电机
逆转方式	颠倒励磁顺序	调换两个端子的极性	调整位置信号与逆变元件开关顺序	
位置控制	由脉冲序列最后脉冲的位置决定	用位置传感器反馈控制	用位置传感器反馈控制	用位置传感器反馈控制
速度控制	转速与脉冲频率成正比	反馈控制	反馈控制	反馈控制
转矩控制	使电流保持一定	转矩与电流成正比	转矩与电流成正比	由磁阻产生电机转矩,控制磁路控制转矩
可靠性与寿命	具有良好的可靠性	在长时间使用条件下可靠性将下降	具有良好的可靠性	
效率	比直流伺服电机低,越是小型电机,效率越低	有效利用反电动势,效率高,尤其在高速区域效率差	与直流伺服电机相似	高

4.1.2 液压驱动器

液压伺服系统主要由液压源、驱动器、伺服阀、传感器及控制器等构成,如图 4.5 所示。通过这些元件组合成反馈控制系统来驱动负载。液压源产生一定的压力,通过伺服阀控制液体的压力和流量,从而驱动驱动器。位置指令与位置传感器的差被放大后得到的电气信号,然后将其输入伺服阀中,驱动液压执行器,直到偏差变为零为止。若传感器信号与位置指令相同,则负荷停止运动。液压传动的特点是转矩与惯性比大,也就是单位质量的输出效率高。

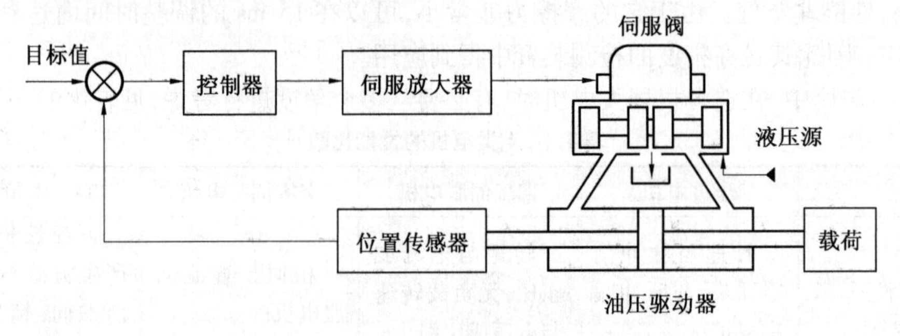

图 4.5 液压伺服系统的组成

为便于理解液压驱动器构成的液压伺服系统的特点和应用范围,可以将电气伺服与电液伺服进行简单比较,见表 4.2。

表 4.2　移动机构分类

	电气伺服	电液伺服
优点	维护简单，控制手段先进，速度反馈容易	液压系统具有高刚性，力保持可靠，小型轻质，转矩惯性比大
缺点	质量大，不直接产生直线运动，需要减速器，不具有力保持性	液压系统易漏油，故必须配置液压源、阀等液压元件，具有非线性及压缩性

液压传动主要应用在重负载下具有高速和快速响应，同时要求体积小、质量轻的场合。液压驱动在机器人中的应用，以面向移动机器人尤其是重载机器人为主。它用小型驱动器即可产生大的转矩（力）。在移动机器人中，使用液压传动的主要缺点是需要准备液压源，其他方面则与电气驱动无太大区别。如果选择液压缸作为直动驱动器，那么实现直线驱动就十分简单。

在机器人领域，液压驱动器已经逐渐被电气驱动器所代替，不过目前在移动式作业机器人、水下作业机器人及娱乐机器人中仍有应用。

4.1.3　气动驱动器

1. 气动系统的基本组成

典型的气压驱动系统由气压发生装置、执行元件、控制元件和辅助元件 4 个部分组成，如图 4.6 所示。气压发生装置简称气源装置，是获得压缩空气的能源装置。执行元件是以压缩空气为工作介质，并将压缩空气的压力能转变为机械能的能量转换装置。控制元件又称为操纵、运算、检测元件，用来控制压缩空气流的压力、流量和流动方向等，以便执行机构完成预定的运动规律。辅助元件是压缩空气净化、润滑、消声及元件间连接所需要的一些装置。

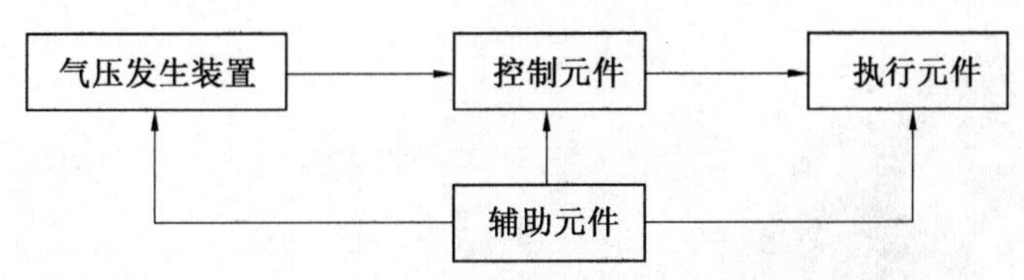

图 4.6　气动系统的组成

进行设计时，首先面临如何将驱动器与控制阀组合的问题。在系统中，气缸与控制阀有多种组合方式，选择时应该从作业内容、使用环境、能量效率等方面考虑，决定其组合形式。为此，可以援引制造厂家开发的计算机设计程序，然后附加检测机构和控制装置。控制装置既可以用顺序控制器，也可以用单片机。至于控制的方式，根据用途的不同既可以选基于开关动作的顺序控制，也可以选以连续动作为目的的反馈控制。

2. 气压驱动器的优缺点

气压驱动器的优点是由空气的可压缩性决定的，是气压固有的特征。

气压传动有以下优点：

（1）能量储蓄简单易行，可以获得短时间的高速动作。

（2）可以进行细微的力控制。

（3）夹紧时无能量消耗，不发热。

(4)柔软,安全性高。

(5)体积小,质量轻,输出/质量比高。

(6)处理简便,低成本。

由于压缩性带来的柔软性降低了驱动系统的刚度,因此它具有以下缺点:不易实现高精度、快速响应的位置和速度控制,控制性能易受摩擦和载荷的影响。

3. 气动技术应用

气动驱动器是一种简易的驱动元件,主要用于既要求定位,又要对作用力实施控制,或者用于半导体装置等特殊应用的场合。在引入伺服技术后,气压驱动系统的性能变得更好,功能更强,扩大了其应用范围,如黑龙江省科技馆的指挥表演机器人及注塑机取料机器人。此外,在建筑机械中的远程操纵装置、振子型电车的倾斜装置气动伺服驱动中都有所应用。气动伺服原理还用于抑制汽车、电车振动的主动悬挂系统。从娱乐目的出发,由气动伺服驱动的恐龙、人体模型等也在开发之中,如可采用气压驱动的智能机器人关节(图 4.7)。这些例子说明,人们对气压驱动应用于人类和生物的兴趣正在增大。在与人类和生物直接接触的作业中,人们对气动与生俱来的柔软性和安全性抱有期待。

近年来,人们在研究与人类亲近的机器人和机械系统时,气压驱动的柔软性受到格外的关注。目前,面向康复、护理、助力等与人类共存、协作型的机器人已崭露头角。如何构建软机构,积极地发挥气压柔软性的特点是今后气压驱动器应用的一个重要方向。例如,人们期待气压驱动器在生产现场作业中发挥辅助作用,在医疗、康复领域或家庭中扮演护理或生活支援的角色等。所有这些研究都是围绕着与人类协同作业的柔软机器人的关键技术而展开的。

可以相信,汽缸等传统驱动器与各种新型柔软驱动器的彼此融合,将会开拓出更多的应用领域。

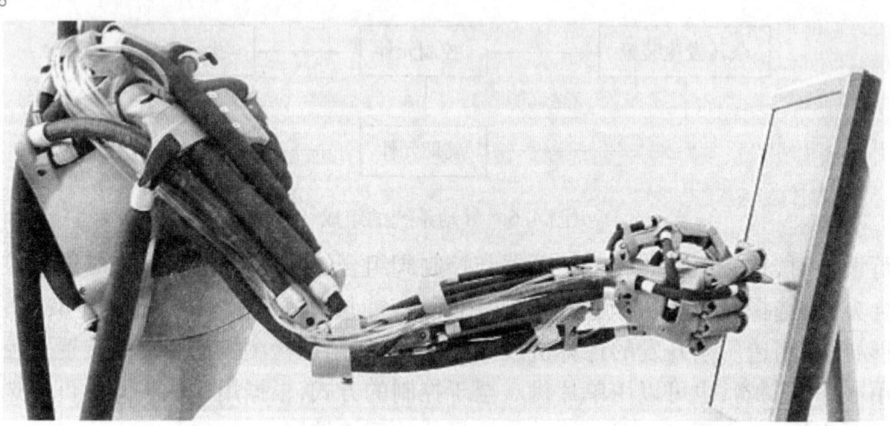

图 4.7 气压驱动的机器人关节

4.2　工业机器人控制系统结构

4.2.1　工业机器人控制器技术现状

机器人控制器在发展过程中按照机器人控制算法的处理方式来看,可分为串行、并行两种结构类型。所谓的串行处理结构是指机器人的控制算法是由串行机来处理的。对于这种类型的控制器从计算机结构、控制方式来划分,可分为以下几种方式。

1. 单 CPU 结构、集中控制方式

用一块 CPU 实现全部控制功能。在早期的机器人中,如 Hero-Ⅰ,Robot-Ⅰ等就采用这种结构,但控制过程中需要许多计算(如坐标变换),因此这种控制结构速度较慢。

2. 二级 CPU 结构、主从式控制方式

一级 CPU 为主机,担当系统管理、机器人语言编译和人机接口功能,同时也利用它的运算能力完成坐标变换、轨迹插补,并定时地把运算结果作为关节运动的增量送到公用内存,供二级 CPU 读取,二级 CPU 完成全部关节位置数字控制。这类系统的两个 CPU 总线之间基本没有联系,仅通过公用内存交换数据,是一个松耦合的关系。对采用更多的 CPU 进一步分散功能是很困难的。日本于 20 世纪 70 年代生产的 Motoman 机器人(5 关节,直流电机驱动)的计算机系统就属于这种主从式结构。

3. 多 CPU 分布式控制方式

目前,普遍采用这种 PC+板卡的上、下位机二级分布式结构。上位机负责整个系统管理以及运动学计算、轨迹规划等。下位机由一个或多个 CPU 组成,这些 CPU 实现关节运动的伺服控制,这些 CPU 和主控机联系是通过总线形式的紧耦合。这种结构的控制器工作速度和控制性能明显提高,但这些多 CPU 系统共有的特征都是针对具体问题而采用的功能分布式结构,即每个处理器承担固定任务。目前,世界上大多数商品化机器人控制器都是这种结构,称为 IPC+专用运动控制卡系统的控制器,它包括以下几种实现方法:

(1)基于专用运动控制芯片(ASIC)或专用处理器(ASIP)的运动控制卡。第一类是以 ASIC 作为核心处理器的板卡式运动控制器,这类运动控制器的结构比较简单,但大多只能输出脉冲信号,工作于开环控制方式,基本满足这类控制器对单轴的点位控制场合的要求,但对于要求多轴协调运动和高速轨迹插补控制的设备,这类运动控制器往往不能满足要求。由于这类控制器不能提供连续插补功能,也没有前瞻功能(Lookahead),特别是对于大量的小线段连续运动的场合如模具雕刻,不能使用这类控制器。另外,由于硬件资源的限制,这类控制器的圆弧插补算法通常都采用逐点比较法,插补的精度也不高。常用的运动控制芯片有美国 PMD 公司的 Magellan 系列、Navigator 系列、Pilot 系列及 MC100 系列,日本 NOVA 公司的运动控制芯片 MCX314AS,MCX314,MCX312,MCX304,MCX302 以及日本 SEEK 公司单轴电机运动控制芯片 AS49F 等。其中一些芯片是专门为数控机床设计的,如 MCX314,具有各种基本插补功能,可实现对数字伺服和步进电机的控制,并具有急停、硬限位等 I/O 控制功能。

(2)基于通用芯片的运动控制卡。第二类是基于 PC 总线的以 DSP,FPGA 或其他处理器如 ARM 等作为核心处理器的板卡式控制器,这类开放式运动控制器以 PC 机作为信息处理平台,运动控制器以插卡形式嵌入 PC 机,即"PC+运动控制器"的模式,这样将 PC 机的信息处理能力和开放式的特点与运动控制器的运动轨迹控制能力有机地结合在一起,具有信息处理能力强、开放程度高、运动轨迹控制准确及通用性好的特点。这类运动控制器通常都能提供多轴协调运动控制与复杂的运动轨迹规划、实时的插补运算、误差补偿、伺服滤波算法,能够实现闭环控制。这种方式为软件实现方案,方便运动控制器供应商根据客户的特殊工艺要求和技术要求进行个性化定制,形成独特的产品。这种结构的缺点是:上位机的操作系统往往不是专为运动控制量身定做(如 Windows 等主流操作系统),附加的功能模块过多,造成系统实时性差,有时与运动控制(如数控加工)不相关的任务和进程会占去 CPU 的大量资源,甚至在运行过程中可能会出现死机现象。这种结构体系的运动控制器典型案例有美国 Delta Tau 公司的 PMAC(Program Multiple Axis Controller)控制器(图 4.8)。该产品使用 MOTOROLA 的 DSP56002 为核心 CPU,伺服周期快达 55 μm。每块卡可以控制的轴数多达 32 轴,并且可以通过多块控制器链接的方式控制更多的轴。运动控制器厂家提供了各种控制功能,除了直线、圆弧、空间曲线插补、加减速曲线、三次样条插补、PID 前馈滤波器等控制算法外,还提供了电子齿轮(EGEAR)、电子凸轮(ECAM)等特殊的运动控制功能,可以分别模拟齿轮的定比例变速功能和凸轮的变速功能。

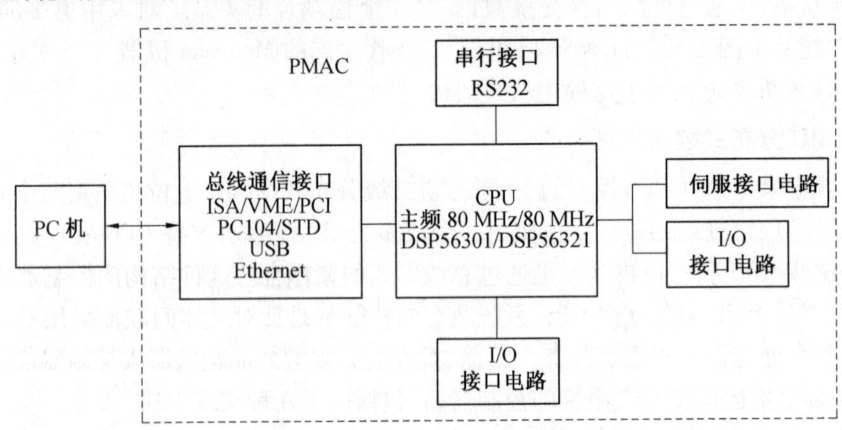

图 4.8　基于 PC 的板卡式控制器

(3)基于 PC+实时系统+高速总线板卡或 IO 板卡的集中式运动控制器。这种是基于"PC+实时操作系统+高速总线接口"的结构。这是一种纯软件实现方案,是开放体系结构的运动控制系统,这种 CNC 装置的主体是 PC 机,充分利用 PC 机不断提高的计算速度、不断扩大的存储量和具有硬实时性能的操作系统,实现运动轨迹控制和开关量的逻辑控制。纯软件开放式数控把运动控制器以应用软件的形式实现。除了支持上层软件(程序编辑、人机界面等)的用户定制外,其更深入的开放性还体现在支持运动控制策略(算法)的用户定制。用户可以在任何运行于 PC 机的操作系统平台上,利用开放的 CNC 内核开发各种功能,构成各种类型的高性能运动控制系统。

目前其典型的产品有德国 Beckhoff 公司设计的 TwinCAT 系统,通过在 Windows 系统上改造添加实时处理功能,搭建了一套软 PLC 系统,充分发挥了 Windows 系统原有的强大人机交互功能和 PC 机的超强处理能力;德国 KuKa 机器人公司将 VxWorks 和 Windows 集成为一个操作系统(图 4.9),称之为 VxWin,在 PC 机上运行,实现了系统的实时性和强大的交互性能;另外还有西门子公司利用 Venturcom 公司在 Windows 系统下 RTX 实时模块开发的 WinAC 系统,美国 MDSI 公司的 QPencNc,德国 PowerAutomation 公司的 PA8000NT 等。这种体系结构非常适合于大型的、有高性能要求的机器人及其他自动化设备运动控制场合。

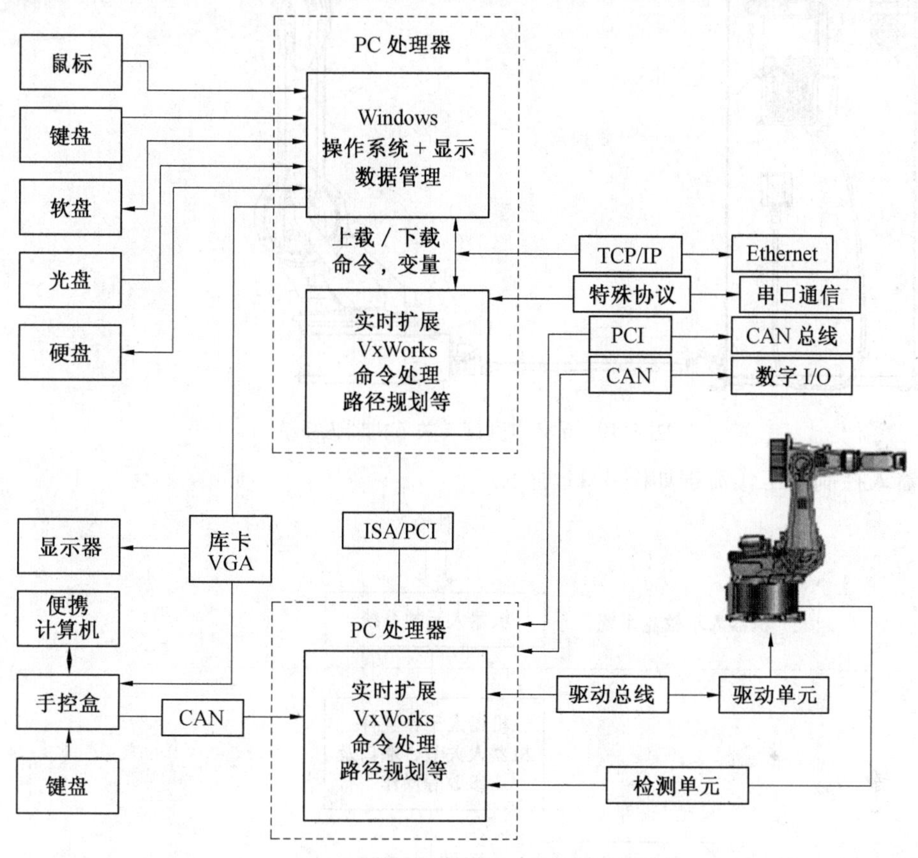

图 4.9　KUKA 机器人控制器框图

4.2.2　机器人控制系统的主要构成

机器人控制系统是机器人的重要组成部分,用于对操作机的控制,以完成特定的工作任务。机器人主要由机器人本体、控制柜、示教盒及其控制软件等组成,如图 4.10 所示。控制器基本功能如下:

(1)记忆功能:存储作业顺序、运动路径、运动方式、运动速度和与生产工艺有关的信息。

(2)示教功能:离线编程、在线示教及间接示教。示教方式包括示教盒和导引示教两种。

(3)与外围设备联系功能:数字和模拟量输入和输出接口、通信接口、网络接口及同步接口。

(4)坐标设置功能:有关节、基础、工具及用户自定义 4 种坐标系。

(5)人机接口:示教盒、操作面板及显示屏。

(6)传感器接口:位置检测、视觉、触觉及力觉等。

(7)位置伺服功能:机器人多轴联动、运动控制、速度和加速度控制及动态补偿。

(8)故障诊断安全保护功能:运行时系统状态监视、故障状态下的安全保护和故障自诊断。

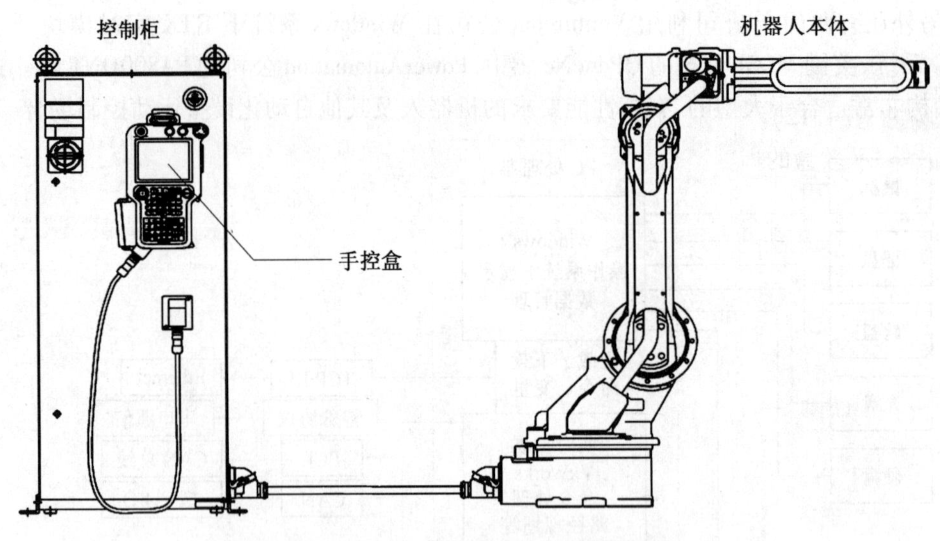

图4.10 6自由度旋转关节机器人系统

机器人控制的工作流程如图4.11所示。

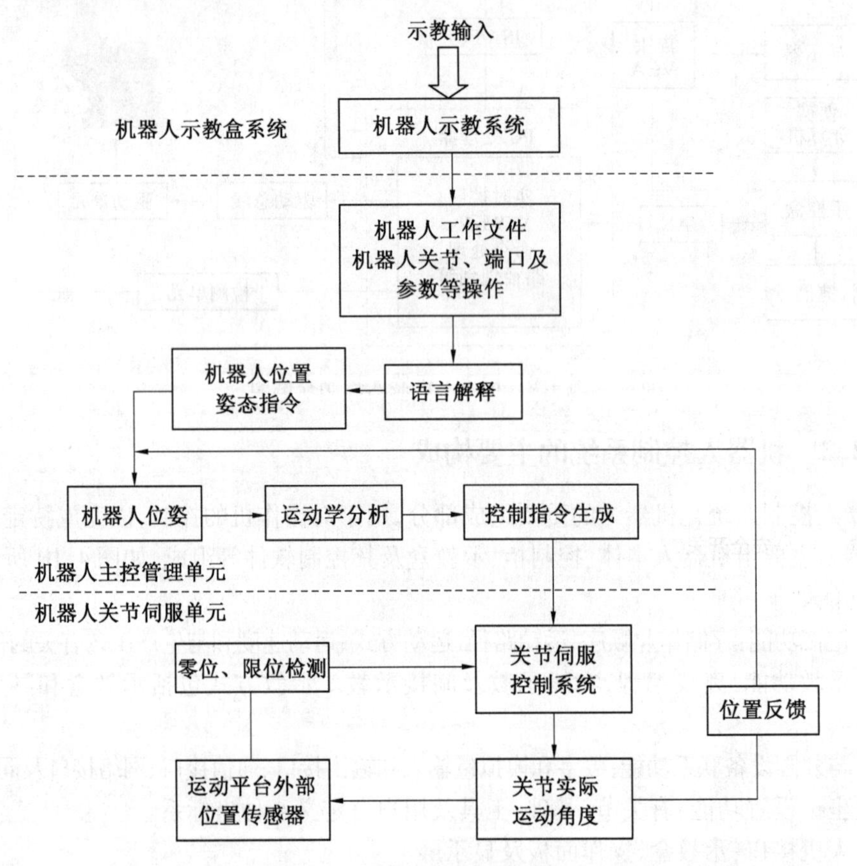

图4.11 机器人控制工作流程

4.2.3　机器人控制系统的各功能单元

1. 示教盒功能

示教盒(图 4.12)不仅要功能完善,而且操作必须简单,复杂的操作会影响示教盒的实用性。另外,示教盒的界面也应力求美观,外形应方便拿握,可采用通用触摸屏,也可根据需要定制。

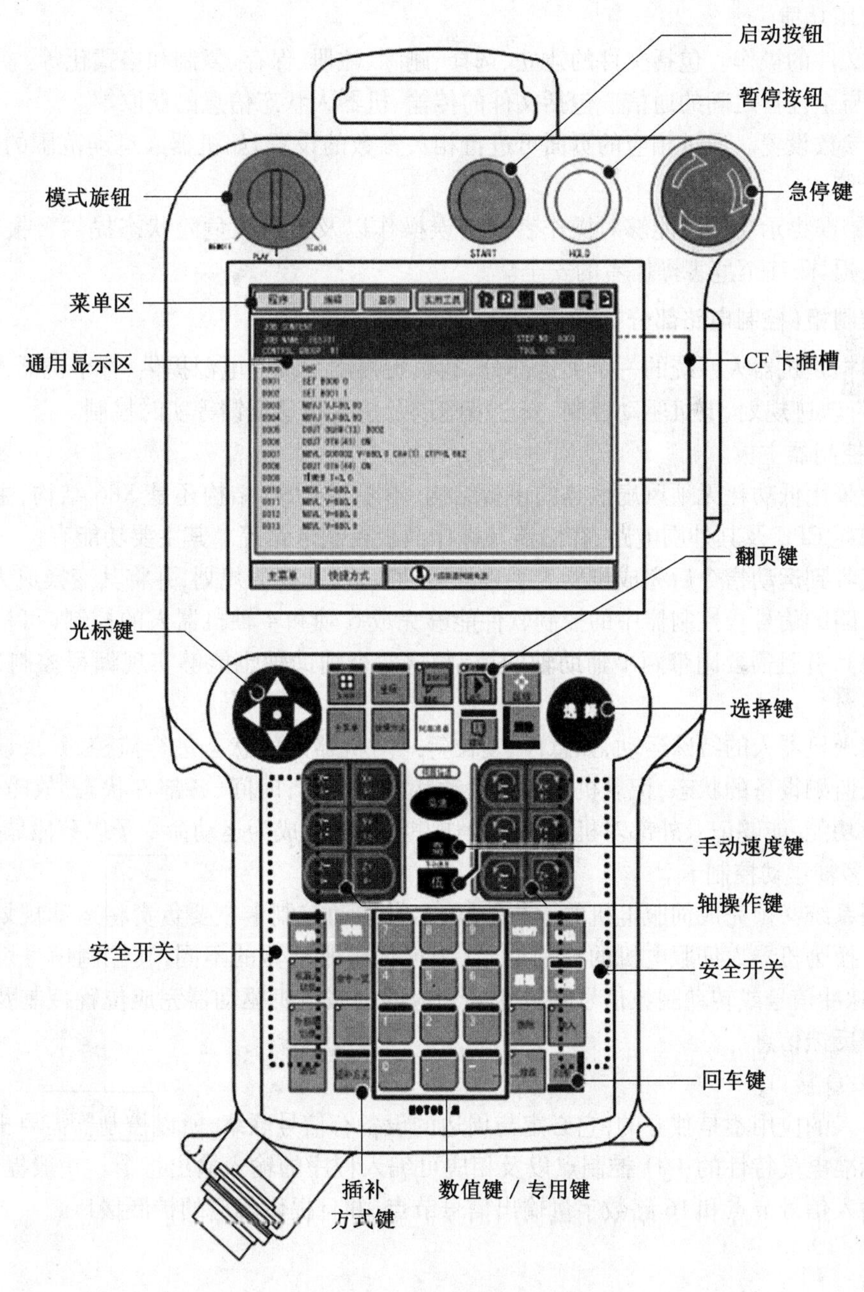

图 4.12　日本安川机器人的示教盒

示教盒采用开源操作系统，应用程序应尽量简单，功能应足够强大，主要完成如下功能：

(1)对机器人的操作。包括对机器人 4 个(或 6 个)关节的正反向运动控制，包括一个急停按钮。另外，必须能够对关节运动速度进行调整，有专门的按键来加速或减速。还必须能对示教的坐标系进行调整，示教坐标系主要有关节坐标系、直角坐标系、工具坐标系等。

(2)机器人程序的编写和修改。示教盒示教程序的编写方便与否，在很大程度上决定着示教盒的科学性与实用性。示教盒还具有语句编写、语句插入、语句删除、联合测试、前进后退等常用功能。

(3)文件的操作。包括文件的建立、选择、删除、注册、保存、复制和格式化等。

(4)与主控器之间的通信。包括文件的传输、机器人状态信息的获取等。

(5)参数设置。通过相应的页面可进行相关参数的设置，如机器人运动范围的限制、负载的质量等。

(6)错误提示功能。能够对操作者的错误操作以及机器人危险状态提供警报功能，防止机器人损坏，甚至危害操作者的安全。

2. 控制柜(控制电路部分)

控制柜是机器人系统的一个关键部分，它负责控制系统的电源提供、整个机器人运动的计算、运行轨迹规划、电机驱动控制、安全措施以及位置信息反馈等实时控制。

(1)控制器主板。

一般采用低功耗无须风扇散热的主板结构，不限制 RISC 结构还是 X86 结构，主板上安装有低功耗 CPU 及其外围电路、存储器及操作面板控制电路等。其主要功能有：

①接收到运动指令后完成机器人手臂的运动轨迹、速度的规划，并将其变换成为控制伺服驱动电路的信号。控制器中的控制软件能够完成 6 轴和 4 轴机器人的控制(可根据需要进行预装)，并且需要附带两个辅助轴的控制，这两个辅助轴也能够实现编程控制(由示教盒实现)。

②实现机器人的特殊运动，如急停、复位等。对机器人的状态进行监控，并反馈给示教盒。自动监测设备的状态，记录机器人的运动状态，如运行时间、各部件状态、故障信息等。具有学习功能，能够记录外部对机器人的操作并将其转化成为运动命令予以分段储存。

(2)多轴运动控制卡。

控制系统必须完成伺服电机的运行控制，多轴运动控制卡主要负责将运动规划插补好的数据转换为机器人伺服电机的控制信号(根据伺服驱动器的不同，其控制信号可以是转速信号、脉冲信号或转动圈数信号)，并送到相应的伺服电机驱动器完成位置控制及读取机器人位置反馈信息。

(3)I/O 接口。

机器人的应用不是独立的，它必定与周边的设备有信号联络，所以控制器需要提供通用的具有标准电气特性的 I/O 控制点以及相应可编入程序的输入输出指令。一般提供 16 路数字量输入信号节点和 16 路数字量输出信号节点，并且提供相应的扩展接口。

4.3 机器人控制理论及方法

4.2节介绍了机器人的控制系统硬件体系结构设计,需要注意的是,机器人整体性能不仅取决于控制系统的硬件系统,还与所采用的控制方法和控制系统参数有关,而且在确定机器人的控制系统结构后,控制理论和方法是系统性能保证的最重要因素。本节对控制系统的理论和方法进行介绍。

4.3.1 控制系统的类型

控制系统按照不同的准则可分为多种类型,为了研究、分析或解决综合问题方便起见,可对有关系统从以下不同角度进行分类。

1. 开环控制系统、闭环控制系统和复合控制系统

控制系统按有无反馈可分为开环控制系统、闭环控制系统和复合控制系统3类。

(1)开环控制系统。

顾名思义,开环控制系统是系统通道不存在反馈环节的控制系统(图4.13)。开环控制系统的特点是:系统仅受输入量、控制量和控制对象影响;信号是单向传递,在整个控制过程中输出量对系统的控制不产生任何影响,因为这里没有反馈回路,系统无抗干扰能力。

开环控制系统的优点是简单、可靠。若开环控制系统的元件特性比较稳定,并且外界干扰比较小,则能够保持一定的精度。其缺点是:控制精度较低,对系统干扰无自动调整能力。

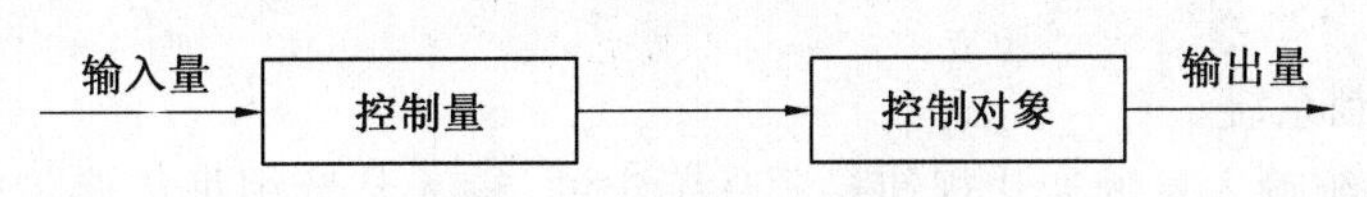

图4.13　开环控制系统示意图

(2)闭环控制系统。

带有反馈环节的控制系统称为闭环控制系统。控制系统的输出端和输入端之间存在反馈回路(图4.14),即输出量对控制有直接影响。由于在输出端和输入端之间存在反馈回路,有反馈检测环节,系统受偏差控制,因此具有抗干扰的能力。

闭环控制系统的优点是:对外部扰动和参数变化不敏感,精度高,不管出现什么干扰,只要被控量的实际值偏离给定值,闭环控制就会产生控制作用来减小这一偏差。其缺点是:系统性能分析与设计比较困难,存在稳定、超调和振荡等问题。

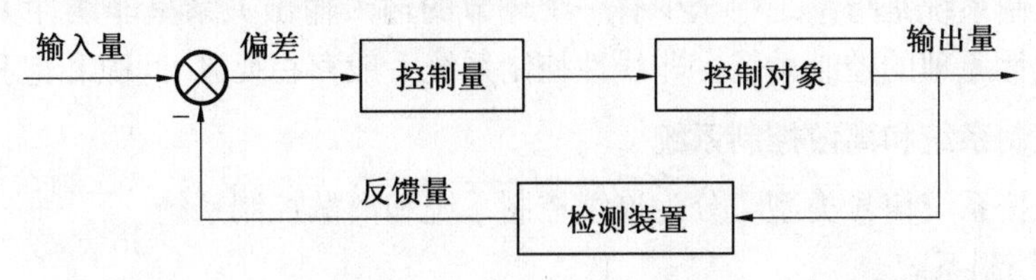

图4.14　闭环控制系统示意图

(3)复合控制系统。

复合控制系统是在闭环控制回路的基础上附加一个输入信号或扰动作用的顺馈通路(图4.15),来提高系统的控制精度。它是由开环控制与闭环控制相结合的一种控制系统。

复合控制系统具有动态性能好、控制精度高等优点,其应用十分广泛。对于控制精度和动态性能两者同时要求较高的控制系统,一般采用复合控制。

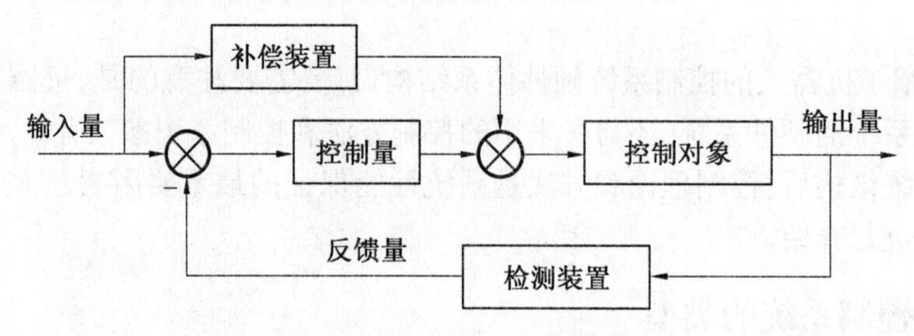

图4.15 复合控制系统示意图

2. 恒值控制系统、随动控制系统和程序控制系统

控制系统按输入信号的运动规律可分为恒值控制系统、随动控制系统和程序控制系统。

(1)恒值控制系统。

恒值控制系统的输入量是一个恒定值,控制任务是保证在任何扰动作用下,系统的输出量为恒值,如频率控制、湿度控制和温度控制等。在恒值控制系统中,其控制量为常值,用以消除系统的干扰影响。

(2)随动控制系统。

随动控制系统也称自动跟踪系统,输入信号的变化规律是未知的,并且要求被控量迅速、精确、平稳地跟随输入量变化。雷达天线跟随系统、机器人关节伺服系统等都属于此类系统。

(3)程序控制系统。

程序控制系统输入量的变化规律是预先确定的,输入装置根据程序编辑的输入信号变化规律发出控制指令,使被控对象根据程序指令进行操作、运行,如数控加工系统等。

3. 线性控制系统和非线性控制系统

控制系统按系统线性特征可分为线性控制系统和非线性控制系统。

(1)线性控制系统。

线性控制系统是指系统中所有环节的输入输出关系都呈线性关系,满足叠加定理和齐次性原理的控制系统。

(2)非线性控制系统。

非线性控制系统是指系统中至少有一个环节的输入输出关系呈非线性关系,不满足叠加定理和齐次性原理的控制系统。非线性控制系统一般存在死区、间隙和饱和特性。

4. 连续控制系统和离散控制系统

控制系统按系统信号类型可分为连续控制系统和离散控制系统。

(1)连续控制系统。

连续控制系统中所有信号的变化均为时间的连续函数,系统中传递的信号都是模拟信号,系统的运动规律可用微分方程描述。

(2)离散控制系统。

离散控制系统中至少有一处信号是脉冲序列或数字量,系统中传递的信号都是数字信号，计算机作为该系统的控制器，系统的运动规律必须用差分方程描述。这种系统一般包括采样控制系统和数字控制系统两种。

5. 定常控制系统和时变控制系统

控制系统按系统参数的变化特征可分为定常控制系统和时变控制系统。

(1)定常控制系统。

定常控制系统中所有参数不随时间变化而变化，其输入输出关系可以用常系数的数学模型描述。

(2)时变控制系统。

时变控制系统中部分或者全部参数随时间变化，要用变系数微分方程描述其运动规律，系统的性质也会随时间变化。

另外，其他划分方式还有：按系统输入/输出变量数量，可分为单变量系统和多变量系统；按系统结构和参数在工作过程中是否确定，可分为确定系统和不确定系统等。

4.3.2　控制系统的要求

每个控制系统完成不同的任务，评价其性能好坏有不同的指标。特别是在实际系统中，控制对象、控制装置和各功能部件的特征参数不同，系统在控制过程中差异很大。但是，在工程界对系统的基本要求主要有以下3个方面。

1. 稳定性

稳定性是指系统受到外作用后，其动态过程的振荡倾向和恢复平衡的能力。稳定性的要求是控制系统正常工作的首要条件，而且是最重要的条件。当扰动作用于系统时，系统的输出量会偏离其稳定值，此时在反馈系统的作用下，系统可能会回到或接近原来的数值并稳定下来，称系统是稳定的(图4.16(a))；如果系统出现发散而处于不稳定状态，则称系统是不稳定的(图4.16(b))。

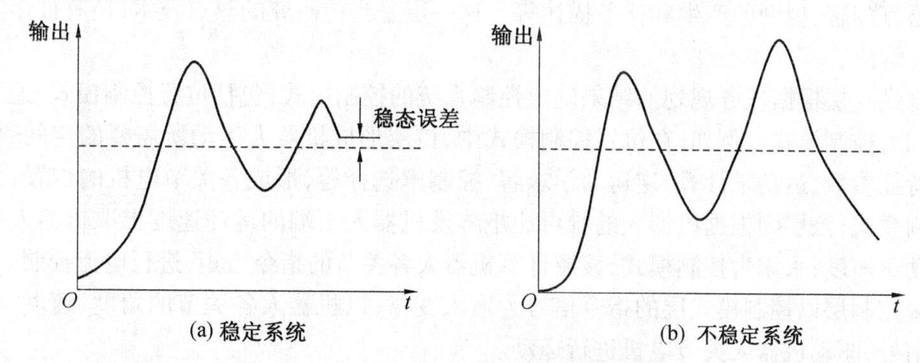

图4.16　稳定系统和不稳定系统

2. 快速性

所谓快速性是指当系统的输出量与给定输入量出现偏差时，系统消除这种偏差的快慢程度。可见，快速性是衡量系统性能的一个很重要的指标，系统响应越快，说明系统的输出复现输入信号的能力越强。

3. 准确性

准确性是指系统在过渡过程结束后,输出量与给定输入量的偏差,也称为静态偏差或稳态精度(图 4.16(a))。它也是衡量系统工作性能的重要指标。

上述 3 个指标是控制系统的基本要求,即要求系统“稳、快、准”。然而,这些指标要求在同一个系统中往往是相互矛盾的。这就需要根据具体控制对象和指标要求对其中的某些指标有所侧重,同时又要注意统筹兼顾。

4.3.3 机器人控制结构

机器人在进行任务作业时采用多层次结构的控制策略。机器人控制结构由任务规划层、控制模式层和伺服控制层构成(图 4.17)。

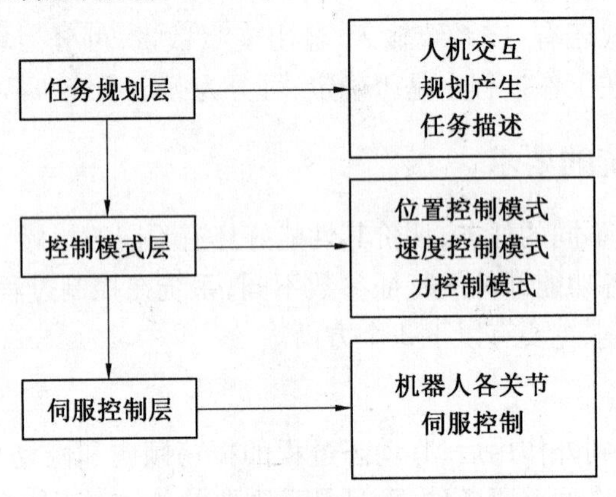

图 4.17 机器人控制结构

其中,任务规划层利用上位计算机对作业任务进行分析处理,可进行视觉测量、运动命令生成、外围部件控制和人机交互等工作。还包括与人工智能有关的所有可能问题,如词汇和自然语言理解、规划的产生和任务描述等。这一层是当前研究的热点技术,还有许多实际问题有待解决。

控制模式层根据任务规划的结果确定控制系统的控制模式,包括位置控制模式、速度控制模式和力控制模式。例如,在位置控制模式中,该层形成机器人运动所需要的空间直线、圆弧的特征参数、运动学计算、逆运动学求解、控制解选择等,形成各关节电机的位置;采用速度控制模式,该层则根据机器人的雅可比矩阵及机器人末端的运动速度求取机器人各关节的运动角速度;采用力控制模式,该层计算机器人各关节的指令力矩,进行电流控制。

伺服控制层以控制模式层的指令信号为输入变量,以机器人各关节的角度、速度、电流为反馈信号,驱动机器人关节电机进行运动。

其中,控制模式层和伺服控制层是机器人控制系统的本地控制器,也是机器人控制的核心部分,本节将重点介绍。

4.3.4 机器人经典控制方法

机器人通常是由多个关节构成的,而机器人的控制必须基于系统的动力学模型。机器人的动力学模型可描述为

$$\begin{cases}F_i=\frac{\mathrm{d}}{\mathrm{d}t}\frac{\partial L}{\partial \dot{q}}-\frac{\partial L}{\partial q}, i=1,2,\cdots,n \\ \tau=\boldsymbol{D}(q)\ddot{q}+\boldsymbol{H}(q,\dot{q})+\boldsymbol{G}(q)\end{cases} \tag{4.1}$$

式中,L 为拉格朗日函数;τ 为关节驱动力;n 为机器人连杆数目;q_i 为系统选定的广义坐标;$\boldsymbol{D}(q)$是 $n\times n$ 的正定对称矩阵,称为系统的惯量矩阵;$\boldsymbol{H}(q,\dot{q})$是 $n\times 1$ 的离心力和科氏力矢量;$\boldsymbol{G}(q)$是 $n\times 1$ 的重力矢量。

由机器人的动力学模型可知,机器人的控制系统非常复杂,是一个多变量非线性耦合系统。对于此类系统,其控制策略并没有一个准确的控制方法,因为机器人的各控制参数相互耦合,并且机器人的动力学参数随着机器人的运动而不断变化。

对于目前现有的工业机器人,大多采用的机械构型具有一个特点,即动力学的惯性矩阵是一个对角占优矩阵,并且假定机器人在平衡点附近角度变化较小。这样可对机器人的动力学模型进行解耦,进行独立关节的 PID 控制,实验证明采用这样简化过程是可行的。

1. PID 控制器

PID 控制器出现于 20 世纪 30 年代,作为一种经典控制理论被广泛应用于各领域。它由 P(比例控制)、I(积分控制)、D(微分控制)3 个环节组合而成。PID 控制器一般放在负反馈系统的前向通道,与被控对象串联,可以看作是一种串联校正装置。从校正装置输入输出的数学关系把串联校正划分为比例校正(P)、积分校正(I)、微分校正(D)、比例积分校正(PI)、比例微分校正(PD)和比例积分微分校正(PID)等。

所谓 PID 控制器,就是一种对偏差 $\varepsilon(t)$进行比例、积分和微分变换的控制规律,即

$$m(t) = K_{\mathrm{P}}\left[e(t) + \frac{1}{T_{\mathrm{I}}}\int_0^t e(t)\,\mathrm{d}t + T_{\mathrm{D}}\frac{\mathrm{d}e(t)}{\mathrm{d}t}\right] \tag{4.2}$$

式中,$K_{\mathrm{P}}e(t)$ 为比例控制项;K_{P} 为比例系数;$\frac{1}{T_{\mathrm{I}}}\int_0^t e(t)\,\mathrm{d}t$ 为积分控制项;T_{I} 为积分时间常数;$T_{\mathrm{D}}\frac{\mathrm{d}e(t)}{\mathrm{d}t}$ 为微分控制项;T_{D} 为微分时间常数。

比例控制项与积分、微分控制项可进行不同组合,常用的有 PD(比例微分)、PI(比例积分)和 PID(比例积分微分)3 种调节器,用于控制系统的串联校正环节。其中,PID 控制器能够结合 PD 和 PI 的优点,得到较完善的控制效果。PID 控制器传递函数框图如图 4.18 所示。

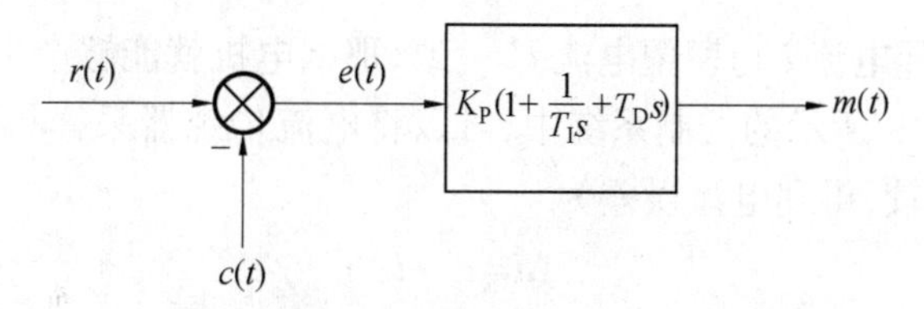

图 4.18　PID 控制器传递函数框图

PID 控制器的传递函数为

$$G(s)=K_{\mathrm{P}}\left(1+\frac{1}{T_{\mathrm{I}}s}+T_{\mathrm{D}}s\right) \tag{4.3}$$

一般来说,PID 控制器的控制作用主要体现在以下几个方面:

(1) 比例系数 K_{P},决定着控制作用的强弱。加大 K_{P} 可以减小控制系统的稳态误差,提

高系统的动态响应速度，但 K_P 过大会导致动态质量变坏，引起控制量振荡，甚至会使闭环控制系统不稳定。

(2)积分系数 T_I，可以削弱控制系统的稳态误差。只要存在偏差，积分所产生的控制量就会用来消除稳态误差，直到误差消除。但是积分控制会使系统的动态过程变慢，并且过强的积分作用使控制系统的超调量增大，从而使控制系统的稳定性变坏。

(3)微分系数 T_D，其控制作用与系统偏差的变化速度有关。微分控制能够预测偏差，产生超前的校正作用，进而减小超调，克服振荡，并加快系统的响应速度，缩短调整时间，改善系统的动态性能。

2. 伺服控制模式

伺服控制作为机器人的底层控制器，主要用来控制机器人电机转动，从而实现机器人的关节运动。根据机器人的作业任务，目前机器人的伺服控制模式主要有力控制、速度控制和位置控制 3 种。

(1)力控制。

力控制模式是指对电机的转矩控制，为此可在机器人关节轴上安装转矩传感器，以构成一个闭环反馈系统。一般来说，在直流他激电机、无刷电机和向量控制感应电机中，转矩和电流之间存在比例关系，因此可采用电流传感器进行转矩的检测。目前，霍尔元件的电流传感器因其价格低、体积小、频率特性好，故在工程中得到了广泛应用。

图 4.19 为采用直流他激电机的力控制系统原理图。

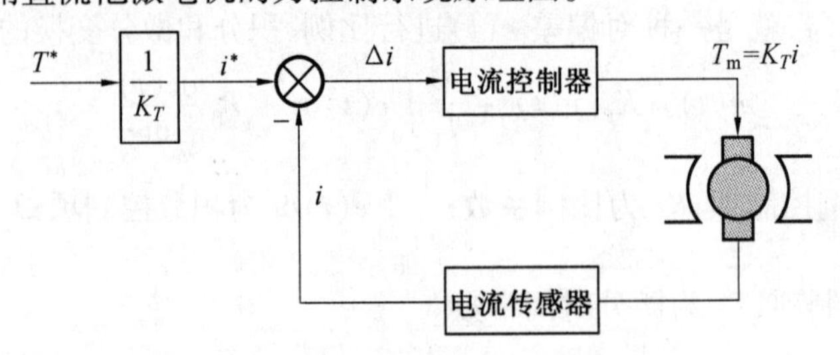

图 4.19 力控制系统原理图

假设 K_T 为电动机的转矩系数，T^* 为电机期望转矩，那么控制系统中电机期望电流 i^* 为

$$i^*=\frac{T^*}{K_T} \tag{4.4}$$

如果使电机的实际电流 i 与期望电流 i^* 一致，那么电机就能够产生与期望转矩 T^* 相同的转矩。因此在图 4.19 所示的控制系统中，可以将电流传感器采样得到的实际电机电流 i 与期望电流 i^* 进行比较，得到电流误差为

$$\Delta i=i^*-i \tag{4.5}$$

将 Δi 作为控制系统的输入量，通过 PID 控制器进行电机的电流闭环控制，从而完成机器人的力控制。

(2)速度控制。

速度控制是使控制系统对电机的旋转速度趋于速度期望值。当忽略机器人系统的摩擦和阻尼等因素时，电机的加速或减速是通过电机的输出力矩实现的，因此速度控制环路应配置在转矩控制环的外侧(图 4.20)。

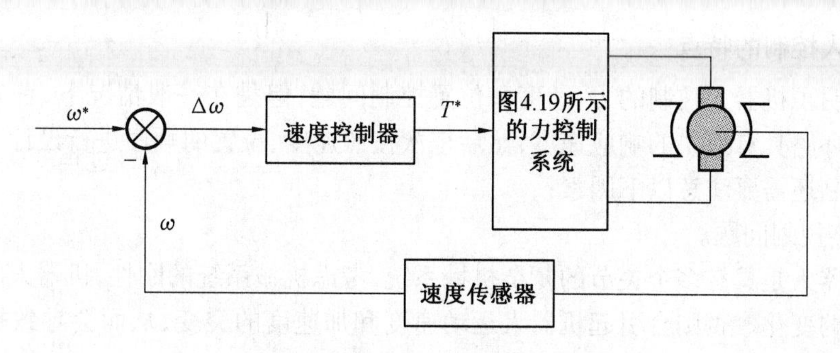

图 4.20　速度控制原理结构图

速度控制系统需要检测机器人的关节电机运动速度，常用的速度传感器包括测速发电机和编码器。通过传感器得到的电机旋转速度与速度指令 ω^* 进行比较，这里将得到的速度差 $\Delta\omega$ 用于速度控制部分，并且通过转矩指令 T^* 调整电机的实际速度，以与指令速度相一致。

同样，速度控制器可采用 PID 控制，目前常用的控制是 PI 控制，即比例积分控制，即

$$T^* = K_P\Delta\omega + K_I\int\Delta\omega\,dt \tag{4.6}$$

通过式(4.6)的控制方式，可得到机器人的电机控制力矩，通过对 K_P 和 K_I 的选择可得到系统所希望的速度控制响应。

(3)位置控制。

机器人通过电机的旋转实现其位置的变化，如果把机器人的运动折算到关节的电机轴上，那么机器人的运动角度 θ 可以通过电机的转速积分或者电机的编码器得到。

因此，为了使实际位置 θ 跟踪目标位置 θ^*，应当根据 θ 和 θ^* 的位置差 $\Delta\theta$ 对电机的速度 ω^* 进行调整，如图 4.21 所示。

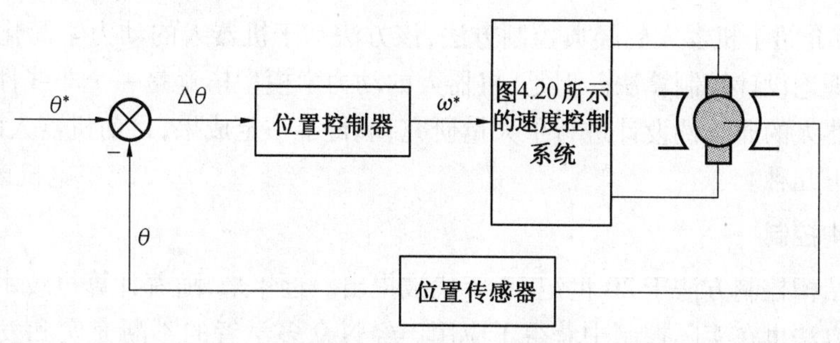

图 4.21　位置控制原理结构图

在图 4.21 中，将电机期望位置和实际位置的差，通过位置控制器产生速度控制指令，构成如图 4.20 所示的速度控制系统的输入。在位置控制器中，一般通过比例控制方法得到速度指令，其形式为

$$\omega^* = K_P\Delta\theta \tag{4.7}$$

在上述 3 种控制模式中，工业机器人最常用的是位置控制模式，在控制结构中相应存在着电流环、速度环和位置环，电流环和速度环作为位置控制模式的内环，从而可以保证机器人运动的力、速度和位置的稳定。

3. 机器人控制的特点

前面说明了机器人控制的力、速度和位置控制问题,但是在一般情况下,首先要求内环路的力控制环路具有最快的响应速度,然后依次按照速度、位置的顺序进行设计。对于工业机器人的控制还需要注意以下因素:

(1)轨迹规划问题。

工业机器人是具有多个关节的复杂机械系统,考虑机械系统的刚性,机器人的位置指令应避免急剧的变化。否则会引起机器人运动速度和加速度的突变,从而会导致机器人本体的运动抖动和冲击,严重影响了机器人的运动性能。

(2)多路耦合问题。

机器人采用单关节独立设计方法,忽略了系统动力学的耦合因素。虽然PID控制具有一定的鲁棒性,但是耦合项毕竟会对系统的性能带来影响。如果必须考虑耦合量,则应对机器人的耦合项进行补偿。

但是对机器人耦合项的计算并非一项简单的任务,特别是当机器人运动时,位置和姿态发生变化,计算任务就更为艰巨。动力学简化目标主要采用几何/数字法、混合法和微分变换法对计算进行简化。

(3)复合控制问题。

在机器人的控制中,一般采用串联和反馈校正方式。这两种校正方式都能达到改善系统性能的效果。但是,如果在控制系统中存在强扰动,或者控制任务对稳态精度和动态性能两方面均要求很高,则串联校正和反馈校正一般难以奏效,此时可采用顺馈和串联联合校正方式或顺馈和反馈联合校正方式,这样的方式称为复合校正。

4.3.5 机器人现代控制方法

4.3.4 节介绍了机器人的经典控制方法,该方法基于机器人的动力学简化结果,可以采用线性系统理论设计控制算法。但是,机器人的动力学模型毕竟是一个非线性耦合系统,研究人员对机器人的非线性设计进行了大量研究,取得了一定成果,目前机器人的现代控制方法主要有以下几种。

1. 变结构控制

滑模变结构控制方法于20世纪50年代被提出。近年来,随着计算机技术的发展,滑模变结构控制方法也在实际控制中获得了应用。经过众多学者的不断充实和发展,滑模控制理论已经成为一种简单有效的控制方法,并在机器人控制中得到了广泛关注和应用。

所谓变结构控制,通常指在系统中选取一定数量的切换函数,当系统状态到达该函数所代表的空间曲面时,控制律自动从此时的结构转换为另一个确定的结构。最常用的变结构控制方法为滑模变结构控制,此时在确定切换函数 $S(x)$ 后,通过选择合适的控制输入量,使 $S(x)=0$ 及其附近将形成一个对于系统运动的“吸引”区,令系统状态在一定时间内运动到该切换函数上,并沿其运动到平衡状态,此时系统的这种运动状态称为滑动模态,$S(x)=0$ 称为滑模面方程,这个区域称为滑动模态区(图4.22)。

滑模控制方法具有一些其他控制方式难以获得的优点,其中最重要的一条,也是最受重视的一条为滑动模不变性所带来的系统强鲁棒性。在滑模面 $S(x)$ 确定后,滑动模态就只决

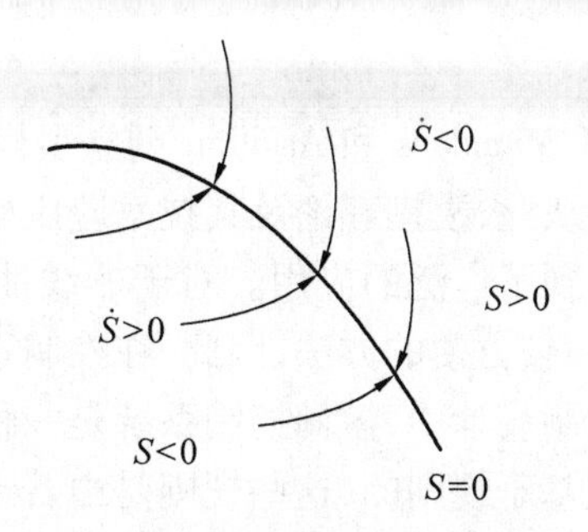

图 4.22　滑模变结构控制示意图

定于 $S(x)$，而与系统状态无关，任何摄动和干扰都不能对 $S(x)$ 的数学方程带来影响，这也就意味着一旦进入了滑动模态，系统将具有完全的鲁棒性，这一特点保证了滑模控制器具有良好的抗干扰能力，对参数变化及扰动不灵敏等，大大拓展了滑模理论的应用范围。

滑模变结构控制本质上是一类特殊的非线性控制，其非线性表现为控制的不连续性，这种控制策略与其他控制的不同之处在于系统的“结构”并不固定，而是可以在动态过程中根据系统当前的状态不断调整，迫使系统按照预定“滑动模态”的状态轨迹运动。该方法的缺点在于当状态轨迹到达滑模面后，难于严格地沿着滑模面向着平衡点滑动，而是在滑模面两侧来回穿越，从而产生抖振现象。目前已经有许多方法来处理抖振问题，如使用观测器、符号函数连续化和高阶滑模控制等方法。

机器人的变结构控制结构图如图 4.23 所示。

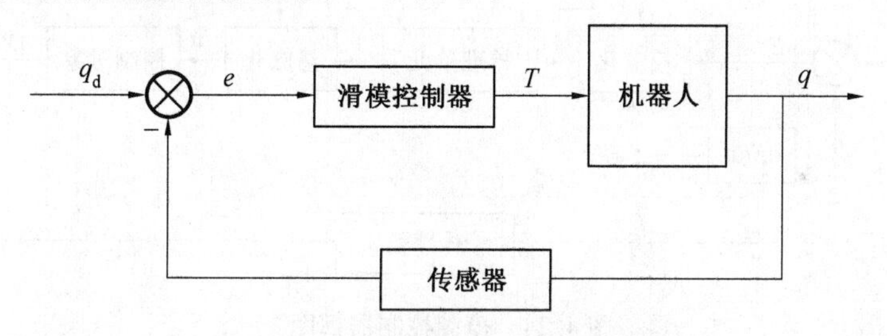

图 4.23　机器人的变结构控制结构图

在图 4.23 所示的变结构控制中，q_d 为机器人位置指令；q 为机器人实际位置；T 为机器人转矩指令；$e=q_d-q$ 为机器人滑模控制切换面变量。根据式(4.1)的机器人动力学模型，机器人的滑模面常取为

$$\boldsymbol{S}=[S_1,S_2,\cdots,S_n]^{\mathrm{T}}=\dot{\boldsymbol{E}}+\boldsymbol{HE} \tag{4.8}$$

式中，$\boldsymbol{E}=[e_1,e_2,\cdots,e_n]^{\mathrm{T}}$，$\boldsymbol{H}=\boldsymbol{diag}[h_1,h_2,\cdots,h_n]$。在滑模曲线 S 确定后，基于系统的动力学模型，根据李亚普诺夫稳定性定理设计机器人的控制力矩 T，从而完成机器人的变结构控制。

滑模变结构控制律需要事先知道被控对象的数学模型，进而根据给定的性能指标选择合适的控制参数，完成控制器的设计，但机器人的动力学方程形式复杂，影响因素很多，是一个强耦合的系统，有限的测试手段不可能完成所有的参数辨识过程，难以建立起准确的数学模型，因此还需要进一步结合其他控制方法进行研究，以推动变结构控制在机器人工程界的应用。

2. 模糊控制

20 世纪 70 年代,英国学者 Mamdani 和 Assilian 创立了模糊控制器的基本框架,标志着模糊控制理论和技术的诞生。从此,模糊理论及其技术应用取得了很大的发展,并且在自然科学和社会科学的各个领域得到了广泛的应用。对于非线性系统,模糊控制系统利用具有启发式的信息,它能够提供一种较方便的方法,因此,在控制系统的设计中,尤其是那些数学模型复杂或难以建立的系统控制设计中,模糊控制系统是一种很好的、实用的替代方法。模糊控制系统是基于知识的或是基于规则的,这些规则是由若干 If-Then 规则构成。

模糊控制器的基本结构由 4 个重要部件组成,包括知识库、推理单元、模糊化输入接口与去模糊化输出接口,如图 4.24 所示。知识库包含模糊 If-Then 规则库和数据库,规则库中的模糊规则体现了与领域问题有关的专家经验或知识,而数据库则定义隶属函数、尺度变换因子及模糊分级数等。推理单元按照这些规则和所给的事实执行推理过程,求得合理的输出。模糊输入接口将明确的输入转换成模糊量,并用模糊集合表示。根据模糊推理单元得到控制量,而控制量也是模糊量,因此,要求清晰化过程,把模糊控制量转换为清晰值作为模糊控制器的输出。去模糊输出接口就是将模糊的计算结果转换为明确的输出。

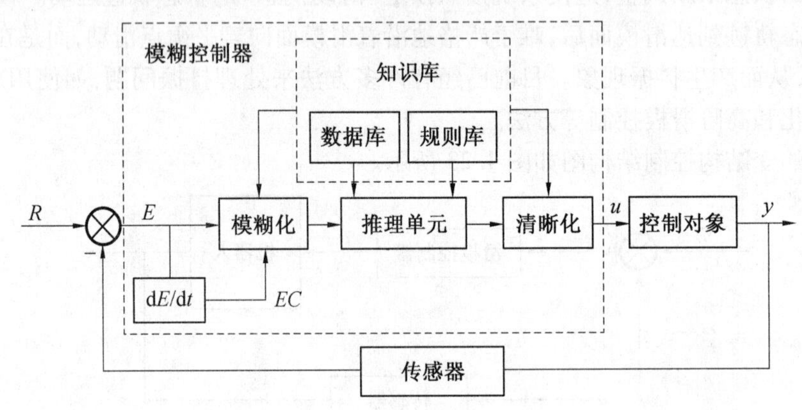

图 4.24 模糊控制器框图

由图 4.24 可以看到,模糊控制器的建立分为 4 个步骤:①挑选能够反映系统工作机制的控制输入、输出变量;②定义这些变量的模糊子集;③用模糊规则建立输出集与输入集的关系;④进行模糊推理及清晰化是模糊控制器的核心部分。模糊控制的主要特点如下:

(1)控制器的设计主要依据人们的控制经验总结,不需要精确的系统数学模型。

(2)具有较强的鲁棒性,控制器输入参数在一定范围变化时,其模糊化后的语言变量可能相同,因此控制器对参数变化不是非常敏感,可用于解决传统控制较难发挥作用的非线性、时变和时滞等问题。

(3)模糊推理机的输入量为语言变量,易于构成专家系统。

(4)推理过程模仿人的处理问题方式,采用成熟、合适的推理规则后,能够处理一些复杂的系统。

(5)模糊规则一般离线编制,不需要在线生成,控制器作用时采用查询方式提取模糊规则,可提高控制器的实时性,拓展其应用范围。

(6)拓展性好,可与其他多种传统或智能控制方法合成,构成复合的、更加强大的控制器。

由此可见,模糊控制器具有逻辑推理能力,只要建立较好的专家知识库,就能取得较好的控制效果。但是在机器人控制中,一般不能直接用模糊控制直接给出控制力矩,常常结合其他控制方式,模糊控制主要用来调整其他控制方式的控制参数。例如,PID 参数、变结构的系数矩阵等。机器人的模糊控制结构如图 4.25 所示。

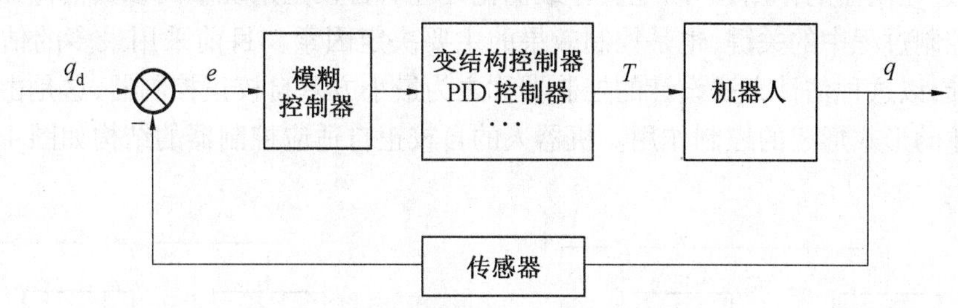

图 4.25　机器人的模糊控制结构图

在图 4.25 所示的机器人模糊控制系统中,模糊控制可结合变结构控制、PID 控制等方式。模糊控制器主要根据知识库对比例参数、微分参数、积分参数和变结构控制的系数进行推理、调整,使变结构控制、PID 控制具有自调整能力,从而提高控制系统的性能。

3. 自适应控制

当机器人的工作环境及工作目标的性质和特征在工作过程中随时间发生变化时,控制系统的特性具有未知性。这种未知因素和不确定性,将使控制系统的性能变差,不能满足控制要求。采用一般反馈技术或顺馈补偿方式也不能很好地解决这类问题。要解决上述问题,要求控制器能在运行过程中不断测量被控对象的特性,并根据当前系统特性,使系统能够自动地按闭环控制方式实现最优控制。这也是机器人控制发展方向之一。

自适应控制器具有感觉装置,能够在不完全确定和局部变化的环境中,保持与环境的自动适应,并以各种搜索与自动导引方式执行不同的操作。自适应控制器主要有两种结构,即模型参考自适应控制和自校正控制。现有的机器人自适应控制系统,基本上都是应用这些方法建立的。

(1)模型参考自适应控制。

模型参考自适应控制系统一般由 4 个部分组成,即被控对象、控制器、目标模型及自适应机构。它们通过双环的形式进行作用,一般称之为内环和外环。控制器和被控对象组成可以调节的内环,而对象模型和自适应机构构成外环。它们既有独立性,又有协同性,分别起作用以达到控制的要求。

与一般反馈、补偿及最优控制相比,模型参考自适应控制在它们的基础上做了一定的改进,常规控制系统的机构也是具有的,只是在此基础上添加了参考模型以及控制器自身参数调节回路。这就可以保证了由于被控目标自身特性发生变化或是外界扰动过大产生的控制误差能够被实时监测和控制。参考模型也会不断优化和精确,受控目标的输出与参考模型的输出也会越来越吻合,即与人们期望的输出相一致。这就是此种控制的基本方式和原理。机器人的模型参考自适应控制结构如图 4.26(a)所示。

(2)自校正控制。

自校正控制和模型参考自适应控制相似,都是双环结构。自校正控制的外环由参数估计器和控制器设计计算机构组成,而其内环和模型参考自适应控制系统有一样的构成,而且都是可调可变的，外环的差别仍然导致它们在控制原理上有不小的差别，这种差别将在控制过程中通过很多方式体现出来。自校正系统的基本控制原理是通过参数估计器接受受控对象的输入输出信息，同时也会对受控对象的参数进行估计，然后根据这些信息设计一定的控制算法，通过控制器的作用，不断地实行最优化处理。自校正系统中的参数估计和控制算法设计是其控制过程中的关键，也是控制效果的主要决定因素。目前采用最多的估计为最小二乘法估计，以这种估计方法设计的控制器称之为最小方差自校正控制器，这是由于它是按照最小方差的形式形成的控制作用。机器人的自校正自适应控制器的结构如图4.26(b)所示。

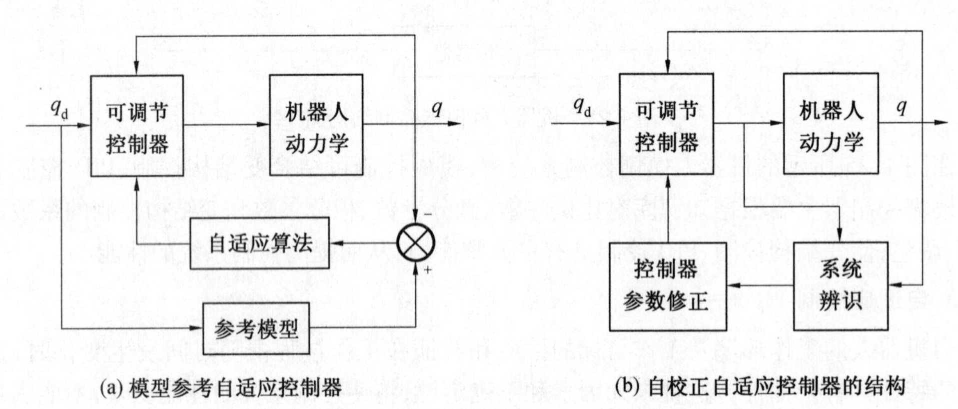

图4.26 机器人的自适应控制结构图

在以上几种非线性控制方法的基础之上，研究人员还对多种智能控制方法进行了研究，如鲁棒控制、模糊变结构控制、自适应变结构控制和模糊自适应控制等，对于机器人的智能控制方法还需要更进一步的研究。同时，上述方法大多停留在理论层面，需要机器人的动力学模型，随着硬件系统的不断改善，将智能控制方法应用于机器人的工程控制将是机器人控制的主要发展方向。

4.4 机器人控制系统工程实现

4.4.1 工业机器人控制体系结构

随着工业机器人技术以及智能控制技术的发展，机器人控制系统的功能和性能将会越来越完善。比如，机器人的智能化程度较低的问题，响应速度不够快的问题，通用性和扩展性不够好的问题等。从目前的发展趋势来看，工业机器人控制技术将向如下3个方面发展。

(1)开放性的体系结构。

美国是最早提出关于开放式控制器的研究。开放性体系结构的目标是开发可以控制各种基于标准的自动化硬件平台和操作环境的机器人及工业自动化系统。开发适用于机器人控制的通用软件包，其应用范围从最底层的实时伺服控制，到智能传感器处理，到高层人机交互，涉及机器人控制的各个方面。

(2)总线控制方式。

由于生产工厂环境复杂，为了减小信号在传输过程中的干扰，在现场总线设备间一般都采用数字信号进行通信。采用总线控制方式使得机器人各控制部件间可以稳定地连接，方便了安装和调试，提高了控制系统的可靠性。此外，采用总线控制方式可以方便控制系统进行功能扩展。只要各个厂商的设备采用相同的总线协议，各个设备之间就可以实现互换或互联。目前，国际上有60多种现场总线形式，常用的有Profibus，DeviceNet，CAN，CANOpen，SyqNet，SERCOS和EtherCAT等。这点同时也是进行多机器人网络化控制的基础。

(3)智能化和网络化。

控制器的智能化和网络化同样是发展趋势，未来的工业机器人应该具有视觉、触觉，具有很强的人机交互能力和学习能力，因此需要控制器具有多传感器信息融合能力。同时，机器人之间可以任意组成网络，完成多机器人协调控制，进一步提高自动化和智能化程度。

4.4.2　工业机器人控制系统设计流程

工业机器人在完成机械本体设计的基础上，各关节执行器及其参数便已确定。需要进行控制系统设计，控制系统需要考虑该机器人的控制体系结构、控制性能、传感器接口、外部设备I/O扩展接口、通信接口、数据管理、运动控制模块和人机交互模块等。从工业机器人控制系统的整体结构来看，控制系统设计包括软件部分和硬件部分，如图4.27所示。

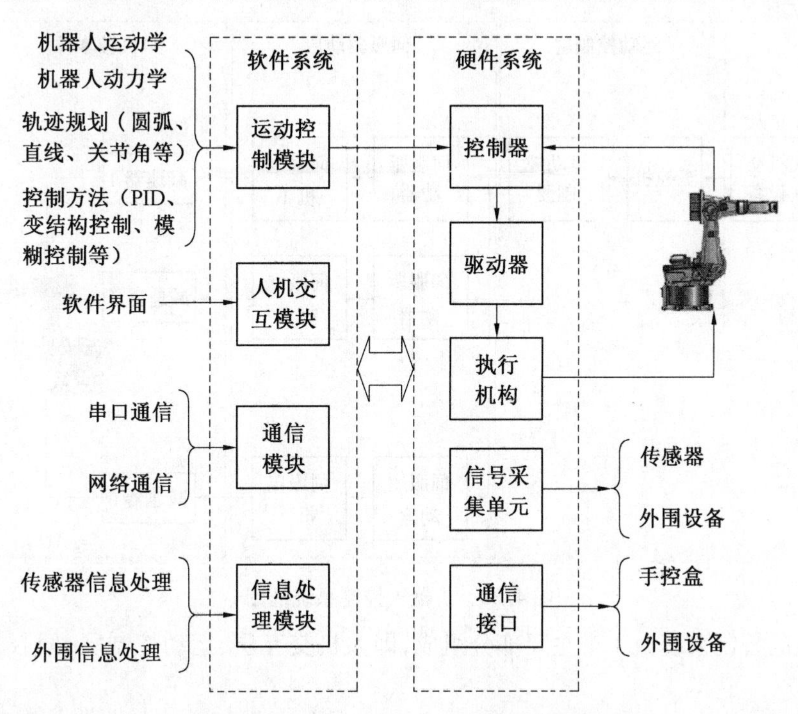

图4.27　工业机器人控制系统设计流程图

工业机器人设计流程中的软件部分包括运动控制模块、人机交互模块、通信模块和信息处理模块。其中，运动控制模块主要完成机器人模型的建立，包括机器人运动学和机器人动力学模型，它们是机器人运动控制的基础。同时，运动控制模块要完成轨迹规划（机器人运动时的直线、圆弧、关节角及其他曲线的插补运算），还包括机器人的控制算法（PID、变结构控制、模糊控制等）；人机交互模块主要完成机器人系统界面交互功能；通信模块包括串口通信协议和网络通信协议的编写；信息处理模块主要完成机器人与传感器及外部信息的交流和处理。

工业机器人设计流程中的硬件部分包括控制器、驱动器、执行机构、信号采集单元及通信接口。其中，控制器、驱动器和执行机构是机器人运动控制的硬件部件；信号采集单元完成传感器和外围设备的信号采集硬件接口；通信接口是和机器人手控盒及外围设备的通信硬件接口。

4.5　基于 IPC 的机器人控制系统设计

在机器人电控系统的设计中，主流的运动控制层解决方案是“PC 机+运动控制器”的结构，这种结构以工控机为平台，以开放式可编程运动控制器为控制核心(图 4.28)。通用工控机负责运动程序和逻辑调用管理、人机界面管理等功能；运动控制器负责机械本体的运动控制和逻辑控制。运动控制器的功能可分为运动控制功能和 I/O 功能两大部分。运动控制功能部分通过编码器反馈通道、D/A 输出通道以及脉冲输出通道与外部驱动控制设备相连接。伺服电动机与驱动控制器构成一个控制回路。伺服电机一般都有编码器，电动机驱动器通过编码器获得电机转子的位置信息，从而可以对电机进行精确控制。

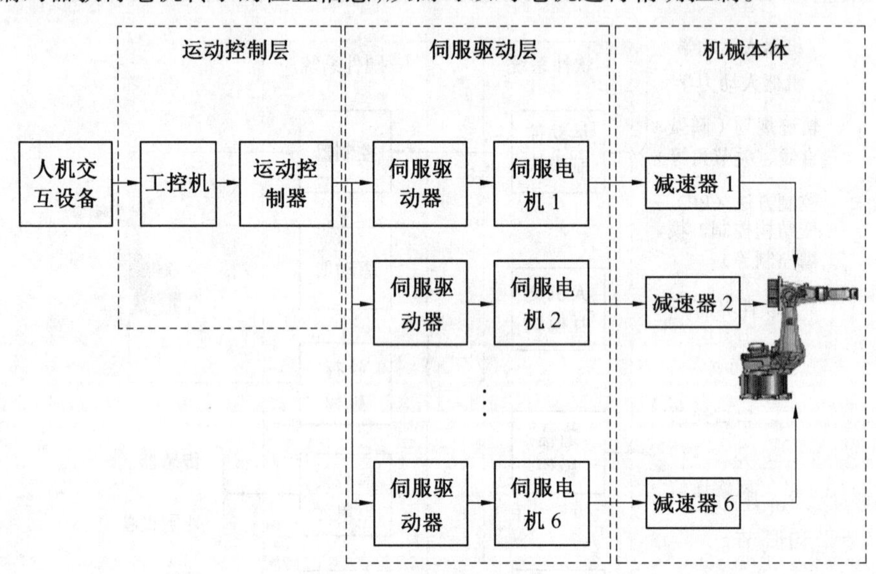

图 4.28　机器人控制系统框图

机器人的控制系统由 4 个主要部分组成，即人机交互层、运动控制层、伺服驱动层及机械本体。

4.5.1　机器人控制器硬件结构

工业机器人的控制系统常采用伺服电机驱动齿轮实现进给运动，控制系统采用“PC 机+运动控制卡”结构，工控机作为上位机，运动控制卡 Turbo-Pmac2 作为位置和速度控制器，电气伺服部分采用交流伺服电机，机械传动部分采用高精密齿轮齿条。图 4.29 为其中任意一个驱动支路的逻辑结构图。

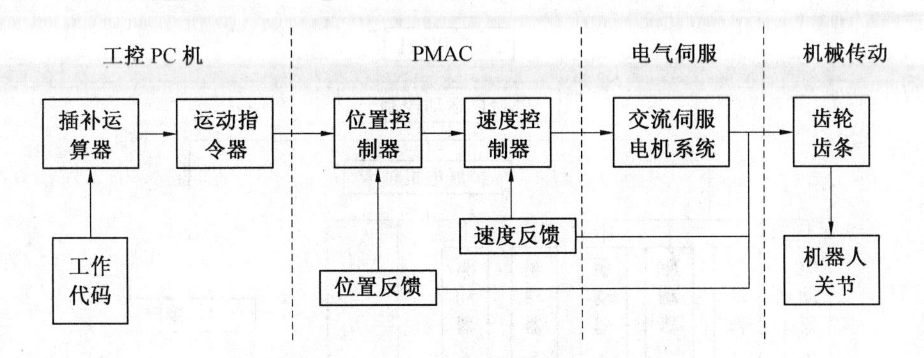

图 4.29　机器人电控系统的硬件结构图

1. 工控机

工控机除具有兼容性好，软硬件升级、维护方便等普通 PC 机的共性外，还具有丰富的过程输入/输出功能、实时性好、可靠性高、环境适应性强等满足工业要求的特点，本控制系统采用研祥公司的 MEC5002 作为主控 PC 机，其 CPU 为 Pentium-M，板载内存 256 MB，SO-DIMM 槽可扩充 6 个串口，6 个 USB 接口，2 个 RJ45 接口可扩展 2 个 PCI 设备，2 个 PC/104 Plus 总线接口，1 个 PC/104 总线接口。

2. Pmac 卡

本系统选用 Turbo PMAC2-Eth-Lite，该控制器是一款具有完整 Turbo PMAC 强大功能和极为经济实惠的多轴运动控制器。该卡核心由美国 Motorola DSP56303 数字信号处理器和门阵列集成电路（DSP GATE）组成，可以同步控制 8 个驱动轴，实现复杂的多轴协调运动。

3. 进给伺服系统

为保证伺服进给系统工作的精度、刚度和稳定性，系统对进给结构的主要要求是高精度、高刚度、低摩擦和低惯量。由于机器人对位置精度和进给速度要求很高，本系统采用“伺服电动机+精密齿轮”方式来实现 6 个轴的进给运动（图 4.30）。伺服电机采用小惯量的永磁同步伺服电机和驱动器。电机上安装有 17 位绝对编码器，可以对电机转速进行高分辨率的检测反馈。电机控制采用速度控制指令信号，即模拟信号，驱动器有各种控制参数，可以随时设置和调节。

4.5.2　机器人控制器软件结构

本控制系统以 Windows 操作系统为软件环境，利用面向对象的编程语言 VC++6.0 开发而成。

工业机器人的控制系统软件是一个多任务处理控制软件，由于控制系统硬件采用“PC 机+运动控制卡”的主从分布式结构体系，在控制系统软件设计时，依据软件工程的思想进行总体设计。控制系统的软件结构包括 5 大模块，即人机界面模块、代码编译模块、运动控制模块、辅助功能模块及逻辑控制模块，如图 4.31 所示。

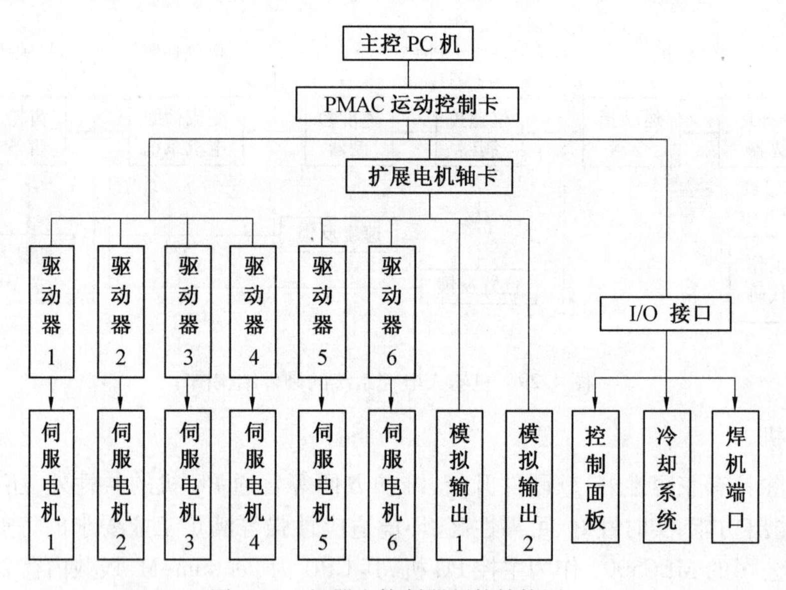

图 4.30 机器人控制器硬件结构图

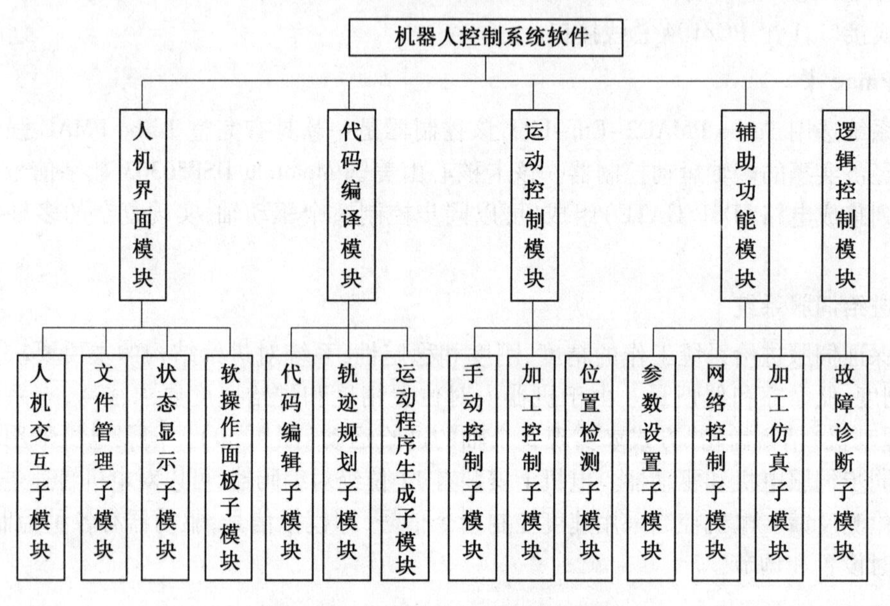

图 4.31 机器人控制器软件结构图

4.6 小 结

本章对工业机器人的驱动和控制系统进行了介绍,详细介绍了步进电机、直流伺服电机、交流伺服电机和直接驱动电机的性能和驱动器特点。在此基础上对工业机器人的各种控制方式进行了阐述,同时介绍了机器人的相关控制理论和方法,最后以一种采用“PC+运动控制卡”的工业机器人控制系统设计为例,对控制系统的硬件和软件结构进行了设计。

第5章 机器人机构及驱动系统优化

目前,工业机器人的机构本体设计、控制系统设计和轨迹规划等方面均达到了较为成熟的水平。但是,日益加快的工业生产节奏和不断提高的作业质量要求(如定位精度、运动平稳度等),对工业机器人的速度和动态性能提出了更为苛刻的要求。工业机器人设计已从传统的静态、刚性体设计,发展到动态、柔性体设计阶段。

为提升机器人的性能,人们在设计阶段应该采用现代先进的分析和设计方法对机器人的主要部件和整体机构进行分析与优化。因此,工业机器人在设计过程中需要采用"设计→试验→优化"方法,从而不断完善机器人的机械结构和控制系统性能。

5.1 工业机器人优化指标及方法

机器人机构优化作为工程机构优化设计领域的一方面,其整体发展过程与工程结构优化过程类似,逐渐从机构静态优化设计过程发展到机构动态优化设计过程。机器人机构优化的目的就是在考虑机器人整体工作空间约束、质量约束等基础上并且满足关键部件强度、刚度的要求,对机器人的机构进行合理优化,以提高机器人的综合性能。

5.1.1 机器人机构优化形式

机器人的机构优化形式有3种,即尺寸优化、形状优化和拓扑优化,见表5.1。

表5.1 机器人的机构优化形式

形 式	优化变量
尺寸优化	不改变原来的结构类型、材料属性、拓扑形状等,结构优化变量选为机器人的杆件长度、横截面面积、杆件惯量等
形状优化	机器人杆件的边界几何形状或者杆件的内部几何形状等
拓扑优化	形状优化的更高层次,即改变拓扑结构,改变机器人部件的材料

通过表5.1可知,3种优化形式的复杂程度不断提高,尺寸优化是机器人结构优化的最低阶层次,因此在这一层次的优化研究也比较多,相关理论也比较成熟。当前,这一优化层次的研究重点主要有高级的优化算法与实际问题相结合。例如,可综合考虑机器人的任务范畴,将驱动关节力矩的最小化和机器人的可操作性指标最大化作为优化目标,优化变量选为机器人的杆件长度和截面尺寸,考虑机器人的运动学、动力学、变形和结构约束,采用优化算法,对机器人的杆件截面进行优化。

在机器人形状优化和拓扑优化领域,主要是结合相关CAE(计算机辅助工程)分析软件,如ANSYS等,对机器人关键部件进行优化设计。ANSYS拓扑优化原理就是将机器人部件的质量分布作为优化变量,优化目标是使整体的刚度值达到最大。通常,连续体拓扑优化方法主要有均匀法、密度法和渐进结构优化方法。ANASY 采用的拓扑优化方法是密度法，优化变量是每个单元体的伪密度。

近年来，机器人的机构动态优化设计发展也十分迅速。机构动态优化设计的目的是：在符合最低阶模态频率约束条件的基础上，使机器人的质量尽量降低；或者是在符合机器人质量约束条件的基础上，使机器人的最低价模态频率尽量提高。国内在实际的机器人结构设计过程中，常常是参照国外的典型机器人的结构和尺寸，根据具体的工作情况要求和技术指标来设计机器人的机构。后期可以对关键的机器人部件，如腰座、大臂、小臂等，使用 CAE 软件进行仿真分析，来验证之前的机器人结构设计是否满足要求。

5.1.2 机器人机构优化指标

工业机器人是一个典型的机械电子集成系统，其性能包括静态指标和动态指标。一般来说，工业机器人采用以下指标进行优化。

1. 机器人机构刚度

机器人机构刚度是指抵抗变形的能力，包括静刚度和动刚度。作为机器人一项重要的性能评价指标，刚度不仅与机器人机构的拓扑结构有关，还与机构的尺度参数和截面参数密切相关。

机器人的静刚度分析方法包括有限元分析法、静刚度解析模型法、静刚度性能分析法等。其中，有限元分析法是机器人机构设计和静刚度性能预估的重要手段。该方法主要是借助如 ANSYS 等有限元分析软件对所设计的虚拟样机进行应力应变分析，从而对样机的尺寸结构参数等进行改进；静刚度解析模型就是建立机器人机构操作力与末端执行器变形之间映射关系；静刚度性能分析主要是基于静刚度解析模型来评价机器人机构在整个工作空间内的静刚度性能。

动刚度反映了机构在动载荷作用下抵抗变形的能力，是衡量结构抵抗预定动态激扰能力的特性。其分析方法主要是建立机器人系统的动力学模型，使其带动负载在其运动空间内做各种运动仿真，计算机器人的动刚度特性。

国内外众多学者在并联机构的刚度和静力学领域做了大量卓有成效的工作，但仍有许多研究工作需要进一步深入开展。由于刚度解析模型具有一定的复杂性，不利于对更复杂机构进行研究计算。于是，寻求一些高效的建模方法对提高模型计算效率具有重要的意义。随着计算机技术的飞速发展，在求解复杂刚度模型时可以利用大型多核高性能运算服务器与多核并行计算的有限元软件进行运算，从而提高求解的速度与精度。

工业机器人在设计过程中，为了提高其运动精度，改善其运动动态特性，要求机器人具有较高的结构刚度。

2. 机器人自重比

机器人自重比是指机器人自身质量与所能带动负载的质量的比值，一般来说，工业机器人的自重比要求越小越好。自重比是评价工业机器人的一个重要指标，以 ABB 工业机器人为例，其负载自重比自 20 世纪 90 年代已经减小了 2/3。负载自重比的降低意味着减小了对机器人驱动系统的要求，使得控制器的设计更加容易，并且对提高控制性能有了更大的可能性。机械本体质量的下降，同时也意味着机器人整体成本也将下降。

机器人的自重比优化就是降低机器人的自重比,需要工业机器人进行轻量化设计,要求机器人具有结构紧凑、关节驱动力大、材料轻和驱动部件轻等特点,同时还要保证机器人的结构刚度。轻量化设计能够降低成本并降低能量消耗,同时也会降低系统机械刚度,使其具有更复杂的振动模态,但增加了控制算法的设计难度。

3. 机器人固有频率

机器人固有频率是指机器人整体的振动频率,机器人机构由关节和臂杆构成。因此在很多情况下,把像弧焊机器人这样的轻型串联系统视为刚体系统是不合理的,由于材料、自重和外界干扰等因素的作用,系统容易发生变形和振动,而这种变形和振动对系统精度的影响是巨大的,为了了解系统变形的原因和影响,还需要将刚性系统转变为柔性系统。

特别是机器人在进行高速作业时,系统激振力变化频率接近系统固有频率,进而会引起剧烈振动。这种振动不仅对机器本身零部件疲劳强度折损较大,而且会产生较大噪声,最重要的是无法保证机器人工作位置的准确定位。所以,提高系统低阶频率对提高机器人作业速度和质量有着直接的作用。

机器人系统固有频率是评价机器人机构内在特性的重要指标,它对系统动力优化、控制性能和机构优化设计都具有重要意义。

4. 机器人定位精度

机器人定位精度是机器人的一项重要指标,它不仅取决于控制系统和控制算法,还与机器人系统的机械结构相关。对于高速、高定位精度要求的工业机器人设计的挑战主要有以下两方面。

(1)惯性力不可忽略。

工业机器人在运动过程中除受重力、抓取负载作用外,还受自身惯性力的影响。当机器人运行速度加快,转动引起的离心惯性力将随角速度的二次方增长。相比低速运动机械,此惯性力作用足够引起设计者的重视。

(2)机构振动问题突出。

较大动载荷的引入和较高定位精度的提出,使得机器人本体柔性(主要包括构件柔性和关节柔性)不可忽略。当关注微小弹性变形时,机器人可视为一多自由度振动系统。若将抓取负载视为机器人组成部分,则系统的激振力包括关节转矩、自身重力和惯性力。机器人在运行过程中,此激振力实时变动。随着机器人运动速度的加快,激振频率也自然增大,机器人可能发生较强的振动现象。

末端重复定位精度的提高有两种途径:一种是从控制角度引入更高精度的闭环反馈环节;另一种则是通过增大机械结构刚度来减小末端因整机弹性变形而发生的偏移量。而后者是工业机器人机构设计必须考虑的指标。

5. 机器人驱动系统

机器人驱动系统包括电机系统和减速器系统,主要是作为机器人的关节形式体现。机器人作为复杂机电系统,其最终的动态性能和控制品质由机械本体自身属性和控制系统性能共同决定。机器人本体设计首先完成结构层面设计,使机器人结构满足工作空间、速度、加速度及灵巧度等性能指标。在完成结构设计后,根据机器人性能需求设计机器人的驱动系统。在机器人驱动系统设计过程中,电机和减速器质量、惯量和减速比等属性对机器人整体性能的影响非常大(电机和减速器的质量约占机器人整体质量的1/3)。不同的质量分布会改变机器人在高速度运动中的惯量矩,进而影响机器人固有频率特性、电机输出转矩和减速器所承受的转矩等动态性能。

在机器人的驱动系统优化过程中,必须根据元件自身具有的离散特性,依据机器人动力学模型建立性能指标与控制系统元件属性之间的关系。以此为基础建立离散优化变量与机器人性能指标的映射关系,并采用离散的优化算法对优化问题进行求解。此外,还要考虑机器人的多变量、时变、强耦合及非线性特点。

综上所述,工业机器人设计的优化指标有很多种,但是在设计过程中,应该根据机器人的不同作业任务,侧重选择某一个或某些指标进行优化。这是因为机器人的整体运动性能是所有设计指标的综合结果,其中有些指标是相互影响,或者为互斥指标条件。

5.1.3 机器人机构优化流程

1. 静态优化

机器人静态优化是指不考虑机器人的整体频率,以机器人机构刚度和降低机器人自重比(减轻质量)指标为主要依据进行机器人的机构优化。该方法主要包括两个步骤:①对工业机器人进行动力学仿真和有限元分析;②通过拓扑优化和尺度优化对原结构进行改进,并建立新的优化模型。机器人机构静态优化流程图如图5.1所示。

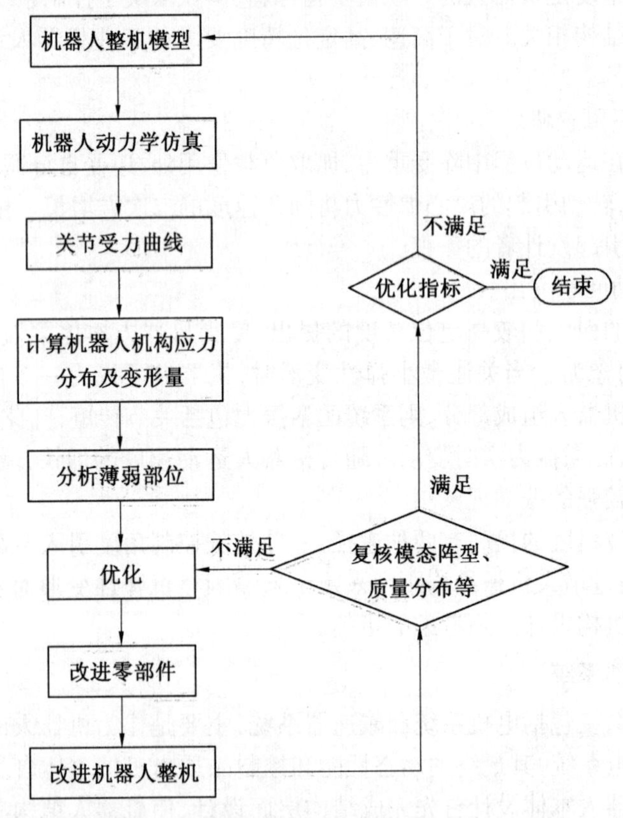

图5.1 机器人机构静态优化流程图

在机器人的优化过程中,对机器人整机动力学的计算仿真中应满足以下两个条件:

(1)在给定机器人各关节的最大加速度和最大运动范围内运动,使末端运动速度尽量大。

(2)使机器人运动到苛刻的位姿,在末端加入惯性矩足够大的负载。

机器人在运动过程中,由初始状态依次经历加速、匀速、减速运动到水平位置全伸展状态,进而达到运动空间中的苛刻姿态,使仿真结果具有普遍性。

2. 动态优化

机器人动态优化在符合最低阶模态频率约束条件的基础上,使机器人的质量尽量降低;或者是在符合机器人质量约束条件的基础上,使机器人的最低价模态频率尽量提高。机器人机构动态优化流程图如图5.2所示。

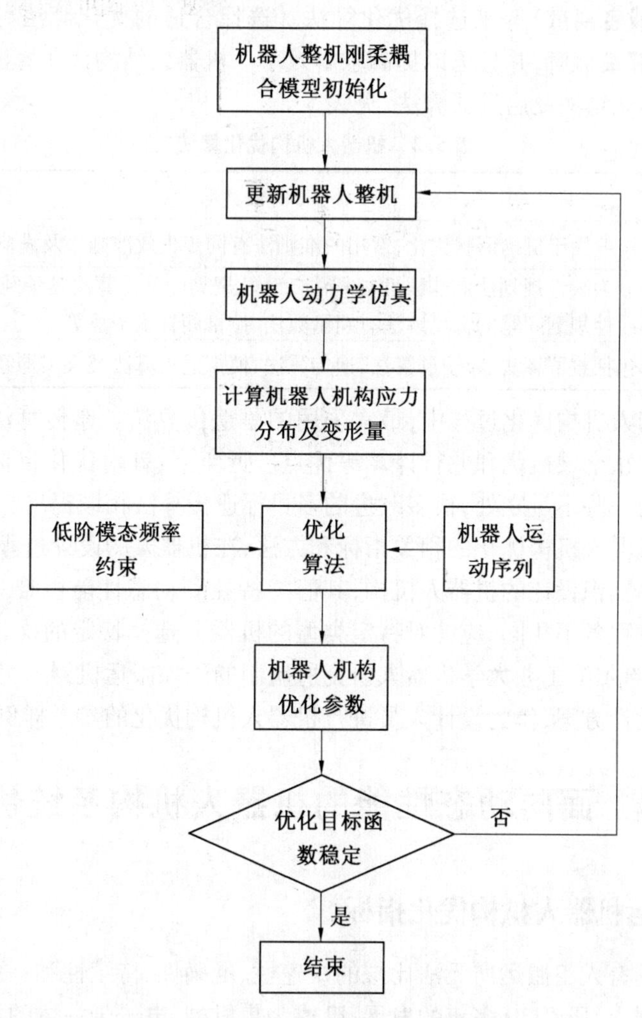

图5.2　机器人机构动态优化流程图

机器人机构动态优化需要建立机器人的有限元模型,能够实时监测机器人结构的变形及模态,用于优化算法。同样,在机器人的优化过程中,对机器人整机动力学的计算仿真条件与静态优化的仿真过程类似。其中,机器人运动序列是指在机器人的工作空间中各种要求苛刻的位置点序列。

目前随着计算机技术的发展,已经具有机器人优化所需要的软件,如ADAMS可以实现机器人的动力学仿真,ANSYS可以对机器人的机构进行受力、变形和模态分析,并且MATLAB可以灵活地编写仿真程序,这3种软件的联合仿真可非常方便地实现工业机器人的优化设计。

5.1.4 机器人机构优化算法

在机器人的机构优化过程中,另一个重要的问题就是优化算法的选取问题。一般来说,在实际优化过程中,主要是根据优化目标函数的形式(单目标或多目标,显式或隐式,线性或者非线性)、约束函数的形式(显式或隐式,线性或者非线性)以及优化变量的形式(单变量或多变量,连续或者离散)等来选择优化算法。选择合适的优化算法可以得到全局最优解,避免仅得到局部最优解,并且可以提高求解效率。机器人结构优化算法一般分为3种类型,即准则法、数学规划法及启发式算法,见表5.2。

表5.2 机器人机构优化算法

类 型	算法内容
准则法	一般用于机构形状优化,常用的准则法有同步失效准则法及满应力准则法
数学规划法	分为线性规划法和非线性规划法。线性规划的常见算法是单纯形法;处理有约束非线性规划问题的常见解法有罚函数法、拉格朗日乘子法等
启发式算法	包括蚁群算法、粒子群算法、遗传算法、模拟退火算法及人工神经网络法

在实际的机器人机构优化过程中,最常采用的是遗传算法。遗传算法是一种随机全域搜索算法,具有高效、全域最优和并行计算等优点。近年来,针对优化目标函数的复杂性以及传统遗传算法的一些不足之处,很多改进的多目标遗传算法相继提出。

以上介绍了机器人机构优化的相关指标和方法,在机器人的设计过程中,基于设计经验或机械结构的基本知识设计的机器人机构,其静态特性和动态性能很难一次满足要求。而优化指标和优化过程各不相同,应针对特定类型的机器人选择特定的优化指标进行优化设计。为此,本章以哈尔滨工业大学机器人研究所研制的码垛搬运机器人为研究对象,介绍两种机器人的优化设计方案,作为设计人员进行机器人机构优化的参考样例。

5.2 面向动态性能的机器人机构系统优化

5.2.1 搬运机器人机构优化指标

搬运机器人具有人工搬运所无法比拟的快速性、准确性、持续性和一致性。搬运机器人作为典型工业机器人,历经30多年的发展,已成为集机械、电子于一体的自动化系统。哈尔滨工业大学机器人研究所设计的搬运机器人三维模型如图5.3所示。在搬运机器人的机构本体设计、控制系统搭建和轨迹规划等方面均达到了较为成熟的水平。但是,日益加快的工业生产节奏和不断提高的码垛质量要求(如定位精度、堆放平稳度等),对搬运机器人的工作速度和动态性能提出了更为苛刻的要求。搬运机器人的设计已从传统的静态、刚性体设计,发展到动态、柔性体设计阶段。

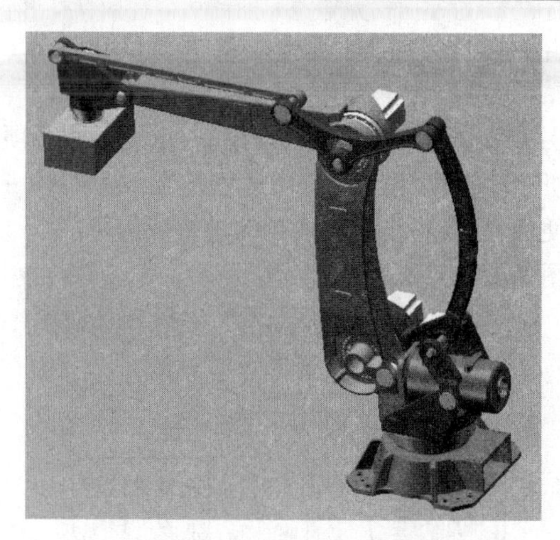

图5.3　搬运机器人三维模型

基于此种背景,本节以提高动态特性为目标,进行搬运机器人的尺寸优化工作,优化过程分为以下4个步骤:

(1)将搬运机器人各杆状零件(包括2个机械臂和3个拉杆)的几何模型加以合理简化,最终归纳为20个设计变量。将简化后杆类零件划分为多个空间梁单元;将3大复杂零件(底座、腰座和手腕)导入ANSYS软件中生成各自单元阵;将各铰链轴系等刚性部件和几何尺寸不太大的零件做集中质量处理;将柔性关节做扭簧处理。最终得到机器人有限元模型。

(2)选取典型搬运工作过程,并将整个过程划分为36段瞬态,每段瞬态中机器人被视为固定结构。将机器人瞬态响应分析转变成对该固定结构的弹性动力分析。引入模态分析、模态截断等结构动态分析方法,即可得出该瞬态时段内系统的固有频率。在每段瞬态中,利用逐步积分法求解系统响应。

(3)综合考虑搬运机器人的高基频、高定位精度及低转矩3项要求,利用加权思想提出系统动态性能优化指标。针对这一指标,借鉴梯度优化思想对20个尺寸设计参数加以修改,以获取最优至少更优的系统动态性能。

(4)将上述有限元建模、弹性动力分析、优化分析过程在MATLAB中编程实现,这就令整个分析、优化、模型修改、再分析、再优化的循环过程可在同一软件环境下自动执行,直至相邻两次运算的优化指标变化不再明显。

经过优化设计,在新的参数组合下,保持搬运机器人关节转矩基本不变,系统基频和末端位移刚度均得到显著提高。应当注意的是,该优化过程存在涉及机器人位置较多、优化过程中模型需频繁更改的困难。因此该机器人优化采用折中的办法。其具体工作内容包括:

(1)将机器人几何外形进行适当简化,归纳为20个设计参数。

(2)基于有限元离散分析原理建立分析用数学模型。

(3)借助MATLAB编程计算能力对此数学模型进行瞬态动力学分析(包括对各单元节点刚性运动状态的分析和对整机的振动模态分析)。

(4)遍历分析。使用机器人码垛工作过程求出机器人基频、末端动态位移响应和关节转矩均方根值3个分指标。

(5)统筹考虑各分指标,对各零部件设计变量进行优化计算(借鉴梯度优化思想在MATLAB中实现寻优)。

(6)修改模型参数后,直接更新(2)所述数学模型,重复上述各项工作。

可见,整个建模、分析、优化、再建模的循环过程均在MATLAB一个软件下执行。这不仅使得数据传递更为方便,而且令整个过程的自动进行成为可能。

上述循环过程示意图如图5.4所示。

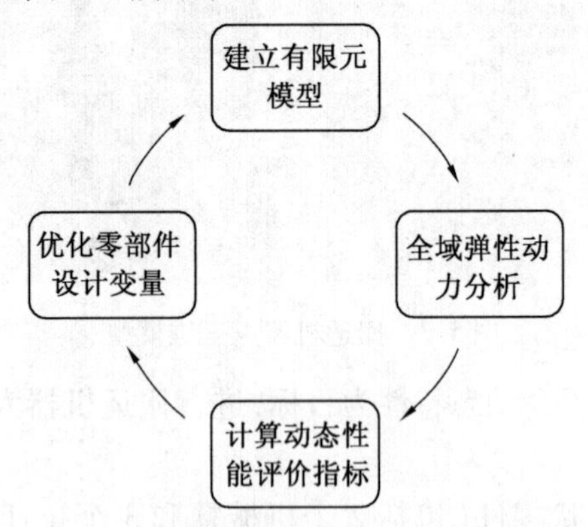

图5.4 机器人机构优化分析循环示意图

当相邻两次循环所得综合评价指标变化不再明显时,图5.4中循环工作结束。于是得到最优的综合指标和与之对应的机构几何参数。

5.2.2 机器人有限元建模

搬运机器人的机构简图如图5.5所示,机构主要由箱体类和连杆类零件构成。图5.5中①~⑨各编号依次对应基座、腰座、大臂、小臂、手腕、小臂拉杆、角拉杆、大臂拉杆及平衡缸。此外,K,A,B,D处依次为腰转、大臂摆动、小臂摆动和手腕回转关节(此处不考虑手腕回转关节)。两套平行四边形机构用于保证手腕5保持水平。外载荷为130 kg重物,文中简化为集中于D点处的质点。

1. 模型简化

分析机器人动态性能,实际上可归结为多自由度系统的振动问题。当机器人高速运动或作业时,机器人除大范围的刚体运动外还会出现明显的小幅震荡运动。随着对机械运动精度要求的提高,对小幅度的振动现象引起的定位误差也需要加以考虑,所以开始分析这种振动产生的根源,预测振动的程度,当然也包括寻求抑制振动的方法。对于振动产生的原因,外在因素主要包括广义驱动力(如电机、液压缸等驱动力)的突变,内在因素则包括装配间隙、零部件弹性变形等。为突出研究重点,这里不考虑装配间隙因素,主要考虑各零部件柔性对码垛机器人动态性能的影响。

本小节的主要目的在于对机器人整机在搬运作业中的动态性能进行分析,并依据分析结果对机械尺寸进行修改,以实现其动态性能的提高或称为优化。所以,为了突出研究重点和减轻研究的复杂程度,对搬运机器人进行如下简化:

(1)将箱体零件作为超单元处理。图5.5中基座、腰座和手腕可归为箱体零件。可以借助ANSYS将各零件作为超单元,求出其质量阵和刚度阵,然后作为矩阵常量在MATLAB

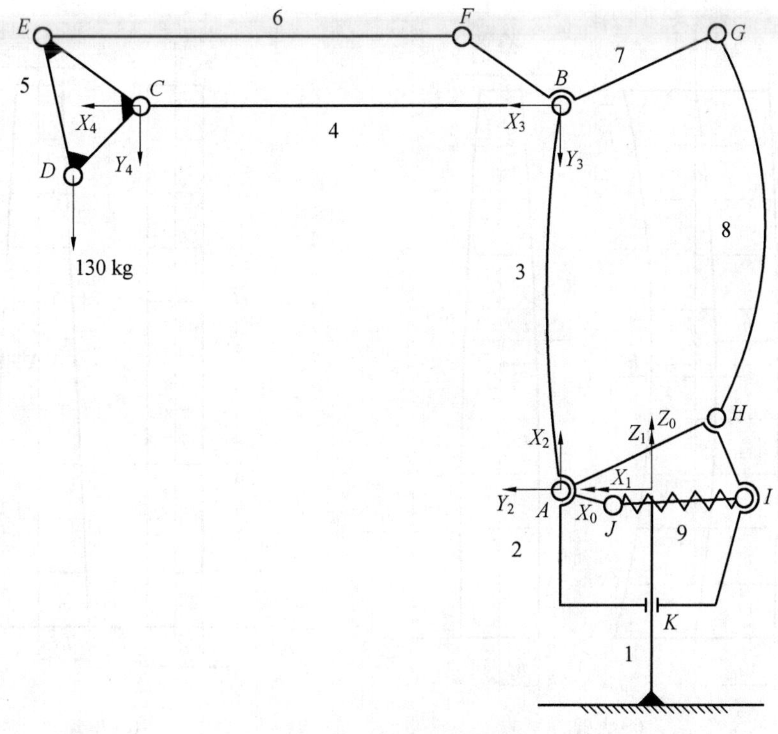

图 5.5　搬运机器人机构简图

中与整机矩阵叠加。

(2)引入集中质量。对于搬运负载、铰链轴系、关节驱动部件和平衡缸组件,其变形量和转动惯量均可忽略,可视为集中质量添加在整机质量矩阵中。

(3)不考虑铰链约束中的摩擦、阻尼、碰撞等作用,视为理想旋转副,即约束 5 个自由度,保留一个旋转自由度。

经上述简化,连杆间装配关系变得不再衔接。为此,将各连杆及其装配点均移至同一竖直面内。

2. 连杆零件单元类型的选取

这里重点研究各连杆零件的建模与优化,杆状零件主要受沿杆长方向的拉压力、扭转力矩和垂直于杆长方向的弯矩。空间梁单元两端节点具有 12 个自由度,广泛应用于杆状零件的弹性变形分析。

将各杆件划分为多段空间梁单元,机器人的刚性运动状态和尺寸参数分别以梁单元的节点位置以及截面尺寸的形式引入整机有限元模型。

3. 连杆类零件有限元建模

以大臂为例,将连杆建模过程叙述如下:

(1)将大臂沿臂长方向等分为 10 段,每段均移至连杆及其装配点的公共竖直面对称,此过程中截面长宽尺寸保持不变。

(2)选择尺寸设计变量。在大臂分析过程中,用 10 段空间梁单元对其建模。若将每段梁的截面尺寸均作为设计变量,则会大大增加建模和优化求解复杂度。如图 5.6(a)所示,这里基于原有外形特点,以圆弧线近似大臂外形轮廓线和中心线。

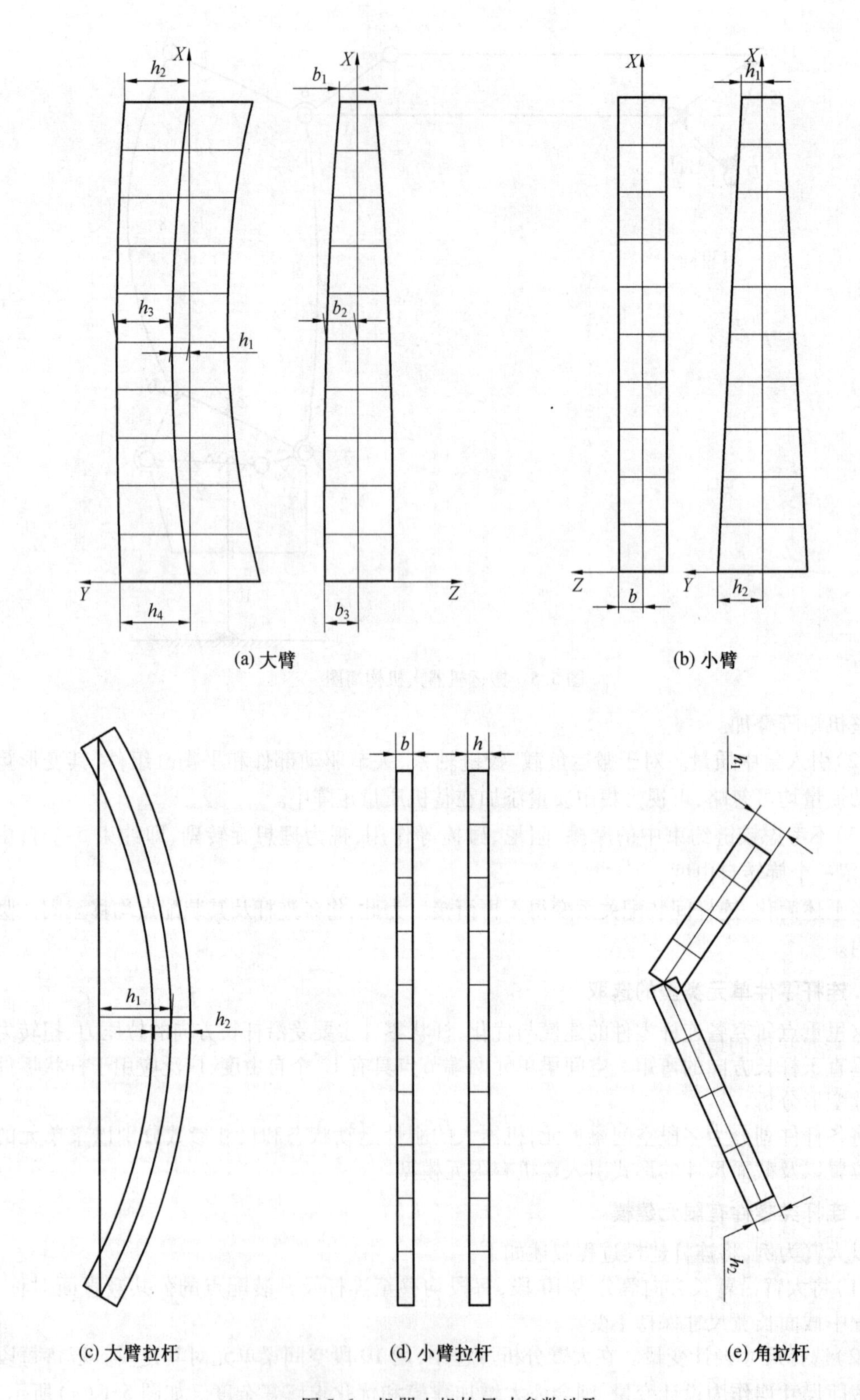

图 5.6 机器人机构尺寸参数选取

由图5.6(a)可知,大臂外形仅需7项参数便可确定。加上壁厚参数,共计8项设计变量。以此8项变量为输入,可计算各段梁单元的质量阵和刚度阵。

至此,大臂的有限元建模已经完成,其余杆件过程基本一致。

4. 整机有限元模型组装及其完善

在求出各杆件中梁单元相关矩阵后,需将其组装为整机矩阵。此过程涉及单元节点位置的计算和单元坐标系向总体坐标系的转化。图5.7为机器人整机中各单元(序号圈起)、节点(序号正常)的分布图。

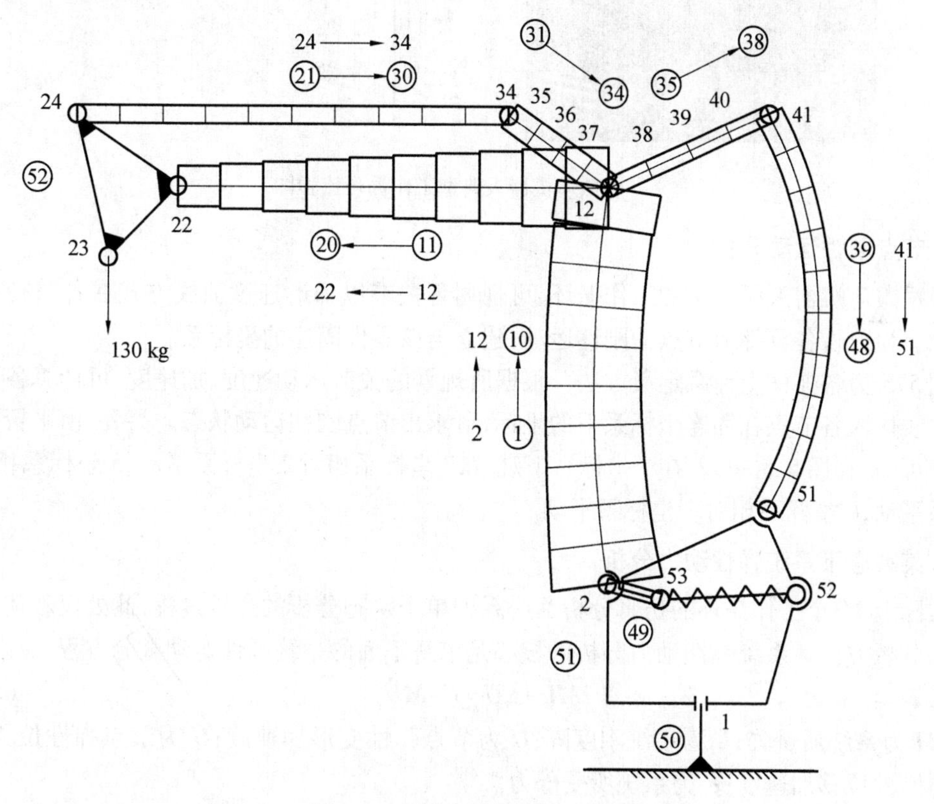

图5.7 机器人整机有限元模型

有限元建模的最后一步,是对其进行一系列完善。主要包括集中质量的添加,以扭簧近似电机驱动部件的扭转刚度并引入驱动转矩,以线弹簧近似平衡缸组件的力平衡作用。

5.2.3 机器人弹性动力仿真

弹性动力仿真即在典型工作循环内的一系列仿真时间点处,对系统进行弹性动力分析。仿真过程中认为系统处于半闭环控制状态,即认为各关节电机依据规划速度、规划加速度运动,至于关节柔性、连杆柔性引起的定位误差则不加控制。

1. 典型工作循环定义

机器人的具体工作过程决定着外部载荷情况和所需的关节力矩。图5.8为搬运机器人典型工作循环流程图,包括下放→抓起→腰转→堆垛→抬起→回转6个步骤。

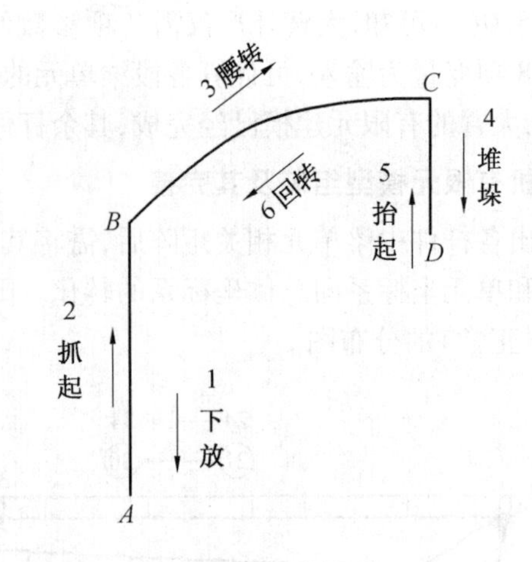

图 5.8 搬运机器人典型工作循环流程图

2. 节点刚性运动分析

根据搬运机器人所定义的工作循环,可规划各关节以梯形速度曲线方式在各路径端点间运动。为分析各零件上节点的刚性运动,建立与该零件固连的坐标系。

图 5.5 为各连杆坐标系定义方法。根据所规划的关节运动速度、加速度,可计算各系运动参数。代入各节点在固连坐标系下的坐标,可求出节点刚性运动状态。另外,由平行四边形特性可知,在图 5.5 中,若在 1 坐标系下观察,7 坐标系相对 2 坐标系平动,5 坐标系相对 3 坐标系平动,6 坐标系相对 1 坐标系平动。

3. 某瞬态下系统弹性动力分析

实际上,整个工作循环的仿真分析为一系列单个瞬态分析的递推过程,此处仅叙述单一瞬态的分析方法。系统弹性动力分析的核心是求解下面的系统弹性运动微分方程:

$$\boldsymbol{M}\ddot{\boldsymbol{U}}+\boldsymbol{K}\boldsymbol{U}=\boldsymbol{F}-\boldsymbol{M}\ddot{\boldsymbol{U}}_{\mathrm{r}} \tag{5.1}$$

式中,$\boldsymbol{M}$ 为系统质量阵;$\boldsymbol{K}$ 为系统刚度阵;$\ddot{\boldsymbol{U}}$ 为节点弹性变形加速度;$\boldsymbol{U}$ 为节点弹性位移;$\ddot{\boldsymbol{U}}_{\mathrm{r}}$ 为节点刚性位移加速度;$\boldsymbol{F}$ 为系统所受外力。

对某一瞬态而言,系统运动微分方程(5.1)为常系数微分方程。对系统进行模态分析,从而求出系统最低阶固有频率;并且采用振型截断法仅考虑起主要作用的前 6 阶低阶主模态,并采用逐步积分法中的 Newmark 算法求解缩聚之后的微分方程,便可得出系统节点弹性位移,提取机器人末端节点弹性位移作为系统定位误差;提取各驱动关节对应扭簧的弹性角变形并乘以其扭转刚度,可求出各关节的输出转矩。

5.2.4 机器人动态特性优化

1. 优化目标函数

尽管对机器人动态性能指标的提法多种多样,但从搬运机器人工作具体要求出发,提出两大要求和一个限制条件。搬运机器人性能参数主要包括运动速度、末端重复定位精度及抓取负载 3 个方面。其中,运动速度的提高受限于系统基频的大小,因为当速度过快时,系统激振力变化频率接近系统固有频率,进而引起剧烈振动。这种振动不仅对机器本身零部件疲劳强度折损较大，而且会产生较大噪声，最重要的就是无法保证位置的准确定位。所以提高系统低阶频率对提高搬运工作速度有着直观作用。

末端重复定位精度的提高有两种途径：一种是从控制角度引入更高精度的闭环反馈环节；另一种则是通过增大机械结构刚度来减小末端因整机弹性变形而发生的偏移量。控制角度的提高永远不能完全替代机械刚度提高的效果，所以，减小末端定位误差以提高搬运工作质量是十分必要的。

提高额定抓取负载，直观的方法是采用更强劲的电机及减速装置，但这势必增加机器人总成本，而且从节能角度考虑，最好是能使关节驱动转矩大部分用来搬运负载。换言之，当负载一定时，电机在一个工作循环中所需输出的转矩越小越具优势。所以，减小全域电机转矩均方值也是提高机械负载能力的重要途径。

另外，有两个隐性要求需要说明：一个是轻质量，一个是强度条件。大多优化场合均把高刚度轻质量作为优化目标。但对于本机器人，其自身重力主要考验的是机构承载能力。只要合理设计载荷传递路径，使得机身自重由强度较高的底座、箱体零件等承受，质量因素的设计裕度还是比较大的。另外，大臂、小臂等运动零部件的质量实际上直接影响着关节转矩的大小，所以，当以后者为优化目标时，前者可隐性保证。

对于强度条件，当构件中某一零件发生强度失效时，其末端定位误差必然已经达到很大量值。即系统的刚性裕度一般要比强度裕度小，所以，当以末端刚度为优化指标时，强度条件也可认为隐性符合。

综上所述，这里选择最低阶模态频率、关节转矩和末端弹性位移量为优化设计指标。基于提升系统最低阶模态频率、降低关节转矩全域均方根值、减小系统末端弹性位移量的设计要求，采用如式(5.2)～(5.4)所示的3项评价指标。

$$y_1 = \sum_i w_i \frac{\omega_{i0}}{\omega_i} \tag{5.2}$$

式中，y_1 为基频指标；ω_{i0} 为优化前各瞬态的系统基频；ω_i 为当前尺寸参数对应的基频；w_i 为各瞬态所分配的权值（本方案涉及78个瞬态，令各瞬态权值均为1/78）；i 为瞬态编号。

$$y_2 = \sum_i \left(w_i \frac{\overline{T}_i}{\overline{T}_i^0} \right) \tag{5.3}$$

式中，y_2 为转矩指标；$\overline{T}_i^0$ 为优化前关节转矩的全域均方根；$\overline{T}_i$ 为当前尺寸对应的均方根；w_i 为各关节所分配的权值（本方案令各关节权值均为1/3）；i 为关节编号。

$$y_3 = \sum_i \left(w_i \frac{\Delta_i}{\Delta_{i0}} \right) \tag{5.4}$$

式中，y_3 为定位误差指标；Δ_{i0} 为优化前各瞬态的定位误差；Δ_i 为当前尺寸对应的定位误差；w_i 为各瞬态所分配的权值（本方案涉及78个瞬态，令各瞬态权值均为1/78）；i 为瞬态编号。

进而定义系统动态性能指标如式(5.5)所示，各分指标前的权值视对各分指标的重视程度而定。

$$Y = 0.5y_1 + 0.25y_2 + 0.25y_3 \tag{5.5}$$

2. 梯度优化思想

机器人优化算法采用梯度优化方法，梯度法以负梯度方向作为变量寻优方向。但这里各设计变量初值各不相同,且变动范围也各不一致。为此将搜索步长定为各设计参数的5%加以优化分析。

3. 自动动态优化及其结果

将上述建模、分析、寻优方法用 MATLAB 编程,可实现动态优化过程的自动循环。记录各组尺寸参数对应的目标函数并绘制成如图 5.9 所示曲线。可见,经过 134 次梯度寻优(每次寻优对应产生 21 组尺寸参数),系统目标函数接近稳定,停止优化。

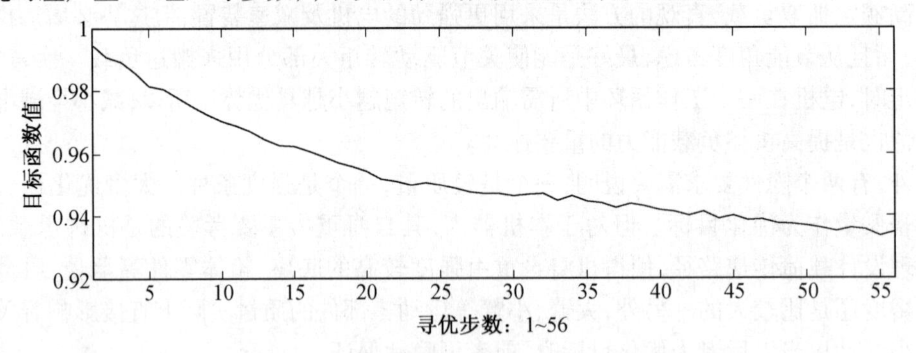

图 5.9 自动动态优化过程

在 56 步优化结果中,最优目标函数值(0.93)出现在第 55 步,对应最优设计参数组合见表 5.3 ~5.7。

表 5.3 大臂参数 mm

变量名	h_1	h_2	h_3	h_4	b_1	b_2	b_3	t
含义	中截面形心偏移	上截面半高	中截面半高	下截面半高	上截面半宽	中截面半宽	下截面半宽	壁厚
初始值	48.02	173.88	151.37	188.65	47.37	82.89	87.65	15
优化值	53.99	185.91	211.09	269.70	53.92	135.56	108.46	14.54

表 5.4 小臂参数 mm

变量名	h_1	h_2	b	t
含义	左截面半高度	右截面半高度	各截面半宽	壁厚
初始值	60	132.63	75	13
优化值	56.41	173.43	112.86	7.41

表 5.5 大臂拉杆参数 mm

变量名	h_1	h_2	b
含义	中截面形心偏移	截面高度	截面宽度
初始值	167.79	90	50
优化值	142.81	74.92	47.49

表5.6 小臂拉杆参数 mm

变量名	h	b
含义	截面高度	截面宽度
初始值	54	45
优化值	31.71	42.32

表5.7 角拉杆参数 mm

变量名	h_1	h_2	b
含义	左杆截面高度	右杆截面高度	截面宽度
初始值	86.5	68.5	60
优化值	82.55	78.78	35.47

优化结果表明,大臂下截面、中间截面、小臂大端截面尺寸明显增大;小臂壁厚、小臂拉杆截面尺寸明显减小;大臂弯曲程度增大,大臂拉杆弯曲程度减小;角拉杆截面变得薄而高。

分析其动态性能分指标发现,与优化前相比,机器人全域关节转矩均方根值由97.6 kN·m降至81.9 kN·m,全域基频均值由6.983 Hz增至7.506 Hz,全域定位误差均值由2.424 mm降至2.119 mm。

5.3 面向动态性能的机器人驱动系统优化

机器人系统的动态性能主要指机器人在运动过程中各关节受力、机器人整体模态频率及完成指定轨迹的工作效率等参数随时间和机器人姿态的变化情况。电机及减速机是机器人驱动系统的动力输出和传动单元,其自身属性(电机和减速器的惯量、质量及减速器的传动比)对机器人质量分布、动力学特性、振动频率等性能都有着重要的影响。常规机器人的驱动系统设计主要考虑电机和减速器的属性对单轴控制性能的影响,忽略机器人各轴之间的耦合。更多集中于满足约束条件下电机、减速器元件的选型,而忽略了元件自身属性对机器人整体动态性能的影响。本节基于机器人动力学模型和混合变量优化算法,根据机器人的工作效率、振动特性、电机转矩限制、减速器寿命、负载自重比等性能指标建立驱动系统优化模型,在满足机器人动态性能设计要求的前提下完成对机器人驱动系统的优化设计。本节的驱动系统优化同样以5.2节的搬运机器人为例。

驱动系统优化设计是一个迭代过程。首先,根据机器人动力学模型建立系统性能指标,动力学模型中将驱动系统元件(电机、减速器的型号)作为优化变量。然后,依据工作轨迹对机器人进行动力学仿真,判断是否达到性能指标要求,是否满足约束条件。如果没有达到性能要求,则依据优化算法更新优化变量对应的驱动系统元件,进行下一次迭代。

5.3.1 机器人驱动系统设计指标分析

在驱动系统设计过程中,首先要考虑机器人系统的工作效率。对于码垛机器人,机器人工作效率表现为完成指定工作任务所需时间。此外,机器人自身振动特性对系统稳定性具有很大的影响,因此在优化过程中机器人固有频率特性应该予以考虑。由于电机和减速器的质量占机器人整体质量的比重较大,使得实现机器人轻量化设计成为可能。在机器人完成指定任务运动过程中,电机所承受最大转矩和转矩均方根值要满足控制系统中伺服驱动器自身承受能力约束。因为机器人在运行过程中各关节快速的方向和速度变化,减速器在完成工作任务期间承受的积累转矩会对减速器产生冲击和损耗,而且减速器的成本占整个系统成本较高,提高减速器的寿命有利于降低更换元件产生的成本。

1. 工作效率指标

为提高机器人的工作效率,以时间最短作为目标并在满足速度、加速度、电机转矩等约束的条件下对机器人的运动轨迹进行优化。根据机器人刚体动力学模型对机器人最短时间轨迹进行如下分析。

机器人需要完成的轨迹方程的位置、速度和加速度由 $\boldsymbol{q}(t)$, $\dot{\boldsymbol{q}}(t)$, $\ddot{\boldsymbol{q}}(t)$ 描述。常用工业机器人刚体动力学方程为

$$\boldsymbol{M}(\boldsymbol{q})\ddot{\boldsymbol{q}}+\boldsymbol{C}(\boldsymbol{q},\dot{\boldsymbol{q}})+\boldsymbol{g}(\boldsymbol{q})=\boldsymbol{\tau} \tag{5.6}$$

式中,第 i 行代表电机的输出转矩为

$$\tau_{\mathrm{m},i}(t)=\boldsymbol{m}_i^{\mathrm{T}}[\boldsymbol{q}(t)]\ddot{\boldsymbol{q}}(t)+\frac{1}{2}\dot{\boldsymbol{q}}^{\mathrm{T}}(t)L_i(\boldsymbol{q}(t))\dot{\boldsymbol{q}}(t)+g_i[\boldsymbol{q}(t)], i=1,2,3 \tag{5.7}$$

其中,$\boldsymbol{m}_i(\boldsymbol{q})$ 是矩阵 $\boldsymbol{M}(\boldsymbol{q})$ 的第 i 行;$\frac{1}{2}\dot{\boldsymbol{q}}^{\mathrm{T}}L_i(\boldsymbol{q})\dot{\boldsymbol{q}}$ 表示动力学中 $\boldsymbol{C}(\boldsymbol{q},\dot{\boldsymbol{q}})$ 项;$g_i(\boldsymbol{q})$ 表示重力项;$\tau_{\mathrm{m},i}$ 是第 i 个电机输出转矩,$t\in[0,T]$。根据计算电机输出转矩各项所需轨迹方程中位置、速度及加速度信息不同,$\tau_{\mathrm{m},i}(t)$ 可表示为

$$\tau_{\mathrm{m},i}(t)=\tau_{\mathrm{s},i}(t)+\tau_{\mathrm{p},i}(t) \tag{5.8}$$

式中

$$\tau_{\mathrm{s},i}(t)=\boldsymbol{m}_i^{\mathrm{T}}[\boldsymbol{q}(t)]\ddot{q}(t)+\frac{1}{2}\dot{\boldsymbol{q}}^{\mathrm{T}}(t)L_i[\boldsymbol{q}(t)]\dot{\boldsymbol{q}}(t) \tag{5.9}$$

$$\tau_{\mathrm{p},i}(t)=g_i[\boldsymbol{q}(t)] \tag{5.10}$$

由式(5.9)和(5.10)可知,$\tau_{s,i}(t)$ 与位置、速度和加速度相关,而 $\tau_{p,i}(t)$ 仅仅依赖于位置。根据动力学方程上述特点,定义缩放方程 $t=\sigma(t')$ 得到新参数化 $\boldsymbol{q}(t)$ 轨迹 $\tilde{\boldsymbol{q}}(t')$, $t'\in[0,T']$,其中 $0=\sigma(0)$ 和 $T=\sigma(T')$。完成新轨迹所需转矩可由如下公式计算:

$$\tilde{\tau}_i(t')=\boldsymbol{m}_i^{\mathrm{T}}[\tilde{\boldsymbol{q}}(t')]\ddot{\tilde{\boldsymbol{q}}}(t')+\frac{1}{2}\dot{\tilde{\boldsymbol{q}}}^{\mathrm{T}}(t')L_i[\tilde{\boldsymbol{q}}(t')]\dot{\tilde{\boldsymbol{q}}}(t')+g_i[\tilde{\boldsymbol{q}}(t')] \tag{5.11}$$

因为 $\tilde{\boldsymbol{q}}(t')=(\boldsymbol{q}\cdot\sigma)(t')$,因此 $\boldsymbol{q}(t)$ 和 $\tilde{\boldsymbol{q}}(t')$ 的微分(相对于新的时间变量 t')为

$$\dot{\tilde{\boldsymbol{q}}}(t')=\dot{\boldsymbol{q}}(t)\dot{\sigma} \tag{5.12}$$

$$\ddot{\tilde{\boldsymbol{q}}}(t')=\ddot{\boldsymbol{q}}(t)\dot{\sigma}^2+\dot{\boldsymbol{q}}(t)\ddot{\sigma} \tag{5.13}$$

式中,$\dot{\sigma}=\mathrm{d}\sigma/\mathrm{d}t'$ 和 $\ddot{\sigma}=\mathrm{d}^2\sigma/\mathrm{d}t'^2$。将以上关系式代入式(5.11)得

$$\tilde{\tau}_i(t')=\{\boldsymbol{m}_i^{\mathrm{T}}[\boldsymbol{q}(t)]\dot{\boldsymbol{q}}(t)\}\ddot{\sigma}+\left\{\boldsymbol{m}_i^{\mathrm{T}}[\boldsymbol{q}(t)]\ddot{\boldsymbol{q}}(t)+\frac{1}{2}\dot{\boldsymbol{q}}^{\mathrm{T}}(t)L_i[\boldsymbol{q}(t)]\dot{\boldsymbol{q}}(t)\right\}\dot{\sigma}^2+\boldsymbol{g}_i[\boldsymbol{q}(t)] \tag{5.14}$$

式中,$t=\sigma(t')$。因为重力项 $\boldsymbol{g}_i[\tilde{\boldsymbol{q}}(t')]$ 只与关节位置有关,不受时间缩放影响。因此可以

只考虑式(5.14)前两项,即

$$\widetilde{\tau}_{s,i}(t')=\{\boldsymbol{m}_i^{\mathrm{T}}[\boldsymbol{q}(t)]\dot{\boldsymbol{q}}(t)\}\ddot{\sigma}+\left\{\boldsymbol{m}_i^{\mathrm{T}}[\boldsymbol{q}(t)]\ddot{\boldsymbol{q}}(t)+\frac{1}{2}\dot{\boldsymbol{q}}^{\mathrm{T}}(t)L_i[\boldsymbol{q}(t)]\dot{q}(t)\right\}\dot{\sigma}^2 \tag{5.15}$$

整理得

$$\widetilde{\tau}_{s,i}(t')=\{\boldsymbol{m}_i^{\mathrm{T}}[\boldsymbol{q}(t))\dot{\boldsymbol{q}}(t)\}\ddot{\sigma}+\tau_{s,i}(t)\dot{\sigma}^2 \tag{5.16}$$

如果选择缩放方程 σ 为线性缩放形式

$$t=\sigma(t')=\lambda t' \tag{5.17}$$

可以得到 $\dot{\sigma}(t')=\lambda$,$\ddot{\sigma}(t')=0$。将其代入式(5.15)可得

$$\widetilde{\tau}_{s,i}(t')=\lambda^2\tau_{s,i}(t) \tag{5.18}$$

因此,通过常数 $1/\lambda$ 可以实现机器人运动时间的缩放。由式(5.17)逆运算可以得到新的时间值 $t'=t/\lambda$。同时,系数 λ^2 实现转矩幅值缩放。如果 $\lambda<1$,则新轨迹 $\widetilde{\boldsymbol{q}}(t')$ 具有的执行时间 $T'=T/\lambda$ 大于 $\boldsymbol{q}(t)$。如果 $\lambda>1$,则得到新的轨迹执行时间 $T'=T/\lambda$ 小于 $\boldsymbol{q}(t)$,实现了提高机器人工作效率的目的。

除了满足上述动力学约束,缩放的轨迹方程的第 k 阶导数可以由系数 λ^k 按比例构成,因此轨迹的速度、加速度、加加速度方程可表示为

$$\widetilde{\boldsymbol{p}}^{(1)}(t)=\frac{\mathrm{d}p}{\mathrm{d}t}\lambda \tag{5.19a}$$

$$\widetilde{\boldsymbol{p}}^{(2)}(t)=\frac{\mathrm{d}^2p}{\mathrm{d}t^2}\lambda^2 \tag{5.19b}$$

$$\widetilde{\boldsymbol{p}}^{(3)}(t)=\frac{\mathrm{d}^3p}{\mathrm{d}t^3}\lambda^3 \tag{5.19c}$$

当采用 $t=\sigma(t')$ 进行轨迹缩放时,轨迹必须满足速度约束 $v_{\max}$、加速度约束 $a_{\max}$、加加速度约束 $j_{\max}$ 等。因此,比例系数 λ 可以利用下式求出:

$$\lambda=\min\left\{\frac{v_{\max}}{|p^{(1)}(t)|_{\max}},\sqrt{\frac{a_{\max}}{|p^{(2)}(t)|_{\max}}},\sqrt{\frac{\widetilde{\tau}_{s,i}(t')}{\tau_{s,i}(t)}}\sqrt[3]{\frac{j_{\max}}{|p^{(3)}(t)|_{\max}}},\cdots\right\} \tag{5.20}$$

2. 轻量化指标与振动性能指标

机器人自重比是评价工业机器人的一个重要指标。自重比的减少意味着降低了对机器人驱动系统的要求,使得控制器的设计更加容易并且对提高控制性能有了更大的可能性。机械本体质量的下降同时也意味着机器人整体成本也将下降。将电机和减速器质量的总和作为轻量化设计的指标定义为

$$\min\sum_{i}^{3}(m_{\mathrm{motor},i}+m_{\mathrm{gearbox},i}) \tag{5.21}$$

机器人低阶模态振动频率也是机器人动态性能重要指标之一。提高固有频率有利于改善系统稳定性和快速响应性,减小各种因素引起的误差,提高抗干扰能力。整体质量小的机器人本体将使得机器人自身的振动模态更加复杂。而且机器人存在着关节柔性,使其由于结构柔性产生的低频振动将影响到系统控制性能,尤其是对高速运动产生的残余振动影响较大。考虑机器人在自由振动状态下,外力 $\tau_{\mathrm{ext}}=0$;机器人在自由振动状态下,动力学方程

中与速度相关项对整体性能影响很小。因此机器人振动方程可以表示为

$$\boldsymbol{M}(\boldsymbol{q}_{\mathrm{a}})\times\ddot{\boldsymbol{q}}_{\mathrm{a}}+\boldsymbol{K}\boldsymbol{q}_{\mathrm{a}}=0 \tag{5.22}$$

根据模态分析理论可知，$\boldsymbol{q}_{\mathrm{a}}$ 为机器人系统振动方程广义坐标，机器人动力学方程中惯量矩阵 $\boldsymbol{M}(\boldsymbol{q}_{\mathrm{a}})$ 和刚度系数 $\boldsymbol{K}$ 可以看成是模态分析中的质量矩阵和刚度矩阵。在机器人振动系统中定义

$$\boldsymbol{D}=\boldsymbol{M}(\boldsymbol{q}_{\mathrm{a}})^{-1}\boldsymbol{K} \tag{5.23}$$

式中，$\boldsymbol{D}$ 矩阵为机器人模态分析矩阵。机器人的固有频率可由 $\boldsymbol{D}$ 矩阵的特征值为 ω^2 开方求得；机器人的模态向量 $\boldsymbol{U}$ 对应 $\boldsymbol{D}$ 矩阵的特征向量。机器人系统振动频率可表示为

$$f=\frac{\sqrt{\omega^2}}{2\pi} \tag{5.24}$$

式中，f 表示机器人系统与模态向量 $\boldsymbol{U}$ 对应的振动频率。由机器人振动方程可知，机器人系统固有频率 ω 是惯量矩阵 $\boldsymbol{M}(q_{\mathrm{a}})$ 的函数，因此机器人振动频率在工作空间内是随着机器人关节角度变化而改变的。

3. 驱动系统性能约束

单关节机器人驱动系统包括电机、连杆和减速器，单关节驱动系统模型如图 5.10 所示。第 i 轴电机转矩为

$$\tau_{\mathrm{m},i}=\left\{(J_{\mathrm{m}}+J_{\mathrm{g}})\ddot{q}_1\cdot n+\frac{\tau_{1,i}}{n}\right\}_i,\ i=1,2,3 \tag{5.25}$$

式中，n 为减速比；J_{m} 是电机惯量；J_{g} 是减速器折算到电机侧的等效惯量；$\tau_{1,i}$ 是驱动连杆运动所需的负载转矩。若只考虑机器人刚体模型，$\tau_{1,i}$ 可由机器人的刚体动力学方程(5.6)计算获得。

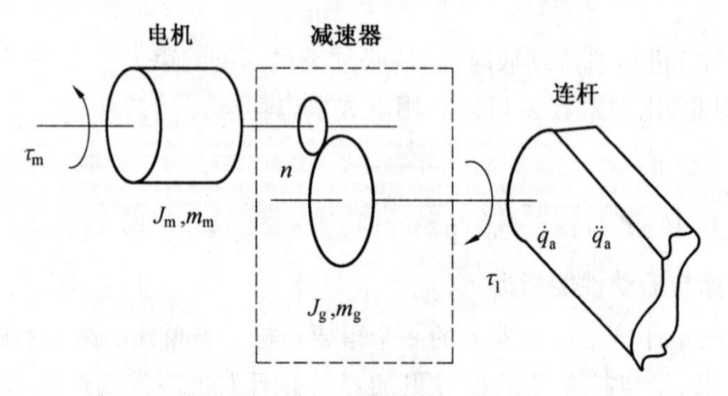

图 5.10 单关节驱动系统模型

(1)电机性能约束。

在电机的选择过程中需要满足以下 3 个约束条件：

①额定转矩限制。额定转矩即电机的最大连续转矩。机器人在运动过程中要求电机转矩 τ_{m} 的均方根(RMS)值 $\tau_{\mathrm{m,rms}}$ 必须小于或等于电机额定转矩 T_{m}，即

$$\tau_{\mathrm{m,rms}}\leqslant T_{\mathrm{m}} \tag{5.26}$$

假设减速器和电动机之间是刚性连接，根据给定负载轨迹，电机输出转矩表示为 τ_{m}，则在工作周期内电机转矩均方根值为

$$\tau_{\mathrm{m,rms}}=\sqrt{\frac{1}{t}\int_0^t \tau_{\mathrm{m}}^2\mathrm{d}t} \tag{5.27}$$

式中,t 表示完成工作任务的时间。

②堵转转矩限制。堵转转矩指电机峰值转矩。此外,为保证驱动系统输出转矩的稳定性,负载最大转矩需要低于或等于电机的堵转转矩 $\tau_{\mathrm{m,peak}}$。因为在驱动负载所需转矩超过驱动系统输出转矩能力的情况下,驱动器性能将急剧下降,甚至造成系统不稳定并有可能损坏驱动器。工作周期内的最大转矩要满足如下约束条件:

$$\tau_{\mathrm{m,peak}}\geqslant \max\left|(J_{\mathrm{m}}+J_{\mathrm{g}})\ddot{q}_1\cdot n+\frac{\tau_1}{n}\right| \tag{5.28}$$

③最大容许速度限制。当电机转速超过其允许最大容许速度时,驱动器输出转矩能力将下降。因此,电机峰值速度 $\omega_{\mathrm{m,peak}}$ 必须高于或等于工作过程中所需最高速度,即

$$\omega_{\mathrm{m,peak}}\geqslant \max|\dot{q}_{1,i}|\cdot n \tag{5.29}$$

式中,n 为关节减速比。

(2)减速器选取准则。

目前,大负载工业机器人的驱动系统中转矩传动主要采用 RV-减速器。在优化过程中,减速器被简化为一个具有惯量的质点刚体。减速器作为机器人的驱动系统中转矩传动单元,是系统中最易损坏的元件。此外,减速器占系统的成本比例也非常大。因此,减小减速器损耗、提高机器人驱动系统寿命成为必须考虑的因素。减速器寿命受曲柄轴中使用的滚动轴承寿命限制,可根据减速器额定转矩及额定输出转速计算减速器的使用寿命。减速器在机器人运行过程中承受的转矩如图 5.11 所示。

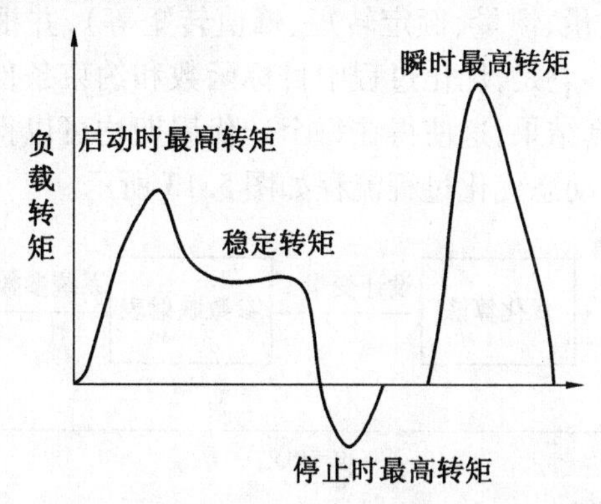

图 5.11　减速器在机器人运行过程中承受的转矩

减速器平均输出转速计算公式为

$$N_{\mathrm{m}}=\frac{t_1N_1+t_2N_2+\cdots+t_nN_n}{t_1+t_2+\cdots+t_n} \tag{5.30}$$

平均负载转矩计算公式为

$$T_{\mathrm{m}}=\sqrt[\frac{10}{3}]{\frac{t_1N_1T_1^{\frac{10}{3}}+t_2N_2T_2^{\frac{10}{3}}+\cdots+t_nN_nT_n^{\frac{10}{3}}}{t_1+t_2+\cdots+t_n}} \tag{5.31}$$

式中,T_i 为负载转矩,N·m;N_i 为转速,r/min;t_i 为持续时间,s。减速机的使用寿命计算公式为

$$L_{\mathrm{life}}=K\times\frac{N_0}{N_{\mathrm{m}}}\times\left(\frac{T_0}{T_{\mathrm{m}}}\right)^{\frac{10}{3}} \tag{5.32}$$

式中，L_{life}为所求使用寿命，h；N_{m} 为平均输出转速，r/min；T_{m} 为平均负载转矩，N·m；N_0 为额度输出转速，r/min；T_0 为额度转矩，N·m。

5.3.2 混合变量遗传算法

1. 混合变量优化过程

驱动系统优化过程中的优化变量不仅有连续变量，还包括离散整数变量。以电机为例：待选取电机的型号是以一组离散整数变量[1,…,8]作为优化变量 x_1 的取值范围。其中一个型号电机所对应其属性包括减速比、质量、惯量、峰值转矩及额定转矩。因此，首先要建立优化变量与电机和减速器自身属性之间的关系映射，本节将其定义为"参数映射表"。依据参数映射表建立离散优化变量与机器人动力学模型及指标函数之间的关系。"参数映射表"在优化中的作用如图 5.12 所示。

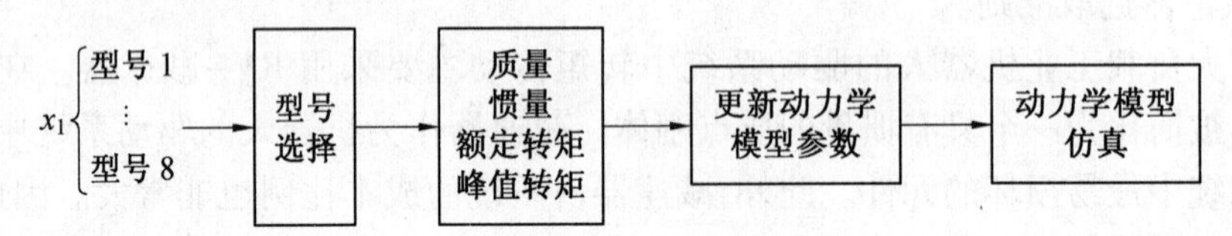

图 5.12 参数映射表示意图

动态优化是指在优化过程中的每次迭代都依据参数映射表更新机器人动力学模型中的对应参数(电机和减速器质量、惯量、额定转矩、峰值转矩等)，并根据更新的参数完成优化计算。动态优化的另一个特点是，优化过程中目标函数和约束条件的计算是根据机器人动力学模型完成指定轨迹仿真结果，这使得在每个迭代周期均可以得到能够反映实际工作状态的结果。根据以上分析，动态优化过程流程如图 5.13 所示。

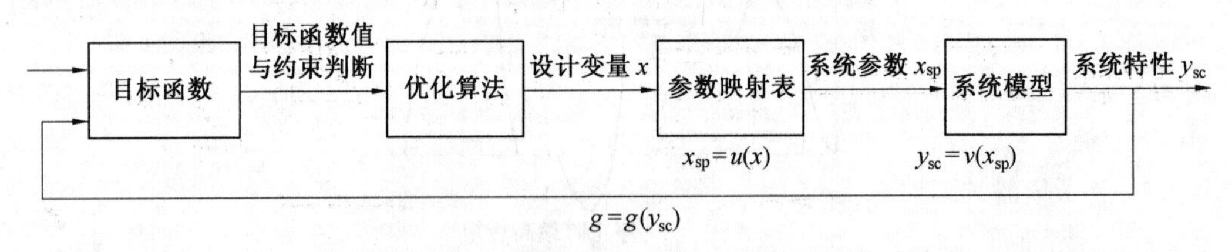

图 5.13 基于机器人动力学模型的动态优化过程

由于优化参数之间的耦合，需定义一个明确的优化变量和系统变量之间的映射关系，即

$$x_{\mathrm{sp}}=u(x) \tag{5.33}$$

式中，x 是离散的优化变量，表示可以选择的电机和减速器型号。在优化过程中，每次迭代计算采用不同的系统参数 x_{sp}，如电机和减速器的质量、惯量等。根据系统参数进行机器人动力学模型运动仿真，进而计算系统性能特征(电机转矩的均方根值、减速器的寿命等)，即

$$y_{\mathrm{sc}}=v(x_{\mathrm{sp}}) \tag{5.34}$$

并据此计算目标函数值 g。

$$g=g(y_{\mathrm{sc}}) \tag{5.35}$$

根据目标函数值选择一组新的优化变量并开始新迭代过程，直到满足一定的收敛准则。

完整的优化问题可以表示为

$$g=\min g\{v[u(x)]\} \tag{5.36}$$

2. 混合变量遗传算法实现

遗传算法主要的计算过程是基于选择、交叉及变异3个典型遗传算子。离散变量优化问题的特性决定了直接运用连续变量优化方法是不能解决离散变量优化问题的。由于优化解集的离散特性,致使离散变量优化问题解集与连续变量解集差别很大。如果直接应用针对连续变量的传统遗传算法求解离散变量优化问题,当优化目标最优峰极为突出时,很容易将最优解引向连续局部最优点,使得离散变量优化失败。

MI-LXPM算法(基于拉普拉斯交叉和能量变异的混合整数约束遗传算法)是对连续变量遗传算法的扩展,可有效地解决整数和混合整数约束优化问题。在MI-LXPM算法中,将修改拉普拉斯交叉和能量变异过程使其适用于整数决策变量。此外,改进算法采用一种特殊的截断过程,满足决策变量的整数限制。

(1)拉普拉斯交叉算子。

交叉运算是遗传算法实现优选下一代个体的主要方法。针对离散优化变量的拉普拉斯交叉运算描述如下。两个父代$x^1=(x_1^1,x_2^1,\cdots,x_n^1)$,$x^2=(x_1^2,x_2^2,\cdots,x_n^2)$以如下方式生成子代$y^1=(y_1^1,y_2^1,\cdots,y_n^1)$和$y^2=(y_1^2,y_2^2,\cdots,y_n^2)$。首先,生成均匀的随机数$u_i,r_i\in[0,1]$。然后构造满足拉普拉斯分布的随机数,即

$$\beta_i=\begin{cases}a-b\log(u_i),r_i\leqslant 1/2\\a+b\log(u_i),r_i>1/2\end{cases} \tag{5.37}$$

式中,a是位置参数和$b>0$比例缩放参数。如果决策变量有一个限制是整数,则b取整数。若b的值较小,将产生接近于父代的子代。根据计算获得β_i,对应的两个子代为

$$\begin{cases}y_i^1=x_i^1+\beta_i|x_i^1-x_i^2|\\y_i^2=x_i^2+\beta_i|x_i^1-x_i^2|\end{cases} \tag{5.38}$$

(2)基于能量的变异算子。

变异计算是提高遗传算法的局部搜索能力和全局收敛性能的主要方法。为实现离散变量搜索,采用基于能量的离散变异算子。在能量变异过程中通过增加一个附加参数实现了对整数决策变量的约束。扩展的能量变异的过程为:在父代解$\bar{x}$附近,以下列方式创建一个解x。首先,创建符合能量分散的随机数$s=(s_1)^p$,其中s_1是0和1之间的均匀随机数,p为变异索引。在确定s后,创建变异算子

$$x=\begin{cases}\bar{x}-s(\bar{x}-x^l),t<r\\\bar{x}+s(\bar{x}-x^u),t\geqslant r\end{cases} \tag{5.39}$$

式中,$t=(\bar{x}-x^l)/(\bar{x}-x^u)$;$x^l$和$x^u$是决策变量的上、下界;$r$是0和1之间的均匀随机数。

(3)截断过程。

为了确保在已经进行交叉和变异操作后满足整数的约束,应用如下的截断过程。对于$\forall i\in I$,x_i被截断为整数值$\bar{x}_i$,根据如下规则:如果x_i是整数,则$\bar{x}_i=x_i$,否则$\bar{x}_i$等于$[x_i]$或$[x_i]+1$,每项具有0.5的概率($[x_i]$是x_i的整数部分)。这可以确保所生成的解集具有较大的随意性,避免了相同整数值可能性的产生,每当一个真实值位于两个相同的连续整数之间

时被截断。

(4)MI-LXPM 算法流程。

根据以上分析总结 MI-LXPM 算法流程为:

①变量邻域内生成一个适当大的初始设置随机点集。

②检查停止条件。如果满足算法停止,否则转至步骤③。

③在初始群体中采用锦标赛选择过程生成下一代群体的匹配集。

④对生成的匹配集中的所有个体应用拉普拉斯交叉和能量变异,用交叉概率和突变概率生成新的群体。

⑤生成新的一代,新的群体代替上一代群体,转到步骤②。

5.3.3 优化模型求解

1. 优化模型

根据3.3节对驱动系统需求分析,对机器人动态性能影响较大的工作效率和机器人自身的固有振动频率作为控制系统设计目标。在优化过程中要满足机器人动力传动系统的性能约束(电机额定、峰值转矩和减速器寿命)要求。此外,依据轻量化设计思想尽可能降低机器人整体质量,提高机器人的负载自重比。据此建立如下优化模型:

$$\min\left(\alpha \cdot \frac{1}{\lambda}+\beta \cdot \frac{1}{f}\right) \tag{5.40a}$$

$$\alpha+\beta=1 \tag{5.40b}$$

$$\tau_{\mathrm{m,rated}} \geqslant \sqrt{\frac{1}{t}\int_0^t \left[(J_{\mathrm{m}}+J_{\mathrm{g}})\ddot{q}_1 \cdot n+\frac{\tau_1}{n}\right]^2 \mathrm{d}t} \tag{5.40c}$$

$$\tau_{\mathrm{m,peak}} \geqslant \max\left|(J_{\mathrm{m}}+J_{\mathrm{g}})\ddot{q}_1 \cdot n+\frac{\tau_1}{n}\right| \tag{5.40d}$$

$$\omega_{\mathrm{m,peak}} \geqslant \max|\dot{q}_{l,i}| \cdot n \tag{5.40e}$$

$$L_{\mathrm{life}}=6\,000 \times \frac{N_0}{N_{\mathrm{m}}} \times \left(\frac{T_0}{T_{\mathrm{m}}}\right)^{\frac{10}{3}} \geqslant 10^5\ \mathrm{h} \tag{5.40f}$$

$$\sum_i^3 (m_{\mathrm{motor},i}+m_{\mathrm{gearbox},i}) \leqslant 300\ \mathrm{kg} \tag{5.40g}$$

$$\lambda \leqslant \min\left\{\frac{\mathrm{v}_{\max}}{|p^{(1)}(t)|_{\max}},\sqrt{\frac{\mathrm{a}_{\max}}{|p^{(2)}(t)|_{\max}}},\sqrt{\frac{\tilde{\tau}_{s,i}(t')}{\tau_{s,i}(t)}},\sqrt[3]{\frac{j_{\max}}{|p^{(3)}(t)|_{\max}}}\right\} \tag{5.40h}$$

目标函数中 λ 为式(5.17)中的工作时间缩放函数的比例项,设定完成指定轨迹初始工作时间 t,通过求解最大化的 λ,对 t 进行比例缩放,以提高机器人的工作效率。式(5.40h)为时间缩放比例的约束条件,在优化过程中最小工作时间要满足各关节最大速度、最大加速度及关节转矩的约束。f 表示机器人在工作空间内的最小固有频率,优化计算将提高机器人自身的固有频率。在目标函数中,α,β 分别表示工作效率目标函数和频率指标目标函数的权重值。约束条件(5.40c)~(5.40e)为电机的性能约束,分别表示电机的额定转矩、堵转转矩和最大容许速度。其作用是在优化过程中,依据每次迭代过程中机器人动力学模型仿真结果判断电机输出的转矩均方根值、峰值转矩和最高转速是否满足以上3个约束条件。

式(5.40f)和(5.40g)分别对应减速器寿命约束及电机和减速器总质量约束。

2. 优化过程及结果分析

设计优化变量 $x_1,x_2,x_3,x_4,x_5,x_6,x_7$，其中 $x_1\sim x_3,x_4\sim x_6$ 为离散变量，分别表示机器人 1,2,3 轴电机和减速器的可选择型号，x_7 为连续变量，表示工作时间缩放函数的比例项。所设计机器人最大负载能力为 130 kg，根据机器人在应用现场主要应用完成的任务要求，设计如下工作轨迹，初始工作时间 T 设定为 18 s。机器人在笛卡尔空间的工作轨迹如图 5.14 所示。根据逆运动学将笛卡尔空间位置转换到关节空间，得到对应的各关节完成任务需要的角度值。采用 MI-LXPM 算法，种群数量为 100，进化代数为 50 代，将目标函数中工作效率和机器人固有频率的权重值分别选取为 $\alpha=0.42,\beta=0.58$。最终的优化变量最优值 $x_1,\cdots,x_6=[1,5,2,1,3,6]$，连续优化变量工作时间缩放函数的比例项 $x_7=1.168$。

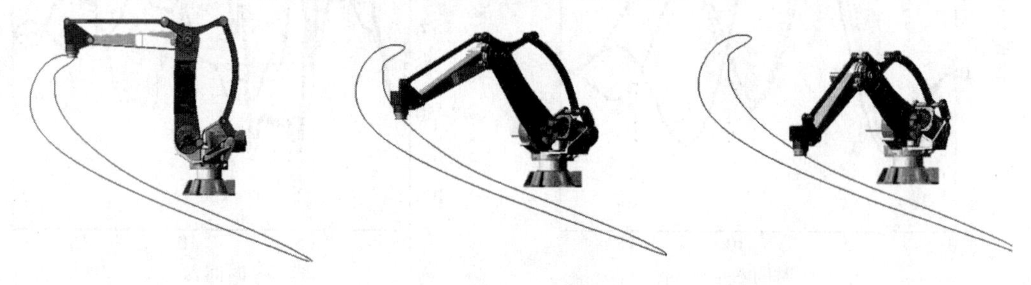

图 5.14　机器人工作轨迹

图 5.15(a)和图 5.15(b)分别代表工作空间内驱动系统优化前后的机器人固有频率随位姿变化的云图。不同颜色表示相应频率值的不同，图 5.15(a)为三维视图，图 5.15(b)为侧视视图。由图 5.15 可知，就一阶固有频率指标而言，优化的参数组较初始参数组有大幅度的提高，原始参数下全工作空间固有频率最小值为 13.65 Hz，优化后机器人固有频率最小值为 16.85 Hz，相对于优化前的数值提高了 23.44%。机器人固有频率的提高也意味着提高了机器人自身对低频振动的稳定性和抗干扰能力。

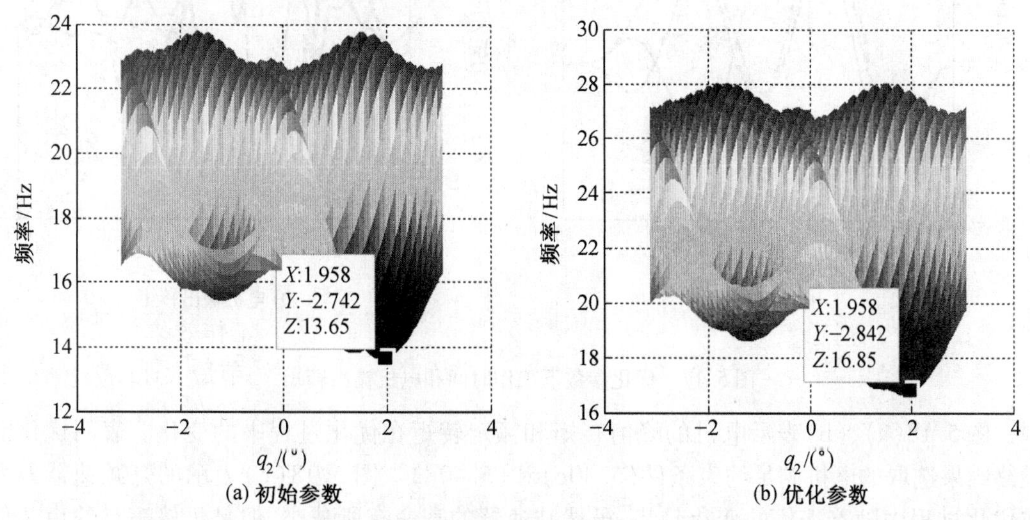

图 5.15　工作空间内驱动系统优化前后的机器人固有频率随位姿变化的云图

图 5.16 和图 5.17 分别为优化前后的机器人完成规划工作任务所需的时间与各轴角度

变化及对应的各电机驱动输出的转矩曲线。其中,左侧为完成工作任务的关节轨迹曲线,右侧为各轴电机驱动输出转矩的曲线。由图5.16(a)和图5.17(a)可知,在满足动力学约束的条件下完成相同的工作轨迹,优化后工作时间减小了14.4%,达到了提高机器人工作效率的目的。由图5.16(b)和图5.17(b)的各电机输出驱动转矩曲线可知,虽然工作效率有了显著的提高,但是,优化后对各轴的驱动转矩要求并没有随着工作效率的提升而显著提高,证明了优化方法的有效性。

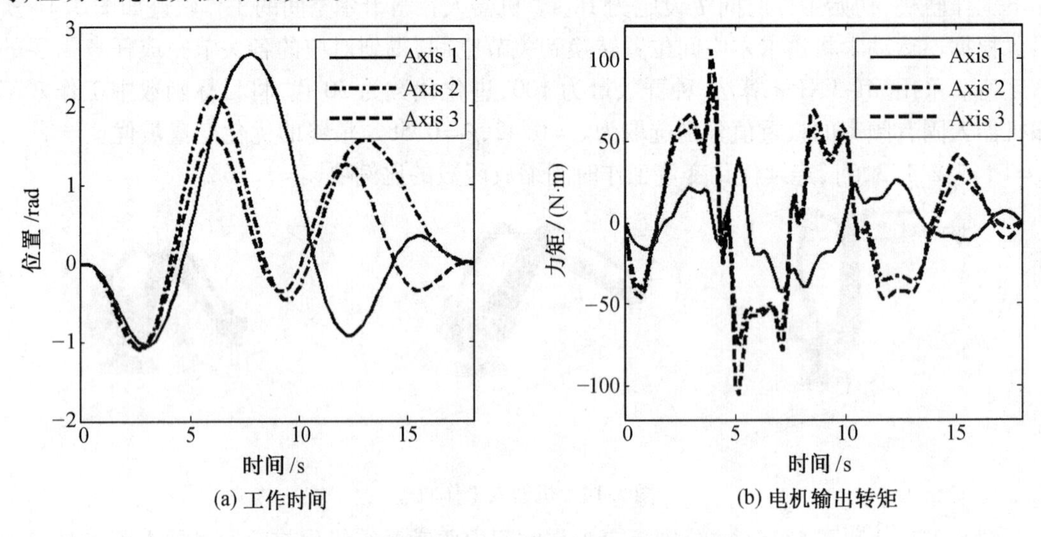

图5.16 初始参数下工作时间和电机输出转矩

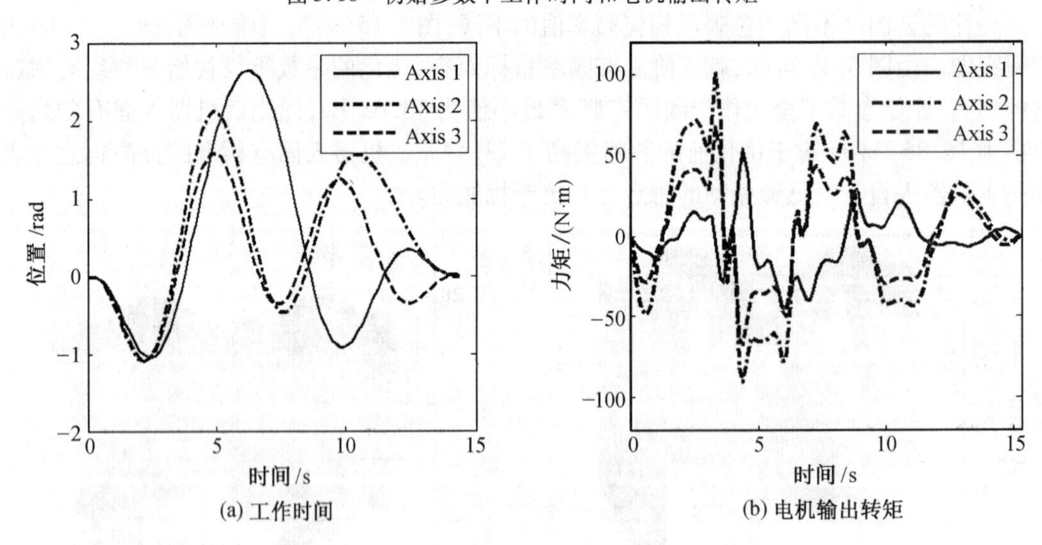

图5.17 优化参数下工作时间和电机输出转矩

图5.18(a)、(b)表示电机的峰值转矩和额定转矩在优化过程中的变化。表明优化的最终结果选取的电机满足约束条件(5.40c)和(5.40d)。图5.18(c)表示的是减速器寿命在优化过程中随着迭代的变化趋势,虽然减速器的寿命有所减小,但是仍然满足约束条件(5.40f)。减速器寿命减少是因为各个轴的减速器自身的质量要大于电机的质量,减速器的质量占机器人整体质量的比例更大。因此,提高机器人固有频率需要降低机器人整体质量,

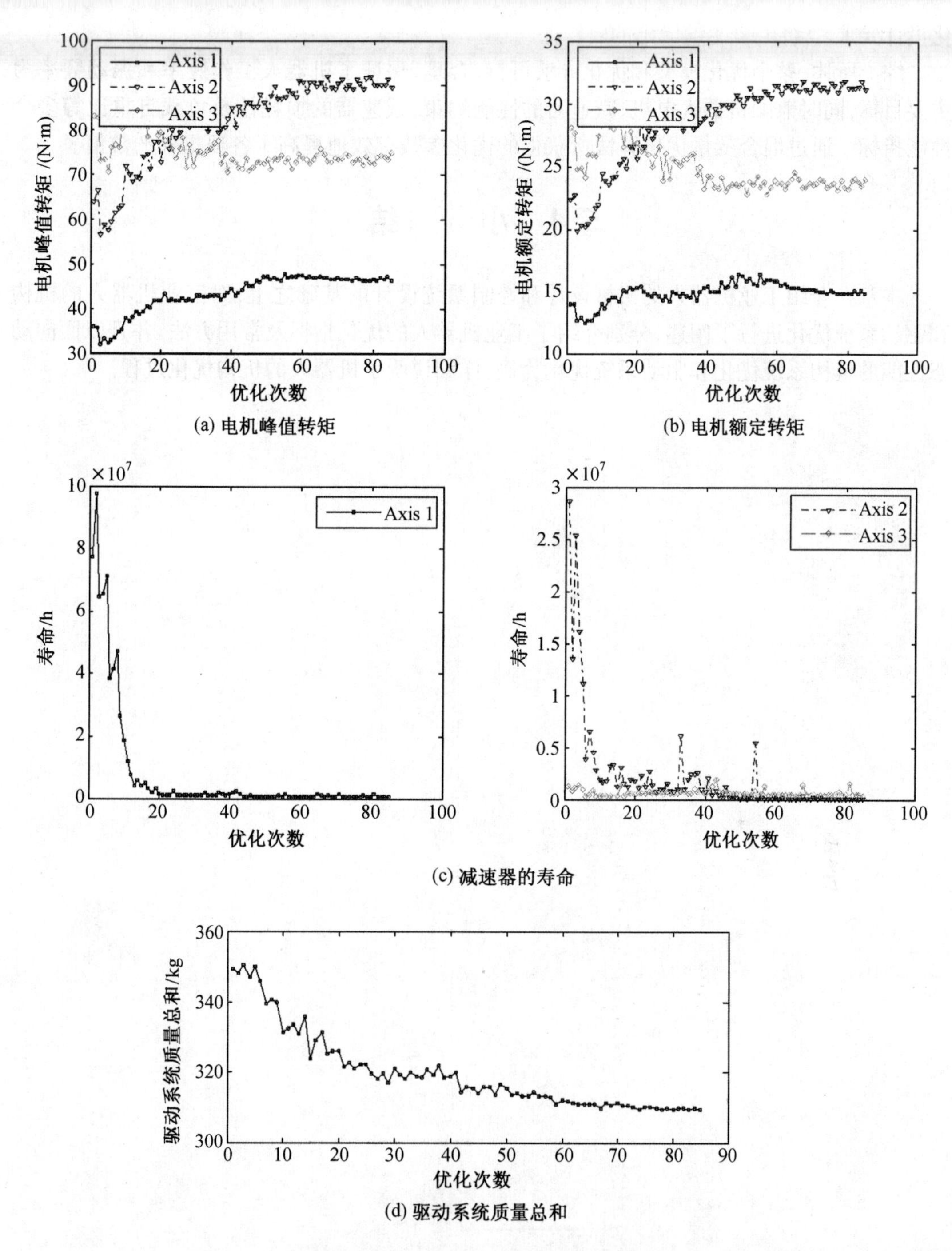

图 5.18　优化过程中各项指标及约束条件值

优化过程中选取了质量更小的减速器。在参数映射表中随着减速器质量的减小,其自身的额定转矩值也减小。因此,根据式(5.32)计算的减速器寿命也随之下降。由图 5.18(d)可知,虽然控制系统的整体质量有所减少,但是并没有完全达到约束条件(5.40g)的要求。其主要原因是驱动系统优化模型及机器人动力学模型的强非线性造成各项指标之间存在强耦合关系,使得多指标优化并不能全部达到期望的指标条件,但仍然部分实现了机器人的轻量化设计要求。

综上所述,整个优化模型和优化方法可行、合理,保证了机器人工作效率和振动频率为主要目标,同时兼顾机器人电机、减速器的性能约束,减速器的损耗性及负载自重比等多个性能指标。通过混合变量优化算法所获得的优化参数有效地提高了各项指标的数值。

5.4 小 结

本章在介绍工业机器人的机械设计和控制系统设计的基础之上,对工业机器人的机构和驱动系统优化进行了阐述,分别介绍了工业机器人的优化指标及常用方法,并且以面向动态性能的机构系统优化和驱动系统优化为例,详细说明了机器人的机构优化过程。

第 6 章　机器人编程及操作

工业机器人一般由机器人本体、控制柜和示教编程器组成,使用多轴电缆连接各个控制部分,形成一个完整的机器人系统。在本体上安装有作为机器人执行器的电机。控制箱里装有控制器、驱动器和 I/O 接口卡等。示教编程器作为机器人的人机交互接口,可以进行运动程序的编制和运行,I/O 的查看和设置等功能。机器人要求具有较高的重复定位精度和轨迹精度。

为了扩大机器人的应用领域,要求机器人具有简洁的通用编程语言,机器人语言应简单易懂,尽量降低使用者的操作难度。本章针对机器人的编程语言及操作进行阐述。

6.1　机器人编程

6.1.1　工业机器人编程方式

机器人编程就是针对机器人为完成某项作业而进行的程序设计。由于国内外尚未制定统一的机器人控制代码标准,因此编程语言也是多种多样的。当前机器人广泛应用于焊接、装配、搬运、喷涂及打磨等领域,任务的复杂程度不断增加,而用户对产品的质量、效率的追求越来越高。在这种形式下,机器人的编程方式、编程效率和质量显得越来越重要。降低编程的难度和工作量,提高编程效率,实现编程的自适应性,从而提高生产效率,是机器人编程技术发展的目标之一。目前,在工业生产中应用的机器人,其主要编程方式有以下几种形式。

1. 在线编程

在线编程也称为示教方式编程,示教方式是一项成熟的技术,易于被熟悉操作者所掌握,而且用简单的设备和控制装置即可完成。示教时,通常由操作人员通过示教盒控制机械手工具末端到达指定的位置和姿态,记录机器人位姿数据并编写机器人运动指令,完成机器人在正常加工中的轨迹规划、位姿等关节数据信息的采集与记录。

示教盒示教具有在线示教的优势,操作简便、直观。示教盒主要有编程式和遥感式两种。例如,采用机器人对汽车车身进行点焊,首先由操作人员控制机器人达到各个焊点,对各个点焊轨位置进行人工示教,在焊接过程中通过示教再现的方式,再现示教的焊接轨迹,从而实现车身各个位置的各个焊点的焊接。但在焊接中车身的位置很难保证每次都完全一样,故在实际焊接中,通常还需要增加激光传感器等对焊接路径进行纠偏和校正。常用的辅助示教工具包括激光传感器、视觉传感器、力觉传感器和专用工具等。

示教方式编程具有以下缺点:

(1)机器人的控制精度依赖于操作者的技能和经验。

(2)难以与外部传感器的信息相融合。

(3)不能用于某些危险的场合。

(4)在操作大型机器人时,必须考虑操作者的安全性。

(5)难以与其他操作同步。

2. 离线编程

离线编程是指用机器人程序语言预先进行程序设计,而不是用示教的方式编程,离线编程适合于结构化环境。与在线编程相比,离线编程具有如下优点:

(1)减少停机的时间,当对下一个任务进行编程时,机器人仍可在生产线上工作。

(2)使编程者远离危险的工作环境,改善编程环境。

(3)使用范围广,可以对各种机器人进行编程,并能方便地实现优化编程。

(4)便于和 CAD/CAM 系统结合,做到 CAD/CAM/ROBOTICS 一体化。

(5)可使用高级计算机编程语言对复杂任务进行编程。

(6)便于修改机器人程序。

机器人离线编程是利用计算机图形学的成果,通过对工作单元进行三维建模,在仿真环境中建立与现实工作环境对应的场景,采用规划算法对图形进行控制和操作,在不使用实际机器人的情况下进行轨迹规划,进而产生机器人程序。其关键步骤如图 6.1 所示。

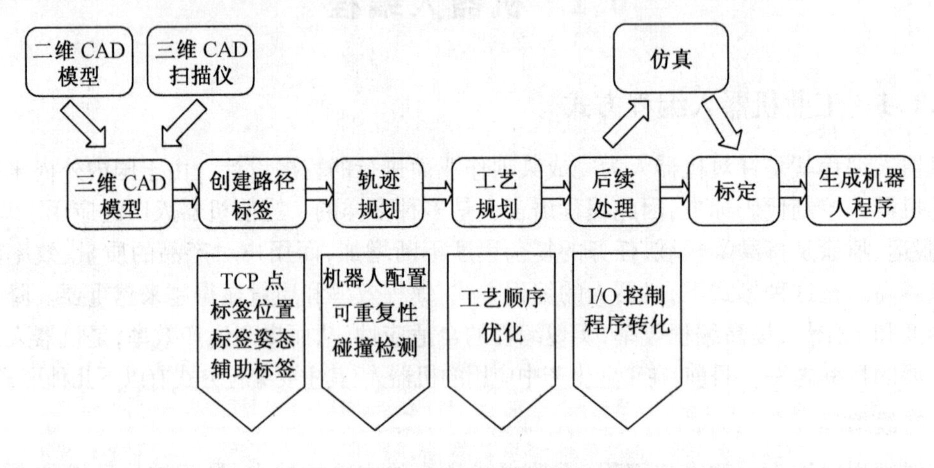

图 6.1　机器人离线编程关键步骤

离线编程软件的功能一般包括几何建模功能、基本模型库、运动学建模功能、工作单元布局功能、路径规划功能、自动编程功能、多机协调编程与仿真功能。目前市场上常用的离线编程软件有:加拿大 Robot Simualtion 公司开发的 Workspace 离线编程软件;以色列 Tecnomatix 公司开发开的 ROBCAD 离线编程软件;美国 Deneb Robotics 公司开发的 IGRIP 离线编程软件;ABB 机器人公司开发的基于 Windows 操作系统的 RobotStudio 离线编程软件。此外,日本安川公司开发了 MotoSim 离线编程软件,FANUC 公司开发了 Roboguide 离线编程软件,可对系统布局进行模拟,确认 TCP 的可达性,是否干涉,也可进行离线编程仿真,然后将离线编程的程序仿真确认后下载到机器人中执行。

值得注意的是,在离线编程中,所需的补偿机器人系统误差、坐标数据很难得到,因此在机器人投入实际应用前,需要再做调整。另外,目前市场上的离线编程软件还没有一款能够完全覆盖离线编程的所有流程,而是几个环节独立存在的。对于复杂结构的弧焊,离线编程环节中的路径标签建立、轨迹规划、工艺规划是非常繁杂耗时的。拥有数百条焊缝的车身要创建路径标签,为了保证位置精度和合适的姿态,操作人员可能要花费数周的时间。尽管像碰撞检测、布局规划和耗时统计等功能已包含在路径规划和工艺规划中,但到目前为止,还没有离线编程软件能够提供真正意义上的轨迹规划,而工艺规划则依赖于编程人员的工艺知识和经验。

3. 自主编程

自主编程是指机器人借助外部传感设备对工作轨迹自动生成或自主调整的编程方式。随着技术的发展,各种跟踪测量传感技术日益成熟,人们开始研究以加工工件的测量信息为反馈,由计算机控制工业机器人进行加工路径的自主示教技术。自主编程主要有以下几种:

(1)基于激光结构光的自主编程。

基于结构光的路径自主规划,其原理是将结构光传感器安装在机器人的末端,形成"眼在手上"的工作方式,如图6.2所示。利用焊缝跟踪技术逐点测量焊缝的中心坐标,建立起焊缝轨迹数据库,在焊接时作为焊枪的运动路径。

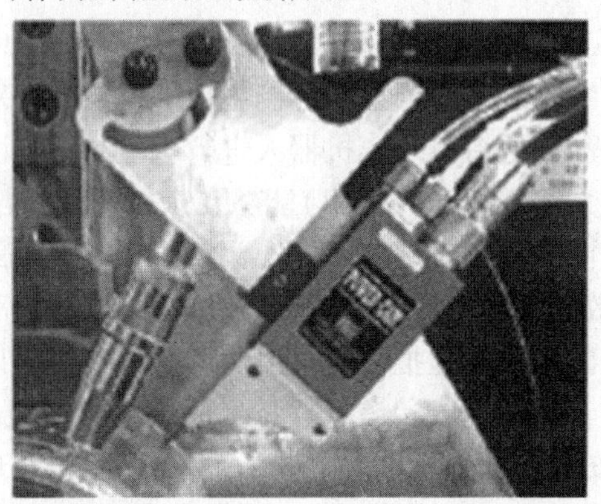

图6.2　机器人基于结构光的路径自主编程

(2)基于双目视觉的自主编程。

基于双目视觉的自主编程是实现机器人路径自主规划的关键技术。其主要原理是:在一定条件下,由主控计算机通过视觉传感器沿焊缝自动跟踪,采集并识别焊缝图像,计算出焊缝的空间轨迹和方位(即位姿),并按优化焊接要求自动生成机器人焊枪的位姿参数。

(3)多传感器信息融合的自主编程。

有研究人员采用力传感器、视觉传感器及位移传感器构成一个高精度自动路径生成系统。其系统配置如图6.3所示,该系统集成了位移、力及视觉控制,引入视觉伺服,可以根据传感器反馈信息来执行动作。该系统中机器人能够根据记号笔所绘制的线自动生成机器人路径,位移控制器用来保持机器人TCP点的位姿,视觉传感器用来使得机器人自动跟随曲线,力传感器用来保持TCP点与工件表面距离恒定。

(4)基于增强现实的编程技术。

增强现实技术源于虚拟现实技术,是一种实时地计算摄像机影像的位置及角度并加上相应图像的技术。这种技术的目标是在屏幕上把虚拟世界套在现实世界并互动,增强现实技术使得计算机产生的三维物体融合到现实场景中,加强用户同现实世界的交互。将增强现实技术用于机器人编程具有革命性意义。

增强现实技术融合了真实的现实环境和虚拟的空间信息,它在现实环境中发挥了动画

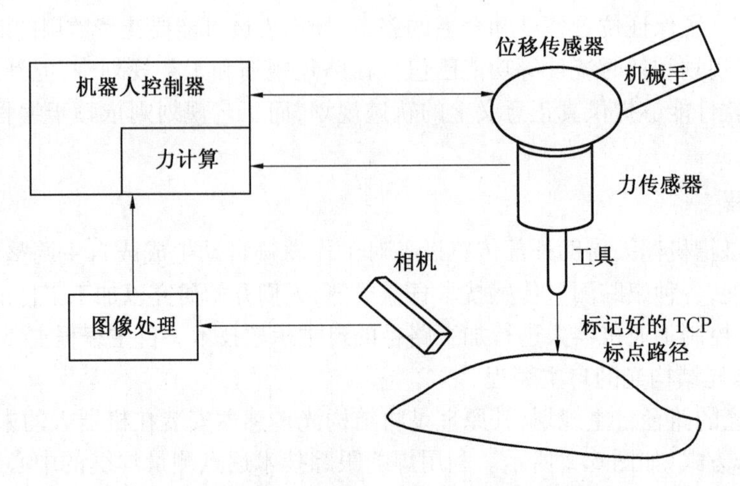

图 6.3 多传感器信息融合的自主编程的系统配置

仿真的优势,并提供了现实环境与虚拟空间信息的交互通道。例如,一台虚拟的飞机清洗机器人模型被应用于按比例缩小的飞机模型。控制虚拟的机器人针对飞机模型沿着一定的轨迹运动,进而生成机器人程序,之后对现实机器人进行标定和编程。

基于增强现实的机器人编程技术(RPAR)能够在虚拟环境中没有真实工件模型的情况下进行机器人离线编程。由于能够将虚拟机器人添加到现实环境中,所以当需要原位接近时,该技术是一种非常有效的手段,这样能够避免在标定现实环境和虚拟环境中可能碰到的技术难题。增强现实编程的架构由虚拟环境、操作空间、任务规划以及路径规划的虚拟机器人仿真和现实机器人验证等环节组成。该编程技术能够发挥离线编程技术的内在优势,如减少机器人的停机时间、安全性性好、操作便利等。由于基于增强现实的机器人编程技术采用的策略是路径免碰撞、接近程度可缩放,所以该技术可以用于大型机器人的编程,而在线编程技术则难以做到。

综上所述,在线编程方式简单易学,适合应用于复杂度低、工件几何形状简单的场合;离线编程方式适合加工任务复杂的场合,如复杂的空间曲线、曲面等;而自主编程或辅助示教则大大提高了机器人的适应性,代表了编程技术的发展趋势。

在未来,离线编程技术将会得到进一步发展,并与 CAD/CAM、视觉技术、传感技术、互联网、大数据、增强现实等技术深度融合,自动感知、辨识和重构工件及加工路径等,实现路径的自主规划、自动纠偏和自适应环境。

6.1.2 工业机器人编程语言的要求和类别

机器人编程语言是一种程序描述语言,它能简洁地描述工作环境和机器人的动作,把复杂的操作内容通过简单的程序来实现。机器人编程语言也和一般的程序语言一样,具有结构简明、概念统一、容易扩展等特点。考虑操作人员的方便性,机器人编程语言不仅要简单易学,而且要具有良好的对话性。

从描述操作指令的角度来看,机器人编程语言的水平可以分为动作级语言、对象级语言及任务级语言。

(1)动作级语言。

动作级语言以机器人末端操作器的动作为中心来描述各种操作,要在程序中说明每个动作，这是一种最基本的描述方式。

(2)对象级语言。

对象级语言允许较粗略地描述操作对象的动作、操作对象之间的关系等。使用这种语言时，必须明确地描述操作对象之间和机器人与操作对象之间的关系，比较适用于装配作业。

(3)任务级语言。

任务级语言只要直接指定操作内容即可，为此，机器人必须具有思考能力，这是一种水平很高的机器人程序语言。

到目前为止，已经有多种机器人语言，其中有的是研究室里的实验语言，有的是实用的机器人语言。目前，常用的机器人语言见表6.1。

表6.1　常用的机器人语言

序号	语言名称	国家	研究单位	说　明
1	AL	美国	Stanford Artificial Intelligence Laboratory	机器人动作及对象描述，机器人语言开始
2	AUTOPASS	美国	IBM Watson Research Laboratory	组装机器人语言
3	LAMA-S	美国	MIT	高级机器人语言
4	VAL	美国	Unimation	PUMA 机器人语言
5	RIAL	美国	AUTOMATIC	视觉传感器机器人语言
6	WAVE	美国	Stanford Artificial Intelligence Laboratory	配合视觉传感器的机器人手、眼协调控制
7	DIAL	美国	Charles Stark Draper Laboratory	具有 RCC 顺应性手腕控制的特殊指令
8	RPL	美国	Stanford Artificial Intelligence Laboratory	可与 Unimation 机器人操作程序结合
9	REACH	美国	Bendix Corporation	适用于两臂协调作业
10	MCL	美国	McDonnell Douglas Corporation	可编程机器人、NC 机床、摄像机及控制的计算机综合制造用语言
11	INDA	美国、英国	SRI International and Philips	类似 RTL/2 编程语言的子集，具有使用方便的处理系统
12	RAPT	英国	University of Edinburgh	类似 NC 语言的 APT
13	LM	法国	Artificial Intelligence Group of IMAG	类似 PASCAL，数据类似 AL
14	ROBEX	德国	Machine Tool Laboratory TH Archen	具有与 NC 语言 EXAPT 相似的脱机编程语言
15	SIGLA	意大利	Olivetti	SIGMA 机器人语言
16	MAL	意大利	Milan Polytechnic	两臂机器人装配语言，方便，易于编程
17	SERF	日本	三协精机	SKILAM 装配机器人语言
18	PLAW	日本	小松制作所	RW 系统弧焊机器人语言
19	IML	日本	九州大学	动作级机器人语言

6.1.3 HIT-3KGTR 编程语言应用

各个生产厂家对机器人的编程语言各不相同,本小节以哈尔滨工业大学机器人研究所研制的 HIT-3KGTR 型机器人为例,对机器人的编程语言进行介绍。

1. HITSOFT 编程命令

HIT-3KGTR 型机器人采用 HITSOFT 编程语言,其常用的基本命令见表6.2~6.7。

表6.2 动作指令

动作格式	MoveJ MoveL MoveC	机器人空间点到点运动操作 机器人空间直线运动 机器人做圆弧动作
位置变量	P[i]	用于存储位置数据的标准变量
进给率单位	% mm/s	表明进给率和机器人最大进给率的比例 表明采用工具尖端以做直线形或圆形动作的速度
定位路径	F	机器人停止在指定位置,开始下一个动作
	C[0-100]	机器人从制订位置逐渐移到下一个动作开始的位置。标定编号越高,机器人移动越平滑
位置偏移	OffSet(x,y,z)	把机器人移动到被添加到位置变量里的偏移环境指令标定值的位置

表6.3 寄存器和 I/O 指令

寄存器	V[i] i:1 到 100	i:寄存器编号
位置寄存器	P[i] i:1 到 100	机器人的一个位置数据元素 i:位置寄存器编号
输入/输出信号	DI[i] DO[i]	输入数字信号 输出数字信号

表6.4 条件分支指令

比较环境条件	IF(环境条件)
	(分支)
	else if
	else
	endif
		表示一个比较环境条件和程序分支所在的指令或程序。可使用算子来连接(环境条件)

选择环境条件	SWITCH V[i]= (值)(分支) CASE(值) ENDSWITCH	表示一个比较环境条件和程序分支所在的指令或程序

表6.5　等待指令

等待	WAIT<环境条件>	等待直到环境条件被满足或是指定时间结束，可使用算子来连接(环境条件)
	DELAY<时间>	延时控制指令
	WHILE	等待直到环境条件被满足结束循环

表6.6　无条件分支指令

标号	LB［i］	表明程序分支指令
	JP LB［i］	在指定编号引发分支
程序调用	CALL(程序名)	在指定程序引发分支
程序结束	END	结束程序,返回控制给调用的程序

表6.7　程序控制指令

中断	HOLD	中断程序

2. 编写任务程序

如图6.4所示,为了完成搬运工件的任务,机器人操作者应掌握程序的编写格式和步骤,熟悉示教编程器的操作以及示教方法。

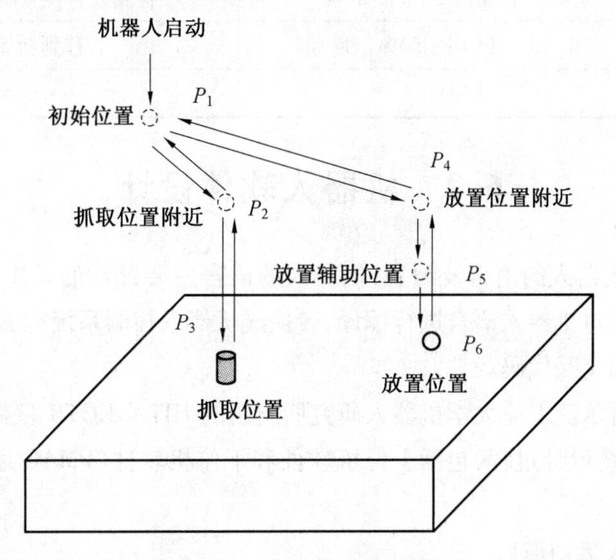

图6.4　搬运工件流程图

分析搬运工件的布置图,确定机器人移动轨迹和各工位位置。可进行运动指令和逻辑指令编写。搬运操作程序指令见表6.8。

表 6.8 搬运操作程序指令

序号	命令	注释
1	MoveJ P[1] 50% F	移到初始位置
2	MoveJ P[2] 50% F	移到抓取位置附近(抓取前)
3	MoveL P[3] 50 mm/s F	移到抓取位置
4	DO[1]=1	抓取工件
5	DELAY 500	等待抓取工件结束
6	MoveL P[2] 50 mm/s F	移到抓取位置附近(抓取后)
7	MoveJ P[1] 50% F	移到初始位置
8	MoveJ P[4] 50% F	移到放置位置附近(放置前)
9	MoveL P[5] 50 mm/s F	移到放置辅助位置
10	MoveL P[6] 50 mm/s F	移到放置位置
11	DO[1]=0	放置工件
12	DELAY 500	等待放置工件结束
13	MoveL P[4] 50 mm/s F	移到放置位置附近(放置后)
14	MoveJ P[1] 50% F	移到初始位置
15	END	结束

6.2 机器人软件设计

6.1 节介绍了机器人的语言及编程,机器人的语言主要针对的是操作人员。作为机器人设计人员,还需要对机器人语言进行编译,转换成机器人控制系统能够识别的驱动控制代码、数据管理代码及交互代码。

为此,本节以哈尔滨工业大学机器人研究所研制的 HIT-3KGTR 型机器人为例,详细介绍机器人的软件系统设计过程,包括上位机软件和下位机软件(PMAC 运动控制软件)。设计过程如下:

(1)建立机器人运动模型。

机器人的运行学模型是机器人进行运动控制的数学基础,也是软件设计人员必须考虑的因素。机器人运动学包括正运动学和逆运动学,分别是机器人关节角度和机器人末端位姿的正映射和逆映射。同时,需要建立机器人的不同坐标系,包括基础坐标系、关节坐标系、工具坐标系和用户坐标系等,机器人的运动程序编写必须进行机器人相关坐标系的转换和计算。

(2)上位机软件系统。

上位机软件主要完成机器人和操作者的人机交互功能,处理操作者的控制指令,显示机器人运行状态等。一般来说,机器人的上位机软件应具有程序编辑、数据管理、I/O 端口控制、系统功能设置和机器人运动等相关功能模块。并且机器人软件应具有与机器人下位控制器、机器人手控盒和其他外部装置的通信功能,并且具有较高的实时性。

(3)下位机软件系统。

下位机软件系统主要完成机器人的运动控制和外部 I/O 端口控制工作,是机器人运动控制的核心部件。下位机软件应具有更高的实时性,能够实时监测机器人的运行状态,并与上位机软件相连接。

6.2.1　运动学分析

机器人运动学主要研究各关节变量与末端位姿之间的关系,为了描述各关节与末端之间移动或者转动的关系,本小节采用 DH 参数法建立机器人的运动学模型。DH 参数法由 Denavit 和 Hartenberg 提出,它是通过在机器人关节链的每个杆件上建立坐标系,通过矩阵的齐次变换来描述相邻两连杆的空间位置关系,来建立机器人操作臂的运动学方程,也是机器人模型建立的有效方法。机器人相邻两连杆之间的变换矩阵公式为

$$^{i-1}\boldsymbol{T}_i = Rot(z,\theta_i)\,Trasns(0,0,d_i)\,Trans(a_i,0,0)\,Rot(x,\alpha_i) \tag{6.1}$$

这样,通过式(6.1)可计算得到机器人的相邻连杆之间的变换矩阵$^{i-1}\boldsymbol{T}_i$ 的一般表达式为

$$^{i-1}\boldsymbol{T}_i = \begin{bmatrix} \cos\theta_i & -\cos\alpha_i\sin\theta_i & \sin\alpha_i\sin\theta_i & a_i\cos\theta_i \\ \sin\theta_i & \cos\alpha_i\cos\theta_i & -\sin\alpha_i\cos\theta_i & a_i\sin\theta_i \\ 0 & \sin\alpha_i & \cos\alpha_i & d_i \\ 0 & 0 & 0 & 1 \end{bmatrix} \tag{6.2}$$

1. 机器人模型简图

机器人的运动学是忽略机器人运动时的受力情况,只研究机器人在运动状态下各关节的位置、速度、加速度等相关特性。机器人的运动空间分析是在机器人运动学方程求解的基础上,分析机器人末端操作器原点在空间中可达到的位置及运动过程中可能遇到的奇异位置,它是机器人设计和运动控制中必须考虑的关键问题,HIT-3KGTR 机器人的运动结构如图 6.5 所示。其中,$(x_0y_0z_0)$为基础坐标系,建立在机器人的底部安装本体上;$(x_iy_iz_i)_{i=1,2,\cdots,6}$为机器人相应各关节坐标系,分别建立在各个关节处;$(x_Ty_Tz_T)$为工具坐标系,建立在机器人的末端法兰盘上。

应当注意的是,在图 6.5 所示的机器人运动简图中,各关节坐标系应严格按照 DH 参数法的原则,要充分考虑各坐标各轴的方向,否则不能得到 DH 参数。同时,对于式(6.1)的矩阵相乘顺序应严格按照 DH 参数法,根据 DH 参数法,机器人各关节之间的坐标变换是相对于动坐标系实现的,因此式(6.1)采用右乘的方法得到。

根据图 6.2 所示的机器人运动模型,可得到该工业机器人的 DH 参数,见表 6.9。

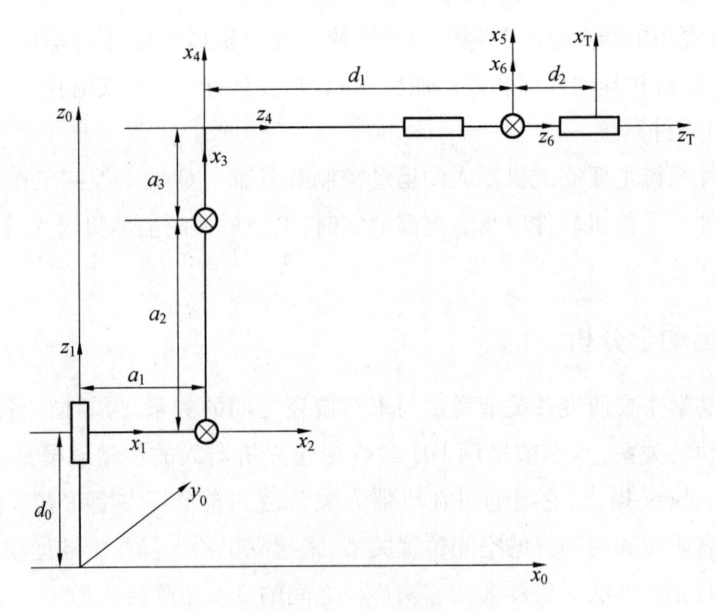

图 6.5 机器人机构简图及运动坐标系

表 6.9 机器人 DH 参数表

连杆	变量/(°)	d/mm	a/mm	α/(°)	运动范围/(°)
1	θ_1	d_0	a_1	-90	-180 ~ 180
2	θ_2(-90)	0	a_2	0	-60 ~ 80
3	θ_3	0	a_3	-90	-210 ~ 70
4	θ_4	d_1	0	90	-360 ~ 360
5	θ_5	0	0	-90	-107 ~ 107
6	θ_6	d_2	0	0	-720 ~ 720

2. 运动学正解算法

已知各个关节的转动角度,求取机器人工具端 O_T 的姿态和位置,即为机器人的正解。用坐标变换来描述从坐标系 0 到 $\boldsymbol{T}$ 的变换。从图 6.5 可知,从坐标系 1 到坐标系 0 的变换矩阵为${}^0\boldsymbol{T}_1$。依次类推为${}^1\boldsymbol{T}_2$,${}^2\boldsymbol{T}_3$,${}^3\boldsymbol{T}_4$,${}^4\boldsymbol{T}_5$ 和${}^5\boldsymbol{T}_6$。从而可以得到从坐标系 6 到坐标系 0 的变换矩阵${}^0\boldsymbol{T}_6$,从坐标系 $\boldsymbol{T}$ 到坐标系 0 的变换矩阵为${}^0\boldsymbol{T}_\mathrm{T}={}^0T_6{}^6\boldsymbol{T}_\mathrm{T}$。

$$
{}^0\boldsymbol{T}_1=\begin{bmatrix}1&0&0&0\\0&1&0&0\\0&0&1&d_0\\0&0&0&1\end{bmatrix},\ {}^1\boldsymbol{T}_2=\begin{bmatrix}\cos\theta_1&0&-\sin\theta_1&a_1\cos\theta_1\\\sin\theta_1&0&\cos\theta_1&a_1\sin\theta_1\\0&-1&0&0\\0&0&0&1\end{bmatrix}
$$

$$
{}^2\boldsymbol{T}_3=\begin{bmatrix}\sin\theta_2&\cos\theta_2&0&a_2\sin\theta_2\\-\cos\theta_2&\sin\theta_2&0&-a_2\cos\theta_2\\0&0&1&0\\0&0&0&1\end{bmatrix},\ {}^3\boldsymbol{T}_4=\begin{bmatrix}\cos\theta_3&0&-\sin\theta_3&a_3\cos\theta_3\\\sin\theta_3&0&\cos\theta_3&a_3\sin\theta_3\\0&-1&0&0\\0&0&0&1\end{bmatrix}
$$

$$ {}^{4}\boldsymbol{T}_5=\begin{bmatrix}\cos\theta_4 & 0 & \sin\theta_4 & 0\\ \sin\theta_4 & 0 & \cos\theta_4 & 0\\ 0 & 1 & 0 & d_1\\ 0 & 0 & 0 & 1\end{bmatrix},\ {}^{5}\boldsymbol{T}_6=\begin{bmatrix}\cos\theta_5 & 0 & -\sin\theta_5 & 0\\ \sin\theta_5 & 0 & \cos\theta_5 & 0\\ 0 & -1 & 0 & 0\\ 0 & 0 & 0 & 1\end{bmatrix} $$

$$ {}^{6}\boldsymbol{T}_T=\begin{bmatrix}\cos\theta_6 & -\sin\theta_6 & 0 & 0\\ \sin\theta_6 & \cos\theta_6 & 0 & 0\\ 0 & 0 & 1 & d_2\\ 0 & 0 & 0 & 1\end{bmatrix} $$

机器人的运动模型是由以上 7 个坐标变换矩阵相乘得到,由此可得到机器人的运动学模型为

$$ {}^{0}\boldsymbol{T}_T={}^{0}\boldsymbol{T}_1{}^{1}\boldsymbol{T}_2{}^{2}\boldsymbol{T}_3{}^{3}\boldsymbol{T}_4{}^{4}\boldsymbol{T}_5{}^{5}\boldsymbol{T}_6{}^{6}\boldsymbol{T}_T=\begin{bmatrix}n_x & o_x & a_x & p_x\\ n_y & o_y & a_y & p_y\\ n_z & o_z & a_z & p_z\\ 0 & 0 & 0 & 1\end{bmatrix} \tag{6.3} $$

其中

$$ n_x=\{[\cos\theta_1\sin(\theta_2+\theta_3)\cos\theta_4+\sin\theta_1\sin\theta_4]\cos\theta_5+\cos\theta_1\cos(\theta_2+\theta_3)\sin\theta_5\}\cos\theta_6+ $$
$$ [-\cos\theta_1\sin(\theta_2+\theta_3)\sin\theta_4+\sin\theta_1\cos\theta_4]\sin\theta_6 $$

$$ n_y=\{[\sin\theta_1\sin(\theta_2+\theta_3)\cos\theta_4-\cos\theta_1\sin\theta_4]\cos\theta_5+\sin\theta_1\cos(\theta_2+\theta_3)\sin\theta_5\}\cos\theta_6+ $$
$$ [-\sin\theta_1\sin(\theta_2+\theta_3)\sin\theta_4-\cos\theta_1\cos\theta_4]\sin\theta_6 $$

$$ n_z=[\cos(\theta_2+\theta_3)\cos\theta_4\cos\theta_5-\sin(\theta_2+\theta_3)\sin\theta_5\}\cos\theta_6-\cos(\theta_2+\theta_3)\sin\theta_4\sin\theta_6 $$

$$ o_x=-\{[\cos\theta_1\sin(\theta_2+\theta_3)\cos\theta_4+\sin\theta_1\sin\theta_4]\cos\theta_5+\cos\theta_1\cos(\theta_2+\theta_3)\sin\theta_5\}\sin\theta_6+ $$
$$ [-\cos\theta_1\sin(\theta_2+\theta_3)\sin\theta_4+\sin\theta_1\cos\theta_4]\cos\theta_6 $$

$$ o_y=-\{[\sin\theta_1\sin(\theta_2+\theta_3)\cos\theta_4-\cos\theta_1\sin\theta_4]\cos\theta_5+\sin\theta_1\cos(\theta_2+\theta_3)\sin\theta_5\}\sin\theta_6+ $$
$$ [-\sin\theta_1\sin(\theta_2+\theta_3)\sin\theta_4-\cos\theta_1\cos\theta_4]\cos\theta_6 $$

$$ o_z=-[\cos(\theta_2+\theta_3)\cos\theta_4\cos\theta_5-\sin(\theta_2+\theta_3)\sin\theta_5\}\sin\theta_6-\cos(\theta_2+\theta_3)\sin\theta_4\cos\theta_6 $$

$$ a_x=-[\cos\theta_1\sin(\theta_2+\theta_3)\cos\theta_4+\sin\theta_1\sin\theta_4]\sin\theta_5+\cos\theta_1\cos(\theta_2+\theta_3)\cos\theta_5 $$

$$ a_y=-[\sin\theta_1\sin(\theta_2+\theta_3)\cos\theta_4-\cos\theta_1\sin\theta_4]\sin\theta_5+\sin\theta_1\cos(\theta_2+\theta_3)\cos\theta_5 $$

$$ a_z=-\cos(\theta_2+\theta_3)\cos\theta_4\sin\theta_5-\sin(\theta_2+\theta_3)\cos\theta_5 $$

$$ p_x=\{-[\cos\theta_1\sin(\theta_2+\theta_3)\cos\theta_4+\sin\theta_1\sin\theta_4]\sin\theta_5+\cos\theta_1\cos(\theta_2+\theta_3)\cos\theta_5\}d_2+ $$
$$ d_1\cos\theta_1\cos(\theta_2+\theta_3)+a_3\cos\theta_1\sin(\theta_2+\theta_3)+a_2\cos\theta_1\sin\theta_2+a_1\cos\theta_1 $$

$$ p_y=\{-[\sin\theta_1\sin(\theta_2+\theta_3)\cos\theta_4-\cos\theta_1\sin\theta_4]\sin\theta_5+\sin\theta_1\cos(\theta_2+\theta_3)\cos\theta_5\}d_2+ $$
$$ d_1\sin\theta_1\cos(\theta_2+\theta_3)+a_3\sin\theta_1\sin(\theta_2+\theta_3)+a_2\sin\theta_1\sin\theta_2+a_1\sin\theta_1 $$

$$ p_z=-[\cos(\theta_2+\theta_3)\cos\theta_4\sin\theta_5-\sin(\theta_2+\theta_3)\cos\theta_5]d_2- $$
$$ d_1\sin(\theta_2+\theta_3)+a_3\cos(\theta_2+\theta_3)+a_2\cos\theta_2+d_0 $$

3. 运动学逆解计算

已知机器人末端的位置和姿态,求得各个关节的转角就是机器人的逆解,本小节将采用几何法和解析法相结合的方法进行求解。根据表 6.9 可知各机械臂转动范围为:$\theta_1\in(-180°,180°)$,$\theta_2\in(-60°,+80°)$,$\theta_3\in(-210°,+70°)$,$\theta_4\in(-360°,+360°)$,$\theta_5\in(-107°,$

+107°)，$\theta_6\in(-720°,+720°)$。

设腕部的第 5 坐标系在基础坐标系中的位置为(x_p,y_p,z_p)，则 x_p,y_p,z_p 可以通过 T 系和变换${}^6\boldsymbol{T}_T$ 得到，可以求得腕部关节处${}^0\boldsymbol{T}_6$ 的位姿矩阵，即${}^0\boldsymbol{T}_6={}^0\boldsymbol{T}_T({}^6\boldsymbol{T}_T)^{-1}$，利用这个关系可以得到 x_p,y_p,z_p。

第 1 步：求第 1 个关节角。

参见图 6.6，从几何关系中可以看到腰部旋转角度为

$$\theta_1=\arctan 2(y_p,x_p) \tag{6.4}$$

还有一个解为

$$\theta_1=\pi+\arctan 2(y_p,x_p) \tag{6.5}$$

考虑到第 1 个关节的转动范围为±180°，所以它存在两个解。

第 2 步：求解第 2 个关节角。

在得到第 1 个关节角后，仅考虑第 1 关节一种解的情况，参见图 6.7，腕部在第 2 坐标系的位置为

$$\begin{bmatrix}{}^2x_p\\{}^2y_p\\{}^2z_p\\1\end{bmatrix}={}^2\boldsymbol{T}_0\begin{bmatrix}x_p\\y_p\\z_p\\1\end{bmatrix} \tag{6.6}$$

其中，${}^2\boldsymbol{T}_0=({}^0\boldsymbol{T}_2)^{-1}$。

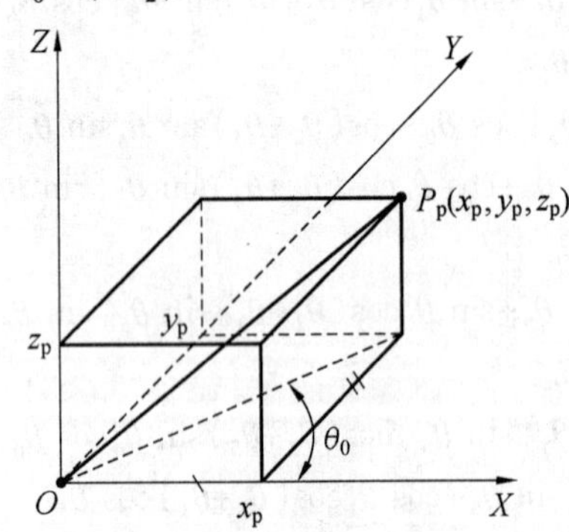

图 6.6　第 1 个关节角计算图

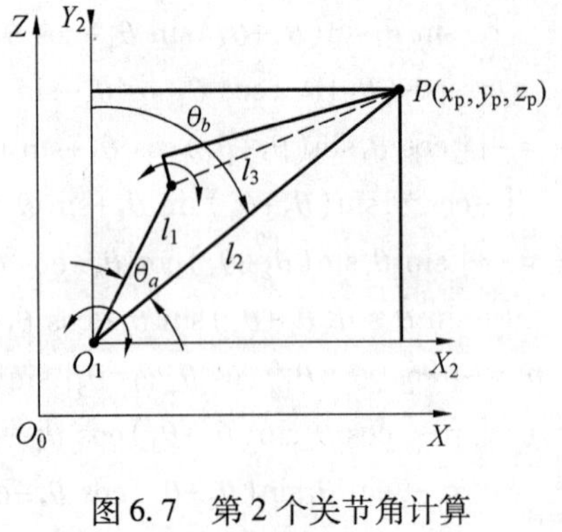

图 6.7　第 2 个关节角计算

从图 6.7 可以看出

$$\theta_a=\pm\arccos\left(\frac{l_1^2+l_2^2-l_3^2}{2l_1l_2}\right) \tag{6.7}$$

式中，l_1 和 l_3 可由机器人的机械结构尺寸得到，$l_2=\sqrt{{}^2x_p^2+{}^2y_p^2+{}^2z_p^2}$。

另一个角度为

$$\theta_b=\arctan 2({}^2y_p,{}^2x_p) \tag{6.8}$$

于是第 2 个关节角为

$$\theta_2=\theta_b-\theta_a \tag{6.9}$$

显然这个值有两个解，另一个解参见图 6.9。第 2 个关节的转动范围为-60°～+80°。

第 3 步：第 3 个关节角求解。

参见图 6.8，先求初始角度：

$$\theta_c=\pi-\arctan\left(\frac{d_1}{a_3}\right) \tag{6.10}$$

$$\theta_d=\arccos\left(\frac{{l_1}^2+{l_3}^2-{l_2}^2}{2l_1l_3}\right) \tag{6.11}$$

从而得到角度为

$$\theta_3=-(\theta_d-\theta_c) \tag{6.12}$$

另一个解为

$$\theta_3=-[2\pi-(\theta_d+\theta_c)] \tag{6.13}$$

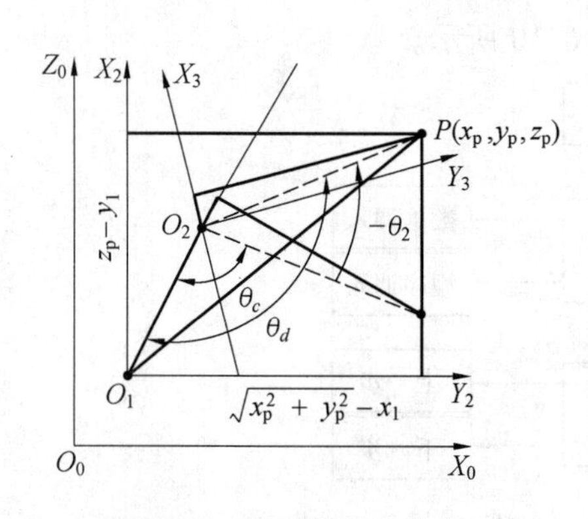

图 6.8　第三关节角计算

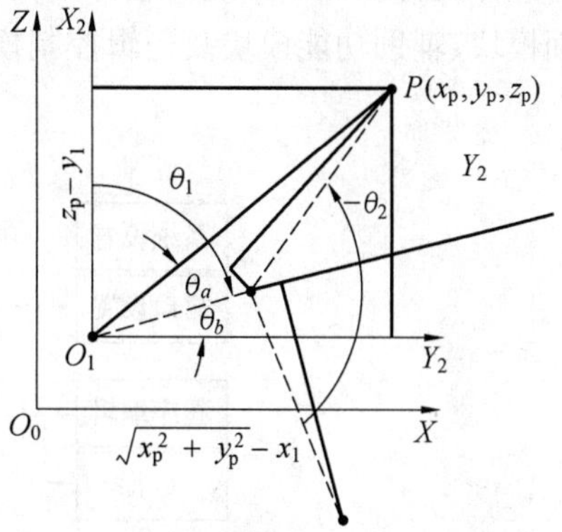

图 6.9　第二关节角多值情况

这个关节的转动范围为−210°～+70°。

第 4 步:第 4～6 个关节角求解。

关于其余旋转角度的解,则比较简单,即

$$^0\boldsymbol{T}_{\mathrm{T}}={}^0\boldsymbol{T}_1{}^1\boldsymbol{T}_2{}^2\boldsymbol{T}_3{}^3\boldsymbol{T}_4{}^4\boldsymbol{T}_5{}^5\boldsymbol{T}_6{}^6\boldsymbol{T}_T \tag{6.14}$$

$$^4\boldsymbol{T}_{\mathrm{T}}=({}^3\boldsymbol{T}_4)^{-1}({}^2\boldsymbol{T}_3)^{-1}({}^1\boldsymbol{T}_2)^{-1}({}^0\boldsymbol{T}_1)^{-1}\cdot{}^0\boldsymbol{T}_T={}^4\boldsymbol{T}_5{}^5\boldsymbol{T}_6{}^6\boldsymbol{T}_T \tag{6.15}$$

而这个变换矩阵计算结果为

$$^4\boldsymbol{T}_{\mathrm{T}}=\begin{bmatrix} c\theta_4c\theta_5c\theta_6-s\theta_4s\theta_6 & -c\theta_4c\theta_5s\theta_6-s\theta_4c\theta_6 & -c\theta_4s\theta_5 & 0\\ s\theta_4c\theta_5c\theta_6+c\theta_4s\theta_6 & -s\theta_4c\theta_5s\theta_6+c\theta_4c\theta_6 & -s\theta_4s\theta_5 & 0\\ s\theta_5c\theta_6 & -s\theta_5s\theta_6 & c\theta_5 & 0\\ 0 & 0 & 0 & 1\end{bmatrix} \tag{6.16}$$

同时假设

$$^4\boldsymbol{T}_{\mathrm{T}}=({}^3\boldsymbol{T}_4)^{-1}({}^2\boldsymbol{T}_3)^{-1}({}^1\boldsymbol{T}_2)^{-1}({}^0\boldsymbol{T}_1)^{-1}\cdot{}^0\boldsymbol{T}_{\mathrm{T}}=\begin{bmatrix} n_x & o_x & a_x & 0\\ n_y & o_y & a_y & 0\\ n_z & o_z & a_z & 0\\ 0 & 0 & 0 & 1\end{bmatrix} \tag{6.17}$$

根据式(6.15)中对应元素相等的原则如下:

考虑到 $\theta_5=\pm\arccos(a_z)$ 的取值范围,当 $\theta_5\neq0$ 时,有

$$\theta_4=\arctan 2\left(-\frac{a_y}{\sin\theta_5},-\frac{a_x}{\sin\theta_5}\right)$$

$$\theta_6=\arctan 2\left(-\frac{o_z}{\sin\theta_5},\frac{n_z}{\sin\theta_5}\right) \tag{6.18}$$

当 $\theta_5=0$ 时,取 $\theta_4=0$,$\theta_6=\arctan 2(-o_x,n_x)$或 $\theta_6=\arctan 2(-n_y,-o_y)$。其中,第 4 ~6 个关节角度范围分别为±360°,±107°,±720°。

6.2.2 上位机软件设计

HIT-3KGTR 机器人的 PC 机软件系统以 Windows 操作系统为软件环境,利用面向对象的编程语言 VC++6.0 开发而成,是一个多任务处理控制软件。由于控制系统硬件采用"PC 机+运动控制卡"的主从分布式结构体系,因此在控制系统软件设计时,依据软件工程的思想进行总体设计。控制系统的软件结构包括 5 大模块,即代码编译模块、运动控制模块、人机界面模块、辅助功能模块及逻辑控制模块,如图 6.10 所示。

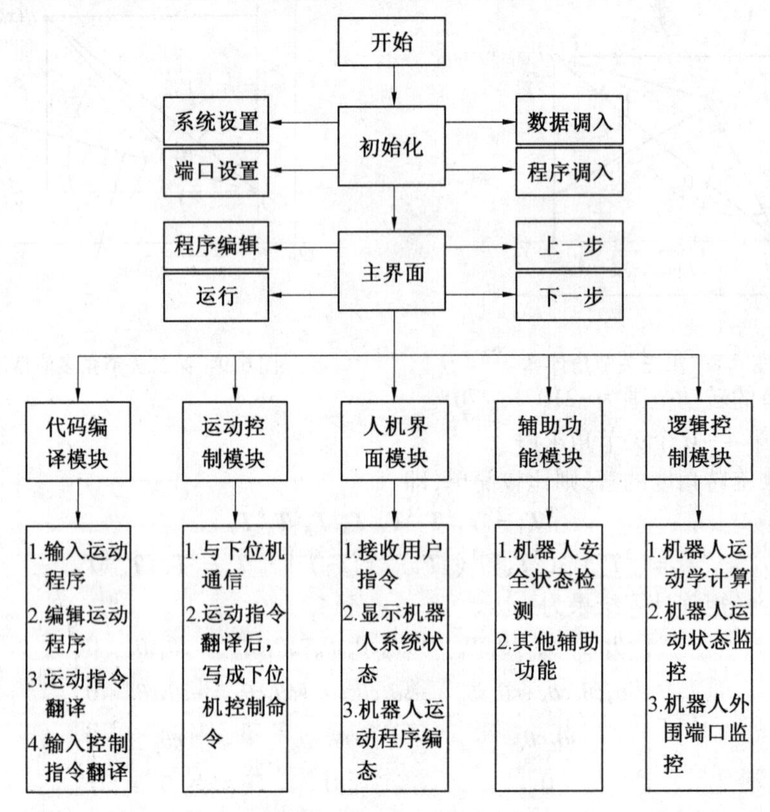

图 6.10 软件结构图

编写机器人程序软件时主要考虑以下因素:

(1)稳定性。软件具有查错、排错和报警功能,增加安全防护功能,提高程序运行的稳定性。

(2)模块化。程序按模块化、分层次设计,结构清晰;各功能模块相对独立,便于调试和编写;并且在保证系统性能的前提下,使操作界面美观、简洁和实用。

(3)扩展性。程序每个模块具有开放接口和功能增加接口,便于软件更新和升级。

人机交互界面系统功能分为程序、数据、I/O、设置和运动 5 个部分。程序设计按照 5 个功能模块进行设计,在每个模块下设计程序实现子模块功能。这样,设计的机器人软件各模块功能如下:

1. 初始化模块

初始化模块是机器人启动时，需要进行预先设置的部分，包括系统设置、数据调入、端口设置和程序调入等，如图6.11所示。在初始化完毕后，机器人进入系统主界面，等待系统的外部指令。

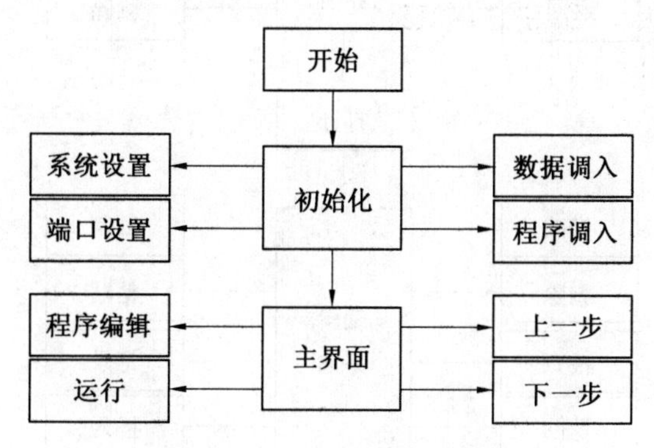

图6.11　初始化模块结构图

2. 数据模块

数据模块是机器人的位置变量和逻辑变量的管理部分。机器人在程序编写时需要进行相应的变量控制，包括逻辑变量的创建、赋值和判断，位置变量的创建、赋值等编辑和控制，如图6.12所示。

同时在机器人示教过程中，结合机器人的运动模块能够通过手控盒按键自动记录机器人的当前位置和姿态。

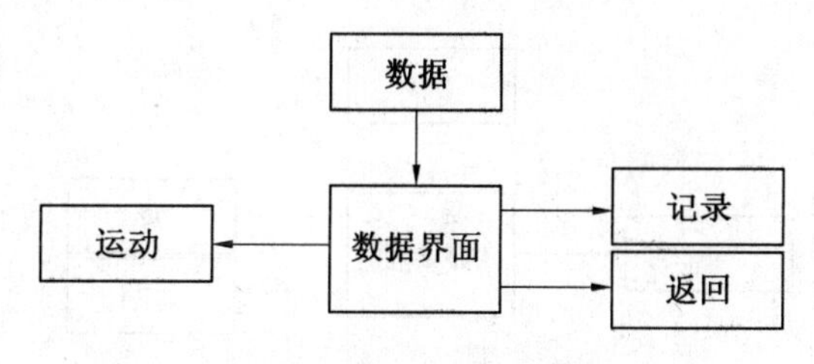

图6.12　数据模块结构图

3. 程序模块

程序模块(图6.13)是机器人启动完毕进入主界面后的操作模块，实现程序选择、新建、复制、删除、修改和程序内容编辑等功能。其中程序指令输入部分和程序编译部分是该模块的核心，前者完成机器人运动程序(运动指令、逻辑指令和端口操作指令)的编写和编辑；后者则对运动程序进行编译工作，把机器人语言翻译成系统硬件能够识别的指令语言，是软件的底层部分。

4. I/O 模块

I/O 模块(图6.14)是机器人的外部端口管理部分，也是机器人能够在自动化设备中使用的一个重要因素。机器人不仅能够自身完成高性能的运动，还应该具有与外部环境进行交互的能力。

I/O 模块包括数字量输入输出和模拟量输入输出部分，在实际的机器人工作单元中，机

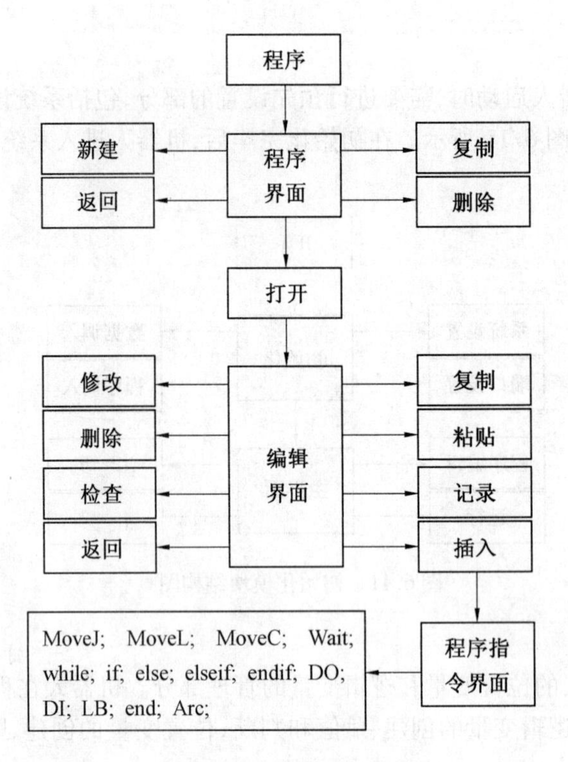

图 6.13　程序模块结构图

器人能够利用外部环境的变量的特点进行信息交互,从而可与外部工作环境相融合,实现机器人的运动能力。

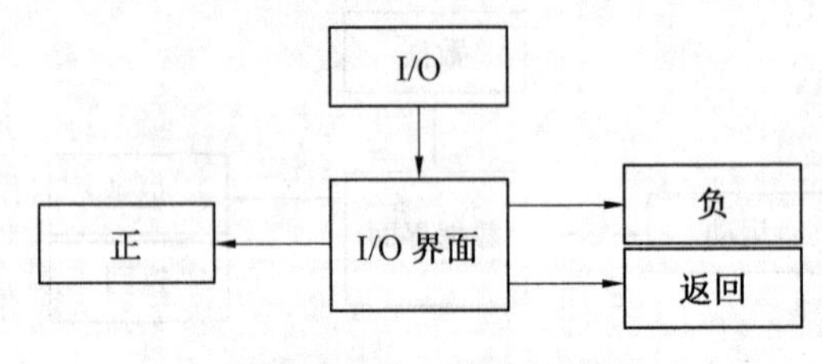

图 6.14　I/O 模块结构图

5. 设置模块

设置模块(图 6.15)是机器人的辅助管理部分,此部分可对机器人系统进行密码设置(不同用户密码管理)、坐标系设置(坐标系切换、用户坐标系创建、工具坐标系设置等)、语言切换、用户设置(用户创建、删除和用户登录)、报警设置和处理等功能。

6. 运动模块

运动模块(图 6.16)是机器人的运动控制模块,也是机器人软件的核心部分。运动模块包括机器人的单关节运动和基础坐标系的多轴联动,其运动控制可由机器人的手控盒和程序控制。同时,在运动模块可进行速度设置、运动坐标系切换和机器人归零位等控制功能。

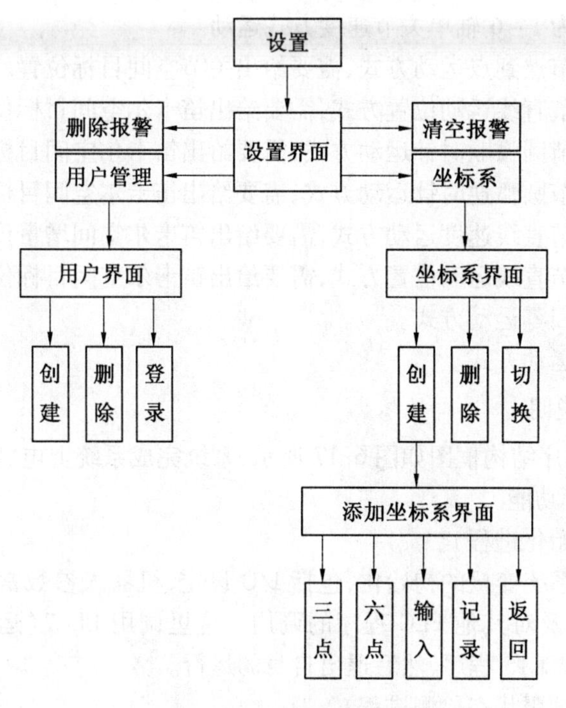

图6.15　设置模块结构图

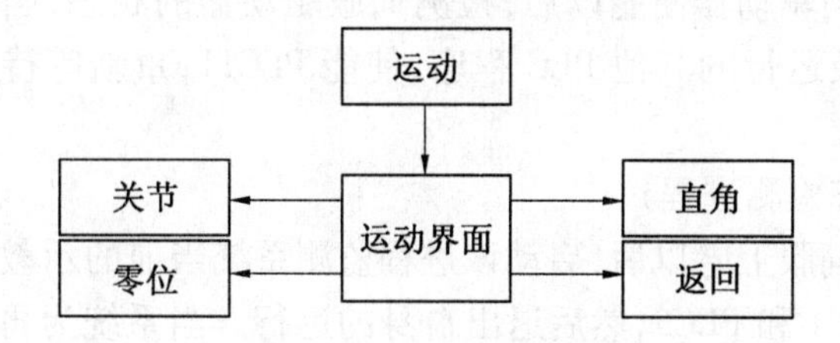

图6.16　运动模块结构图

6.2.3　下位机软件设计

机器人的下位机控制器采用PMAC可编程控制器,它是一个拥有高性能伺服运动控制器的系列,通过灵活的高级语言可最多控制8轴同时运动。它本身可以看作是一台实时的、多任务的计算机。它可以独立工作,也可以与PC机通过通信接口连接,由PC机发送在线指令或者用户编制的伺服程序。它所拥有的专用的类似于VB的机器人开发语言,能高效的开发出具有强大功能的运动程序。其语言独有的软PLC功能,使其开发出的软件的实时性大大增强。

1. 变量说明

PMAC卡与上位机通过变量进行数据交换,其中P变量和Q变量用于上位机发送命令和进行数据传递以及下位机运行状态的指示。M变量用于指示系统的状态。

2. 运动程序说明

运动程序从1021～1053号编写:

程序1021～1026为1～6轴单关节位置增量方式运动。

程序 1033 ~ 1038 为 1 ~ 6 轴单关节速度方式运动。

程序 1041 为多关节点到点运动方式,需要给出关节空间目标位置。

程序 1042 为多关节直线运动位置方式,需要给出笛卡尔空间目标位置。

程序 1043 为多关节圆弧顺时针运动方式,需要给出笛卡尔空间目标位置。

程序 1044 为多关节圆弧逆时针运动方式,需要给出笛卡尔空间目标位置。

程序 1048 为多关节直线速度运动方式,需要给出笛卡尔空间增量位置。

程序 1049 为多关节直线运动位置方式,需要给出笛卡尔空间目标位置。

程序 1050 为快速回零运动方式。

程序 1051 为快速运动方式。

3. PLC 程序功能说明

逻辑控制(PLC)程序结构框图如图 6.17 所示,系统完成系统上电、状态检测、运动程序管理和操作流程管理等功能。

(1)PLC1(系统初始化进程)。

PLC1 中完成整个系统变量的初始化,包括 I/O 设定,机器人参数常量设定及 P 变量和 M 变量的初始设置,以及对其他 PLC 程序的调用。这里调用 PLC7(运动程序完成监视进程)、PLC10、PLC11 及 PLC15 程序,然后退出自身的运行。

(2)PLC2(驱动器伺服状态检测进程)。

由 PLC13 启动,即当驱动器使能以后,检测伺服驱动器的状态,当驱动器出现关闭、报警及掉电后,关闭伺服及运行的其他 PLC 程序,使能 PLC11,重新等待伺服上电,然后退出自身的运行。

(3)PLC3(示教状态检测进程)。

由 PLC11 启动,当伺服上电以后,启动该进程监测系统当前的示教-再现状态。当系统为示教状态时,启动 PLC4 和 PLC5,然后退出自身的运行。当系统为再现状态时,则一直运行该进程。

(4)PLC4(再现状态检测进程)。

当系统为示教状态时,由 PLC3 启动该进程。监视系统的示教-再现状态。当系统为再现状态时,停止 PLC5 和 PLC6,启动 PLC3(示教状态检测进程),然后退出自身的运行。

(5)PLC5(手压开关开检测进程)。

当系统为示教状态时,由 PLC3 启动该进程。监视系统的手压开关的开状态。当手压开关打开时,则停止所有的坐标系运动及设置运动完成标志为 1,且一直运行该操作,使系统处于停止状态。直到手压开关闭合时,则启动 PLC6 并退出自身的运行。

(6)PLC6(手压开关关检测进程)。

当系统为示教状态且手压开关闭合时,由 PLC5 启动该进程。该进程一直监测手压开关的闭合状态,当手压开关闭合时,则只做检测,一直运行。当手压开关打开时,启动 PLC5 停止所有运动程序,并退出其自身的运行。

(7)PLC7(运动程序完成监视进程)。

当系统上电后,由 PLC1 启动该进程。一旦运行后,该进程则不再退出,直到系统掉电。该进程用于判断运动程序的完成,除速度方式下的运动程序外,所有其他的运动程序都通过 M 变量来指示其程序的结束,当一个运动程序结束后,该程序通过判断相应的 M 变量来设

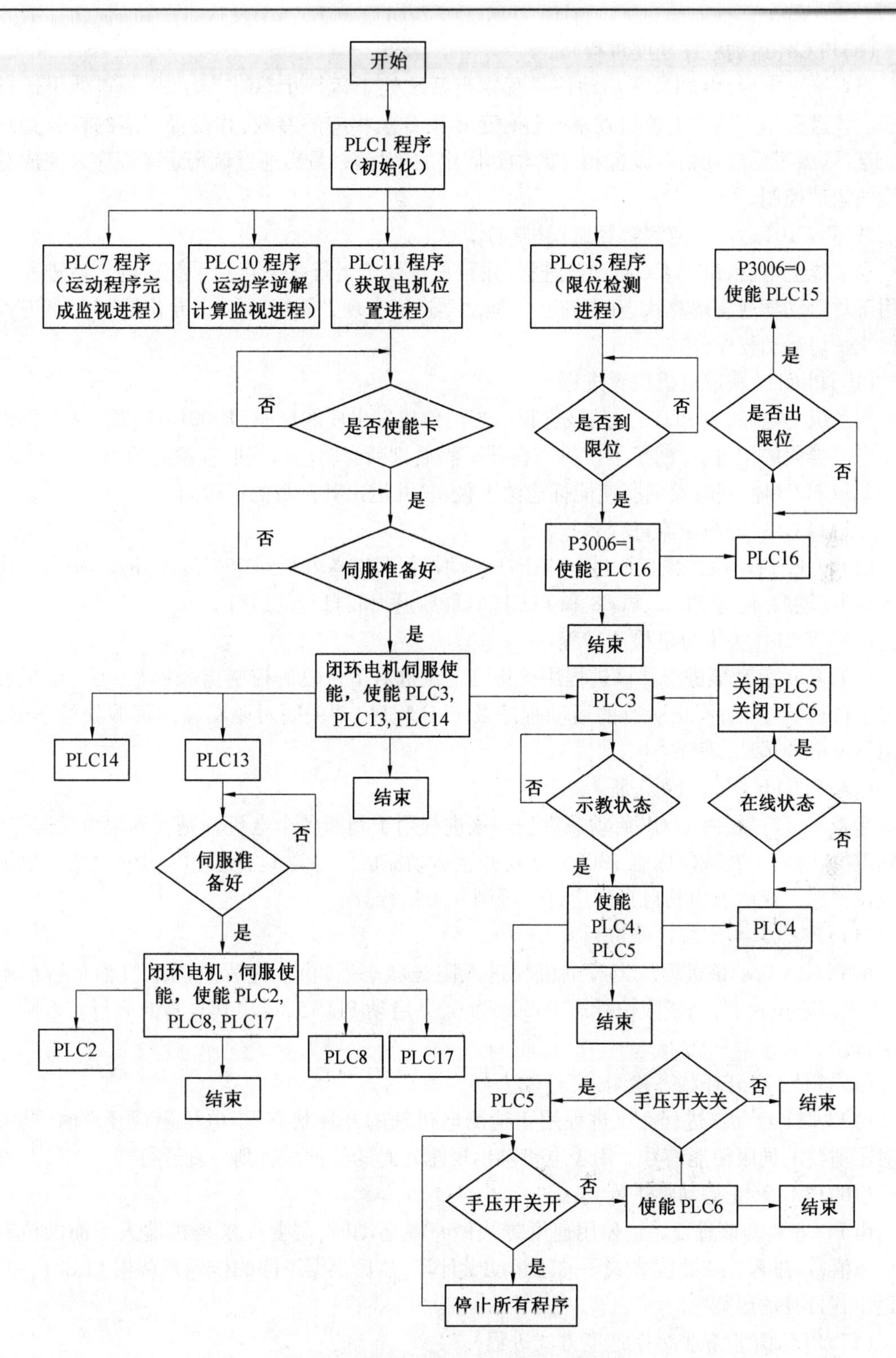

图 6.17　逻辑控制（PLC）程序结构框图

置其标志变量为 0，表示程序完成。同时，当所有运动程序都完成时，置运动完成标志 P3300=0。

(8)PLC8(运动程序调度进程)。

当系统上电后,由 PLC13 启动该进程。当系统处于运行状态时,该进程一直处于运行状态。该进程用于接收上位机发来的各种运动指令及相应的参数,并设置相应的参数到系统变量,然后根据运动指令设置相应的轴到固定的坐标系,最后通过调用运动程序来完成对各轴的运动控制。

(9)PLC10(运动学逆解解算监视进程)。

当系统上电后,由 PLC1 启动该进程,并且一直处于运行状态直到系统掉电。该进程专门用于对运动学逆解解算状态的监视,当运动学逆解出现“无解”或“奇异位形”时,该进程则停止一切运动程序。

(10)PLC11(获取电机位置进程)。

当系统上电后,由 PLC1 启动该进程。当上位机发出使能标志(P3001 = 1)后,从上位机读取电机当前的位置,并赋予下位机寄存器。然后判断当驱动器伺服准备好后,启动 PLC3、PLC13 和 PLC14。同时发伺服使能标志给上位机,并退出其自身的运行。

(11)PLC13(伺服使能进程)。

由 PLC11 启动该进程。该进程用于在驱动器伺服准备好后对电机的闭环及 serv_on 信号的输出。然后使能 PLC2、PLC8 和 PLC17。最后退出其自身的运行。

(12)PLC14(关下位机检测进程)。

由 PLC11 启动该进程。该进程用于检测上位机对下位机的控制指令状态,当上位机发出关下位机指令时,停止所有的运动程序及 PLC 程序,并关闭对驱动器的伺服使能信号。结束下位机的运动,等待关机。

(13)PLC15(限位检测进程)。

当系统上电后,由 PLC1 启动该进程。该进程用于判断各个电机轴是否到限位状态,如果到限位状态,则置限位标志 P3006 为 1,并置运动完成标志为 1。使能 PLC16,检测电机轴的限位状态。最后退出其自身的运行。否则一直运行。

(14)PLC16(出限位检测进程)。

由 PLC15 启动该进程。当有电机轴进入限位状态后,由该进程监测电机轴是否出限位,如果出限位状态,则置限位标志 P3006 为 0,并启动 PLC15,退出其自身的运行。否则一直运行。

(15)PLC17(开环状态检测进程)。

由 PLC13 启动该进程。该进程用于检测电机轴的开环状态,当电机出现开环时,则关闭对驱动器的伺服使能信号。用于电机轴出现意外时的保护。否则一直运行。

(16)PLC19(正运动学进程)。

由 PLC8 启动该进程。当使用速度方式做直线运动时,需要先求得机器人当前的位置和姿态值,该进程完成速度方式下的正运动学计算,然后根据不同的坐标系调用 PLC21。然后退出其自身的运行。

(17)PLC20(世界坐标系速度方式进程)。

由 PLC21 启动该进程。当在世界坐标系下,使用速度方式做直线运动时,通过调用该进程不断给目标位置和姿态赋予新的值来使机器人连续运动,从而实现速度方式的控制,该进程由其自身在运行一次后停止。

(18)PLC21(速度方式直线程序调用线程)。

由PLC19启动该进程。该进程用于在速度方式下做直线运动时不断地调用PLC20或PLC21。其作用是在其内实现精确定时50 ms,所以可以精确计算速度方式下的运动速度。由PLC8直线停止运动方式结束其运行。

(19)PLC22(工具坐标系速度方式进程)。

由PLC21启动该进程。在工具坐标系下,使用速度方式做直线运动时,通过调用该进程不断给目标位置和姿态赋予新的值来使机器人连续运动,从而实现速度方式的控制。该进程由其自身在运行一次后停止。

6.3　机器人操作

6.3.1　HIT-3KGTR型机器人简介

为了进行机器人操作任务,首先要了解机器人的相关知识,包括HIT-3KGTR型机器人的安全操作规程和日常维护,HIT-3KGTR型机器人的坐标系,HITRSOFT编程语言的基本命令,示教编程器的使用操作方法,示教模式的操作等方面的知识和技能。

HIT-3KGTR型机器人是由哈尔滨工业大学机器人研究所设计的3 kg搬运机器人。机器人具有空间位置和姿态的调整能力,并且具有较高的位置精度、控制精度和操作安全性能等。机器人采用工业型手臂结构,分为转动、摆动,摆动、转动、摆动和转动关节,共有6个自由度,全部关节都为转动型关节,而且前3个关节都集中在腕部。关节型机器人的特点是结构紧凑,所占空间体积小,相对的工作空间较大,是工业机器人中使用最多的一种结构,可以到达机器人工作空间的任意位置和姿态,机器人的结构如图6.18所示,其中图6.18(a)和6.18(c)为机器人结构简图,图6.18(b)为机器人的尺寸标注简图。

机器人第1关节材料采用焊接方式,板材焊接后经过加工和机加件法兰连接,可保证底座的加工精度,由于该关节承受了机器人的总体质量,具有较大的扭矩和惯性矩,所以采用松下伺服电机和同步带轮连接减速器,减速器采用住友的RV减速器。第2关节是摆动关节,是机器人位置运动的主要关节,承担了2轴以上的摆动载荷,所以采用大功率的松下伺服电机,直接与减速器相连。其余各轴的转矩比较小,机器人本体质量为66.5 kg。

机器人实时控制器硬件结构如图6.19所示。该实时控制器由1台计算机、1块多轴运动控制卡(PMAC)和6个伺服控制器等构成,运动控制卡通过计算机网线与计算机相连。机器人6个关节的绝对位置码盘值均输入多轴运动控制卡,作为位置反馈信号,用于实现位置伺服控制。

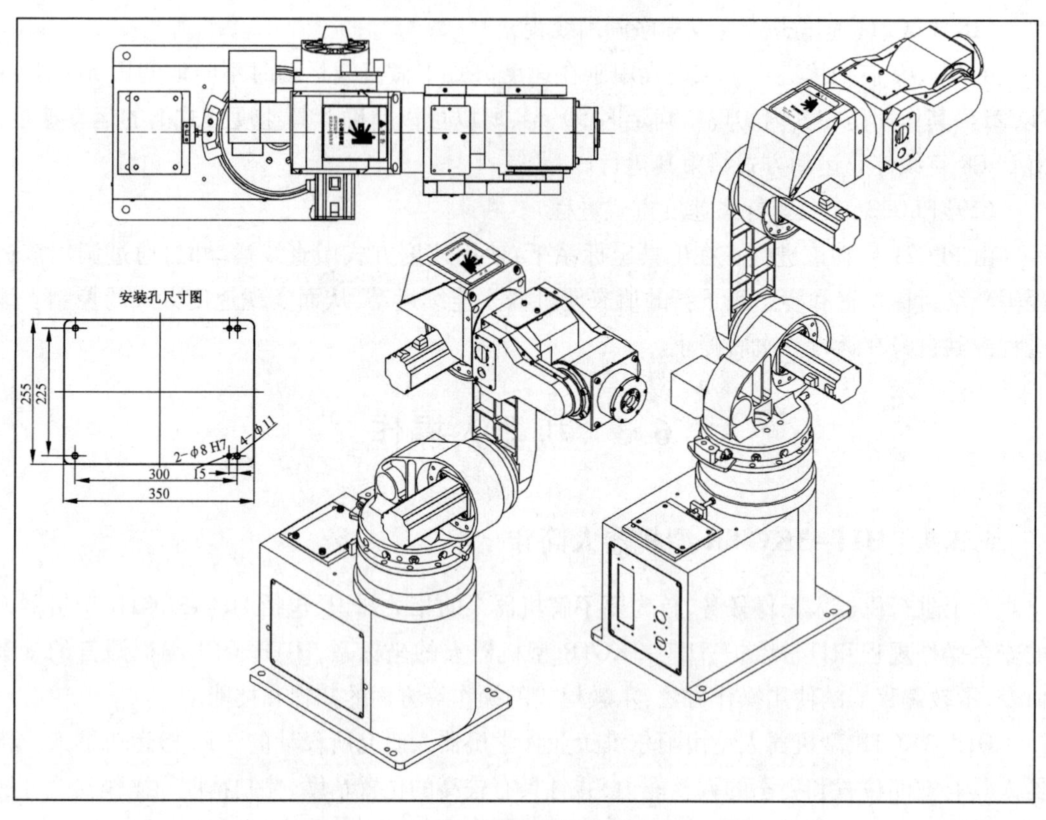

(a) 机器人结构图(1)

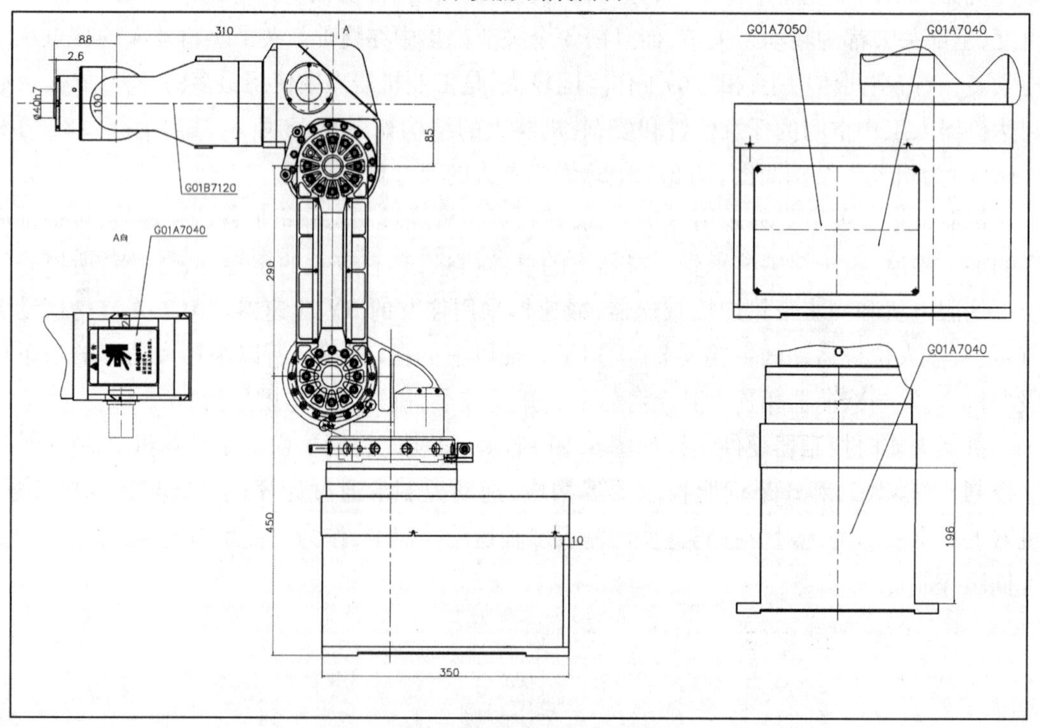

(b) 机器人尺寸标注简图

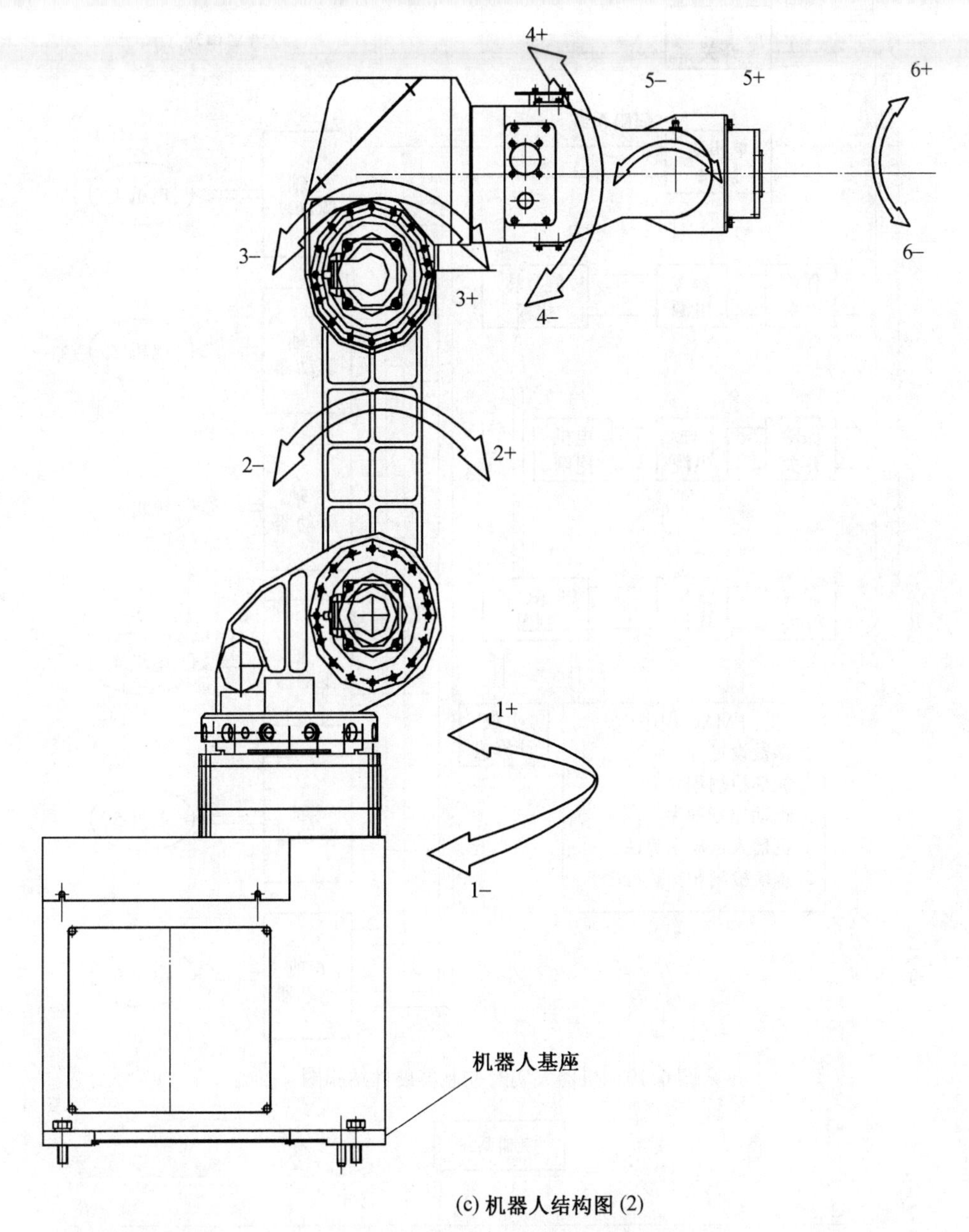

(c) 机器人结构图 (2)

图 6.18　机器人的结构

控制系统是机器人系统的重要组成部分,它包括传感器系统、主控及通信系统和驱动系统。主控及通信系统是机器人的核心部分,承担供电、接口标准化、运算和通信等工作。该部分包括中央控制模块、输入输出模块、电源模块、显示模块、通信模块、伺服控制模块和操作电路模块等,如图 6.20 所示。

机器人关节驱动采用松下交流伺服电机,控制器为基于网络总线的六路驱动器控制,手爪开合由电磁阀控制,控制信号来自相邻 PMAC 控制器的开关信号。驱动系统模块如图 6.21 所示。

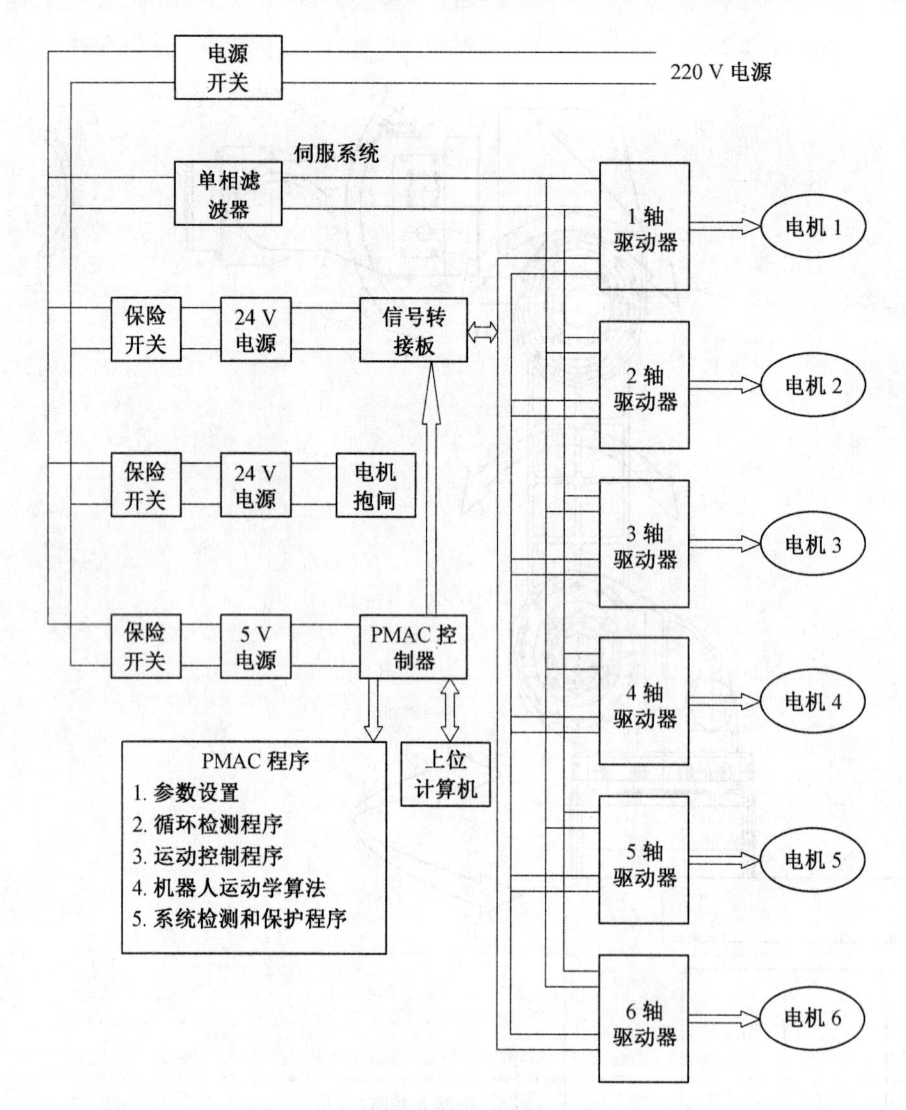

图 6.19 机器人实时控制器硬件结构图

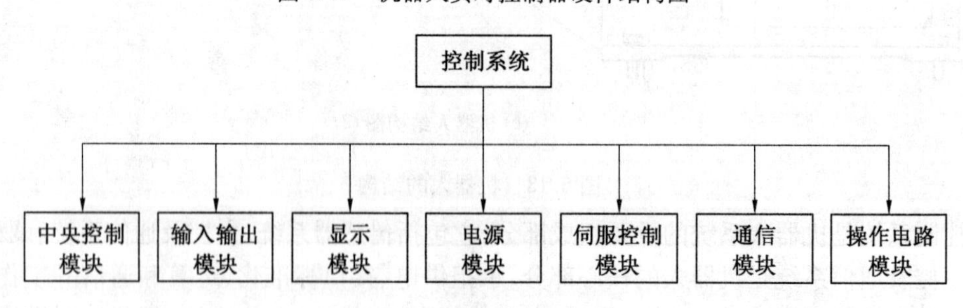

图 6.20 控制系统模块图

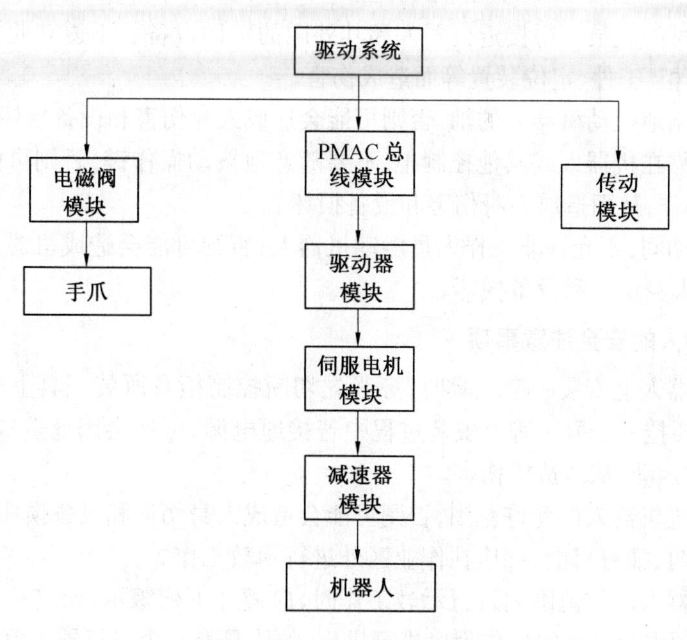

图 6.21　驱动系统模块图

6.3.2　机器人操作安全注意事项

1. 操作人员的安全注意事项

使用前(安装、运转、保养、检修),请务必熟读并全部掌握机器人说明书和其他附属资料,在熟知全部设备知识、安全知识及注意事项后再开始使用。

安全注意事项分为“危险”“注意”“强制”“禁止”4 类,应分别记载。

表 6.10　机器人操作安全类型

类型	说明
危险	误操作时有危险,可能发生死亡或重伤事故
注意	误操作时有危险,可能发生中等程度伤害、轻伤事故或物件损坏
强制	必须遵守的事项
禁止	禁止的事项

即使是属于“注意”类事项,也会因情况不同而产生严重后果,故任何一条“注意”事项都极为重要,请务必严格遵守。

另外,在机器人的最大动作范围内均具有潜在的危险性。使用机器人的所有人员(安全管理员、安装人员、操作人员和维修人员)必须时刻树立安全第一的思想,以确保所有人员的安全。

注意:

(1)机器人的安装区域内禁止进行任何危险作业。若任意触动机器人及其外围设备,则会造成危险。

(2)未经许可的人员不得接近机器人和其外围的辅助设备。不遵守此提示可能会由于触动机器人控制柜、工件、定位装置等而造成伤害。

(3)不要强制地扳动机器人的轴,否则可能会造成人身伤害和设备损坏。

(4)不要倚靠在机器人或其他控制柜,不要随意地按动操作键,否则可能会造成机器人产生未预料的动作,从而造成人身伤害和设备损坏。

(5)在操作期间,不允许非工作人员触动机器人;否则可能会造成机器人产生未预料的动作,从而造成人身伤害和设备损坏。

2. 使用机器人的安全注意事项

(1)当往机器人上安装一个工具时,务必先切断控制柜及所装工具上的电源并锁住其电源开关,而且要挂一个警示牌。安装过程中若接通电源,可能会因此造成电击,或会产生机器人的非正常运动,从而造成伤害。

(2)不要超过机器人的允许范围,否则可能会造成人身伤害和设备损坏。

(3)无论何时,如有可能,都应在作业区外进行示教工作。

(4)当在机器人动作范围内进行示教工作时,应遵守下列警示:始终从机器人的前方进行观察;始终按预先制订好的操作程序进行操作;始终具有一个当机器人万一发生未预料的动作而进行躲避的想法。确保操作人员在紧急情况下有退路,否则可能误操作机器人,造成伤害事故。

(5)在操作机器人前,应先按下机器人控制柜前门上及示教编程器右上方的急停键,以检查“伺服准备”的指示灯是否熄灭,并确认其电源已关闭。如果在紧急情况下不能使机器人停止,则会造成机械的损害。

(6)在执行下列操作前,应确认机器人动作范围内无任何人:接通机器人控制柜的电源时;用示教编程器移动机器人时;试运行时;再现操作时。

(7)示教机器人前应先执行下列检查步骤,如发现问题则应立即更正,并确认所有其他必须做的工作均已完成:①检查机器人运动方面的问题;②检查外部电缆的绝缘及护罩是否损坏。

(8)示教编程器使用完毕后,务必挂回到机器人控制柜的挂钩上。若示教编程器遗留在机器人、系统夹具或地面上,则机器人或装载其上的工具将会碰撞它,由此可能引起人身伤害或设备损坏。

6.3.3 机器人初步了解

1. 机器人控制柜

机器人控制柜的结构如图 6.22 所示,控制柜内部安装有机器人的控制系统及驱动系统。其各项主要参数如下:

外形尺寸:800 mm×1 200 mm×400 mm。

数字输入/输出(I/O):专用信号(硬件)有 10 个输入和 4 个输出。

通用信号(标准):有 32 个输入和 32 个输出。

驱动单元:交流(AC)伺服电动机的伺服包。

存储容量:1 000 程序点,1 000 条命令。

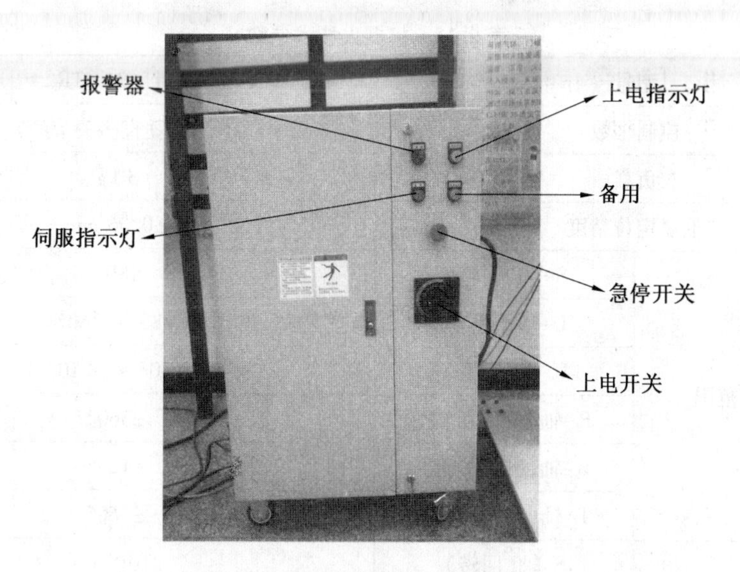

图6.22　机器人控制柜

控制柜的正面装有主电源开关和门锁,柜门的右上角装有急停键,示教编程器挂在急停键下方的挂钩上。

2. 机器人本体

HIT-3KGTR型机器人本体如图6.23所示。

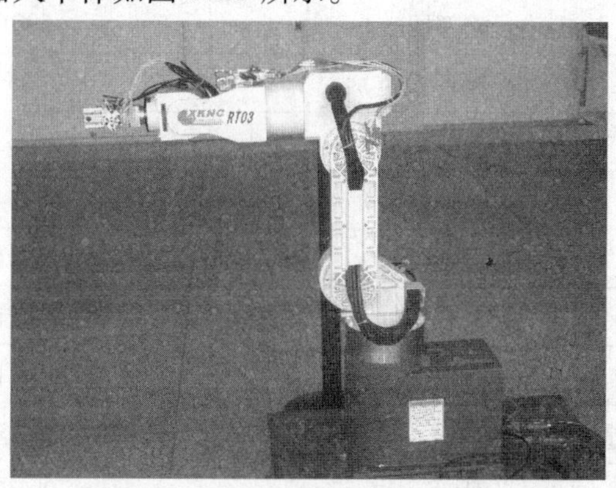

图6.23　HIT-3KGTR型机器人本体

机器人机械本体包括基座、大臂、小臂、腕部和手部等部分,在手部末端的法兰盘上安装有气动手爪,可以实现对相应外形和尺寸目标的抓取。同时,在机器人的外壳上安装有布线装置和电气接口,机器人系统供电和外部端口扩展。HIT-3KGTR型机器人技术参数见表6.11。

表 6.11 机器人技术参数

型号		HIT-3KGTR
控制轴数		6 个(垂直多关节型)
负载		3 kg
重复定位精度		±0.06 mm
最大动作范围	S-轴(回转)	180°
	L-轴(下臂)	+80° ~ -60°
	U-轴(上臂)	+70° ~ -210°
	R-轴(腕部扭转)	±360°
	B-轴(腕部俯仰)	±125°
	T-轴(腕部回转)	±360°
最大动作速度	S_轴(回转)	210(°)/s
	L 一轴(下臂)	180(°)/s
	U-袖(上臂)	225(°)/s
	R-轴(腕部扭转)	375(°)/s
	B-轴(腕部俯仰)	375(°)/s
	T-轴(腕部回转)	500(°)/s
许用扭矩	R-轴(腕部扭转)	7.25 N · m
	B_轴(腕部俯仰)	7.25 N · m
	T-轴(腕部回转)	5.21 N · m
许用转动惯量	R-轴(腕部扭转)	0.30 kg · m^2
	B-轴(腕部俯仰)	0.30 kg · m^2
	T-轴(腕部回转)	0.10 kg · m^2
质量		45 kg
环境条件	温度	0 ~ +45 ℃
	湿度	20% ~ 80% RH(不结露)
	振动	小于 49 m/s^2
	其他	远离腐蚀气体或液体、易燃气体。保持环境干燥、清洁。远离电气噪声源
动力电源容量		1 kV · A

3. 示教编程器

(1)示教编程器的外观。

如图 6.24 所示,示教编程器外形尺寸为 200 mm×300 mm×60 mm。

在示教编程器上装有急停按钮、手压开关、状态指示灯和各种操作按键等。其中,手压开关和急停开关的功能起保护作用,操作者在示教模式工作时可随时控制机器人的伺服上

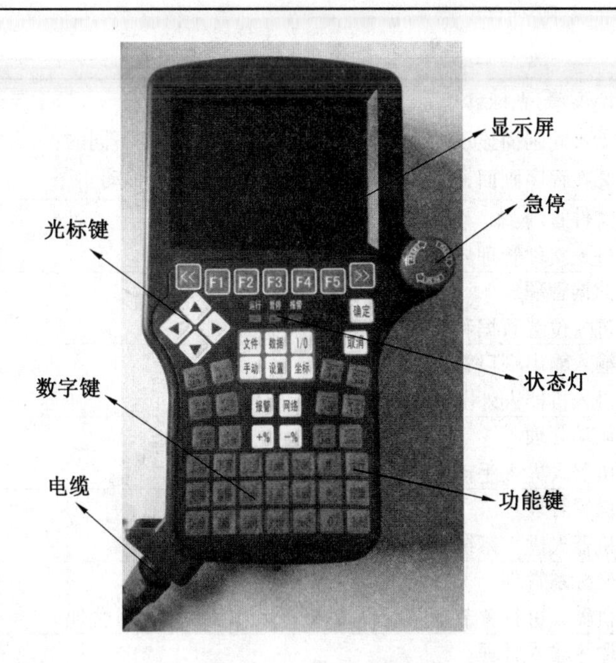

图 6.24　示教编程器

电状态。状态指示灯的作用是显示机器人的运行、暂停和报警的状态，当指示灯变红之后，提示操作者进行相关的检查。在机器人示教盒的面板上布置了相关的功能按键，可以实现机器人程序编写、数字编辑、速度修改和运动控制等功能。

(2)示教编程器的键功能。

机器人按键说明见表 6.12。

表 6.12　机器人按键说明

运行	按下该键，机器人开始再现运动
暂停	按下该键，运动中的机器人暂停运动
急停	按该键，伺服电源切断。 ①切断伺服电源后，示教编程器的伺服指示灯灭； ②显示屏显示急停信息
安全开关	按该键，伺服电源接通。 伺服 ON 指示灯闪烁时，安全插销 ON，模式键位于“示教”时，轻轻按安全开关，可接通伺服电源。在该状态下，若松开安全开关，则伺服电源断开

续表 6.12

光标	按该键,光标移动。 ①不同画面显示的光标大小、移动范围和区域是不同的; ②在程序画面,光标可根据上、下、左、右键进行移动
文件	文件管理。 进入文件管理界面
数据	数据管理。 进入位置数据和变量数据管理界面
IO	输入输出端口管理。 进入机器人外围输入输出端口管理界面
手动	运动管理。 机器人进入手动操作管理界面。
设置	设置管理。 机器人进入系统设置管理界面。
坐标	坐标系管理。 机器人进行关节坐标系、基础坐标系和工具坐标系管理
删除	命令输入管理。 配合回车键,对程序进行编辑
确定	进行命令或数据的登录、机器人当前位置的登录及编辑等有关的操作时,该键是最终决定键。 按回车键,输入缓冲行显示的命令或数据,被输入到显示屏光标所在位置,这样就完成了输入、插入、修改等操作
手动速度“高”“低”	手动速度时,设定机器人动作速度的专用键。该键设定的动作速度即使在前进、后退的运动中仍然有效。 手动速度有 3 个等级(低、中、高)可供选择
复位	机器人报警消除。 该键按下时机器人进行报警处理
轴操作	操作机器人各个轴的专用键。 ①机器人只在该键按下时运动; ②轴操作键可同时进行两种以上的操作; ③机器人按照选定的坐标系和选定的手动速度运动。轴操作前,请确认坐标系和手动速度是否正确
数值键	输入状态时,按数值键。 ①可输入键左上角的数值和符号; ②“.”是小数点,“-”是减号或连字符; ③数值键也作为扩展用途键来使用

(3)示教编程器的画面显示。

示教编程器的显示屏是 5.7 英寸的彩色显示屏,可用文字有英文、数字、符号和汉字。

显示区包括通用显示区、状态显示区、菜单显示区和信息显示区,如图 6.25 所示。操作中,正在显示的画面都附带名称显示。名称显示在通用显示区的左上角。

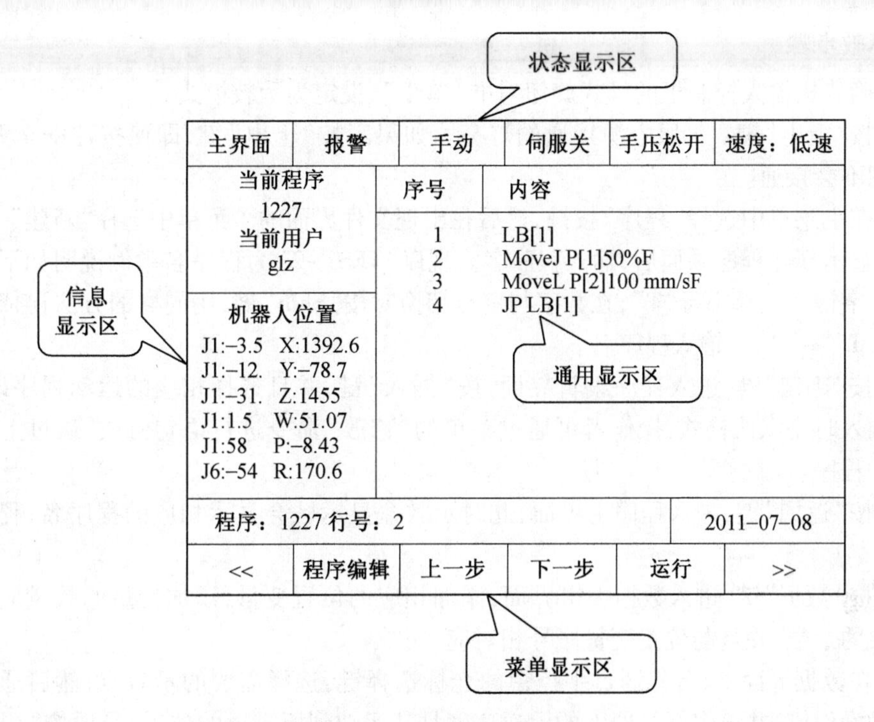

图6.25 示教编程器的画面显示

1. 通用显示区

通用显示区可进行程序、特性文件、各种设定的显示和编辑。根据画面显示的程序内容，操作键可进行相关的机器人运动，同时可通过示教盒的光标等选择键进行程序内容编辑和选择等。

2. 菜单显示区

菜单显示区显示在该界面机器人可进行的各种操作，操作者应根据提示信息操作F1～F5各功能键。

3. 状态显示区

状态显示区显示与控制柜状态相关的数据，显示机器人的运行状态，包括报警、界面名称、手压开关状态、示教\连续选择状态和机器人运行速度等。

4. 信息显示区

信息显示区显示机器人系统的当前用户、运行程序、日期、时间、报警内容和机器人的当前位置等信息。

6.3.4 机器人示教训练

机器人按照人指示给它的行为、顺序和速度重复运动，即所谓的再现。示教可由操作员手把手地进行。但是，比较普遍的示教方式是通过机器人示教盒或者控制面板完成的。即操作人员利用控制面板上的开关或键盘控制机器人一步一步地运动，并且记录机器人在每一步的位置点数据，然后重复。示教操作按以下步骤进行：

1. 示教步骤

(1)确认机器人控制柜的模式旋钮对准“单步”,设定为示教模式。

(2)按“上电”键。伺服电源接通的灯亮。如果不按“上电”键,即使按住安全开关,伺服电源则不会接通。

(3)在主菜单中选择“程序”按键,然后在出现文件界面的子菜单中选择“新建”。

(4)显示新建程序画面后,输入程序名。现以“TEST-2”为程序名举例说明如下。在示教盒的数字键中选择字母“T”,在数字与字母切换时按“Shift”键,用同样的方法再依次选择“E”“S”“T”“-”“2”,输入程序名。

(5)按“确定”键,进入程序编辑界面,按“插入”键,并且选择相应的运动程序语句,程序语句输入时是默认格式,操作者可通过菜单的“修改”命令进行语句修改,通过上述步骤输入运动程序。

(6)按“返回”键,进入程序主界面,此时示教盒显示区会显示相应的程序名、程序语句等信息。

(7)按“数据”键,进入数据编辑界面,添加相应的位置变量,添加变量的数量应根据程序所需要的个数,并且与位置变量序号相对应。

(8)在数据界面上,首先通过手控盒的光标选择键,选择需要的示教点,然后通过手控盒的运动操作键,并设定好机器人的示教速度是其运动到所需要的位置,最后按“记录”键,完成位置点示教。

2. 程序点的示教

每示教一个程序点,需输入一个程序命令。程序点的示教有按顺序示教和在示教过的程序点间插入程序点两种情况。下面显示了作为输入新程序的操作。程序为:

```
1  MoveJ P[1] 30% F
2  MoveJ P[2] 30% F
3  MoveJ P[3] 30% F
4  MoveL P[4] 50 mm/s  F
5  MoveJ P[5] 30% F
6  MoveJ P[6] 30% F
7  MoveJ P[7] 30% F
8  END
```

从头开始按照程序点顺序进行位置点示教,在位置示教时需要进入数据界面进行位置点信息记录,通常在END命令前输入。在END命令前输入时不用按“插入”键。

3. 确认程序点

(1)前进\后退操作。示教时程序点位置正确与否,用示教编程器的“下一步”或“上一步”键进行确认。按住“下一步”或“上一步”键时,机器人以程序点为单位动作。

(2)操作注意事项。前进运动流程如图6.26所示;后退运动流程如图6.27所示。

(3)手动速度的选择。用“下一步”“上一步”键操作时,机器人按所选的手动速度来运动。用示教编程器的状态区中显示的速度和程序语句速度共同确认所选择的手动速度。

(4)试运行。试运行是指在不改变示教模式的前提下执行模拟再现动作的功能。此功

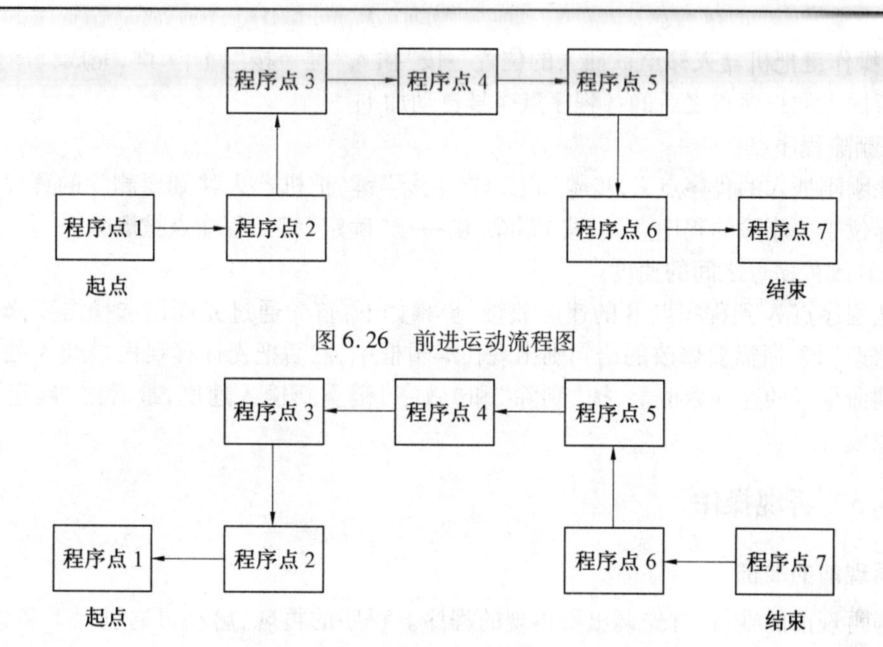

图6.26 前进运动流程图

图6.27 后退运动流程图

能对于连续轨迹和各命令的动作确认非常方便。操作步骤为:选择主菜单的“程序”→按“手压开关”+“运行”键。

4. 轨迹的确认

在完成了机器人动作程序输入后运行这个程序,以便检查各程序点是否有不妥之处。操作步骤如下:

(1)把光标移到程序点1。

(2)按手控盒上的速度选择键,根据状态显示区的速度信息,设定速度为“中”。

(3)按住手控盒的手压开关,按“下一步”键,通过机器人的动作确认各程序点。每按一次“下一步”键,机器人移动一个程序点。

(4)程序点确认完成后,把光标移到程序起始处。

(5)最后试一试所有程序点的连续动作。按下“手压开关”键的同时,按“运行”键,机器人连续再现所有程序点,一个循环后停止运行。

5. 程序的修改

(1)修改前。

确认在各程序点机器人的动作后,如有必要进行位置修改、程序点插入或删除时,按以下步骤对程序进行编辑:在主菜单中选择“程序”→在子菜单中选择“程序编辑”。

(2)修改程序点的位置数据。

修改程序点A的位置数据,步骤如下:连续按“光标”键,把光标移至待修改的程序点A处。每按一次“光标”,机器人移动一个程序点→用轴操作键把机器人移至修改后的位置→按“记录”键,程序点的位置数据被修改。

(3)插入程序点。

在程序点A,B之间插入新的程序点C,步骤如下:按“光标”键,把机器人移到程序点

A→用轴操作键把机器人移至欲插入的位置→按“插入”键→按“回车”键，完成程序点C的插入。所插入的程序点之后的各程序点序号自动加1。

(4)删除程序点。

删除刚刚插入的程序点C，步骤如下：按“光标”键，把机器人移到要删除的程序点C→确认光标位于要删除的程序点处，按“删除”键→按“确定”键。程序点被删除。

(5)修改程序点之间的速度。

将从程序点A到程序点B的速度放慢，步骤如下：首先通过光标键选择需要修改的语句，按“修改”键，所需要修改的语句则出现在编辑框中，然后把光标移到程序点A处→把光标移动到命令区的速度数值上，按“删除”和“数字”键重新输入速度，最后按“确定”键，速度修改完成。

6.3.5 再现操作

1. 再现前的准备

作为再现前的准备，首先调出要再现的程序。程序的再现、启动可通过以下装置进行。调出程序的操作：选择主菜单的“程序”，选择“选择程序”所需程序。设置主程序。经常再现某一固定程序时，若把程序作为主程序设置，则更为方便。调用主设置程序的操作比上面的“调出程序”的操作更为简单。因为能做主设置的程序只有一个，所以执行此操作后，上一次的主设置程序将被解除。

注意：为了从程序头开始运行，必须先进行以下操作：把光标移到程序开头；用示教盒操作键把机器人移到程序点1；机器人从程序点1开始移动。

2. 再现

在显示程序内容画面的情况下，转换成再现模式时，显示再现画面，如图6.22所示。再现是让示教过的程序再运动的过程。确认机器人附近无人后，按以下顺序执行再现。

(1)选择启动装置。

把控制柜上的模式旋钮对准“连续”模式，启动操作，按示教编程器上的“运行”键。

(2)动作循环。

选择主菜单的“程序”，然后选择“运行”，选择要改变的动作循环。机器人的动作循环可以通过程序实现，如无条件分支指令、条件分支指令和等待指令。

3. 停止与再启动

动作中的机器人停止或机器人自动停止，可能存在暂停操作、急停操作、报警引起的停止、其他停止等原因。

(1)暂停。

①用示教编程器执行的暂停。

按示教编程器的“HOLD”键后，机器人暂停动作。解除方法：按示教编程器的“运行”键，机器人从暂停时的位置继续开始动作。

②用外部输入信号(专用)执行的暂停。

解除方法：使外部输入信号(专用)的“HOLD”处于OFF的状态。

(2)急停。

按下“急停”键后，伺服电源被切断，机器人立即停止运行。急停操作可以在以下各处执行：控制柜的门上；示教编程器；外部输入信号（专用）。解除方法：松开“急停”键。

急停后的再启动：急停后的再启动，用前进操作来确认位置，确认无工件、夹具干涉。

(3)报警引起的停止。

动作过程中发生报警后，机器人会立刻停止动作。示教编程器上显示出报警画面，通知用户由于报警引起的停止。同时发生多个报警时，所有报警同时显示；一个画面无法显示时，用光标滚动显示。

解除方法：①轻故障报警。在报警画面上，选择“复位”，解除报警状态。使用外部输入信号（专用）时，使“复位”信息接通。

②重故障报警。发生硬件故障等重故障报警时，自动切断伺服电源，机器人立刻停止。不能恢复时，可切断主电源，再排除报警因素。

(4)其他停止。

①切换模式引起的暂停。再现过程中，从再现模式切换到示教模式时，机器人会立即停止动作。再开始启动时，要回到再现模式并执行启动操作。

②执行等待命令引起的暂停。在开始动作时，要执行启动操作，机器人从下一个命令处开始继续动作。

6.3.6　设备维护

1. 日常维护

设备的日常维护工作见表6.13。

表6.13　日常维护工作

维护设备	维护项目	维护时间	备注
控制柜本体	检查控制柜的门是否关好	每天	
	检查密封构件部分有无缝隙和损坏	每月	
柜内风扇及背面导管式风扇	确认风扇转动	适当	打开电源时
急停键	动作确认	适当	接通伺服时
安全开关	动作确认	适当	示教模式时
电池	确认电池有无报警显示及信息显示	适当	

注意：通电时请不要触摸冷却风扇等设备，否则会有触电、受伤的危险。

2. 机器人控制柜的维护

(1)检查控制柜门是否关闭。

机器人控制柜的设计是全封闭的构造，使外部油烟气体无法进入控制柜。要确保控制柜门在任何情况下都处于完好关闭状态（即使在控制柜不工作时）。由维护等原因开关控制柜门时，必须将电源开关手柄置于OFF后再开柜门。

(2)检查密封构造部分有无缝隙和损坏。

打开时，检查控制柜边缘部的密封垫有无破损，检查机器人控制柜内部是否有异常污垢。如有，应待查明原因后尽早清扫。在控制柜门关闭的状态下，检查有无缝隙。

3. 冷却风扇的维护

如果冷却风扇转动不正常,控制柜内温度会升高,机器人控制柜会出现故障,所以应检查冷却风扇。由于控制柜内的风扇和背面导管式风扇在接通电源时才转动,所以要经常检查风扇是否转动,并感觉排风口和吸风口的风量,确认其转动是否正常。

4. "急停"键的维护

在控制柜门上及示教编程器上有"急停"键。在机器人动作前,要分别用"急停"键确认在伺服接通后能否正常地将其断开。

5. 安全开关的维护

控制器的示教编程器有一个手压安全开关。通过以下操作来确认安全开关是否有效:①把控制柜的模式旋钮对准"单步",切换为示教模式;②按下机器人控制柜上的"上电"键后,伺服 ON 灯亮烁;③当轻握安全开关时,伺服处于开状态,当松开安全开关时,伺服将处于关状态。

6. 电池的维护

控制柜内部有系统用的电池,它是用来保持用户使用的程序上的重要文件数据和编码器数据,电池消耗后,需要更换时,有报警显示。在示教编程器的界面上将显示"存储器电池已消耗"的信息。

7. 供电电源电压的确认

使用万用表检测断路器上的 1,3,5 端子部位。其中,相间电压:端子 1-3,3-5,5-1 间正常为 200 ~ 220 V(+10%,-15%);与地线之间电压:1-E,5-E 间正常为 200 ~ 220 V(+10%,-15%);(S 相接地)3-E 间约为 0 V。另外,编码器电池为 3.6 V 以上。

6.4 小　结

本章系统地介绍了工业机器人的编程方式和编程语言,给出了以 PC+PMAC 为控制结构的机器人软件设计流程;同时对哈尔滨工业大学机器人研究所设计的 3 kg 搬运机器人的操作和编程进行了详细介绍;阐述了机器人的机械系统、控制系统和软件系统的原理及操作流程,加深了读者对机器人使用的印象,提高了学生对机器人操作的实践能力。

第7章　典型工业机器人系统应用

工业机器人是机械与现代电子技术相结合的自动化设备,具有很好的灵活性和柔性。自从20世纪50年代末60年代初在美国出现第一代工业机器人以来,这种高新技术一直受到科技界和工业界的高度重视。目前,全世界已有100多万台工业机器人应用于不同的领域。尤其在机械制造、电子与电器、汽车、石化、食品、医药、物流等行业有着广泛的应用,主要用于喷涂、焊接、冲压、搬运和装配等作业。

7.1　焊接机器人应用

工件焊接从一开始就是工业机器人的主要应用领域,机器人技术的迅猛发展,有力地促进了焊接自动化的进程。全世界的工业机器人约1/4用于焊接。近年来,在国内外兴起的"先进制造技术"热潮,焊接机器人的应用就占有很重要的地位。它不仅是实现生产自动化的手段,而且是工厂向计算机集成制造(CIM)过渡的基础。本节重点介绍焊接机器人的技术性能现状及焊接机器人系统应用的有关问题。

7.1.1　焊接机器人系统

焊接机器人是从事焊接(包括切割与喷涂)的工业机器人。为了适应不同的用途,机器人最后一个轴的机械接口通常是一个连接法兰,可接装不同工具(或称末端执行器)。焊接机器人就是在工业机器人的末轴法兰装接焊钳或焊(割)枪的,使之能进行焊接、切割或热喷涂。

1. 焊接机器人的组成

焊接机器人主要包括机器人和焊接设备两部分。机器人由机器人本体和控制柜(硬件及软件)组成。而焊接设备,以弧焊及点焊为例,则由焊接电源(包括其控制系统)、送丝机(弧焊)、焊枪(钳)等部分组成。对于智能机器人还应有传感系统,如激光或摄像传感器及其控制装置等。图7.1和图7.2为弧焊机器人和点焊机器人系统的基本组成。

2. 焊接机器人的主要结构形式及其性能

世界各国生产的焊接机器人基本上都属于关节式机器人,绝大部分有6个轴。其中,1~3轴可将末端工具送到不同的空间位置,而4~6轴解决工具姿态的不同要求。焊接机器人本体的机械结构主要有两种形式:一种为平行四边形结构,另一种为串联式关节结构。

串联式关节结构的主要优点是上、下臂的活动范围大,机器人的工作空间几乎能达到一个球体。因此,这种机器人可倒挂在机架上工作,以节省占地面积,方便地面物件的流动。但是这种倒置式机器人的2,3轴为悬臂结构,降低了机器人的刚度,一般适用于负载较小的机器人,用于电弧焊、切割或喷涂。平行四边形机器人的上臂是通过一根拉杆驱动的。拉杆

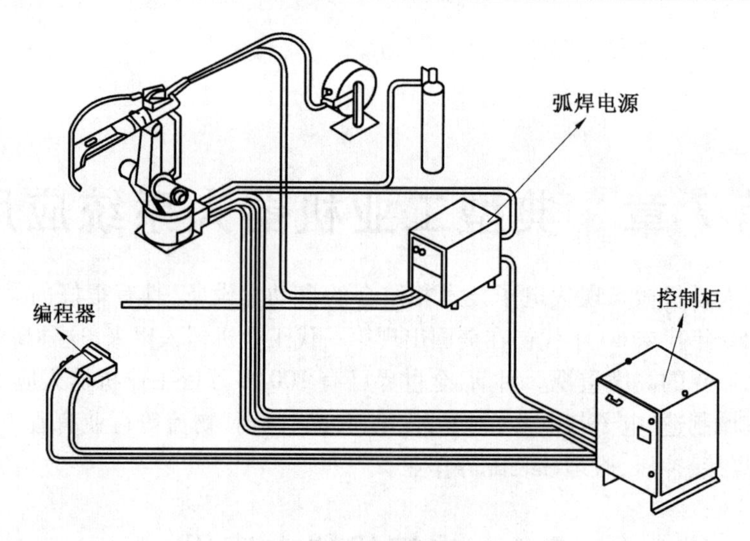

图 7.1 弧焊机器人系统

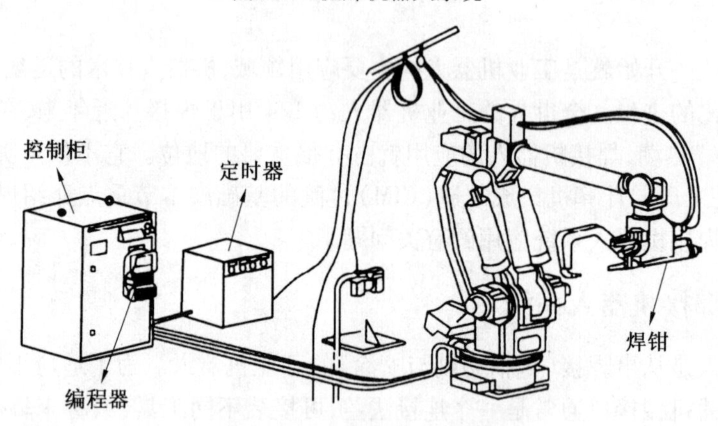

图 7.2 点焊机器人系统

与下臂组成一个平行四边形的两条边,故而得名。早期开发的平行四边形机器人的工作空间比较小(局限于机器人的前部),难以倒挂工作。但自 20 世 80 年代后期以来开发的新型平行四边形机器人,已能把工作空间扩大到机器人的顶部、背部及底部,也没有了侧置式机器人的刚度问题,从而得到普遍的重视。这种结构不但适合于轻型机器人,而且适合于重型机器人。近年来,点焊机器人(负载 100 ~ 150 kg)大多采用平行四边形结构,随着技术的发展,越来越多的机器人采用串联式关节结构,具有传动机构简单、工作空间大的特点,但是对伺服电机的驱动能力有了更高的要求。

上述两种机器人各个轴都是做回转运动的,故采用伺服电动机通过摆线针轮(RV)减速器(1 ~ 3 轴)及谐波减速器(4 ~ 6 轴)驱动。自 20 世纪 80 年代中期以前,对于电驱动的机器人都是用直流伺服电动机,而从 80 年代后期开始,各国先后改用交流伺服电动机。由于交流伺服电动机没有炭刷,动特性好,使新型机器人不仅事故率低,而且免维修时间大为增长,加(减)速度也快。一些负载 16 kg 以下的新的轻型机器人,其工具中心点(TCP)的最高运动速度可达 3 m/s 以上,定位准确,振动小。同时,机器人的控制柜也改用 32 位的计算机和新的算法,使之具有自行优化路径的功能,运行轨迹更加贴近示教的轨迹。

3. 点焊机器人的特点

(1) 点焊机器人的基本功能。

点焊对所用的机器人的要求不是很高,这是因为点焊只需点位控制,至于焊钳在点与点之间的移动轨迹没有严格要求。这也是机器人最早只能用于点焊的原因。点焊机器人不仅要有足够的负载能力,而且在点与点之间移位时速度要快,动作要平稳,定位要准确,以减少移位的时间,提高工作效率。

点焊机器人需要有多大的负载能力,取决于所用的焊钳形式。对于用与变压器分离的焊钳,30~45 kg 负载的机器人就足够了。但是,这种焊钳一方面由于二次电缆线长,电能损耗大,也不利于机器人将焊钳伸入工件内部焊接;另一方面电缆线随机器人运动而不停摆动,电缆损坏较快。因此,目前较多采用一体式焊钳。这种焊钳连同变压器质量在 70 kg 左右。考虑到机器人要有足够的负载能力,能以较大的加速度将焊钳送到空间位置进行焊接,一般都选用 100~150 kg 负载的重型机器人。为了适应连续点焊时焊钳短距离快速移位的要求,新的重型机器人增加了可在 0.3 s 内完成 50 mm 位移的功能。这对电动机的性能、计算机的运算速度和算法都提出更高的要求。

(2) 点焊机器人的焊接设备。

点焊机器人的焊接装备,由于采用了一体化焊钳,焊接变压器装在焊钳后面,所以变压器必须尽量小型化。对于容量较小的变压器可以用 50 Hz 工频交流,而对于容量较大的变压器,已经开始采用逆变技术把 50 Hz 工频交流变为 600~700 Hz 交流,使变压器的体积减小、质量减轻,变压后可以直接用 600~700 Hz 交流电焊接,也可以再进行二次整流用直流电焊接,焊接参数由定时器调节。新型定时器已经计算机化,因此机器人控制柜可以直接控制定时器,不需另配接口。点焊机器人的焊钳通常用气动焊钳,气动焊钳两个电极之间的开口度一般只有两级冲程,而且电极压力一旦调定后不能随意变化。图 7.3 为一典型的点焊机器人作业系统。

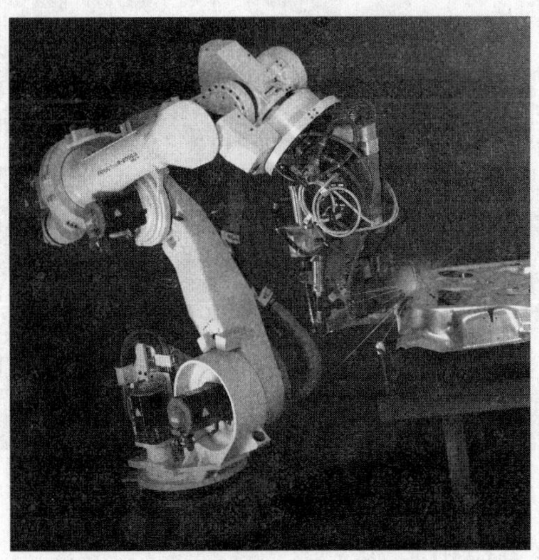

图 7.3　串联式多关节点焊机器人

4. 弧焊机器人的特点

(1) 弧焊机器人的基本功能。

弧焊过程比点焊过程要复杂得多,工具中心点(TCP),也就是焊丝端头的运动轨迹、焊枪姿态、焊接参数都要求精确控制。所以,弧焊机器人除了前面所述的一般功能外,还必须具备一些适合弧焊要求的功能。虽然从理论上讲,有5个轴的机器人就可以用于电弧焊,但是对复杂形状的焊缝,用5个轴的机器人会有困难。因此,除非焊缝比较简单,否则应尽量选用6个轴的机器人。

弧焊机器人在做"之"字形拐角焊或小直径圆焊缝焊接时,其轨迹除应能贴近示教的轨迹外,还应具备不同摆动样式的软件功能,供编程时选用,以便做摆动焊,而且摆动在每一周期中的停顿点处,机器人也应自动停止向前运动,以满足工艺要求。此外,还应有接触寻位、自动寻找焊缝起点位置、电弧跟踪及自动再引弧等功能。

(2)弧焊机器人用的焊接设备。

弧焊机器人多采用气体保护焊方法(MAG,MIG,TIG),通常的晶闸管式、逆变式、波形控制式、脉冲或非脉冲式等焊接电源都可以装到机器人上进行电弧焊。由于机器人控制柜采用数字控制,而焊接电源多为模拟控制,所以需要在焊接电源与控制柜之间加一个接口。近年来,国外机器人生产厂都有自己特定的配套焊接设备,这些焊接设备内已经插入相应的接口板,所以在图7.4所示的弧焊机器人系统中并没有附加接口箱。应该指出,在弧焊机器人工作周期中,电弧时间所占的比例较大,因此在选择焊接电源时,一般应按持续率为100%来确定电源的容量。

送丝机构可以装在机器人的上臂上,也可以放在机器人之外,前者焊枪到送丝机之间的软管较短,有利于保持送丝的稳定性;而后者软管较长,当机器人把焊枪送到某些位置,使软管处于多弯曲状态时,会严重影响送丝的质量。所以送丝机的安装方式一定要考虑保证送丝稳定性的问题。

图7.4 弧焊机器人系统

7.1.2 焊接机器人应用

国际上,20世纪80年代是焊接机器人在生产中应用发展最快的10年。国内企业从20世纪90年代开始,应用焊接机器人的步伐也显著加快。应该明确指出,焊接机器人必须配备相应的外围设备而组成一个焊接机器人系统才有意义。国内外应用较多的焊接机器人系统有如下几种形式。

1. 焊接机器人工作站(单元)

如果工件在整个焊接过程中无须变位,就可以用夹具把工件定位在工作台面上,这种系统较为简单。但在实际生产中,更多的工件在焊接时需要变位,使焊缝处在较好的位置(姿态)下焊接。对于这种情况,变位机与机器人可以分别运动,即变位机变位后机器人再焊接;也可以同时运动,即变位机一面变位,机器人一面焊接,也就是常说的变位机与机器人协调运动,这时变位机的运动及机器人的运动相复合,使焊枪相对于工件的运动既能满足焊缝轨迹,又能满足焊接速度及焊枪姿态的要求。实际上,这时变位机的轴已成为机器人的组成部分,这种焊接机器人系统可以多达7~20个轴或更多。

图7.5为一种典型的工业机器人焊接工作站,系统包括焊接机器人、焊接控制设备、焊钳和工件输送及控制单元。其中焊接机器人增加了一个扩展轴,即底部移动机构,扩大了机器人的工作范围。

图7.5　机器人焊接工作站

2. 焊接机器人生产线

比较简单的焊接机器人生产线是把多台工作站(单元)用工件输送线连接起来组成一条生产线。这种生产线仍然保持单站的特点,即每个站只能用选定的工件夹具及焊接机器人的程序来焊接预定的工件,在更改夹具及程序之前的一段时间内,这条线是不能焊其他工件的。另一种是焊接柔性生产线(FM5-W)。柔性线也是由多个站组成,不同的是被焊工件都装卡在统一形式的托盘上,而托盘可以与线上任何一个站的变位机相配合并被自动卡紧。焊接机器人系统首先对托盘的编号或工件进行识别,自动调出焊接这种工件的程序进行焊接。这样每个站无须做任何调整就可以焊接不同的工件。焊接柔性线一般有一个轨道子母车,子母车可以自动将固好的工件从存放工位取出,再送到有空位的焊接机器人工作站的变位机上。也可以取下工作站已焊好的工件,送到成品件流出位置。整个柔性焊接生产线由一台调度计算机控制。因此,只要白天装配好足够多的工件,并放到存放工位上,夜间就可以实现无人或少人生产了。

点焊机器人更多是组成焊接生产线,由多台机器人通过协调控制,实现对复杂零部件的焊接。图7.6是奇瑞汽车侧围机器人点焊生产线。该生产线由60多台机器人组成,每台机器人完成不同部位的焊接,汽车部件随生产线流动传输到不同的工位,完成不同焊接区域的焊接。点焊机器人的编程可采用示教编程,但是工作量大,调整周期长,目前有专业的离线编程仿真软件,可以实现整个生产线的机器人布局及离线运动规划。

图7.6 汽车侧围点焊机器人生产线

工厂选用哪种自动化焊接生产形式,必须根据工厂的实际情况及需要而定。焊接专机适合批量大、改型慢的产品,而且工件的焊缝数量较少、较长,形状规矩(直线、圆形)的情况;焊接机器人系统一般适合中、小批量生产,被焊工件的焊缝可以短而多,形状较复杂。柔性焊接线特别适合产品品种多、每批数量又很少的情况,目前国外企业正在大力推广无(少)库存、接订单生产(JIT)的管理方式,在这种情况下采用柔性焊接线是比较合适的。最新随着工业4.0技术的发展,机器人三维立体焊接系统(图7.7)正在快速发展,通过机器人虚拟示教跟踪系统可以快速地完成机器人焊缝的离线编程,提高柔性焊接的作业速度。

7.1.3 焊接机器人的技术发展

我国到2013年底共有焊接机器人约15 000台,多为弧焊机器人和点焊机器人,而且集中于汽车、摩托车和工程机械制造行业,因此我国焊接机器人的发展应首先扩大应用数量和应用领域,同时也要尽快建立有中国自主知识产权的机器人生产产业。

当前,焊接机器人的发展主要集中于提高智能化水平,通过在机器人上安装如视觉、力觉、听觉等传感器,使机器人能根据工件和环境的变化,自动修正运动路径、焊枪姿态及焊接参数,使之具有更强的自适应能力;另一方面是开发功能更多、更强的机器人离线编程软件。随着机器人在生产中应用的增多,离线编程变得十分必要。今后的焊接机器人发展方向主要是赋予软件更多的自主功能,如具有优化避免碰撞的路径、焊枪姿态、焊接参数的自主规划的功能,并使焊枪能连续而稳定地运动,即机器人的关节在运动时尽可能远离其极限位置和奇异空间。同时还需依赖工业机器人本身的发展,主要是提高机器人运动轨迹的精度和稳定性,特别是用于精密激光焊接与切割的机器人对这些性能的要求更高。

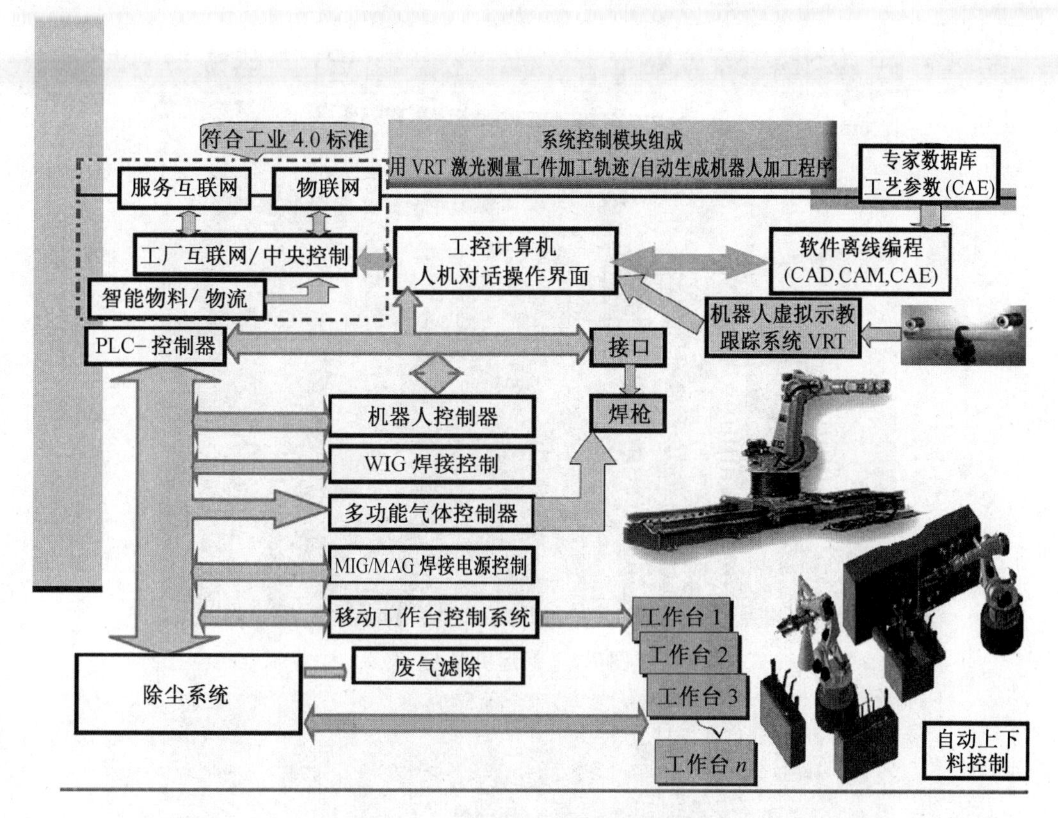

图 7.7　机器人三维立体焊接系统

7.2　搬运机器人应用

最早将机器人技术用于物体码垛和搬运的是日本和瑞典。20 世纪 70 年代日本第一次将机器人用于码垛作业。1974 年瑞典 ABB 公司研发了全球第一台全电控式工业机器人 IRB6,主要用于工件的取放和物料的搬运。随着计算机技术、工业机器人技术以及智能控制技术的发展,码垛机器人的技术也日趋成熟。目前全球码垛机器人供应商主要包括德国库卡、瑞典 ABB、日本的法那科和不二等。由于码垛机器人属于工业机器人的范畴, 因此对于国外的码垛机器人来说,其基本技术与其他串联型工业机器人类似,只是在机器人构型和控制方面针对码垛行业的需要进行了有针对性的设计。目前,国外的码垛机器人多采用 4 自由度或 5 自由度,码垛行业的特殊性要求机器人不需要具备很高的重复定位精度,但要具备较快的运动速度。

7.2.1　物料搬运机器人

在柔性制造中,机器人作为搬运工具获得了广泛的应用。图 7.8 为教学型搬运生产线,它由传送带、料仓、两台关节型搬运机器人和中央控制计算机组成。两台机器人构成小型物料传输系统,一台机器人服务于自动上料机和传送带之间,提供物料工件;另一台机器人位于传送带和机械加工机械手之间,负责上料、下料。图 7.9 为数控车床装备的上下料机器人,机器人可以完成数控机床装卸工件。机器人也可以沿着导轨行走,服务于多台机床,活动范围为几十米。

图7.8　搬运机器人

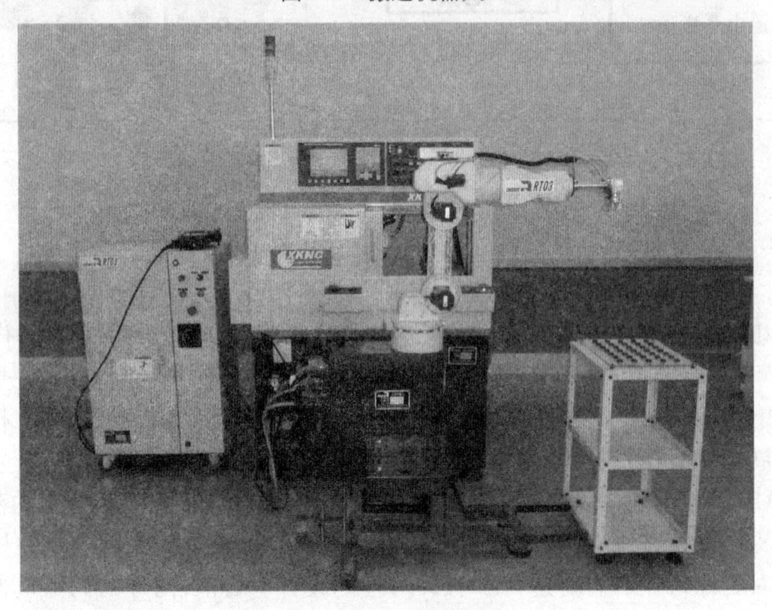

图7.9　机床上下料机器人

7.2.2　物料码垛机器人

目前我国化工、食品、物流仓储等行业的码垛作业大部分由人工搬运和机械式码垛机完成。人工搬运一次性投入少，伸缩性强，是目前我国许多生产企业主要的搬运方式。随着近几年国内劳动力成本的快速上升，靠人工搬运码垛的成本也在大幅度增加。另外，由于人工操作受体力等因素的限制而影响效率，因此会制约企业生产能力的提高。机械式码垛机在我国也有着广泛应用，但由于受体积、结构等因素的限制，机械式码垛机存在占地面积大、程序更改麻烦、能耗大等缺点，不符合我国加工制造领域多品种、小批量的发展趋势。而码垛机器人具有操作简单、定位精度高、适应性强、工作范围大、占地面积小、可同时处理多种物料等特点,更加适应柔性化的生产方式,因此许多企业,特别是一些劳动密集型的大中型加工企业迫切需要引进码垛机器人自动化系统。

近年来,全国码垛机器人的年销售量以15%的速度增长,2011年销售量达500余台。随着大量企业对扩大生产规模、削减劳动力成本的要求日益提高,码垛机器人的市场需求也将随之不断扩大。据市场分析估计,全国码垛机器人的需求量会出现爆发性增长。

柴油发动机缸盖一般由碳钢铸造而成,工件自身重通常可达50 kg。人工码垛装箱重复性动作多、劳动强度大且生产效率低。首钢莫托曼机器人有限公司设计制造的机器人发动机缸盖搬运码垛装箱系统,将缸盖从机加工生产线上转运到三面挡板一面敞开的料箱内并进行紧密码放。该系统的应用极大地提高了生产效率,将工人从繁重的劳动中解脱出来。

机器人发动机缸盖搬运码垛装箱系统是一种集成化的系统,它包括机器人 MOTOMAN ES165D、视觉定位检测系统、缸盖及层垫抓手、码垛软件、通信系统及其他辅助系统。通信系统可与缸盖机加工生产线控制系统相连接,以形成一个完整的集成化生产线。该系统是一种柔性系统,能够适应多种型号的发动机缸盖的码垛装箱工作。机器人负责从输送轨道上抓取工件,放到料箱内预定位置。视觉定位检测系统检测料箱位置、输送线来料工件位置。缸盖及层垫抓手完成工件和层垫的抓取,将工件紧密地码放到料箱内,同时将每层工件放上层垫。机器人发动机缸盖搬运码垛装箱系统及其工作流程如图7.10所示。

1. 料框位置视觉检测　　2. 视觉系统识别工件　　3. 自动抓取工件

4. 紧密码放工件　　5. 吸取塑料工件并码放　　6. 逐层依次码放工件

图7.10　机器人发动机缸盖搬运码垛装箱系统及其工作流程

码垛机器人成套周边设备开发涉及多项关键技术,除了机器人本体以外,还需配置针对不同行业的多种作业工具和周边传输配套设备,包括多功能抓手、各类送机及各类升降机等,如图7.11所示。图7.12为FANUC码垛机器人,广泛应用在物料处理生产线上,可以完成各种袋装、箱式物品的搬运和码垛,最大负载为500 kg。

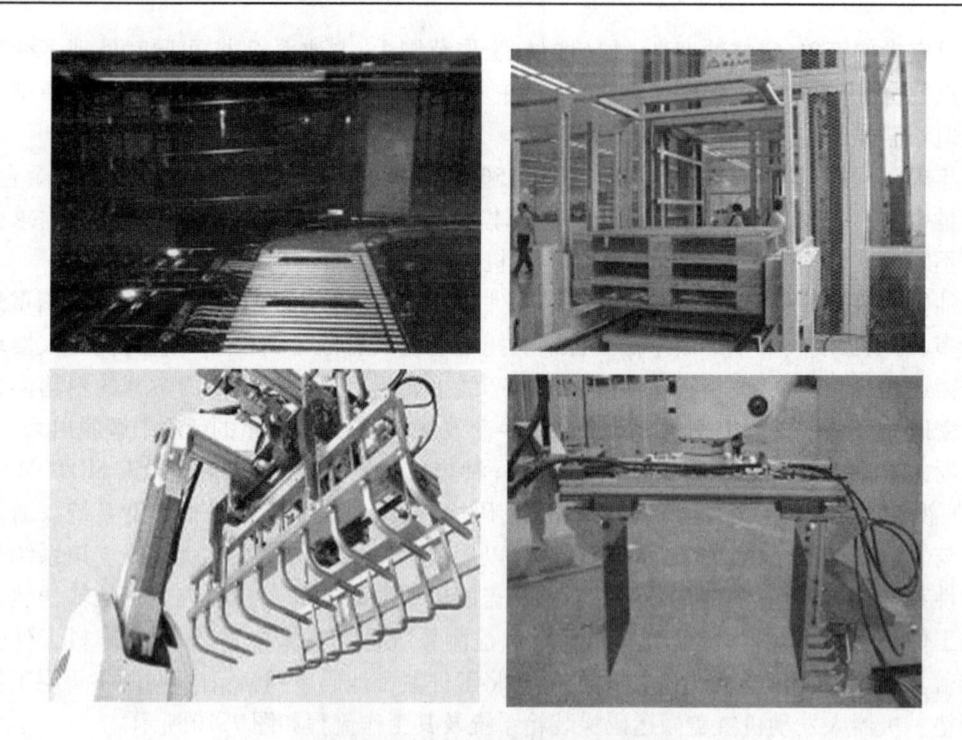

图 7.11 码垛机器人配套设备及手爪

图 7.12 FANUC 码垛机器人

7.3 喷涂机器人应用

喷涂机器人又称喷漆机器人(Spray Painting Robot),是可进行自动喷漆或喷涂其他涂料的工业机器人,1969 年由挪威 Trallfa 公司(后并入 ABB 集团)制造。喷漆机器人主要由机器人本体、计算机和相应的控制系统组成,液压驱动的喷漆机器人还包括液压油源,如油泵、油箱和电机等。多采用 5 或 6 自由度关节式结构,手臂有较大的运动空间,并可做复杂的轨迹运动,其腕部一般有2~3个自由度,可灵活运动。先进的喷漆机器人腕部采用柔性手腕,既可向各个方向弯曲,又可转动,其动作类似人的手腕,能方便地通过较小的孔伸入工件内部,喷涂其内表面。喷漆机器人一般采用液压驱动,具有动作速度快、防爆性能好等特点,可通过手把手示教或点位示教来实现示教。目前随着技术的发展,电动喷漆机器人也得到广泛应用。喷漆机器人广泛用于汽车、仪表、电器、搪瓷等工艺生产部门。

喷涂机器人的主要优点:①柔性大,工作范围广;②提高喷涂质量和材料使用率;③易于操作和维护,可离线编程,大大地缩短现场调试时间;④设备利用率高,可达90%~95%。

7.3.1　机器人自动喷涂线的形式

机器人自动喷涂线有多种形式,这里主要介绍以下几种。

1. 通用型机器人自动线

在早期的全自动喷涂作业中,广泛采用通用机器人组成的自动线。这种自动线适合较复杂型面的喷涂作业,适合喷涂的产品可从汽车工业、机电产品工业、家用电器工业到日用品工业。因此,这种自动线上配备的机器人要求动作灵活,5~6个自由度,如图7.13所示。

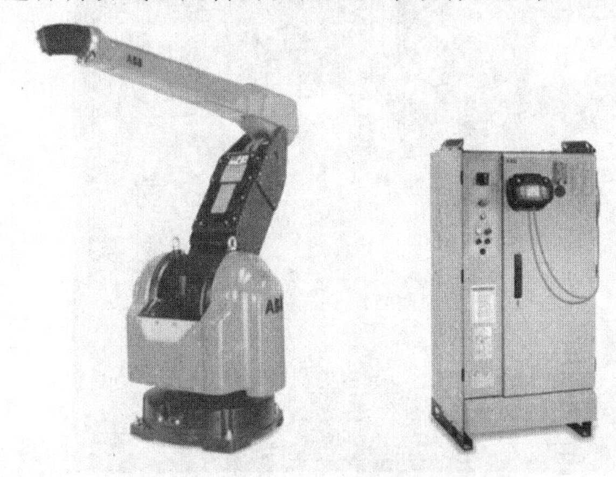

图7.13　通用型机器人

2. 机器人与喷涂机自动线

机器人与喷涂机自动线一般用于喷涂大型工件,即大平面、圆弧面及复杂型面结合的工件,如汽车驾驶室、车厢或面包车等。喷涂机器人用来喷涂车体的前后围及圆弧面,喷涂机则用来喷涂车体的侧面和顶面的平面部分,但一般已经很少使用。由于喷涂机器人的灵活、适应性强而被广泛使用,如图7.14所示。

3. 仿形机器人自动线

仿形机器人是一种根据喷涂对象形状特点进行简化的通用型机器人,它可完成专门作业,一般有机械仿形和伺服仿形机器人两种。这种机器人适合箱体零件的喷涂作业。由于仿形作用,喷具的运动轨迹与被喷零件的形状相一致,在最佳条件下喷涂,因而喷涂质量也高。这种自动线的另一个特点是工作可靠,但不适合型面较复杂零件的喷涂。仿形机器人自动线如图7.15所示。

图 7.14　机器人喷涂自动线

图 7.15　仿形机器人自动线

4. 组合式自动线

图 7.16 是典型的组合式喷涂自动线。车体的外表面采用仿形机器人喷涂，车体内喷涂采用通用型机器人，并完成开门、开盖、关门和关盖等辅助工作。

7.3.2　机器人自动喷涂线结构和系统功能

机器人自动喷涂线的结构根据喷涂对象的产品种类、生产方式、输送形式、生产纲领及油漆种类等工艺参数确定，并根据其生产规模、生产工艺和自动化程度设置系统功能，如图 7.17 所示。

1. 自动识别系统

自动识别系统是自动线尤其是多品种混流生产线必须具备的基本单元。它根据不同零件的形状特点进行识别，一般采用多个红外线光电开关，按能够产生区别零件形状特点的信号来布置安装位置。当自动线上被喷涂零件通过识别站时，将识别出的零件型号进行编组

图7.16　典型的组合式喷涂自动线

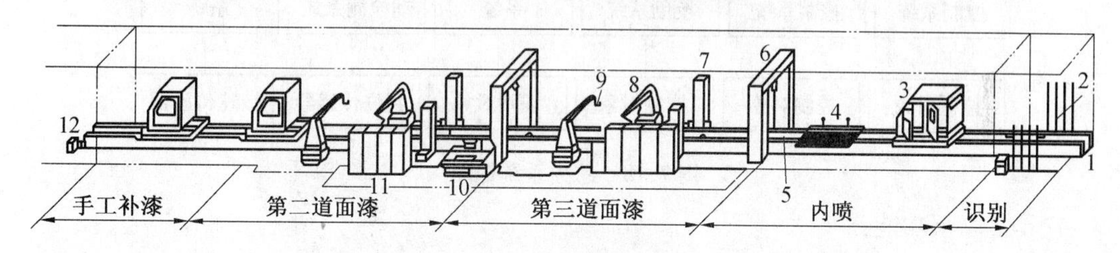

图7.17　机器人自动喷涂线结构图

1—输送链;2—识别器;3—喷涂对象;4—运输车;5—启动装置;6—顶喷机;7—侧喷机;
8—喷涂机器人;9—喷枪;10—控制台;11—控制柜;12—同步器

排队,并通过通信送给总控系统。

2. 同步系统

同步系统一般用于连续运行的通过式生产线上,使机器人、喷涂机工作速度与输送链的速度之间建立同步协调关系,防止因速度快慢差异而造成的设备与工件相撞。同步系统自动检测输送链速度,并向机器人和总控制台发送脉冲信号,机器人根据链速信号确定在线程序的执行速度,使机器人的移动位置与链上零件位置同步对应。

3. 工件到位自动检测

当输送链上的被喷涂零件移动到达喷涂机器人的工作范围时,机器人必须开始作业。喷涂机器人开始作业的启动信号由工件到位自动检测装置给出,此信号启动喷涂机器人的喷涂程序。如果没有工件进入喷涂作业区,喷涂机器人则处于等待状态。启动信号的另一作用是作为总控系统对工件排队中减去一个工件的触发信号。工件到位自动检测装置一般由红外光电开关或行程开关产生,作为启动信号。

4. 机器人与自动喷涂机

在自动喷涂线上采用的喷涂机器人和自动喷涂机除应具备基本工作参数和功能外,还应具备:

(1)喷涂机器人的工作速度必须高于正常喷涂速度的150%,以满足同步时快速运行。

(2)自动启动功能。

(3)同步功能。

(4)自动更换程序功能(能接收识别信号)。

(5)通信功能。

5. 总控系统

自动喷涂线的总控系统控制所有设备的运行,总控系统框图如图7.18所示。

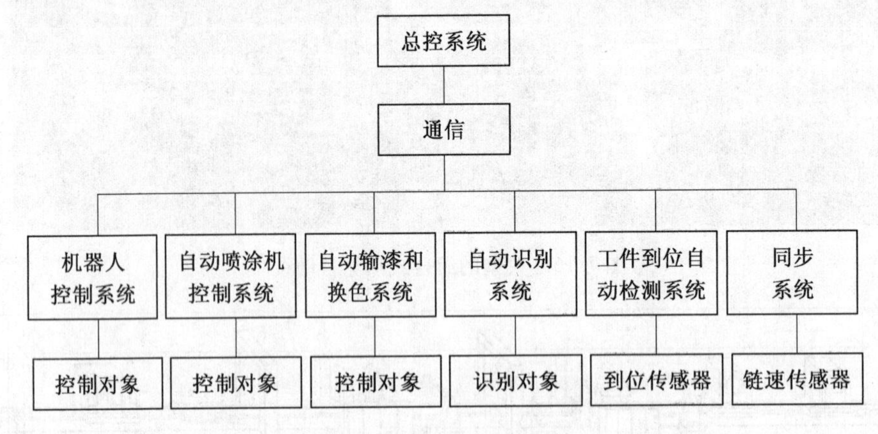

图7.18 总控系统框图

它具备以下功能:

(1)全线自动启动、停止和联锁功能。

(2)喷涂机器人作业程序的自动和手动排队、接收识别信号及向喷涂机器人发送程序功能。

(3)控制自动输漆和自动换色系统功能。

(4)故障自动诊断功能。

(5)实时工况显示功能。

(6)单机离线(因故障)和联线功能。

(7)生产管理功能(自动统计产品、报表、打印)。

6. 自动输漆和换色系统

为保证自动喷涂线的喷涂质量,涂料输送系统必须采用自动搅拌和主管循环,使输送到各工位喷具上的涂料浓度保持一致。对于多色种喷涂作业,喷具采用自动换色系统。这种系统包括自动清洗和吹干功能。换色器一般安装在离喷具较近的位置,这样可减少换色的时间,满足时间节拍要求,同时,清洗时浪费涂料也较少。自动换色系统由机器人控制,对于被喷零件的各种指令,则由总控系统给出。

7. 自动输送链

自动喷涂线上输送零件的自动输送链有悬挂链和地面链两种。悬挂链分为普通悬挂链和推杆式悬挂链。地面链的种类很多,有台车输送链、链条输送链、滚子输送链等。目前,汽车涂装广泛采用滑橇式地面链,这种链运行平稳、可靠性好,适合全自动和高光泽度的喷涂线使用。输送链的选择取决于生产规模、零件形状、质量和涂装工艺要求。悬挂链输送零件时,挂具或轨道上有可能掉异物,故一般用于表面喷涂质量要求不高和工件底面喷涂的自动线。而对大型且表面喷涂质量要求较高的零件,都采用地面链。

7.3.3　喷涂机器人应用实例

喷涂机器人的应用范围越来越广泛,除了在汽车、家用电器和仪表壳体的喷涂作业中大量采用机器人工作外,在涂胶、铸型涂料、耐火饰面材料、陶瓷制品轴料、粉状涂料等作业中也已开展应用,现已在高层建筑墙壁的喷涂、船舶保护层的涂覆和炼焦炉内水泥喷射等作业中开展了应用研究工作。机器人喷涂作业的自动化程度越来越高,以汽车为例,已由车体外表面多机自动喷涂发展到多机内表面的成线自动喷涂。图7.19所示为ABB汽车自动喷涂系统。

ABB集团挪威TRALLFA机器人公司已开发出新的自动喷涂系统,具有自动喷涂所需要柔性和集成的喷涂线——TRACS。其中有较大模块式喷涂系统,包括近100台机器人采用特殊示教方式,将示教程序应用到实际喷漆中,使车体喷涂具有柔性,能够喷涂车体内外表面,获得了令人相当满意的喷涂质量。其编程方式用手动CP和PTP示教及动力伺服控制示教,结合编程,可实现最佳循环时间和连续喷涂手把手示教所不能实现的复杂形面。

图7.19　ABB汽车自动喷涂系统

该系统具有下列特点:

(1)包括模块在内的每个完整单元采用全集成化控制系统。

(2)能喷车体所有部分,外部用专用设备,内部用机器人,具有柔性系统。

(3)有开启发动机罩、车门和行李箱盖的操作机,该操作机能跟踪输送链并与之同步。有的开门操作机具有光学传感系统的适应性手爪,以适应多工位开门的需要。

(4)所有机器人及开门操作机都装在移动的小车上。

(5)全线的控制功能,包括控制多种机器人(开门机),机器人和开门机与输送链的同步,启动喷枪、换色、安全操作和人机通信等。

7.4　装配机器人应用

装配机器人是柔性自动化装配系统的核心设备，由机器人操作机、控制器、末端执行器和传感系统组成。其中操作机的结构类型有水平关节型、直角坐标型、多关节型和圆柱坐标型等；控制器一般采用多 CPU 或多级计算机系统，实现运动控制和运动编程；末端执行器为适应不同的装配对象而设计成各种手爪和手腕等；传感系统用来获取装配机器人与环境和装配对象之间相互作用的信息。常用的装配机器人主要有可编程通用装配操作手（Programmable Universal Manipulator for Assembly，即 PUMA 机器人，最早出现于 1978 年，是工业机器人的祖始）和平面双关节型机器人（Selective Compliance Assembly Robot Arm，即 SCARA 机器人）两种类型。与一般工业机器人相比，装配机器人具有精度高、柔顺性好、工作范围小、能与其他系统配套使用等特点，主要用于各种电器的制造行业。

7.4.1　SCARA 装配机器人

大量的装配作业是垂直向下的，它要求手爪的水平移动有较大的柔顺性，以补偿位置误差。而垂直移动以及绕水平轴转动则有较大的刚性，以便准确有力地装配。日本山梨大学研制出 SCARA 机器人，它的结构特点满足了上述要求。其控制系统也比较简单。SCARA 机器人是装配机器人应用领域应用较多的类型之一。图 7.20 是日本 EPSON 生产的 SCARA 装配机器人。

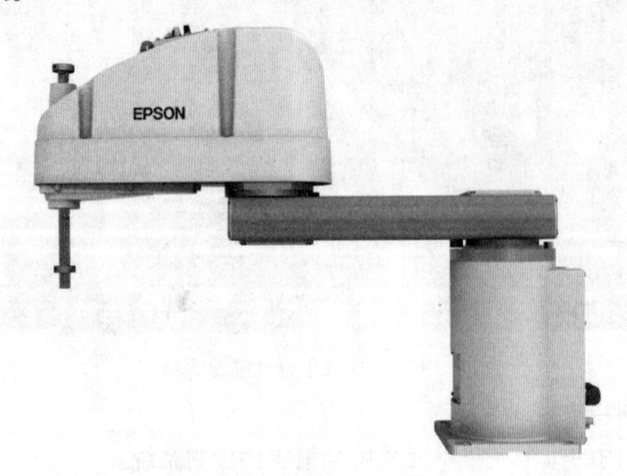

图 7.20　SCARA 装配机器人

随着机器人技术的快速发展，用机器人装配电子印制电路板（PCB）已在电子制造业中获得了广泛的应用。日本日立公司的一条 PCB 装配线，装备了各型机器人共计 56 台，可灵活地对插座、可调电阻、IFI 线圈、DIP-IC 芯片和轴向、径向元件等多种不同品种的电子元器件进行 PCB 插装。各类 PCB 的自动插装率达 85%，插装线的节拍为 65。该线具有自动卡具调整系统和检测系统，机器人组成的单元式插装工位既可适应工作节拍和精度的要求，又使得装配线的设备利用率高，装配线装配工艺的组织可灵活地适应各种变化的要求。

图 7.21 为用机器人来装配计算机硬盘的自动化作业系统，采用两台 SCARA 型装配机

器人作为主要装备。它具有 1 条传送线、2 个装配工件供应单元(1 个单元供应 A ~ E 5 种部件,另一个单元供应螺钉)。传送线上的传送平台是装配作业的基台。一台机器人负责把A ~ E 5 种部件按装配位置互相装好,另一台机器人配有拧螺钉器,专门把螺钉按一定力的要求安装到工件上。全部系统是在超净间安装工作的。

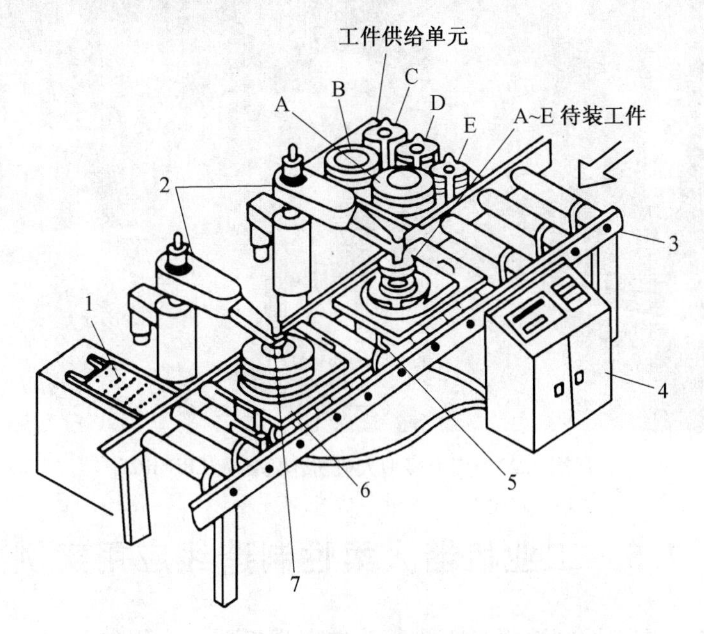

图 7.21　机器人装配计算机硬盘的系统图

1—螺钉供给单元;2—装配机器人;3—传送带;4—控制器;5—定位;6—定位夹具;7—拧螺钉器

7.4.2　人机协作装配机器人

2014 年 11 月全球领先的工业机器人制造商德国库卡(KUKA)公司在 2014 中国国际工业博览会机器人展上,在中国首次发布库卡公司第一款 7 轴轻型灵敏机器人 LBR iiwa(图 7.22),其开创性的产品性能和广泛的应用领域,为工业机器人的发展开启了新时代。

LBR iiwa 轻型机器人首次实现人类与机器人之间的直接合作,并开启了人机协作的新篇章(即人与机器人之间的直接协作)。它好像扮演着操作员“第三只手”的角色,可以与操作员直接协作,而无须使用安全护栏。同时,结合集成的传感器系统,使该轻型机器人具有可编程的灵敏性。其所有的轴都具有高性能碰撞检测功能和集成的关节力矩传感器,比如可以轻易地推开它,在它碰到人时也会自动远离。其次,拥有 7 轴结构的 LBR iiwa,其传感器使之具备了非常高的精确度,非常适合进行精细的连接工艺。同时,它还可以通过学习来完善自己的功能,能够帮助人类实现难以完成的操作,这些优势使 LBR iiwa 在精密装配行业应用提供了新的发展前景。

LBR iiwa 除了具备灵敏和安全的突出特点外,其占地小、质量轻,拥有巨大的节能潜力,7 轴的结构是基于人类手臂设计的,能够在适当位置进行操作和柔顺控制。使得该产品有较高的灵活度,可轻松地越过障碍物,甚至可以到达人类几乎无法到达的位置。其次,LBR iiwa在保持整体高效率的同时还可以有效地做到节能减耗,为客户赢得更大的价值。LBR iiwa 机器人的结构采用铝制材料设计,其自身质量不超过 30 kg,负载质量可分别达到

7 kg 和 14 kg,超薄的设计与轻铝机身令其运转迅速,灵活性强,不必设置安全屏障。库卡是首家也是唯一一家提供 10 kg 以上有效载荷轻型机器人的制造商。

图 7.22 库卡轻型人机协作机器人 LBR iiwa

7.5 工业机器人柔性制造线应用实例

本节介绍在原有柔性制造设备上进行改造实现机器人应用的案例。改造的主导思想是:提高产品质量,保证产品性能参数的一致性;改善工作环境,降低劳动强度;降低设备成本,自动化程度较高,提升生产效率;注重采用先进技术,具有明显的技术先进性和企业技术显示度。

1. 现行工艺分析

现有设备为立式加工中心 VMC850E(图 7.23),数控系统为 FANUC-QI-MAT(图 7.24)。

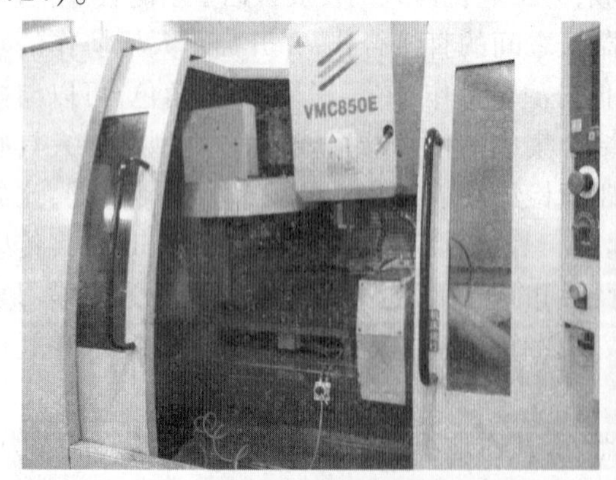

图 7.23 加工中心 VMC850E

图 7.24 FANUC-QI-MAT 数控系统

待加工工件的上下料为人工作业,效率较低,产能不足,劳动强度较大。改进方案:采用自动化机器人柔性制造线的方式,提高生产效率,减少人员。产品质量可靠,生产成本低,具有明显的技术先进性和技术显示度。

2. 工件规格及形状

工件形状:压铸异型体,如图7.25所示。材料:铸铝合金,质量小于2.5 kg。

(a)

(b)

图7.25　待加工工件形状

3. 工作站描述

改造后的工业机器人柔性制造线由工业关节机器人(含手爪)、机器人移动机构、主控电控柜、机器人控制柜、立式加工中心、上下料台(已加工、未加工、工装夹具)机床配套装置(电控机床门、电控液压夹具)、防护护栏等组成,加工中心采用一字平行布局形式,关节机器人悬挂安装于移动平台上,移动导轨与加工中心平行,上下料台位于加工中心右侧,控制柜位于移动导轨的一端。机器人柔性制造线整体布局如图7.26所示。

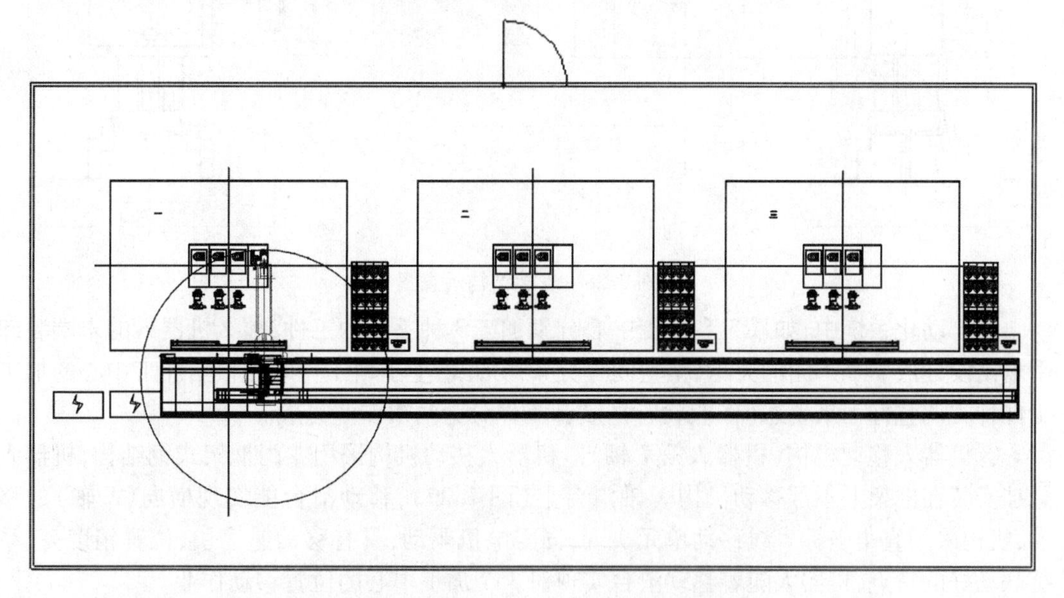

图7.26　机器人柔性制造线整体布局图

(1)设备组成。

①工业机器人。工业机器人采用日本MOTOMAN机器人,同时配备摄像头视觉系统HP20D(图7.27)。

②装卸手爪。为提高上下料作业效率,机器人的末端(6轴)安装有双位装卸手爪,一次

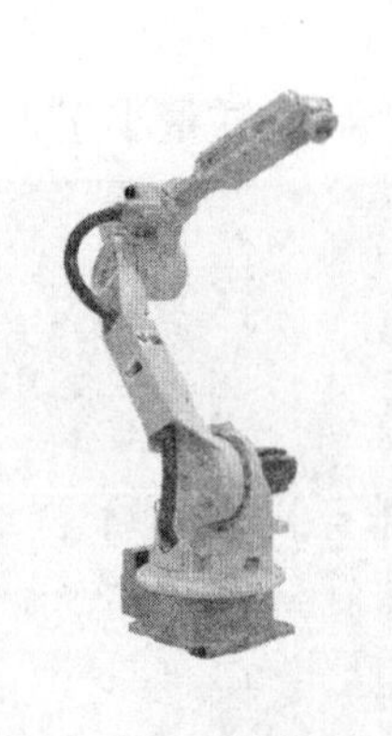

图 7.27　机器人及视觉检测系统组成示意图

作业(进出加工中心),可同时完成取件和放件作业。手爪采用三指气爪为执行机构,根据工件配套相应的夹具,手爪控制电磁阀采用三位五通阀双电控阀(中间封闭型),气路上安装有单项截止阀,防止断电、断气而导致手爪误操作损伤工件。其安装结构如图 7.28 所示。

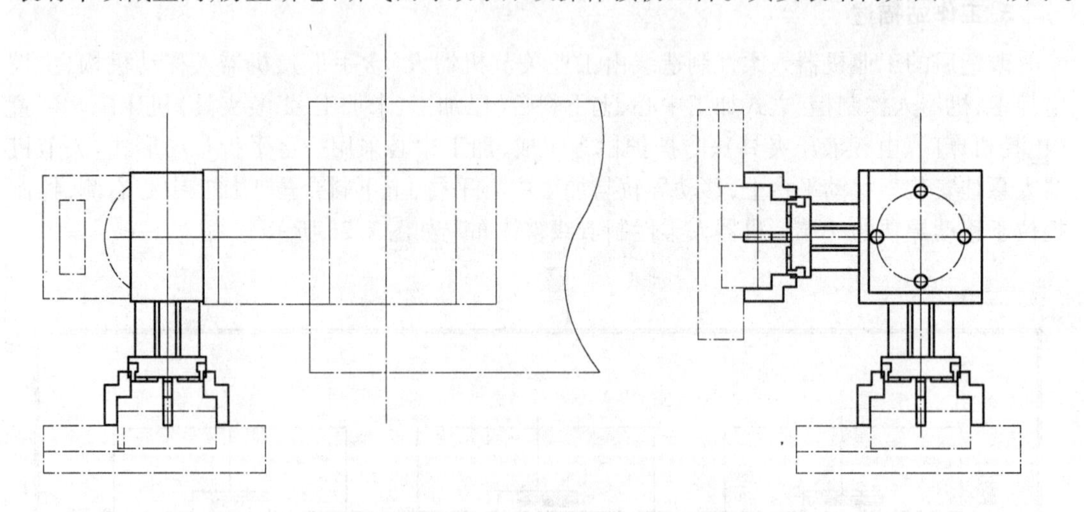

图 7.28　安装结构示意图

在自动化系统中,如果 3 台加工中心分别加工 3 种不同的工件,那么机器人的末端装卸手爪则设计成 3 个不同的夹爪,呈空间等分布局形式,上下料工件时先根据加工中心的加工工件种类调整好手爪姿态(作业状态),装卸工件分为两次作业完成。

③机器人移动机构(机器人第 7 轴)。机器人移动机构采用龙门框架式钢结构,机器人悬挂安装在框架上不部移动机构 X 轴滑台上(图 7.29),移动滑台能实现横向(X 轴)的移动,机构采用直角坐标直线移动单元实现,伺服电机驱动,具有移动速度快、位置精度高、系统联动好的特点,机器人随着移动滑台实现对 3 个加工中心的位置移动作业。

直角坐标机器人系统采用高品质构件和伺服控制技术,结构紧凑,功能先进,性能可靠。该系统一般由控制系统、驱动系统、机械系统及操作工具等组成,具有自动控制、可重复编程、多自由度等特点。

因机器人较重,移动机构采用钢结构框架结构,关节机器人安装在移动滑板上与 X 轴

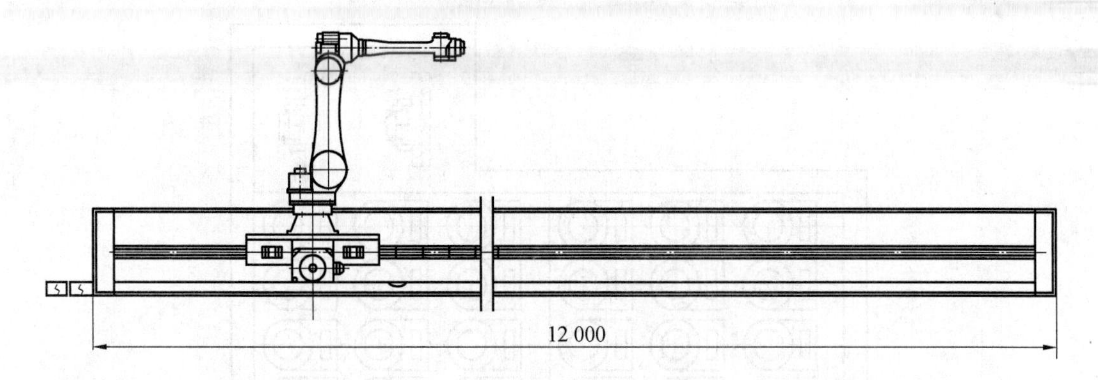

图7.29　移动机构结构示意图

相连，如图7.30所示，交流伺服减速电机+直线导轨+齿轮齿条实现轴向运动，保证了运动精度，拖链电缆选用柔性电缆，保证控制的可靠性。用钢结构构件支撑保证了整体刚度和强度，使整个框架固定于地基上面。

推荐移动速度：0～400 mm/s。

有效行程：12 000 mm。

重复运动精度：±0.2 mm。

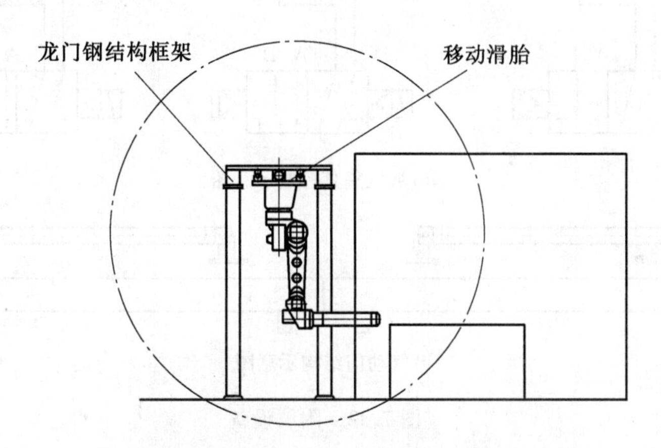

图7.30　机器人悬挂安装作业示意图

④上下料台。上下料台采用铝型材框架结构制成，放置在加工中心右侧。台面上分别放置已加工工件（9～12件）、待加工工件（9～12件）及工装夹具（2套）。工件的定位由相应的定位工装保证，精度为±3 mm，工装夹具放置处安装有传感器，给系统信号，防止漏装夹具作业。在每个料台的上方安装有视觉纠正系统的摄像头，结合机器人系统的控制，实现抓取工件的准确定位。线体上下料台的结构示意图如图7.31所示。

⑤机床配套装置。为实现系统的联动及柔性化控制，对加工中心的附属设备进行改造。加工中心的安全门由手动改为气缸。为执行机构的系统自动控制（可人工手动），机床液压夹具夹紧控制，由手动控制阀改为电控二位五通液压阀，实现系统自动控制，同时对工件的夹紧到位，有传感器给系统信号，实现关联保护。对门及夹具的位置状态，系统根据传感器实现判别（图7.32）。

⑥防护护栏。整个工作区域外围设有安全护栏和安全门，安全门上装有工作状态指示

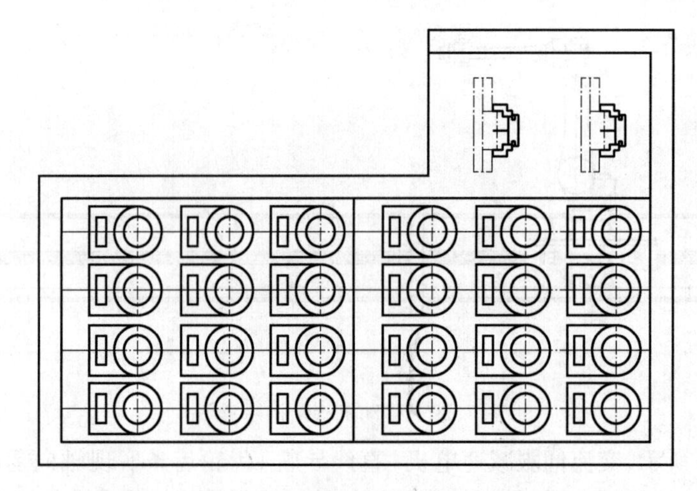

图 7.31 线体上下料台的结构

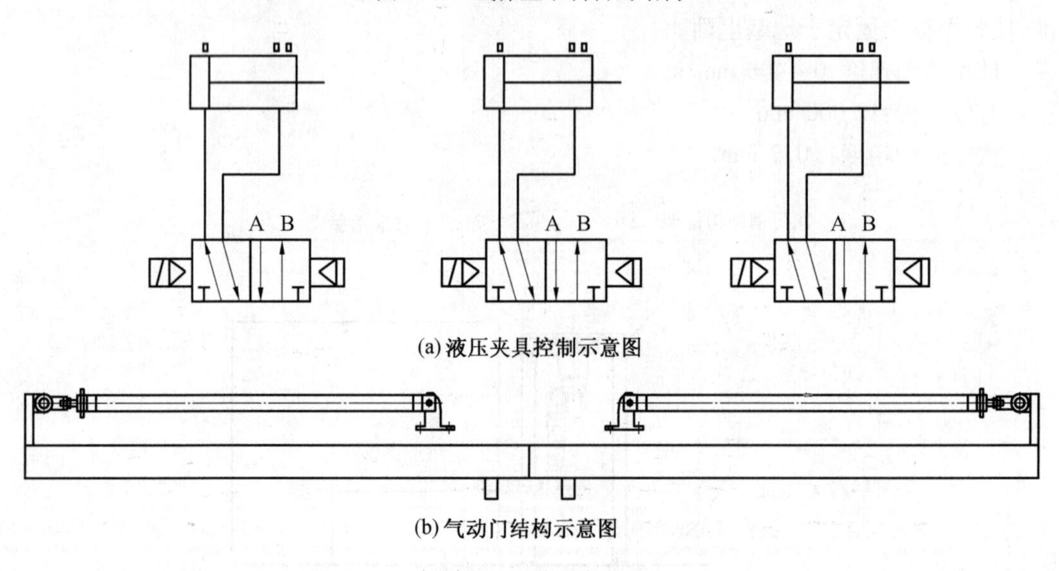

(a) 液压夹具控制示意图

(b) 气动门结构示意图

图 7.32 附属设备

信号灯，护栏采用钢结构焊接制成，防护人员非法进入，出入门设有安全开关，与系统联动，开门时，设备停止工作。

⑦主机控制系统。系统整体动作协调控制由主控制柜、分控柜、传感元件、执行元件、执行线路 PLC 处理单元与软件系统构成，采用 Profibus 现场总线控制方式。系统可采用全自动和手动控制，控制系统设置自动和手动两种运行方式，操作人员可以根据工作需要，设置自动运行顺序，以满足各种复杂情况下的操作需要；并且，手动方式可以控制系统的每个动作。

a. 控制信号。分布在各自工作站的分控柜将控制信号传到主控制柜，经软件自动判断识别后由主柜通过控制元件控制各自工作单元等，以完成相应的设备操作，确保整个系统协调、均衡、连续进行，具有自保护功能，设备故障能够强行停止操作，保护设备的安全。

b. 可升级扩展。所有导线直径要求按照国家标准，线径要余留 20% 以上余量，所有线头须打标号,控制线、通信线分开走线。控制柜内设有变压器,所有控制元器件均是24 V,确保操作工及维修工的人身安全,以便轻微故障可以带电维修,减少故障停机时间。现场通信线及控制柜均留有可升级借口,可以满足快速升级系统的要求。

c. 工程布线。所有由主控柜至设备不可移动的电缆和电源箱外的电线都安装在电缆槽内,且便于打开修理。

d. 柔性制造系统控制界面实现以下功能:

(a)可选择机床数量,3台机床可以一起开启,也可以分别开启,可在总控的触摸屏上选择。

(b)每台机床加工零件的数量必须是一次全部加工,如果安装了3个夹具,每次就加工3个零件,否则系统报警。

(c)可设定加工零件的数量,加工完成后自动停止。

(d)暂停功能:机床完成加工任务后系统停止工作,机器人不再上料。

(e)报警急停功能:机床和机器人立刻停止工作。

(f)控制系统具备扩展信号口预留给额外的3副液压夹具系统,即通过扩展口连接3副液压夹具系统具备一次加工6个零件的能力。

工业机器人柔性制造线设备控制流程如图7.33所示。

(2)设备可实现功能。

改造完成后柔性制造线设备连接情况如图7.34所示。通过示教、程序编程即可实现机器人对工件自动完成装卸作业全过程,从而实现全自动作业,人工批次装卸料台上工件。

系统工作流程如下:首先,将待加工工件放置在上下料台,将配套工装手爪安装在机器人末端(6轴)。机器人在直线导轨上运行,监管3台立式VMC850E加工中心的运行,当有加工中心一次完成3个工件的加工后,自动开合门打开同时给主控系统发出信号,主控系统给机器人发出信号,机器人等待上一工作完成后运行到发出信号的加工中心处,将加工完成的工件取出放入与加工中心相对应的上下料平台中,并从相应上下料平台中取出未加工的工件,放入加工中心夹具上由夹具自动装夹,自动开合门关闭,加工中心自动启动加工,以此循环。

操纵关节机器人以人工示教方式对工件的作业进行编程,结束后退出关闭安全门,启动系统相应的程序,开始自动作业。在作业过程中,根据程序联动,机器人会和移动机构联动,一台加工中心作业完毕,根据系统指令,机器人移至另一个加工中心处进行自动作业,操作人员可批次将上下料台的完工工件取下,换上新待加工工件,实现自动循环连续作业。

机器人采用预约工作模式(一台完毕,进入预约排队),三工位作业之间不用等待,提高了工作效率。

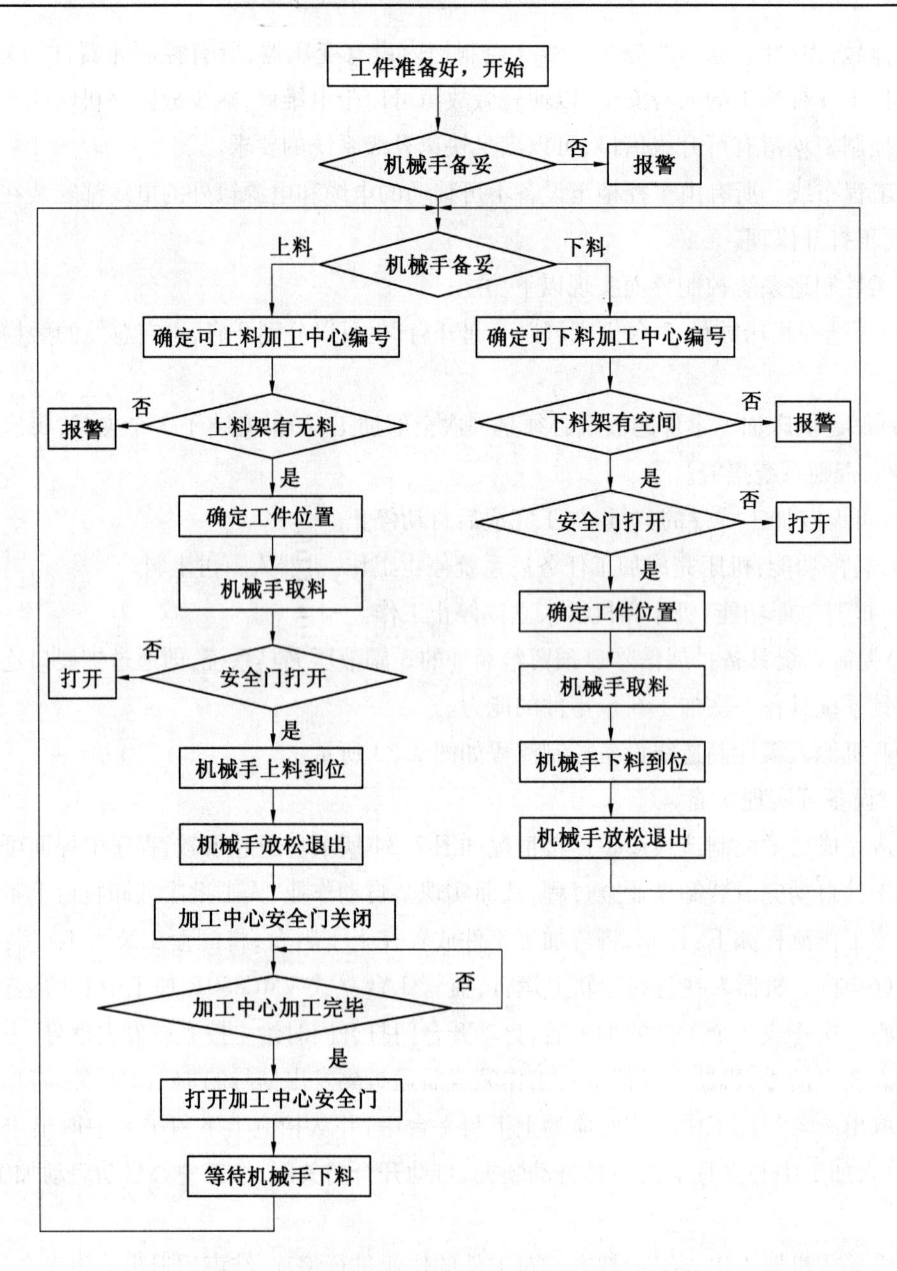

图 7.33 工业机器人柔性制造线设备控制流程图

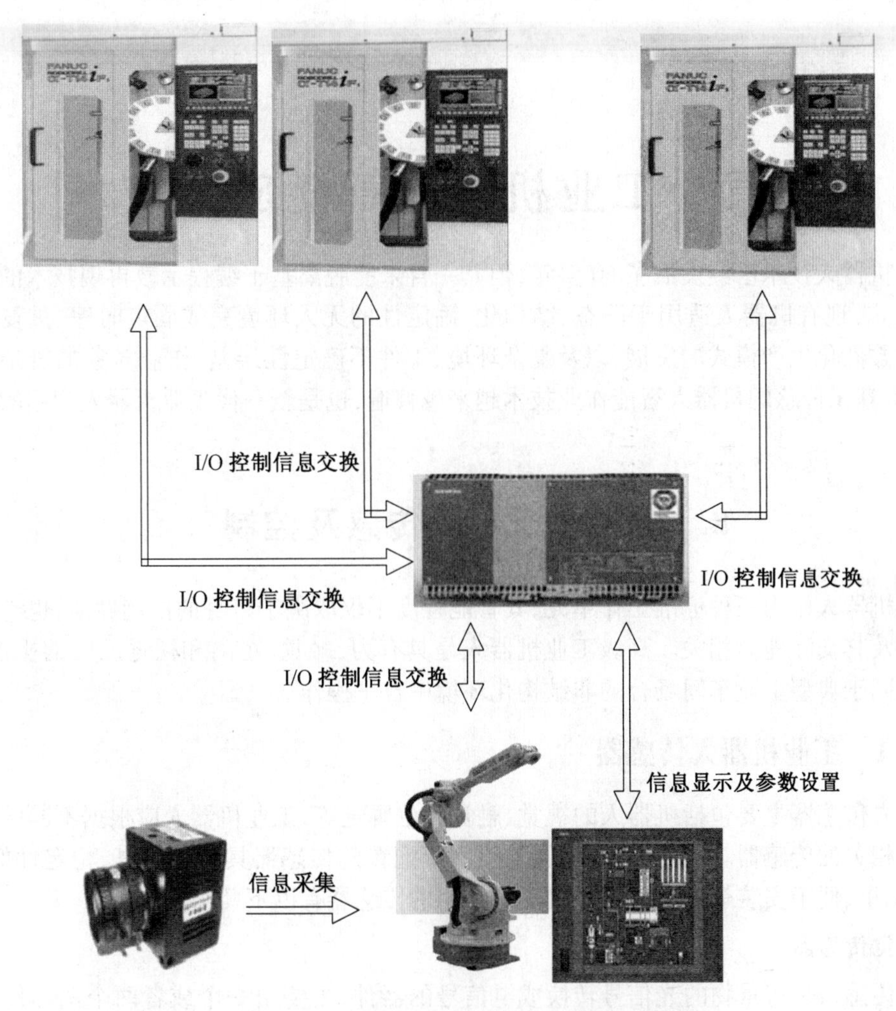

图 7.34　工业机器人柔性制造线设备连接图

7.6　小　结

本章介绍了工业机器人在制造业的应用状况，分别介绍了焊接机器人应用、机器人自动喷涂线、搬运机器人应用和装配机器人应用设计过程。同时以工业机器人的柔性制造线应用为例，给出了机器人应用的设计过程、功能和特点，大大提高了生产线的自动化和智能程度。

第8章　工业机器人智能应用技术

尽管机器人技术已经发展了60多年,但其一直未能脱离基于编程示教再现技术的机器人作业方式,现有机器人适用于静态、结构化、确定性的无人环境完成固定时序、重复性作业。随着柔性化生产模式的发展,以及复杂环境、工件不确定性误差、作业对象的复杂性等因素,要求基于传感的机器人智能作业技术越来越普遍,也是新一代工业机器人应用的发展趋势。

8.1　工业机器人传感及控制

工业机器人作为一种标准工作单元,其智能程度不仅取决于自身的控制性能,也与外部传感设备及其交互能力相关。高级工业机器人是具有力、触觉、距离和视觉反馈的机器人,能够在不同于典型工业车间场合的非结构化环境中自主操作。

8.1.1　工业机器人传感器

机器人传感器主要包括机器人的视觉、触觉和位置觉等,工业机器人应根据不同的作业任务配置相关的传感器。同时,工业机器人要求所配置的传感器具有精度高、稳定性好、质量小、体积小、便于安装等特点。工业机器人常用的传感器有以下几类:

1.视觉传感器

视觉传感器是将景物的光信号转换成电信号的器件,主要由一个或者两个图形传感器组成,有时还要配以光投射器及其他辅助设备。视觉传感器的主要功能是获取足够的机器视觉系统要处理的原始图像。图像传感器可以使用激光扫描器、线阵和面阵CCD摄像机或者TV摄像机,也可以使用最新出现的数字摄像机等。在此基础上,计算机对获取的图像进行处理,得到所需要的测量特征,以完成对目标的信息检测。

视觉传感系统一般包括图像采集单元、图像处理单元、图像处理软件及通信接口单元等,如图8.1所示。

图像采集单元是CCD/CMOS图像传感器和图像采集卡的集成。图像采集单元将光学图像转换为数字图像,然后输出至图像处理单元。图像处理单元用来完成图像处理任务,主要包括处理器和存储器。

图像处理单元对采集到的图像/视频数据进行预处理、压缩和有选择的存储,结合图像处理软件对图像进行处理和分析。

图像处理软件一般包括底层的图像处理函数库和上层针对具体应用的图像处理及分析程序。利用图像处理技术,可以方便快捷地开发针对具体任务的机器视觉应用程序。

通信接口是相机的另一个重要组成部分,主要完成相机和计算机或其他计算控制设备之间的图像数据传递及控制信息交流任务。用户可以通过通信接口对智能相机进行参数设置,完成数据和程序的上传;相机则通过通信接口向其他设备传送图像或分析图像的结果。有的智能相机还提供数字 I/O 接口。I/O 接口主要用作控制信号的输入输出,方便相机和其他自动化设备的连接。

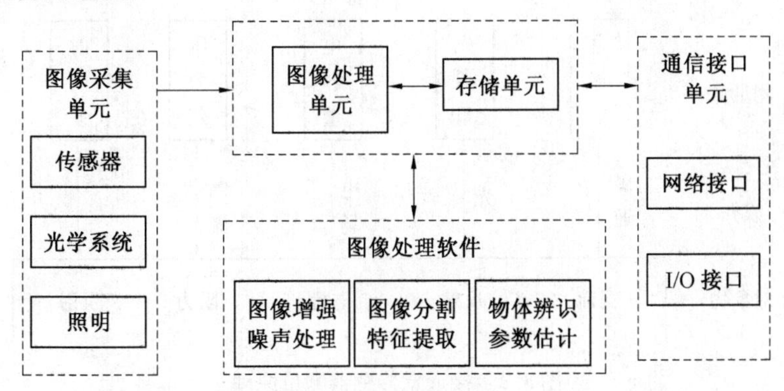

图 8.1　视觉传感器系统结构图

机器视觉是计算机科学的重要研究领域之一,结合光、机、电综合应用检测识别技术,发展十分迅速。其主要研究范畴包括图像特征检测、轮廓表达、基于特征的分割、距离图像分析、形状模型及表达、立体视觉、运动分析、颜色视觉、主动视觉、自标定系统、物体检测、二维与三维物体识别及定位等。其应用范围也日益扩大,涉及机器人、工业检测、物体识别、医学图像分析、军事导航和交通管理等诸多领域。随着计算机、人工智能、信息处理以及其他相关领域学科的发展,机器视觉理论的研究和应用会得到更深入、更广阔的发展。

视觉检测识别技术是精密测试技术领域内最具有发展潜力的新技术,它综合运用了电子学、光电探测、图像处理和计算机技术,将机器视觉引入到工业检测识别中,具有非接触、速度快、柔性好等突出优点。因此,视觉检测识别在各个领域得到了广泛的应用。基于视觉的工件自动检测识别系统应用于工件自动检测识别,较红外检测技术、超声波检测技术、射线检测技术、全息摄影检测技术等有着其优越性,在节省时间和劳动力,提高效率和准确性方面都有着明显的优势。据统计表明,大约有 80% 的信息是通过视觉或视觉传感器而获取的。基于视觉还具有以下优点:首先,即使在丢失了绝大部分的信息后,其所提供的关于周围环境的信息仍然比激光雷达、超声波等更多、更准确;其次,视觉的采样周期比超声波、激光雷达等短,所以更适合于工件的在线检测、识别、定位等。基于这些优点,人们对该领域进行了大量研究,并取得了一定成果。

2. 触觉传感器

触觉传感器是用于机器人中模仿触觉功能的传感器,按功能可分为接触觉、接近觉、压觉、滑觉和力觉传感器 5 类。

(1)接触觉传感器。

接触觉传感器主要用以判断机器人(主要指四肢)是否接触到外界物体或测量被接触物体的特征的传感器。接触觉传感器有微动开关、导电橡胶、含碳海绵、碳素纤维、气动复位式装置等类型。

(2)接近觉传感器。

接近觉传感器是指机器人能够感觉到距离几毫米到十几厘米远的对象物或障碍物,能够检测出物体的距离、方位或对象表面的性质,是一种非接触式传感器。接近觉传感器可分为6种,即电磁式(感应电流式)、光电式(反射或透射式)、静电容式、超声波式、气压式和红外线式,其测量原理如图8.2所示。

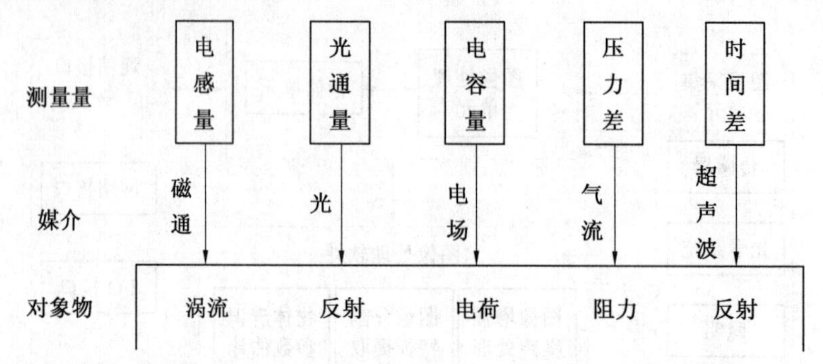

图8.2　接近觉传感器测量原理

(3)压觉传感器。

压觉传感器实际是接触传感器的引申。目前,压觉传感器主要有如下几类:①利用某些材料的内阻随压力变化而变化的压阻效应,制成压阻器件,将它们密集配置成阵列,即可检测压力的分布,如压敏导电橡胶或塑料等。②利用压电效应器件,如压电晶体等,将它们制成类似人的皮肤的压电薄膜,感知外界压力。其优点是耐腐蚀、频带宽和灵敏度高等;缺点是无直流响应,不能直接检测静态信号。③利用半导体力敏器件与信号电路构成集成压敏传感器。常用的压觉传感器有3种,即压电型(如ZnO/Si-IC)、电阻型SIC(硅集成)和电容型SIC。其优点是体积小、成本低,便于同计算机接口;缺点是耐压载差、不柔软。④利用压磁传感器和扫描电路与针式差动变压器式接触觉传感器构成压觉传感器。压磁器件有较强的过载能力,但体积较大。

(4)滑觉传感器。

滑觉传感器用于判断和测量机器人抓握或搬运物体时物体所产生的滑移。它实际上是一种位移传感器,按有无滑动方向检测功能可分为无方向性、单方向性和全方向性3类。①无方向性传感器有探针耳机式,它由蓝宝石探针、金属缓冲器、压电罗谢尔盐晶体和橡胶缓冲器组成。滑动时探针产生振动,由罗谢尔盐转换为相应的电信号。缓冲器的作用是减小噪声。②单方向性传感器有滚筒光电式,被抓物体的滑移使滚筒转动,导致光敏二极管接收到透过码盘(装在滚筒的圆面上)的光信号,通过滚筒的转角信号来测出物体的滑动量。③全方向性传感器是采用表面包有绝缘材料并构成经纬分布的导电与不导电区的金属球。

检测滑动的方法有以下几种:

①根据滑动时产生的振动检测。

②把滑动位移变成转动,检测其角位移。

③根据滑动时手指与对象物体间动静摩擦力检测。

④根据手指压力的分布改变来检测。

(5)力觉传感器。

力觉传感器是用来检测机器人自身与外部环境力之间相互作用力的传感器,包括力传感器和力矩传感器。常用的力觉传感器原理包括应变式、压磁式、光电式、振弦式等类型。对于机器人与外部环境有力接触的情况下,要求机器人作业时应具有力控制功能。通常将机器人的力传感器分为以下 3 类：

①关节力传感器。安装在机器人关节处，测量驱动器本身的输出力和力矩，用于控制中的力反馈。

②腕力传感器。安装在机器人末端，能够直接测出作用在末端操作器上的各向力和力矩。

③指力传感器。安装在机器人手指上，用来测量手爪夹持物体时的受力情况。

3. 位置传感器

位置感觉和位移感觉是机器人的基本要求，它可以通过多种传感器来实现。机器人常用的位置传感器有电位器式位移传感器、电容式位移传感器、电感式位移传感器、光电式位移传感器、霍尔元件位移传感器、磁栅式位移传感器和机械式位移传感器等。

其中，光电编码器是工业机器人的位置反馈常用的传感器，其分辨率完全能够满足机器人的控制精度要求，也是一种非接触式传感器。它是一种通过光电转换将输出轴上的机械几何位移量转换成脉冲或数字量的传感器，是目前应用最多的传感器。一般的光电编码器主要由光栅盘和光电探测装置组成。在伺服系统中，由于光电码盘与电动机同轴，电动机旋转时，光栅盘与电动机同速旋转。经发光二极管等电子元件组成的检测装置检测输出若干脉冲信号。通过计算每秒光电编码器输出脉冲的个数就能反映当前电动机的转速。此外，为判断旋转方向，码盘还可提供相位相差 90°的两个通道的光码输出，根据双通道光码的状态变化确定电机的转向。

光电码盘传感器可分为绝对式编码器和相对式编码器，前者只要电源加到传感器的机电系统中，编码器就能给出实际的线性或旋转位置。因此，机器人关节采用绝对式编码器，不需要校准，只要一通电，机器人就知道其所处的实际位置。相对式编码器只能提供相对于某基准点的位置信息，断电后不能记住机器人当前位置，所以，采用相对编码器的工业机器人在工作之前，必须进行零位校准。

8.1.2　工业机器人智能控制系统

工业机器人采用多传感器系统，使其具有一定的智能，而多传感器信息融合技术则提高了机器人的认知水平。

多感觉智能机器人由机器人本体、控制器、驱动器、多传感系统、计算机系统和机器人示教盒构成，系统结构如图 8.3 所示。机器人系统采集外部环境信息，并结合机器人内部的位置传感器，基于多传感信息融合技术，对工作部件进行检测，并形成机器人的运动轨迹，从而可以完成工业机器人的智能应用作业任务。

工业机器人的智能应用已经在实验室和工厂自动化生产线进行了广泛应用，本章将对工业机器人常用的视觉控制和力觉控制进行详细阐述。

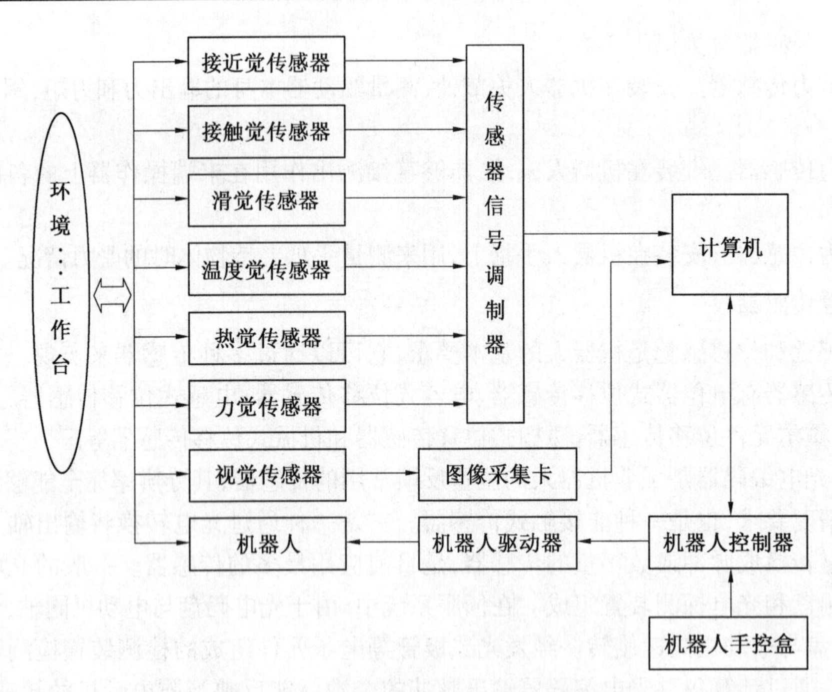

图 8.3 多感觉智能机器人系统结构图

8.2 视觉传感及应用

8.2.1 视觉传感器

视觉测量是一种非接触式测量方式，其中，“双目视觉”是一种在“三维重建”“运动跟踪”“机器人导航”等众多领域应用广泛的立体视觉技术。机器视觉作为获得环境信息的主要手段之一，可以增加机器人的自主能力，提高其灵活性。随着计算机视觉技术的不断发展，立体视觉在诸多领域得到了一定的应用。特别是双目视觉以其结构简单、使用方便、速度和精度高等优点，使得它在工业检测、机械加工、物体识别、工件定位、机器人自引导和航天及军事等领域备受青睐。机器视觉可以代替人类从事检验、目标跟踪、机器人导航等工作，特别是需要重复、迅速从图像中获取精准信息、进行非接触精密测量及条件恶劣的场合。随着计算机技术和光电技术的发展，图像硬件设备的分辨率和处理速度越来越高，为机器视觉在高精度实时图像检测识别中的应用提供了硬件基础。因此，基于视觉的以图像作为信息来源的自动检测、识别技术越来越受到人们的重视。

国外立体视觉已经有了很大的发展，从早期的以统计相关理论为基础的相关匹配，发展到具有很强生理学背景的特征匹配，从串行到并行，从直接依赖于输入信号的低层处理到依赖于特征、结构、关系和知识的高层次处理，性能不断提高，其理论正处在不断发展与完善之中。日本东京大学将实时双目立体视觉和机器人整体姿态信息集成，开发了仿真机器人动态行走导航系统。该系统实现分两个步骤：首先，利用平面分割算法分离所拍摄图像对中的地面与障碍物，再结合机器人躯体姿态的信息，将图像从摄像机的二维平面坐标系转换到描述躯体姿态的世界坐标系，建立机器人周围区域的地图；其次，根据实时建立的地图进行障碍物检测,从而确定机器人的行走方向。该系统仅要求两幅图像中都有静止的参考标志,无须摄像机参数,而传统的视觉跟踪伺服系统需事先知道摄像机的运动、光学等参数和目标的运动方式。日本大阪大学自适应机械系统研究院研制了一种自适应双目视觉伺服系统,利用双目体视的原理,以每幅图像中相对静止的3个标志为参考,实时计算目标图像的雅可比矩阵,从而预测出目标下一步运动方向,以实现对运动方式未知的目标的自适应跟踪。华盛顿大学与微软公司合作为火星卫星"探测者"号研制了宽基线立体视觉系统,使"探测者"号能够在火星上对其即将跨越的几千米内的地形进行精确的定位和导航。

国内的立体视觉研究起步晚,但近年也取得了一些可喜的成绩,浙江大学、东南大学和哈尔滨工业大学在这方面的研究最为突出。但这些研究仅处于实验阶段,实际应用很少。浙江大学机械系统完全利用透视成像原理,采用双目体视方法实现了对多自由度机械装置的动态、精确位姿检测,仅需从两幅对应图像中抽取必要的特征点的三维坐标,信息量少,处理速度快,尤其适于动态情况。与手眼系统相比,被测物的运动对摄像机没有影响,且不需知道被测物的运动先验知识和限制条件,有利于提高检测精度;东南大学电子工程系基于双目立体视觉,提出了一种灰度相关多峰值视差绝对值极小化立体匹配新方法,可对三维不规则物体的三维空间坐标进行非接触精密测量;哈尔滨工业大学采用异构双目活动视觉系统实现了全自主足球机器人导航。将一个固定摄像机和一个可以水平旋转的摄像机,分别安装在机器人的顶部和中下部,可以同时监视不同方位视点,体现出比人类视觉优越的一面。通过合理的资源分配及协调机制,使机器人在视野范围、测距精度及处理速度方面达到最佳匹配。华中理工大学的谷红勋等人提出了基于子形心集 Hausdorff 距离的平面形状识别新方法。哈尔滨工业大学的陈东、王炎提出改进的傅里叶描述子的方法,提取出目标在任意仿射变换下都不改变的特征,并对6种飞机进行特征提取并识别。清华大学的王涛、刘文印、孙家广等人利用基于曲线多边形近似的连续傅里叶变换方法计算傅里叶描述子,并通过形状的主方向消除边界起始点相位影响的方法,定义了新的具有旋转、平移和尺度不变的归一化傅里叶描述子来进行形状识别。浙江大学的唐国良等人利用不变矩和标准矩从二维数字图像中对5种飞机目标进行识别。北京邮电大学的王波涛等人研究了相对矩及其在几何形状识别中的应用。上海交通大学的黄红艳和杨煌普研究了基于高阶神经网络的机械零件形状识别,提出一种机械零件在线自动检测的形状识别系统。

综上所述,采用双目视觉技术对目标进行匹配和位姿测量是目前发展的一个重要方向和有效工具,特别是在机器人应用领域,通过机器人上安装的相机来处理视频图片,通过视频反馈,机器人的定位精度将大大提高。

8.2.2　视觉传感器的目标位姿检测方法

立体视觉是检测机动目标的空间位置及其姿态的一种有效方法。如图8.4所示,立体相机安装于机器人基座上方,并斜下方对射机动目标可能存在的区域,通过相机采集图像中目标物体的相关图像信息,检测分割目标的图像特征,并利用立体视觉成像机理恢复目标的三维空间姿态,从而导引机器人完成随动抓取任务。基于立体视觉的检测必须快速,并且能够需要适应光线变化以及目标特征的部分遮挡情况。

采用立体视觉相机检测目标,涉及单目相机标定、双目相机标定、图像处理、特征识别、特征匹配等技术,检测过程分为以下几步:

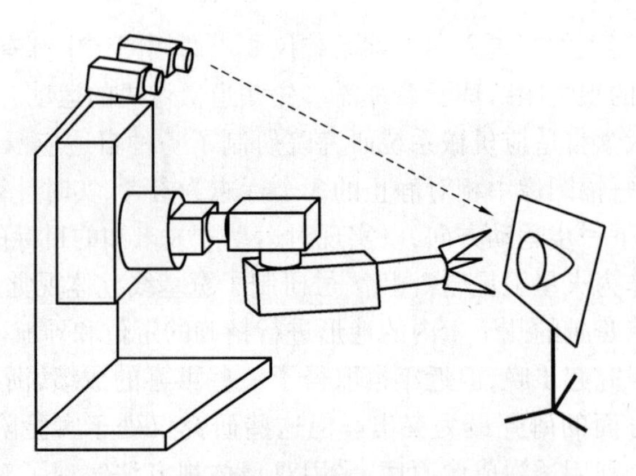

图 8.4　基于立体视觉的空间目标检测平台

1. 立体视觉标定方法

相机标定流程的总体情况如图 8.5 所示。

(1)手持标定板在相机前变换姿态。

(2)在标定板姿态变化时,保证左右相机能够同时观测到目标图像。

(3)记录数据并在 MATLAB 中进一步标定立体视觉中的各个单目相机。

(4)在单目相机标定数据的基础上进一步标定立体视觉系统。

(5)在标定完立体视觉系统基础上,标定视觉与机器人基座的相对参数。

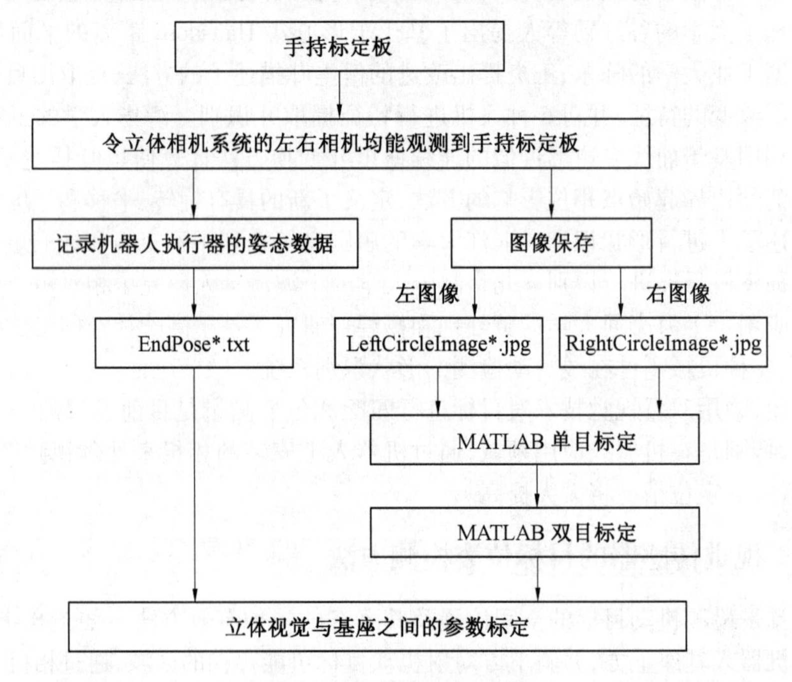

图 8.5　相机标定流程图

2. 单目相机标定方法

基于 MATLAB 的标定方法,采集立体相机拍摄的左、右图像如图 8.6 所示。

采用 MATLAB 工具包分别标定立体视觉中两个单目相机,图 8.7 为 MATLAB 工具包标

(a) 左图像标定样本

(b) 右图像标定样本

图8.6　用于单目相机标定的图像样本

定界面。图8.8为相机标定用的左、右棋盘格图像及其相对于相机的姿态。

基于MATLAB的相机标定工具包(Camera Calibration Toolbox),在调整完左右相机的焦距的基础上,分别拍摄若干幅棋盘格图像,通过选定棋盘格的角点,并按照单向视觉的针孔成像模型计算相机的内部参数,包括左右相机在图像中的焦距分量f_u,f_v,主点坐标u_o,v_o,以及相机镜头的扭曲参数。

3. 立体相机标定方法

在左右相机标定完成的基础上,进一步标定立体相机的外部参数,包括右相机相对于左相机的旋转矩阵参数$\boldsymbol{R}$和平移矩阵$\boldsymbol{T}$。

4. 手眼标定方法

由于机器人末端需要针对空间目标进行位置检测跟踪,立体视觉计算出的目标姿态及位置是相基于左摄像机坐标系,因此必须相应转化到机器人的基础坐标系下,手眼相机标定目的就是估计出立体视觉相对于基础坐标系的相关姿态变换参数R_c,t_c,从而使目标物体的观测值能够转化为以基础坐标系为参考的测量值。手眼标定的方法步骤如下:

(1)在机器人执行器末端放置预先设置好的标定模板(图8.9(b))。

(2)控制机器人的末端执行器运动到左相机均能观测的位置,记录左图像以及末端执行器相对于基础坐标系的变换参数R_b,T_b。

(3)运动机器人,并继续采集图片到指定的数量。

(4)采用LM非线性最优化方法估计参数R_c,t_c。

如图8.9(c)所示,对于图像中标点边对应的角点坐标,都有手爪末端执行器中标点板的4个角点的坐标与之对应。图像像素坐标I_x,I_y和手眼参数R_c,T_c,机器人末端执行器相

(a) 工具包界面

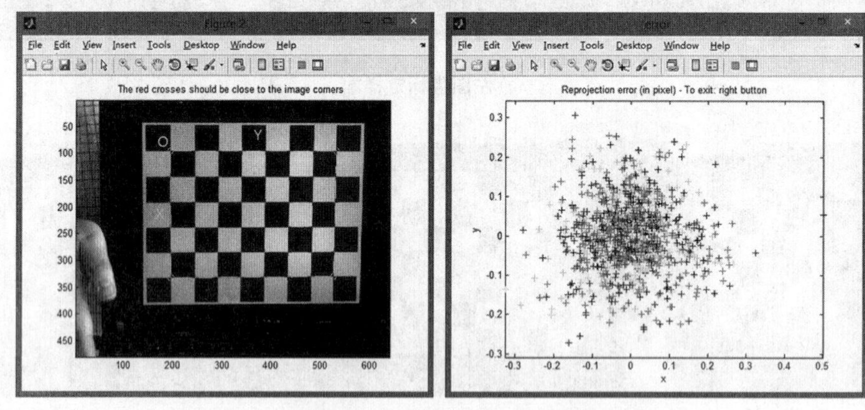

(b) 图像的角点提取及误差分析界面

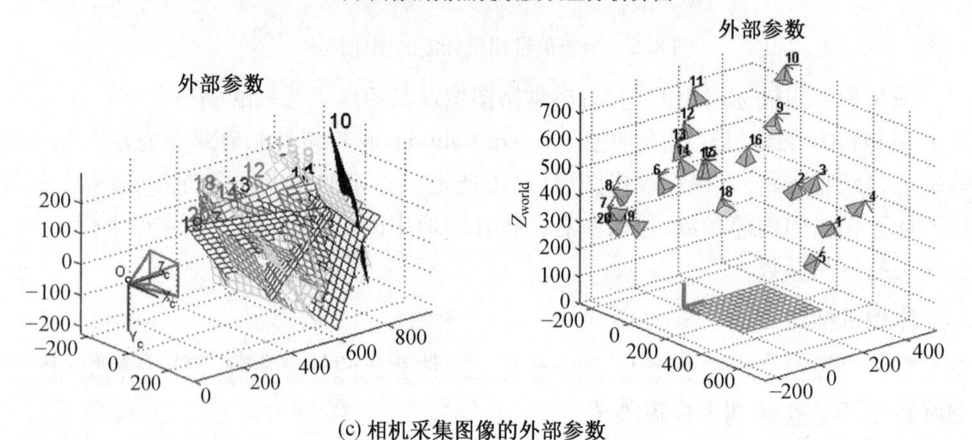

(c) 相机采集图像的外部参数

图 8.7 MatLab 工具包标定界面

对于基础坐标系的参数 R_b,T_b,标定板角点坐标(x,y,z)。其中,参数 I_x,I_y,R_b,t_b,(x,y,z)已知,因此采用无约束优化方法对参数 R_c,T_c 进行估计。图 8.9(d)为手眼标定流程。

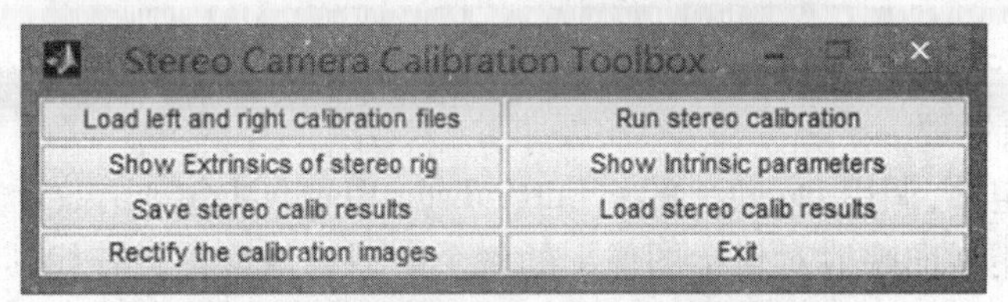

(a) 立体视觉标定 MATLAB 工具包

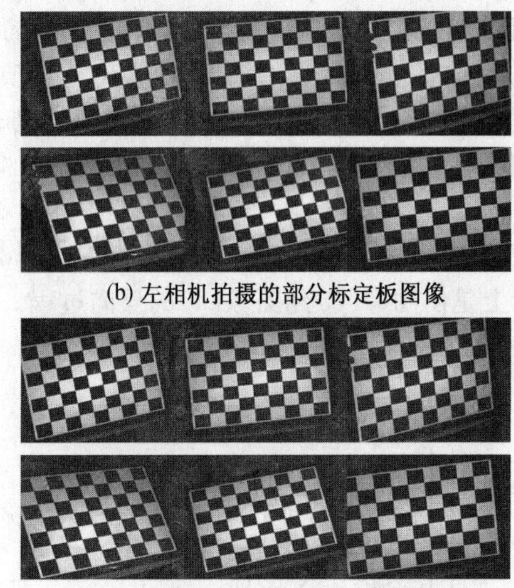

(b) 左相机拍摄的部分标定板图像

(c) 左相机拍摄的部分标定板图像

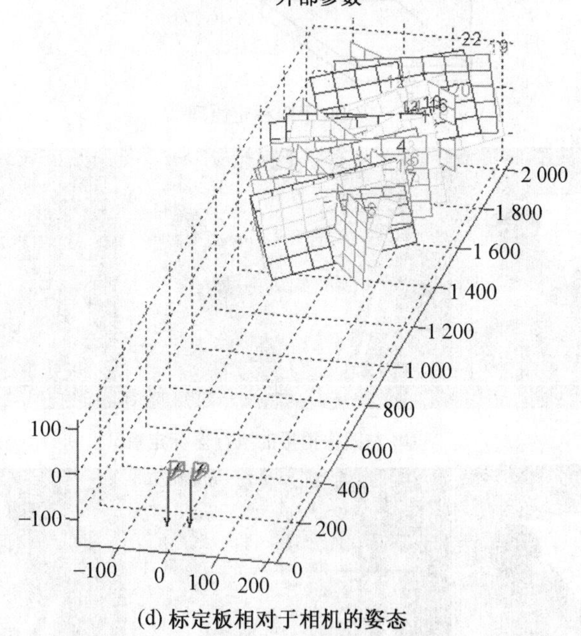

(d) 标定板相对于相机的姿态

图 8.8　相机标定用的左、右棋盘格图像及其相对于相机的姿态

5.基于立体视觉的目标位姿计算

(1)图像的预处理。

基于立体标定项,调用 OpenCv 的 cvInitUndistortRectifyMap()函数计算左右视图的校正查找映射表。采用逆向映射对目标图像上的每个整型的像素位置查找其对应源图像上的浮点位置,利用周围源像素的双线性插值计算。其校正过程如图 8.10 所示。图中公式流程就是真实的从图像(c)到图像(a)的逆向映射过程。对图像(c)中的每个整型像素,查找它在非畸变图像(b)上的坐标,用这些坐标回溯在原始图像(a)上的真实(浮点)坐标。浮点坐标上的像素值通过在原始图像上的邻近整型像素位置插值得到,这个值被赋给目的图像(c)上的校正后整型像素位置。在校正图像都被赋值之后,经常将它剪切以增大左右图像间的叠加面积。

其中,图 8.10(a)为原始图像,(b)为非畸变化,(c)为校正,(d)为最后裁切成两幅图像间的重叠区域。校正实际上是由图像(c)到图像(a)的反向过程。

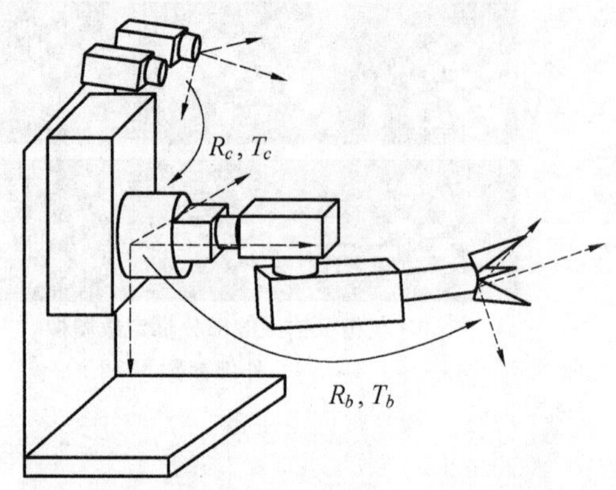

(a) 手眼标定原理

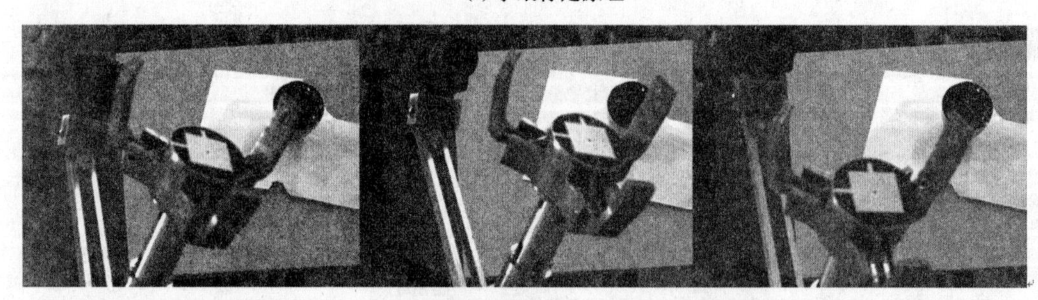

(b) 左图像拍摄的执行器标定板

 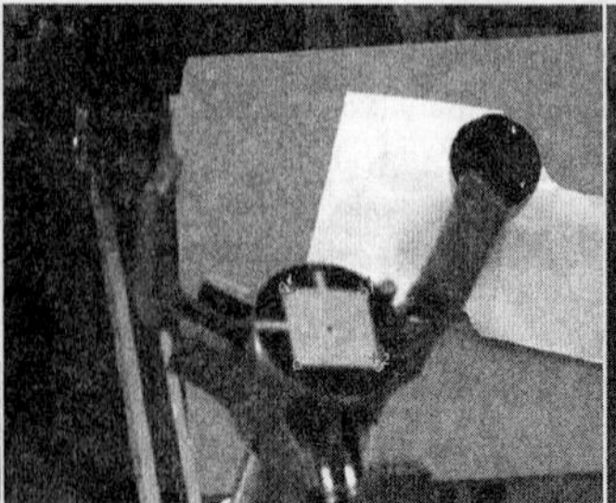 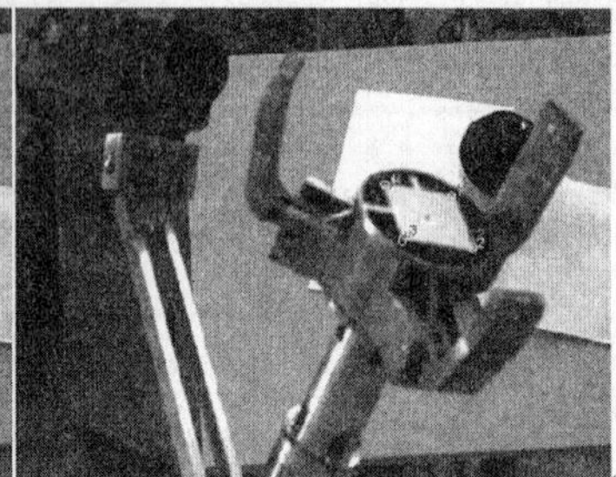

(c) 右图像拍摄的执行器标定板角点提取

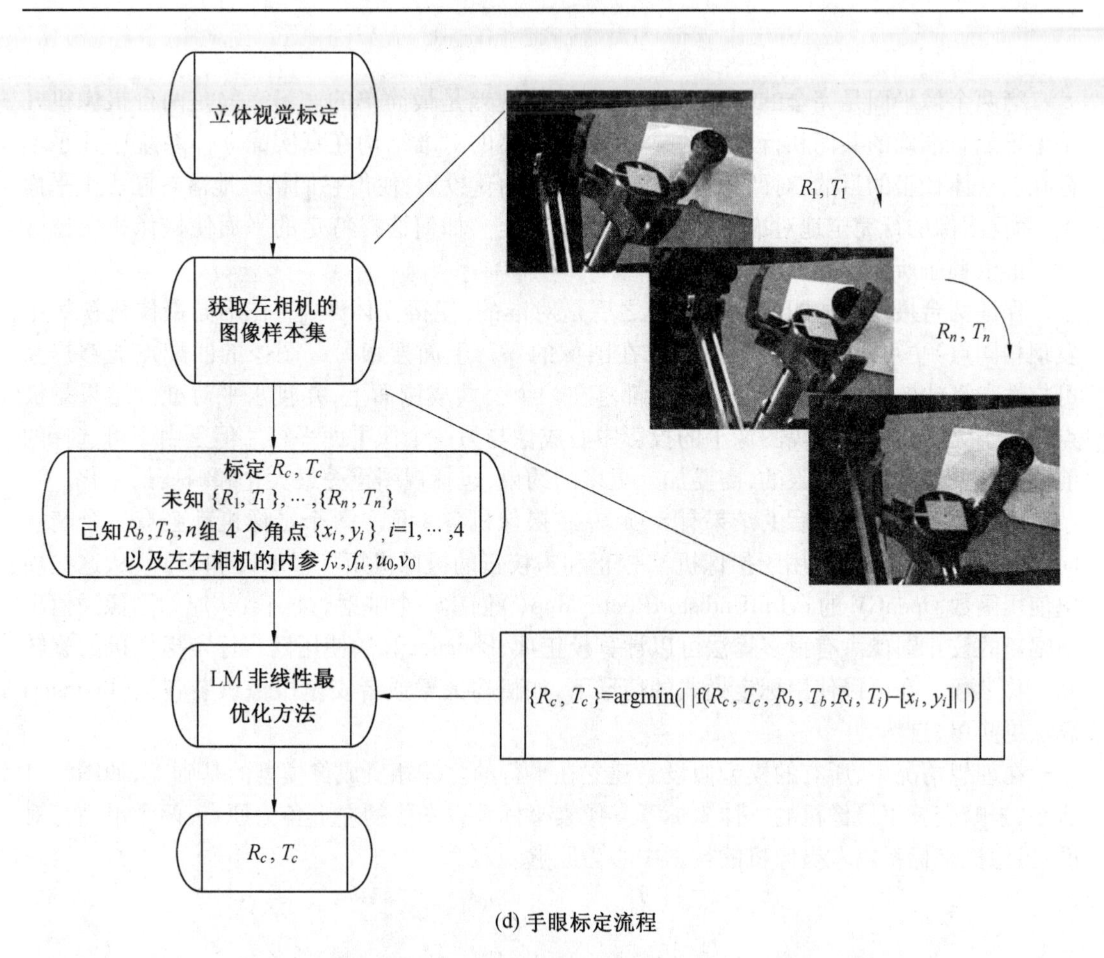

(d) 手眼标定流程

图 8.9　立体视觉的手眼标定流程图

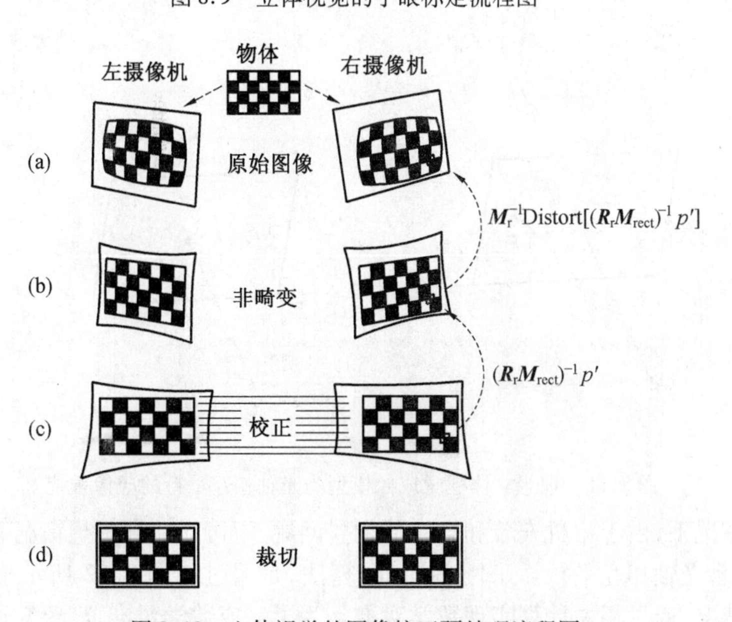

图 8.10　立体视觉的图像校正预处理流程图

(2)立体校正——Bouguest 算法。

当两个像平面是完全的行对准时,计算立体视差是最简单的。不幸的是两台摄像机几乎不可能有准确的共面和行对准的成像平面,完美的对准结构在真实的立体系统中几乎不存在。立体校正的目的:对两台摄像机的图像平面重投影,使得它们精确地落在同一个平面上,而且图像的行完全地对准到前向平行的结构上。如何选择特定的平面使摄像机保持数学对准依赖于所使用的算法。

保证两台摄像机的图像行在校正之后是对准的,使得立体匹配(在不同摄像机视场中发现相同点)更可靠,计算更可行。只在图像的一行上面搜索另一图像的匹配点能够提高可靠性和算法效率。让每个图像平面都落在一个公共成像面上,并且水平对准的结果是极点都位于无穷远。即一幅图像上的投影中心成像与另一个像平面平行。但是由于可选择的前向平行平面个数是有限的,需要加入更多的约束,包括视图重叠最大化和畸变最小化。

对准两个图像平面后的结果有 8 项,左右摄像机各 4 项。每个摄像机都会有一个畸变向量、一个旋转矩阵(应用于摄像机),校正和未校正的摄像机矩阵(Mrect 和 M)。从这些项里使用函数 OpenCV 的 cvInitUndistortRectifyMap( )创建一个映射,该函数从原始图像插值出一幅新的校正图像。有很多算法可以计算校正项,Bouguet 算法使用两台标定摄像机的旋转和平移参数。在可以使用标定模式的情形下,如机器人臂或者安全摄像机装备上,Bouguest 算法更简单、自然。

在理想情况下,所有的模型假设是建立在平行的立体相机成像模型的基础上,如图8.11 所示,未畸变校正摄像机的立体坐标系。像素坐标系以图像的左上角为原点,两个平面行对准;摄像机坐标系以左摄像机的投影中心为原点。

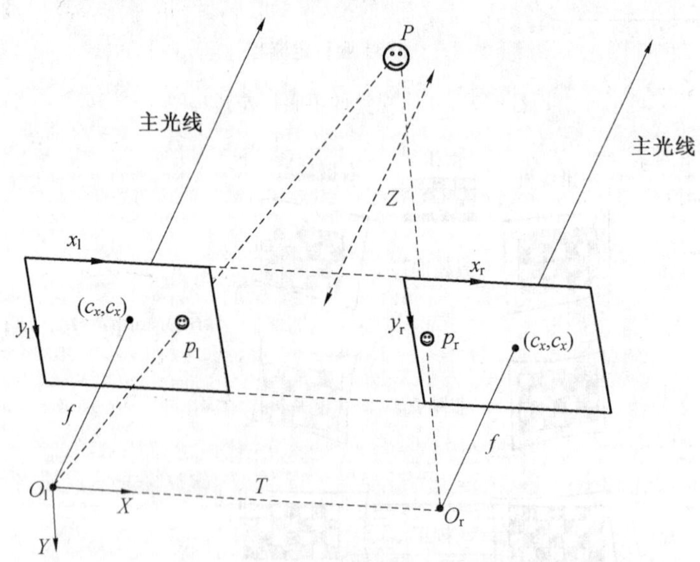

图 8.11 理想立体视觉成像模型为光轴相互平行的成像系统

在实际情况下,由于相机安装和自身的配置问题,不可能达到理想情况系下两台完全一致的相机,并且光轴相互平行。采用 Bouguet 算法,是通过如图 8.12 所示描述的两台摄像机间的真实情况,通过相关计算实现数学对准。为了完成数学对准,需要知道观测一个场景的两台摄像机间更多的几何关系,一旦知道它们的几何定义和一些可以描述的术语与符号,就可以回到立体相机的对准问题上。

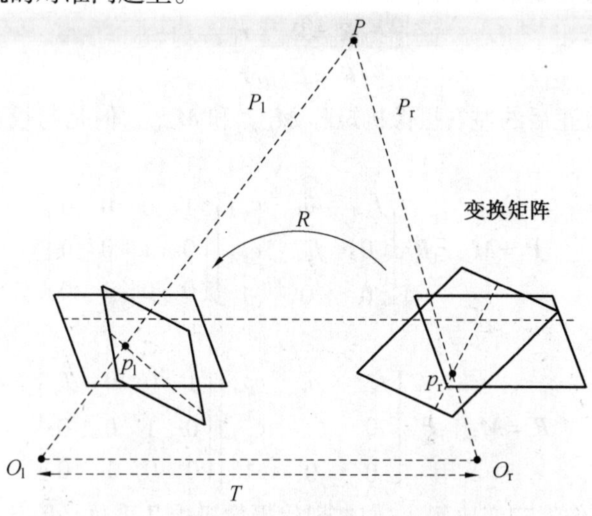

图8.12　Bouguet相机数学对准算法

Bouguet算法是想要将摄像机在数学上对准(而不是物理对准)到同一个观察平面上,从而使得摄像机之间的像素行是严格的互相对准。

给定立体图像间的旋转矩阵和平移($\boldsymbol{R}, T$),立体校正的Bouguet算法使两图像中的每一幅重投影次数最小化(从而也使重投影畸变最小化),同时使得观测面积最大化。为了使图像重投影畸变最小化,将右摄像机图像平面旋转到左摄像机图像平面的旋转矩阵$\boldsymbol{R}$被分离成图像之间的两部分,称之为左、右摄像机的两个合成旋转矩阵$\boldsymbol{r}_l$和$\boldsymbol{r}_r$。每个摄像机都旋转一半,这样其主光线就平行地指向其原主光线指向的向量和方向。如所标记的,这样的旋转可以让摄像机共面但是行不对准。为了计算将左摄像机极点变换到无穷远并使极线水平对准的矩阵$\boldsymbol{R}_{rect}$,创建一个由极点$\boldsymbol{e}_1$方向开始的旋转矩阵。让主点(c_x, c_y)作为左图像的原点,极点的方向就是两台摄像机投影中心之间的平移向量方向

$$\boldsymbol{e}_1=\frac{\boldsymbol{T}}{\|\boldsymbol{T}\|} \tag{8.1}$$

下一个向量$\boldsymbol{e}_2$必须与$\boldsymbol{e}_1$正交,没有其他限制。对$\boldsymbol{e}_2$而言,很好的一个选择就是选择与主光线正交的方向(通常沿着图像平面)。这可以通过计算$\boldsymbol{e}_1$和主光线方向的叉积得到,然后将它归一化到单位向量,即

$$\boldsymbol{e}_2=\frac{[-T_y T_x]^{\mathrm{T}}}{\sqrt{T_x^2+T_y^2}} \tag{8.2}$$

第三个向量只与$\boldsymbol{e}_1$和$\boldsymbol{e}_2$正交,它可以通过叉积得到

$$\boldsymbol{e}_3=\boldsymbol{e}_1\times\boldsymbol{e}_2 \tag{8.3}$$

此时,将左摄像机的极点转换到无穷远处的矩阵为

$$\boldsymbol{R}_{rect}=\begin{bmatrix}(\boldsymbol{e}_1)^{\mathrm{T}}\\(\boldsymbol{e}_2)^{\mathrm{T}}\\(\boldsymbol{e}_3)^{\mathrm{T}}\end{bmatrix} \tag{8.4}$$

这个矩阵将左图像绕着投影中心旋转,使得极线变成水平,并且极点在无穷远处。两台

摄像机的行对准通过标定来实现：

$$\boldsymbol{R}_{\mathrm{l}}=\boldsymbol{R}_{\mathrm{rect}}.\ \boldsymbol{r}_{\mathrm{l}} \tag{8.5}$$

$$\boldsymbol{R}_{\mathrm{r}}=\boldsymbol{R}_{\mathrm{rect}}.\ \boldsymbol{r}_{\mathrm{r}} \tag{8.6}$$

同样可以计算校正后的左右摄像机矩阵 $\boldsymbol{M}_{\mathrm{rect-l}}$ 和 $\boldsymbol{M}_{\mathrm{rect-r}}$，但是与投影矩阵 $\boldsymbol{P}_{\mathrm{l}}$ 和 $\boldsymbol{P}_{\mathrm{r}}$ 一起返回：

$$\boldsymbol{P}_{\mathrm{l}}=\boldsymbol{M}_{\mathrm{rect-l}}\boldsymbol{P}'_{\mathrm{l}}\begin{bmatrix} f_{x-\mathrm{l}} & \partial_{\mathrm{l}} & c_{x-\mathrm{l}} \\ 0 & f_{y-\mathrm{l}} & c_{y-\mathrm{l}} \\ 0 & 0 & 1 \end{bmatrix}\begin{bmatrix} 1 & 0 & 0 & 0 \\ 0 & 1 & 0 & 0 \\ 0 & 0 & 1 & 0 \end{bmatrix} \tag{8.7}$$

和

$$\boldsymbol{P}_{\mathrm{r}}=\boldsymbol{M}_{\mathrm{rect-r}}\boldsymbol{P}'_{\mathrm{r}}\begin{bmatrix} f_{x-\mathrm{r}} & \partial_{\mathrm{r}} & c_{x-\mathrm{r}} \\ 0 & f_{y-\mathrm{r}} & c_{y-\mathrm{r}} \\ 0 & 0 & 1 \end{bmatrix}\begin{bmatrix} 1 & 0 & 0 & T_x \\ 0 & 1 & 0 & 0 \\ 0 & 0 & 1 & 0 \end{bmatrix} \tag{8.8}$$

其中，∂_{l} 和 ∂_{r} 是像素畸变比例，它们在现代摄像机中几乎总是等于 0。投影矩阵将齐次坐标中的 3D 点转换到如下齐次坐标系下的 2D 点：

$$\boldsymbol{P}\begin{bmatrix} X \\ Y \\ Z \\ 1 \end{bmatrix}=\begin{bmatrix} x \\ y \\ w \end{bmatrix} \tag{8.9}$$

其中，屏幕坐标为$(x/w,y/w)$。如果给定屏幕坐标和摄像机内参数矩阵，二维点同样可以重投影到三维中，重投影矩阵如下：

$$\boldsymbol{Q}=\begin{bmatrix} 1 & 0 & 0 & -c_x \\ 0 & 1 & 0 & -c_y \\ 0 & 0 & 0 & f \\ 0 & 0 & -1/T_x & (c_x-c'_x)T_x \end{bmatrix} \tag{8.10}$$

这里，除 c'_x 外的所有参数都来自于左图像，c'_x 是主点在右图像上的 x 坐标。如果主光线在无穷远处相交，那么 $c_x=c'_x$，并且右下角的项为 0。给定一个二维齐次点和其关联的视差 d，可以将此点投影到三维中：

$$\boldsymbol{Q}\begin{bmatrix} x \\ y \\ z \\ 1 \end{bmatrix}=\begin{bmatrix} X \\ Y \\ Z \\ W \end{bmatrix} \tag{8.11}$$

三维坐标就是$(X/W,Y/W,Z/W)$。

应用 Bouguet 校正方法即可生成图 8.11 中的理想立体视觉构型。为旋转图像选择新图像中心和边界，从而使叠加视图的面积最大化。大体上来说，这正好生成一个相同的摄像机中心和两个图像区域共有的最大高度和宽度作为新的立体视图平面。

StereoVision 系统中调用的函数 cvStereoRectify( )解决相机的畸变校正，其输入由 cvStereoCalibrate( )返回的原始摄像机矩阵和畸变向量，该函数在相机标定时被调用。参数 imageSize 是用来执行标定的棋盘图像的大小。同样传入由 cvStereoCalibrate( )返回的左右摄像

机间旋转矩阵 $\boldsymbol{R}$ 和平移向量 $\boldsymbol{T}$,3×3 矩阵 $\boldsymbol{R}_1$ 和 $\boldsymbol{R}_r$,是从前述公式推导而来的左右摄像机平面间的行对准的校正旋转矩阵,3×4 的左右投影方程 p_1 和 p_r,一个可选返回参数 $\boldsymbol{Q}$ 矩阵,是前面叙述过的 4×4 的重投影矩阵。

相对于左右摄像机的主点(c_x,c_y)来校正系统的,因此测量值也是和这些点的位置相关。基本上必须修正这些距离,使得

$$\widetilde{x}^{\mathrm{r}}=x^{\mathrm{r}}-c_x^{\mathrm{right}} \tag{8.12}$$

$$\widetilde{x}^{\mathrm{l}}=x^{\mathrm{l}}-c_x^{\mathrm{left}} \tag{8.13}$$

当视差设置为无穷大时,有 $c_x^{\mathrm{right}}=c_x^{\mathrm{left}}$(比如,当 CV_CALIB_ZERO _DISPARLTY 传递到 cvStereoReCtify()中),并且可以传递平面像素坐标(或者视差)到公式中以计算深度。但是如果 cvStereoReCtify()被调用时没有传入 CV_CALIB_ZERO_DIS PARITY,一般有 $c_x^{\mathrm{right}}\neq c_x^{\mathrm{left}}$。因此,即使公式

$$Z=fT/(x_1-x_r) \tag{8.14}$$

仍然保持不变,但要切记,x_1 和 x_r 不是针对图像中心,而是针对各自的主点 c_x^{right} 和 c_x^{left},它们与 x_1 和 x_r 不同。所以,如果计算视差 $d=x_1-x_r$,那么在计算 Z 之前就应该将其修正为

$$Z=\frac{fT}{d-(c_x^{\mathrm{left}}-c_x^{\mathrm{right}})} \tag{8.15}$$

图 8.13 为立体相机拍摄的图像经过矫正后的实际效果,能够看出图像在行方向形成较为一致的特征分布,从而有利于图像特征点的匹配。

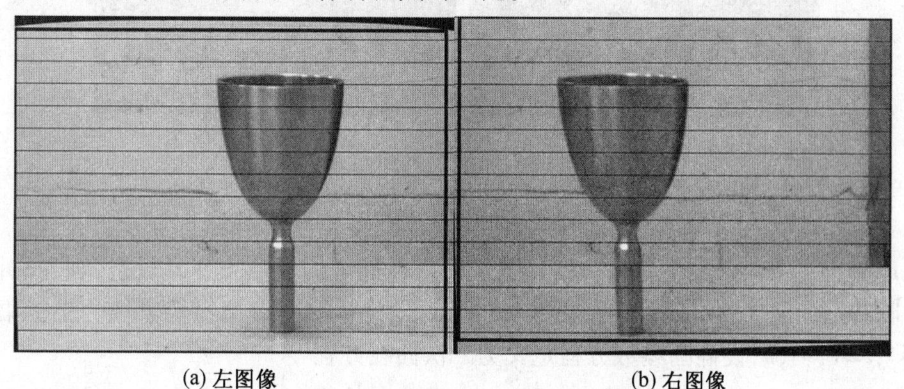

(a) 左图像　　(b) 右图像

图 8.13　立体校正后的双目立体图像

(3)图像特征分割及提取。

如图 8.14(c)所示,基于校正后的图像,首先拟合目标喷嘴在左右图像中的边缘的椭圆特征,因此必须分割出喷嘴特征,这里采用阈值分割方法,将图中深色喷嘴对应的椭圆区域作为前景分割出来,图 8.14(a)为分割后的图像。在此基础上,进一步采用 Canny 算子提取出目标的边缘特征,如图 8.14(b)所示。这里采用 LMS 方法将提取出来的左右边界点进行椭圆拟合。基于拟合的椭圆,由于已经完成对相机图像的矫正工作,因此两相机的虚拟光学中心在同一水平线下,这样在水平极线的约束下扫描左图像中对应的右图图像特征,从而得到相对应的匹配图像特征点。

(4)椭圆拟合。

(a) 左、右图像的目标喷嘴二值化区域分割

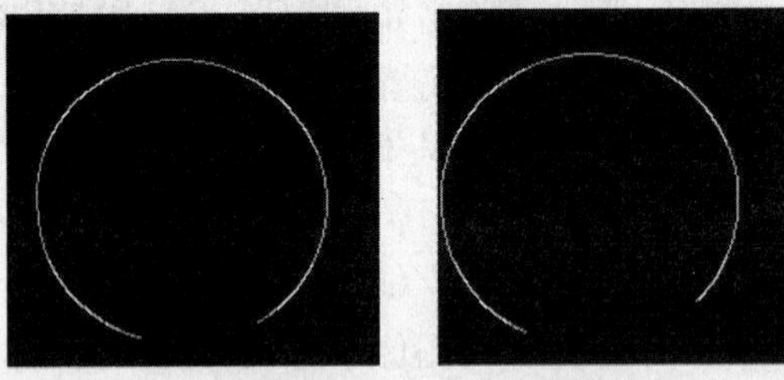

(b) 基于 Canny 的目标边缘检测

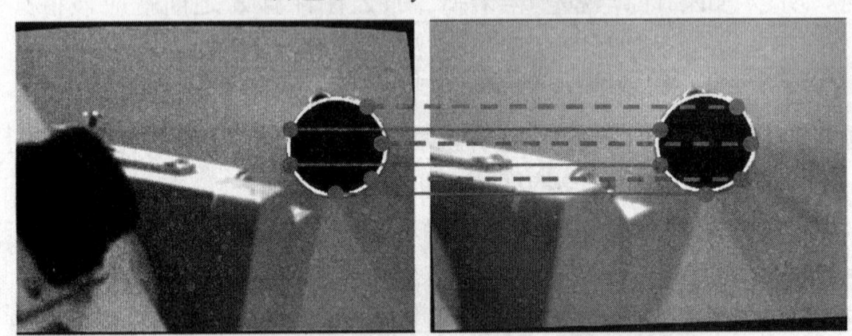

(c) 特征水平极线约束匹配

图 8.14　左右图像的椭圆特征提取及特征点匹配

采用最小二乘拟合方法(LMS)估计图像中目标椭圆的参数方程,以便实现左右图像中目标椭圆特征的亚像素级匹配。如图 8.15 所示,给定提取图像边缘像素点的坐标集为 $\boldsymbol{p}=[x_i,y_i]^{\mathrm{T}}$,$i=1,\cdots,n$,设椭圆参数方程定义为二次曲线方程

$$ax^2+bxy+cy^2+dx+ey+f=0 \tag{8.16}$$

因此,待 LMS 估计的参数为 $\boldsymbol{X}=[a,b,c,d,e,f]^{\mathrm{T}}$,并且存在

$$\begin{cases} ax_1^2+bx_1y_1+cy_1^2+dx_1+ey_1+f=0 \\ \vdots \\ ax_n^2+bx_ny_n+cy_n^2+dx_n+ey_n+f=0 \end{cases} \tag{8.17}$$

更进一步,得到矩阵形式的线性方程组

$$\begin{bmatrix} x_1^2 & x_1y_1 & y_1^2 & x_1 & y_1 \\ \vdots & \vdots & \vdots & \vdots & \vdots \\ x_n^2 & x_ny_n & y_n^2 & x_n & y_n \end{bmatrix} \begin{bmatrix} a \\ b \\ c \\ d \\ e \end{bmatrix} = -f$$

$$D \times X = -f \tag{8.18}$$

令 $X=[a,b,c,d,e,f]^{\mathrm{T}}$，基于最小二乘 LMS 的解为

$$X=(D^{\mathrm{T}}D)^{-1}D^{\mathrm{T}} \times f \tag{8.19}$$

(a) 椭圆边界点的特征提取　　(b) 基于 LMS 的椭圆边界点拟合

图 8.15　椭圆边缘点提取及椭圆边界拟合

(5)立体成像及目标位置计算。

两台摄像机的立体成像过程包括以下 4 个步骤：

①消除畸变：使用数学方法消除径向和切线方向的镜头畸变，输出无畸变图像。

②摄像机校正：调整摄像机间的角度和距离，输出行对准校正图像。

③图像匹配：查找左右摄像机视场中的相同特征，输出左右图像上的相同特征在 x 坐标上的差值 x_l-x_r 对应的视差图。

④重投影：将视差图通过三角测量的方法转成距离、输出等深度图。

目标位置计算：采用的立体视觉成像模型是基于单目摄像机的针孔成像模型，空间物体上某点的三维坐标 $X_w=[x_w,y_w,z_w]$ 与图像对应像素点的坐标 $p_I=[x,y]$，那么依据正向投影模型成像原理，在一定条件下可以模拟空间物体的三维坐标投影致图像中的像素坐标的过程。函数 $proj_p$ 把随机点 X_w 投影到图像平面中的点 p_I 上：

$$p_I = proj_p(\boldsymbol{\phi}, X_w) \tag{8.20}$$

函数首先利用矩阵 $\boldsymbol{\phi}$ 把点 X_w 变换成摄像机坐标下的 X_c 相机坐标下的 $p_c=[x_c,y_c,z_c]$，根据相机内部和外部参数，图像点 p 可以计算为

$$\boldsymbol{p}_c=[u,v,1]^{\mathrm{T}}=\boldsymbol{H}_c(\boldsymbol{R}_w\boldsymbol{X}_w+\boldsymbol{T}_w) \tag{8.21}$$

式中，$\boldsymbol{R}_w$ 为目标点到相机坐标系下的旋转矩阵；$\boldsymbol{T}_w$ 为目标点到相机中心的平移矩阵；摄像机的内部参数矩阵 $\boldsymbol{H}_c$ 为

$$\boldsymbol{H}_c=\begin{bmatrix} f_u & 0 & u_0 \\ 0 & f_v & v_0 \\ 0 & 0 & 1 \end{bmatrix} \tag{8.22}$$

对应的投影像素点 p_I 为

$$p_I=\boldsymbol{H}_c \cdot [u,v,1]^{\mathrm{T}} \tag{8.23}$$

设无畸变、对准、已测量好的标准立体摄像机。如图 8.16 所示，设两台摄像机像平面精确位于同一平面上，光轴严格平行(主光线距离一定，焦距相同，$f_l=f_r$)，并且主点 c_l 和 c_r 已经校准，左右图像具有相同像素坐标。假设两幅图像是行对准的，并且一台摄像机的像素行

与另一台完全对准,即摄像机前向平行排列。假设物理世界中的点 P 在左、右图像上的成像点为 P_l 和 P_r,相应的横坐标分别为 x_l 和 x_r。x_l 和 x_r 分别表示点在左、右成像仪上的水平位置,这使得深度与视差成反比例关系,视差简单定义为 $d=x_l-x_r$。

在经过目标的立体匹配后,可得到目标圆心的视差,从而可计算目标的位置。如图8.16所示,利用相似三角形可推导出目标位置的计算公式为

$$
\begin{aligned}
z&=fT/(x_l-x_r)\\
x&=x_l(x_l-x_r)/T\\
y&=y_l(y_l-y_r)/T
\end{aligned}
\tag{8.24}
$$

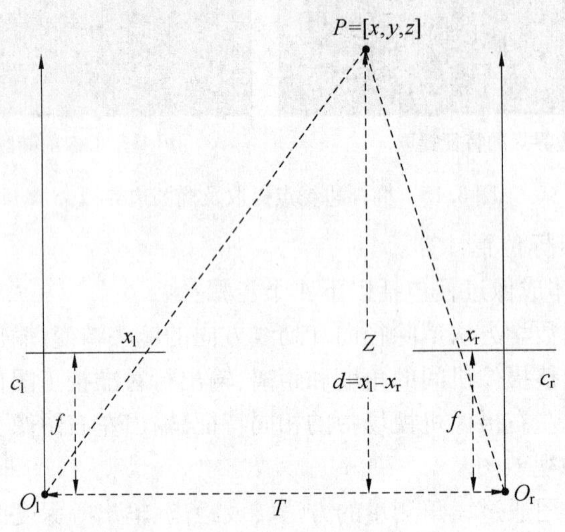

图 8.16 深度 Z 相似三角形计算示意图

(6)立体匹配。

立体匹配是匹配两台不同的摄像机视图的二维像素点,只有在两台摄像机的重叠视图内的可视区域上才能被计算,这是为什么将摄像机尽量靠近前向平行以获得更好结果的原因。一旦知道摄像机的物理坐标或者场景中物体的大小,通过两台不同摄像机视图中的匹配点之间的三角测量视差值 $d=x_l-x_r$(当主光线在有限距离内相交时,用 $d=x_l-x_r(c_x^{\text{left}}-c_x^{\text{right}})$ 来求取深度值)。

基于 OpenCV 类库,采用快速有效的块匹配立体算法(Block Matching)形成用于预览,它与 Kurt Konolige 提出的算法相似,使用一个叫"绝对误差累计"小窗口(SAD)查找左右两幅立体校正图像之间的匹配点。算法查找两幅图像之间的强匹配点(强纹理),因此,在一个强纹理场景中每个像素都有可计算的深度,而在弱纹理场景里(比如室内的走廊),则只需要计算少数点的深度。对于处理非畸变的校正立体图像,块匹配立体匹配算法有以下 3 个步骤:

①预过滤,使图像亮度归一化并加强图像纹理。

②沿着水平极线用 SAD 窗口进行匹配搜索。

③再过滤,去除坏的匹配点。

在预过滤中,输入图像被归一化处理,从而减少亮度差异,增强图像纹理。这个过程通过在整幅图像上移动窗口来实现的,窗口的大小可以是 5×5,7×7(默认值),…,21×21(最

大)。窗口的中心像素 I_c 由 $\min[\max(I_c-\bar{I},I_{CAP}),I_{CAP}]$ 代替,其中 $\bar{I}$ 是窗口的平均值,I_{CAP} 是一个正数范围,默认值为 30。

匹配过程通过滑动 SAD 窗口来完成。对左图像上每个特征,搜索右图像中对应行以找到最佳匹配。根据上述的图像校正预处理之后,每一行就是一条极线,因此右图像上的匹配位置就一定会在左图像的相同行上(即具有同样的 y 坐标)。如果特征有足够多可检测的纹理,并且位于右摄像机视图内,就可以找出该匹配位置。如图 8.11 所示,如果左特征像素位子(x_0,y_0),那么对水平前向平行的摄像机排列情形而言,它的匹配点(如果有的话)就一定与 x_0 在同一行,或者是在 x_0 的左边。对前向平行的摄像机来说,x_0 是 0 视差,并且左边的视差更大。对两台摄像机之间有夹角的情况,匹配点则可能出现负的视差(x_0 以右)。控制匹配搜索的第一个参数是 minDisparity,它说明了匹配搜索从哪里开始,默认值为 0。这时,程序在 numberOfDisparities 设置的(默认为 128)视差内开始搜索。视差是离散的,可以通过限制极线上匹配点的搜索长度来减少搜索的视差数,从而缩减计算的时间。图 8.17 左图像特征的右图像匹配一定出现在相同的行上,并且在相同的坐标点上(或者左边),这个点就是匹配搜查从 minDisparity 点开向左一定视差个数的位置。图 8.17 下半部分是基于窗口特征匹配的匹配函数。

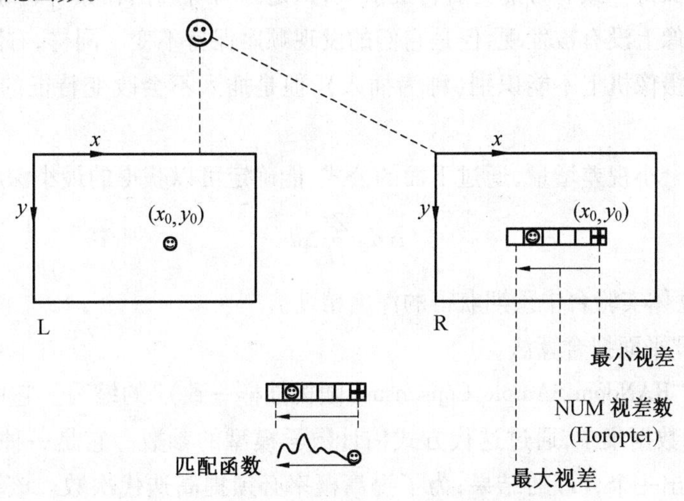

图 8.17　基于 SAD 块匹配的立体视觉匹配示意图

通过设置最小视差和搜索视差个数就可建立一个双眼视界,这个 3D 体被立体算法的搜索范围所覆盖。图 8.18 显示了由 3 种不同视差(20,17,16)限制开始的 5 像素的视差搜索范围。如图 8.18 所示,每组不同的视差限制和视差个数都产生了不同的深度可知的双眼视界。在这个范围之外就不能获得深度,在深度图上会出现一个深度未知的“空洞”。缩小摄像机间的极线距离 T,减小焦距长度,增加立体视差的搜索范围或者增大像素宽度,都可以使双眼视差变得更大。

在图 8.18 中,每条直线表示整形像素从 20 到 12 变换是的恒等视差平面;5 个像素内的视差搜索范围包含了不同的两眼视界范围(图中的垂直箭头),并且不同的最大视差产生不同的两眼视界。

双眼视界的匹配有一个隐含的约束,叫作顺序约束,它简单地规定了特征从左视图到右

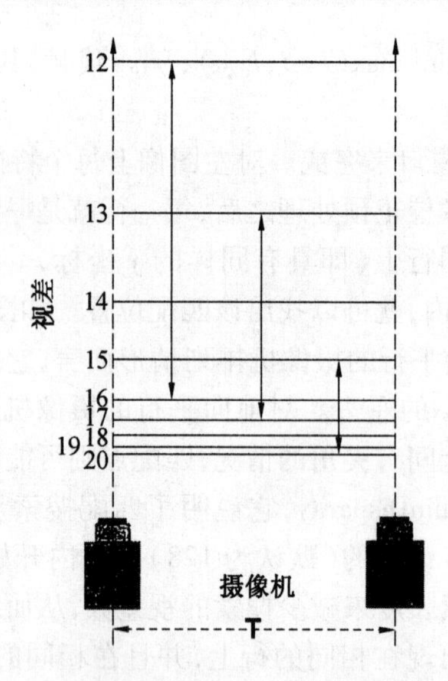

图 8.18 不同视差限制开始的 5 像素的视差搜索范围

视图转换时顺序保持一致。可能会有特征缺失,这是因为有遮挡和噪声的缘故,使得左图像上的特征在右图像上没有被发现,但是它们的发现顺序保持不变。同样,右图像上也有可能有一些特征在左摄像机上不能识别(称为插入),但是插入不会改变特征的顺序,即使这些特征可能会扩散。

给定允许的最小视差增量,通过下面的公式,能确定可以获得的最小深度范围精度。

$$\Delta Z=\frac{Z^2}{fT}\Delta d \tag{8.25}$$

由此可知,立体实验台中预期获得的深度精度。

(7)RANSAC 平面拟合算法。

RANSAC 是“RANdom SAmple Consensus(随机抽样一致)”的缩写。它可以从一组包含“局外点”的观测数据集中,通过迭代方式估计数学模型的参数。它是一种不确定的算法,有一定的概率得出一个合理的结果;为了提高概率必须提高迭代次数。该算法最早由 Fischler 和 Bolles 于 1981 年提出。RANSAC 的基本假设是:

①数据由“局内点”组成。例如:数据的分布可以用一些模型参数来解释。

②“局外点”是不能适应该模型的数据。

③除此之外的数据属于噪声。

局外点产生的原因有:噪声的极值;错误的测量方法;对数据的错误假设。RANSAC 也做了以下假设:给定一组(通常很小的)局内点,存在一个可以估计模型参数的过程;而该模型能够解释或者适用于局内点。

如图 8.19 所示,从一组观测数据中找出合适的二维直线。假设观测数据中包含局内点和局外点,其中局内点近似地被直线所通过,而局外点远离于直线。简单的最小二乘法不能找到适应于局内点的直线,其原因是最小二乘法尽量去适应包括局外点在内的所有点。相反,RANSAC 能得出一个仅仅用局内点计算出模型,并且概率还足够高。

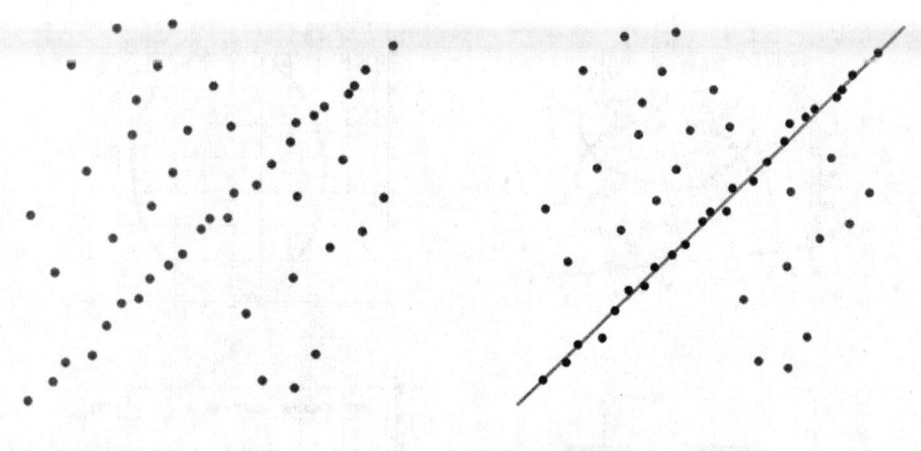

(a) 包含很多局外点的数据集　　(b) RANSAC 找到的直线（局外点并不影响结果）

图 8.19　面向直线拟合的 RANSAC 算法示例

RANSAC 算法的输入是一组观测数据，一个可以解释或者适应于观测数据的参数化模型，一些可信的参数。RANSAC 通过反复选择数据中的一组随机子集来达成目标。被选取的子集被假设为局内点，并用下述方法进行验证：

①有一个模型适应于假设的局内点，即所有的未知参数都能从假设的局内点计算得出。

②用①中得到的模型去测试所有的其他数据，如果某个点适用于估计的模型，认为它也是局内点。

③如果有足够多的点被归类为假设的局内点，那么估计的模型就足够合理。

④然后用所有假设的局内点去重新估计模型，因为它仅仅被初始的假设局内点估计过。

⑤最后，通过估计局内点与模型的错误率来评估模型。

这个过程被重复执行固定的次数，每次产生的模型要么因为局内点太少而被舍弃，要么因为比现有的模型更好而被选用。

(8) 圆平面姿态估计。

采用图像的像素级边界点作为视差计算依据，因此存在一个像素的视差计算舍入误差，使得图像中圆边界的三维分布情况呈现离散状态。根据计算验证可知，在 1 m 范围内由该舍入误差造成的三维重构误差约为±8 mm，如图 8.20 所示。这种现象对圆平面的姿态估计影响较大。

如图 8.21 所示，将原有的视差精度提高到浮点型，并且在椭圆参数方程条件下实现左右图像的特征匹配，重新构建的圆边界三维分布情况及 RANSAC 方法拟合的空间平面，此时平面拟合得较为稳定，问题是上下边界由于匹配问题而没有闭合，但从初始姿态估计的角度出发，该方法已经可以应用于平面姿态的估计。

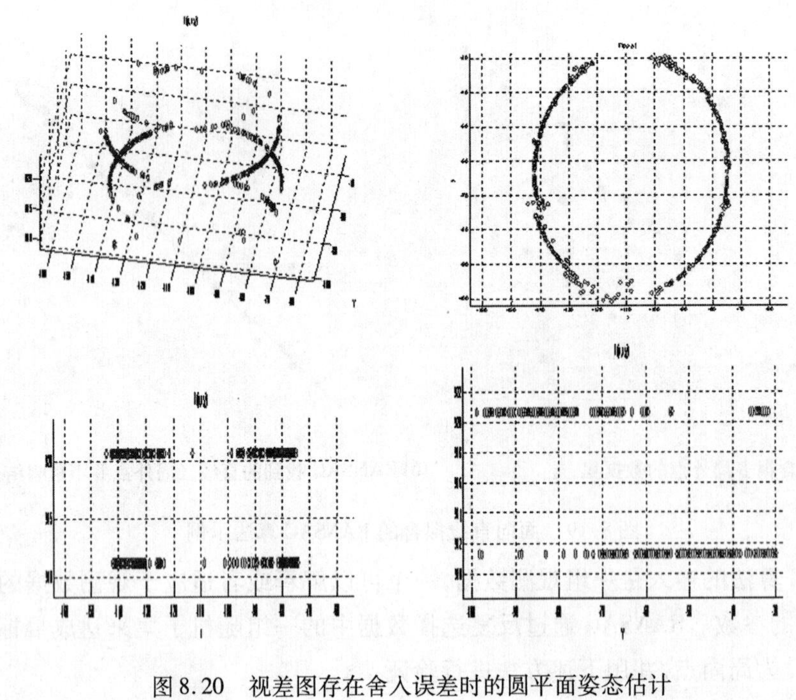

图 8.20　视差图存在舍入误差时的圆平面姿态估计

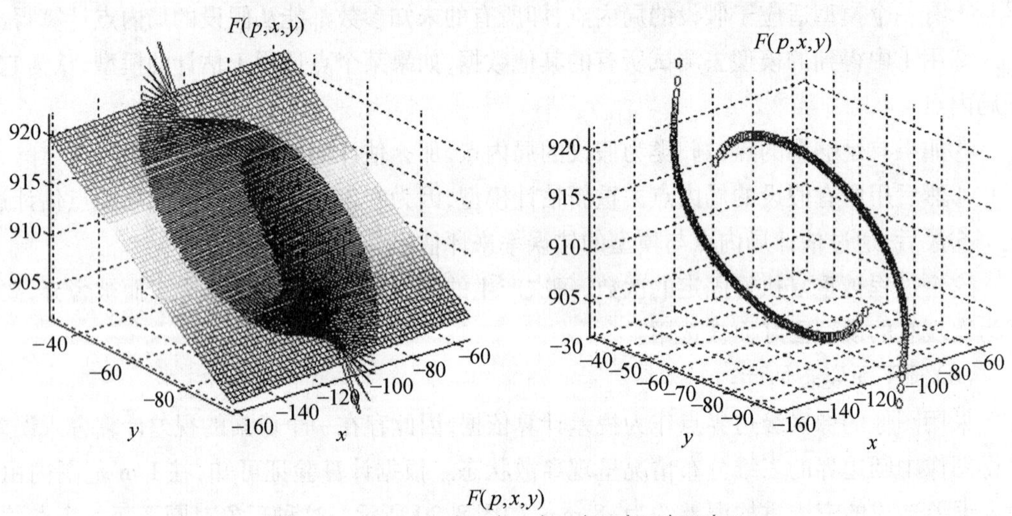

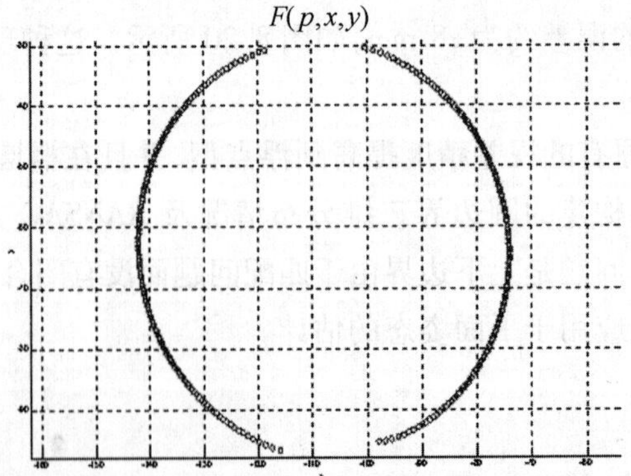

图 8.21　浮点精度视差为依据的圆平面的边界空间分布情况

8.2.3　基于视觉传感器的机器人目标抓取控制

机器人目标抓取系统采用如图8.22所示的设计方案，共包括双目视觉系统、六自由度机器人、手爪系统和目标模拟系统4部分。

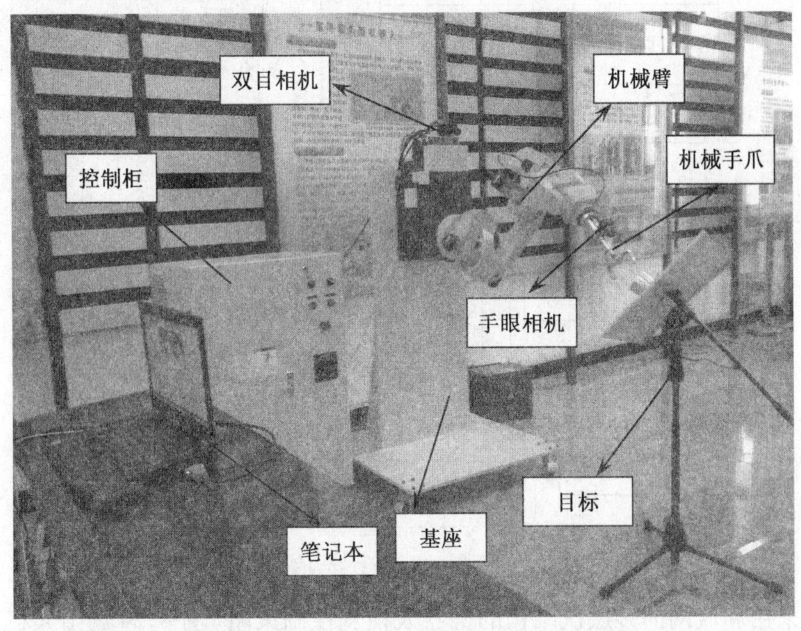

图8.22　机器人目标抓取系统总体结构图

其中，双目CCD相机测量目标的位置和姿态，机器人系统进行目标跟踪和手爪定位，手爪系统包括位置检测和目标抓取部分，目标模拟系统包括安装支架和目标，可进行目标位置和姿态的手动调整。

机器人目标抓取系统首先采用双目立体视觉在机器人作业范围内检测目标物体的三维空间初始位置及姿态；然后定位机器人末端执行器到目标物体附近，启动单目视觉位姿控制算法；利用单目视觉检测和跟踪目标的边缘轮廓特征，结合执行器相对于目标物体的三维姿态实现机器人对目标物体的跟踪抓取控制。机器人在进行目标自主跟踪和抓取作业时，采用的方案如图8.23所示。

(1)双目CCD相机基于灰度图像形状匹配的方式对目标进行识别，测量目标在视线坐标系下的位置和姿态。

(2)对双目相机和基础坐标系进行位姿标定，根据视线坐标系和基础坐标系的转换矩阵，计算目标在基础坐标系的位置。

(3)根据基础坐标系和机器人坐标系的转换矩阵，计算目标在机器人坐标系的位置，控制机器人对目标进行位置跟踪。

(4)跟踪结束后基于目标在机器人坐标系的位置，确定手爪抓取目标时的初始位姿。

(5)根据机器人运动学逆解，计算机器人各关节的运动角度，控制机器人各关节运动到达设计的初始位姿。

(6)根据手爪位置的单目相机对目标进行精确位姿计算，对机器人进行位姿调整，进行目标对接和抓取。

其中，$(x_o y_o z_o)$为基础坐标系，建立在平台的底部安装本体上；$(x_s y_s z_s)$为相机坐标系，建立在双目相机的左眼处；$(x_R y_R z_R)$为机器人坐标系，建立在机器人的底部；$(x_h y_h z_h)$为手爪坐标系，建立在手爪末端。

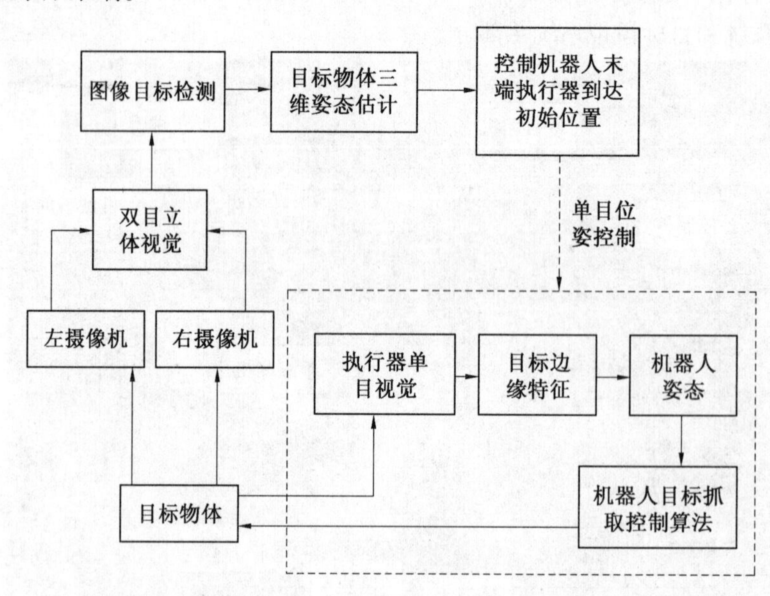

图 8.23　目标抓取系统架构图

本系统采用局域网的多层次结构的机器人视觉控制策略（图 8.24），由人机交互层、运动规划层、运动控制层和伺服控制层构成，其中后面三层构成本地实时控制器。利用上位计算机作为人机交互层，完成视觉测量、运动命令生成、手爪控制和人机交互。本地实时控制器实现在线运动规划和实时运动控制，根据在线视觉测量结果控制机器人运动及目标抓取。最上层为智能与人机交互层，用于进行人机交互、任务规划、与计算机辅助设计系统的连接以及视觉等信号的处理。该层形成机器人运动所需要的空间直线、圆弧的特征参数，其中空间直线只需要起点和终点的位姿参数，空间圆弧只需要起点、终点和一个中间点的位姿参数。其次是运动规划层，根据空间直线、圆弧的特征参数，进行在线运动规划、逆运动学求解、选出控制解等，形成各关节电机的位置。下一层为运动控制层，以从运动规划层接收到的关节电机位置作为给定，以测量到的关节电机的实际位置作为反馈，通过插值和 D/A 转换形成模拟量的速度信号。运动控制层实现位置闭环控制。最下层为伺服控制层，以运动控制层的速度信号作为给定，以测量到的关节电机的实际速度作为反馈，由伺服控制与放大器实现速度伺服控制。运动规划层、运动控制层和伺服控制层构成机器人的本地实时控制器。

8.3　力觉传感及应用

8.3.1　力觉传感器

力觉是指对机器人的指、肢和关节等运动中所受力的感知。机器人的力觉传感器是用来检测机器人自身与外部环境力之间相互作用力的传感器，一般包括作用力的 3 个分量和

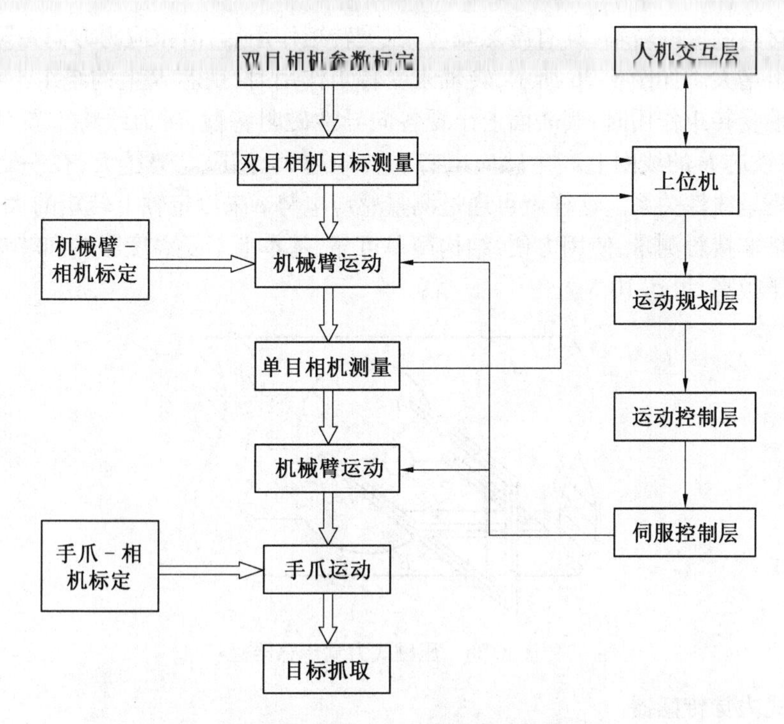

图 8.24　机器人目标抓取控制方案

力矩的 3 个分量。机器人腕力传感器用来测量机器人最后一个连杆与其端部执行装置之间的作用力及其力矩分量。典型的力矩传感器分为以下几类：

1. 应变式力觉传感器

应变式力觉传感器通过测量由于转矩作用在转轴上产生的应变来测量转矩。图 8.25 为应变片式力觉传感器，在沿轴向±45°方向上分别粘贴有 4 个应变片，感受轴的最大正、负应变，将其组成全桥电路，则可输出与转矩成正比的电压信号。应变式转矩传感器具有结构简单、精度较高的优点。贴在转轴上的电阻应变片与测量电路一般通过集流环连接。因集流环存在触点磨损和信号不稳定等问题，因此不适于测量高速转轴的转矩。

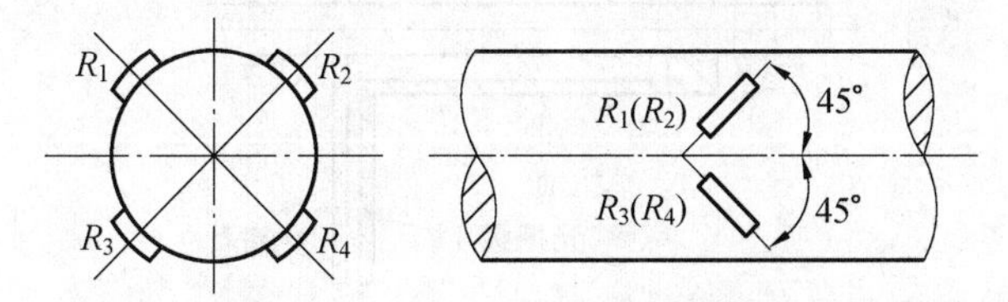

图 8.25　应变式力觉传感器

2. 压磁式力觉传感器

当铁和镍等强磁体在外磁场作用下被磁化时，磁偶极矩变化使磁畴之间的界限发生变化，晶界发生位移，从而产生机械形变，其长度发生变化，或者产生扭曲现象；反之，强磁体在外力作用下，应力引起应变，铁磁材料使磁畴之间的界限发生变化，晶界发生位移，导致磁偶极矩变化，从而使材料的磁化强度发生变化。前者为磁致伸缩效应，后者为压磁效应。利用后一种现象便可以测量力和力矩。应用这种原理制成的应变计有纵向磁致伸缩管等。

由铁磁材料制成的转轴，具有压磁效应，在受转矩作用后，沿拉应力方向磁阻减小，沿压应力方向磁阻增大。如图 8.26 所示，转轴未受转矩作用时，铁芯 B 上的绕组不会产生感应电势。当转轴受转矩作用时，其表面上出现各向异性磁阻特性，磁力线将重新分布，而不再对称，因此在铁芯 B 的线圈上产生感应电势。转矩越大，感应电势越大，在一定范围内，感应电势与转矩呈线性关系。这样就可通过测量感应电势 e 来测定轴上转矩的大小。压磁式转矩传感器是非接触测量，使用方便，结构简单可靠，基本上不受温度影响和转轴转速限制，而且输出电压很高，可达 10 V。

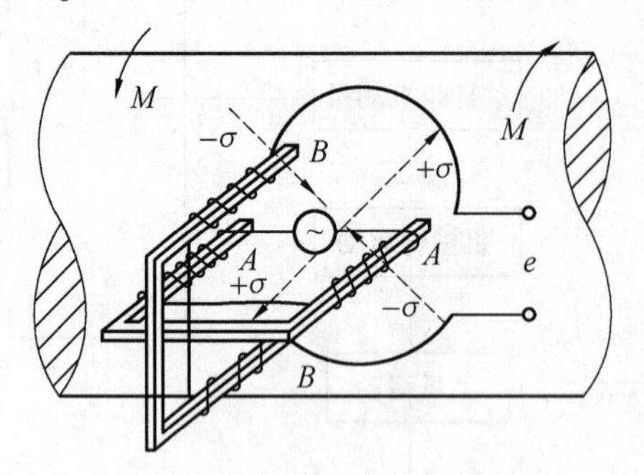

图 8.26　压磁式力觉传感器

3. 光电式力觉传感器

如图 8.27 所示，在转轴上安装两个光栅圆盘，两个光栅盘外侧设有光源和光敏元件。无转矩作用时，两光栅的明暗条纹相互错开，完全遮挡住光路，无电信号输出。当有转矩作用于转轴上时，由于轴的扭转变形，安装光栅处的两截面产生相对转角，两片光栅的暗条纹逐渐重合，部分光线透过两光栅而照射到光敏元件上，从而输出电信号。转矩越大，扭转角越大，照射到光敏元件上的光越多，因而输出电信号也越大。

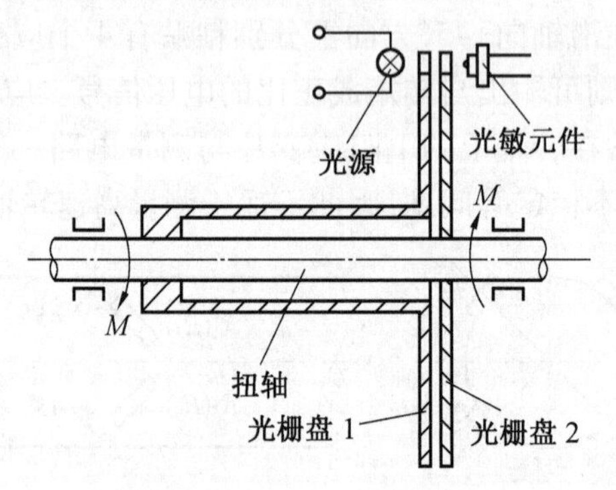

图 8.27　光电式力觉传感器

4. 振弦式转矩传感器

如果将弦的一端固定，而在另一端上加上张力，那么在此张力的作用下，弦的振动频率发生变化。利用这个变化能够测量力的大小，利用这种弦振动原理也可以制作力觉传感器。图 8.28 是振弦式力觉传感器。在被测轴上相隔距离 l 的两个面上固定安装着两个测量环，两根振弦分别被夹紧在测量环的支架上。当轴受转矩作用时，两个测量环之间产生一相对转角，并使两根振弦中的一根张力增大，另一根张力减小，张力的改变将引起振弦自振频率的变化。自振频率与所受外力的平方根成正比，因此测出两振弦的振动频率差，就可知转矩大小。

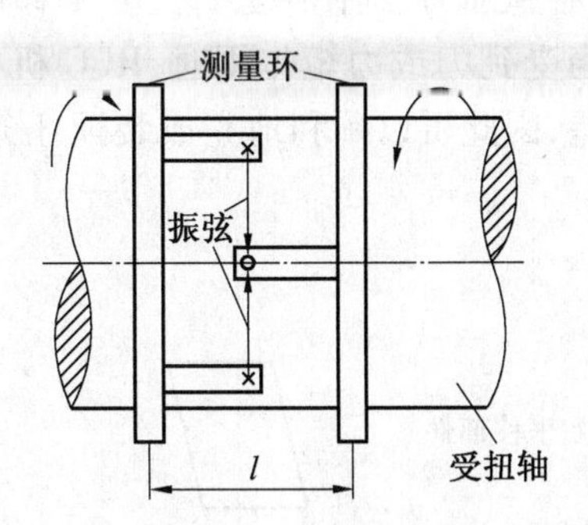

图8.28　振弦式力觉传感器

8.3.2　机器人力控制技术

机器人力觉传感器及机器人技术应用的飞速发展,得益于专家学者对机器人力控制技术的长久研究和众多成果的积累。本小节从柔顺行为控制技术角度出发,介绍3种柔顺控制技术原理,分别为顺应控制、阻抗控制和力/位置混合控制。

1.顺应控制

由于力只有在两个物体相接触后才能产生,因此力控制是首先将环境考虑在内的控制问题。所谓顺应控制是指末端执行器与环境接触后,在环境约束下的控制问题。如图8.29所示,要求在曲面s的法线方向施加一定的力F,然后以一定的速度v沿曲面运动。为了开拓机器人的应用领域,顺应控制变得越来越重要。

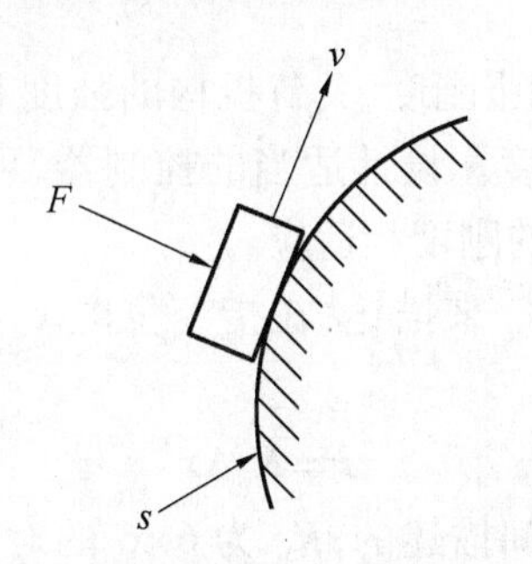

图8.29　顺应控制

顺应控制又称依从控制或柔顺控制,它是在机器人的操作手受到外部环境约束的情况下,对机器人末端执行器的位置和力的双重控制。顺应控制对机器人在复杂环境中完成任务是很重要的,如装配、铸件打毛刺、旋转曲柄、开关带铰链的门或盒盖、拧螺钉等。

顺应控制可分为被动式和主动式两种方式。

(1)被动式。

被动式顺应控制是一种柔性机械装置,并把它安装在机械手的腕部,用来提高机械手顺应外部环境的能力,通常称之为柔顺手腕。这种装置的结构有很多种类型,比较成熟的典型结构是一种称之为RCC(Remote Center Compliance)的无源机械装置,它是一种由铰链连杆和弹簧等弹性材料组成的具有良好消振能力和一定柔顺的无源机械装置。该装置有一个特殊的运动学特性,即在它的中心杆上有一个特殊的点,称为柔顺中心(Compliance Center),

如图 8.30 所示。若对柔顺中心施加力,则使中心杆产生平移运动;若把力矩施加到该点上,则产生对该点的旋转运动。当受到力或力矩作用时,RCC 机构发生偏移变形和旋转变形,可以吸收线性误差和角度误差,因此可以顺利地完成装配任务。该点往往被选为工作坐标的原点。

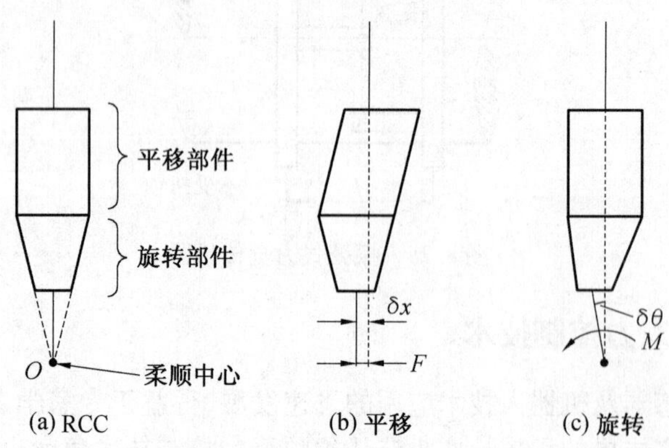

图 8.30 RCC 无源机械装置

被动方法的顺应控制是非常廉价和简单的,因为不需要力/力矩传感器,并且预设的末端执行器轨迹在执行期间也不需要变化。此外,被动柔顺结构的响应远快于利用计算机控制算法实现的主动重定位。但是对于每个机器人在作业都必须设计和安装一个专用的柔顺末端执行器,因此在工业上的应用缺乏灵活性。最后由于没有力的测量,它也不能确保很大的接触力不会出现。

(2)主动式。

末端件的刚度取决于关节伺服刚度、关节机构的强度和连杆的刚度。因此可以根据末端件预期的刚度,计算出关节刚度。设计适当的控制器,可以调整关节伺服系统的位置增益,使关节的伺服刚度与末端件的刚度相适应。

假设末端件的预期刚度用 $\boldsymbol{K}_{\mathrm{p}}$ 来描述,在指令位置 $\boldsymbol{x}_{\mathrm{d}}$ 处(顺应中心)形成微小的位移 Δx,则作用在末端件的力为

$$\boldsymbol{F}=\boldsymbol{K}_{\mathrm{p}}\Delta\boldsymbol{x} \tag{8.26}$$

式中,$\boldsymbol{F}$,$\boldsymbol{K}_{\mathrm{p}}$ 和 $\Delta\boldsymbol{x}$ 都是在作业空间描述的;$\boldsymbol{K}_{\mathrm{p}}$ 为 6×6 的对角阵,对角线上的元素依次为三个线性刚度和 3 个扭转刚度,沿力控方向取最小值,沿位置控制方向取最大值,末端件上的力表现为关节上的力矩,即

$$\boldsymbol{\tau}=\boldsymbol{J}^{\mathrm{T}}(\boldsymbol{q})\boldsymbol{F} \tag{8.27}$$

根据机器人的雅可比矩阵的定义有

$$\Delta\boldsymbol{x}=\boldsymbol{J}(\boldsymbol{q})\Delta\boldsymbol{q} \tag{8.28}$$

由式(8.26)~(8.28)可以写出

$$\boldsymbol{\tau}=\boldsymbol{J}^{\mathrm{T}}(\boldsymbol{q})\boldsymbol{K}_{\mathrm{p}}\boldsymbol{J}(\boldsymbol{q})\Delta\boldsymbol{q}=\boldsymbol{K}_{\mathrm{q}}\Delta\boldsymbol{q} \tag{8.29}$$

令 $\boldsymbol{K}_{\mathrm{q}}=\boldsymbol{J}^{\mathrm{T}}(\boldsymbol{q})\boldsymbol{K}_{\mathrm{p}}\boldsymbol{J}(\boldsymbol{q})$,称为关节刚度矩阵,它将方程(8.26)中在作业空间表示的刚度变换为以关节力矩和关节位移表示的关节空间的刚度。也就是说,只要是期望手爪在作业空间的刚度矩阵 $\boldsymbol{K}_{\mathrm{p}}$ 代入方程(8.29),就可以得到相应的关节力矩,实现顺应控制。

关节刚度 $\boldsymbol{K}_{\mathrm{q}}$ 不是对角矩阵,这就意味着 i 关节的驱动力矩 τ_i 不仅取决于 Δq_i($i=1,\cdots,$

6)，而且与 $\Delta q_j(j\neq i)$ 有关。另一方面，雅可比矩阵是位置的函数，因此关节力矩引起的位移可能使刚度发生变化。这样，要求机器人的控制器应改变方程(8.26)和(8.29)中的参数，以产生相应的关节力矩。此外，手臂奇异时，$\boldsymbol{K}_{\mathrm{q}}$ 退化，在某些方向上主动刚度控制是不可能的。

2. 阻抗控制

阻抗控制的概念是由 N. Hogan 在 1985 年提出的，他利用 Norton 等效网络概念，把外部环境等效为导纳，而将机器人操作手等效为阻抗，这样机器人的力控制问题便变为阻抗调节问题。阻抗由惯量、弹簧及阻尼 3 项组成，期望力为

$$\boldsymbol{F}_{\mathrm{d}}=\boldsymbol{K}\Delta\boldsymbol{x}+\boldsymbol{B}\Delta\dot{\boldsymbol{x}}+\boldsymbol{M}\Delta\ddot{\boldsymbol{x}} \tag{8.30}$$

式中，$\Delta\boldsymbol{x}=\boldsymbol{x}_{\mathrm{d}}-\boldsymbol{x}$，$\boldsymbol{x}_{\mathrm{d}}$ 为名义位置；$\boldsymbol{x}$ 为实际位置。它们的差 $\Delta\boldsymbol{x}$ 为位置误差，$\boldsymbol{K},\boldsymbol{B},\boldsymbol{M}$ 为弹性、阻尼和惯量系数矩阵，一旦 $\boldsymbol{K},\boldsymbol{B},\boldsymbol{M}$ 被确定，就可得到笛卡尔坐标的期望动态响应。计算关节力矩时，无须求运动学逆解，而只需计算正运动学方程和 Jacobian 矩阵的逆 $\boldsymbol{J}^{-1}$。

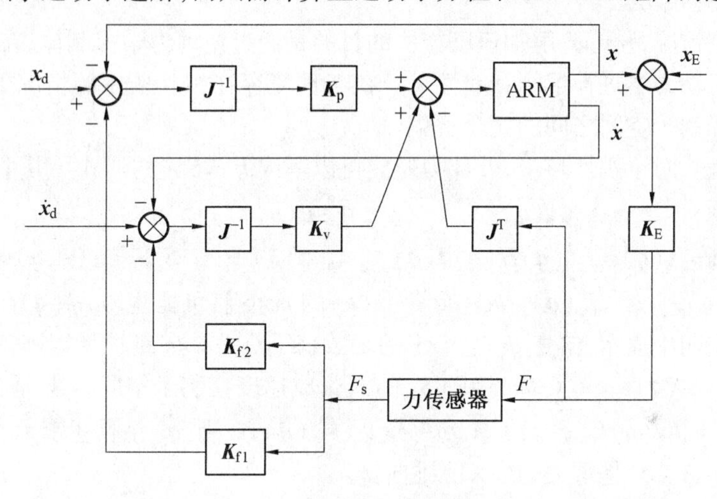

图 8.31　阻抗控制结构图

在图 8.31 中，$\boldsymbol{X}_{\mathrm{E}}$ 为期望位置，$\boldsymbol{K}_{\mathrm{E}}$ 为期望弹性矩阵当阻尼反馈矩阵 $\boldsymbol{K}_{\mathrm{f2}}=0$ 时，称为刚度控制。刚度控制是用刚度矩阵 $\boldsymbol{K}_{\mathrm{p}}$ 来描述机器人末端作用力与位置误差的关系，即

$$\boldsymbol{F}(t)=\boldsymbol{K}_{\mathrm{p}}\Delta\boldsymbol{x} \tag{8.31}$$

式中，$\boldsymbol{K}_{\mathrm{p}}$ 通常为对角阵，即 $\boldsymbol{K}_{\mathrm{p}}=diag[K_{\mathrm{p1}}\quad K_{\mathrm{p2}}\quad \cdots\quad K_{\mathrm{p6}}]$。刚度控制的输入为末端执行器在直角坐标中的名义位置，力约束则隐含在刚度矩阵 $\boldsymbol{K}_{\mathrm{p}}$ 中，调整 $\boldsymbol{K}_{\mathrm{p}}$ 中对角线元素值，就可改变机器人的顺应特性。

阻抗控制则是用阻抗矩阵 $\boldsymbol{K}_v$ 来描述机器人末端作用力与运动速度的关系，即

$$\boldsymbol{F}(t)=\boldsymbol{K}_{\mathrm{v}}\Delta\dot{\boldsymbol{x}} \tag{8.32}$$

式中，$\boldsymbol{K}_{\mathrm{v}}$ 是六维的阻抗系数矩阵，阻抗控制由此得名。通过调整 $\boldsymbol{K}_{\mathrm{v}}$ 中元素值，可改变机器人对运动速度的阻抗作用。

阻抗控制本质上还是位置控制，因为其输入量为末端执行器的位置期望值 $\boldsymbol{x}_{\mathrm{d}}$(对刚度控制而言)和速度的期望值 $\dot{\boldsymbol{x}}_{\mathrm{d}}$(对阻抗控制而言)。但由于增加了力反馈控制环，使其位置偏差 $\Delta\boldsymbol{x}$ 和速度偏差 $\Delta\dot{\boldsymbol{x}}$ 与末端执行器和外部环境的接触力的大小有关，从而实现力的闭环控制。这里力-位置和力-速度变换是通过刚度反馈矩阵 $\boldsymbol{K}_{\mathrm{f1}}$ 和阻尼反馈矩阵 $\boldsymbol{K}_{\mathrm{f2}}$ 来实现的。

这样系统的闭环刚度可求出：

当 $K_{f2}=0$ 时，有

$$\boldsymbol{K}_{cp}=(\boldsymbol{I}+\boldsymbol{K}_{p}\boldsymbol{K}_{f1})^{-1}\boldsymbol{K}_{p} \tag{8.33}$$

$$\boldsymbol{K}_{f1}=\boldsymbol{K}_{cp}^{-1}-\boldsymbol{K}_{p}^{-1} \tag{8.34}$$

当 $K_{f1}=0$ 时，有

$$\boldsymbol{K}_{cv}=(\boldsymbol{I}+\boldsymbol{K}_{v}\boldsymbol{K}_{f2})^{-1}\boldsymbol{K}_{v} \tag{8.35}$$

$$\boldsymbol{K}_{f2}=\boldsymbol{K}_{cv}^{-1}-\boldsymbol{K}_{v}^{-1} \tag{8.36}$$

3. 力/位置混合控制

力/位置混合控制的目的是将对末端执行器运动和接触力的同时控制分成两个解耦的单独子问题。在接下来的部分对刚性环境和柔性环境两种情况，给出了混合控制框架下的主要控制方法。

(1)分解加速度方法。

与运动控制情况一样，分解加速度方法的目的是通过逆动力学控制律，在加速度层次对非线性的机器人动力学进行解耦和线性化。在与环境存在相互作用的情况下，寻找力控制子空间和速度控制子空间之间的完全解耦。

①刚性环境。对于刚性环境，外部力螺旋可以写成 $\boldsymbol{h}_{e}=\boldsymbol{S}_{f}\lambda$ 的形式。其中

$$\boldsymbol{\lambda}=\boldsymbol{\Lambda}(\boldsymbol{q})\{\boldsymbol{S}_{f}^{T}\boldsymbol{\Lambda}^{-1}(\boldsymbol{q})[\boldsymbol{h}_{c}-\mu(\boldsymbol{q},\dot{\boldsymbol{q}})]+\dot{\boldsymbol{S}}_{f}^{T}\boldsymbol{v}_{e}\} \tag{8.37}$$

式中，伪惯性矩阵 $\boldsymbol{\Lambda}(\boldsymbol{q})=\boldsymbol{J}^{-1}(\boldsymbol{q})\boldsymbol{H}(\boldsymbol{q})\boldsymbol{J}(\boldsymbol{q})^{-1}$，$\boldsymbol{\Lambda}_{f}(\boldsymbol{q})=(\boldsymbol{S}_{f}^{T}\boldsymbol{\Lambda}^{-1}\boldsymbol{S}_{f})^{-1}$，$\boldsymbol{\mu}(\boldsymbol{q},\dot{\boldsymbol{q}})=\boldsymbol{\Gamma}\dot{\boldsymbol{q}}+\boldsymbol{\eta}$，$\boldsymbol{q}$ 是关节变量 $\boldsymbol{S}_{f}=\boldsymbol{J}^{-T}(\boldsymbol{q})\boldsymbol{J}_{\phi}^{T}(\boldsymbol{q})$，$\boldsymbol{J}_{\phi}(\boldsymbol{q})=\partial\boldsymbol{\phi}/\partial\boldsymbol{q}$ 是 $\boldsymbol{\phi}(\boldsymbol{q})$ 的 $m\times6$ 雅可比矩阵，$\boldsymbol{\phi}(\boldsymbol{q})=0$ 是运动学约束方程在关节空间中表示，向量 $\boldsymbol{\phi}$ 是 $m\times1$ 的函数；$\boldsymbol{H}(\boldsymbol{q})$ 是 $n\times n$ 维惯量矩阵，$\boldsymbol{J}(\boldsymbol{q})$ 是 $n\times n$ 维雅可比矩阵；$\boldsymbol{v}_{e}=\boldsymbol{S}_{v}(\boldsymbol{q})\boldsymbol{v}$，$6\times(6-m)$ 矩阵 $\boldsymbol{S}_{v}$ 的列张成速度控制子空间，$\boldsymbol{v}$ 是适当的 $(6-m)\times1$ 维向量；$\boldsymbol{F}(\boldsymbol{q},\dot{\boldsymbol{q}})=\boldsymbol{J}^{-T}(\boldsymbol{q})\boldsymbol{C}(\boldsymbol{q},\dot{\boldsymbol{q}})\boldsymbol{J}^{-1}(\boldsymbol{q})-\boldsymbol{\Lambda}(\boldsymbol{q})\boldsymbol{J}^{-1}(\boldsymbol{q})$，$\boldsymbol{C}(\boldsymbol{q},\dot{\boldsymbol{q}})$ 是科里奥利力的 $n\times n$ 维向量；$\boldsymbol{\eta}(\boldsymbol{q})=\boldsymbol{J}^{-T}(q)\boldsymbol{\tau}_{g}(\boldsymbol{q})$ 是重力的 $(n\times1)$ 维向量。

因此，约束动态可以重写为

$$\boldsymbol{\Lambda}(\boldsymbol{q})\dot{\boldsymbol{v}}_{e}+\boldsymbol{S}_{f}\boldsymbol{\Lambda}_{f}(\boldsymbol{q})\dot{\boldsymbol{S}}_{f}^{T}\boldsymbol{v}_{e}=\boldsymbol{P}(\boldsymbol{q})[\boldsymbol{h}_{e}-\boldsymbol{\mu}(\boldsymbol{q},\dot{\boldsymbol{q}})] \tag{8.38}$$

其中，$\boldsymbol{P}(\boldsymbol{q})=\boldsymbol{I}-\boldsymbol{S}_{f}\boldsymbol{\Lambda}_{f}\boldsymbol{S}_{f}^{T}\boldsymbol{\Lambda}^{-1}$.

式(8.37)说明力乘子向量 $\boldsymbol{\lambda}$ 也瞬时地取决于施加的输入力螺旋 $\boldsymbol{h}_{e}$。因此，通过适当的选取 $\boldsymbol{h}_{e}$，有可能直接控制那些趋于违反约束的力螺旋的 m 个独立分量；另一方面，式(8.38)表示一组6个二阶微分方程，如果初始化到约束上，则方程的解一直自动地满足约束方程

$$\boldsymbol{\Phi}(\boldsymbol{q})=0 \tag{8.39}$$

②柔顺环境。在柔顺环境情况下，末端执行器的扭矢可以分解为

$$\boldsymbol{v}_{e}=\boldsymbol{S}_{v}\boldsymbol{v}+\boldsymbol{C}'\boldsymbol{S}_{f}\dot{\boldsymbol{\lambda}} \tag{8.40}$$

式中，第一项是自由扭矢；第二项是约束扭矢。假设接触几何和柔顺是不变的，即 $\dot{\boldsymbol{S}}_{v}=0$，$\dot{\boldsymbol{C}}'=0$和 $\dot{\boldsymbol{S}}_{f}=0$，对于加速度也有类似的分解成立：

$$\dot{\boldsymbol{v}}_{e}=\boldsymbol{S}_{v}\dot{\boldsymbol{v}}+\boldsymbol{C}'\boldsymbol{S}_{f}\ddot{\boldsymbol{\lambda}} \tag{8.41}$$

(2)基于无源性的方法。

基于无源性的方法利用了操作手动力学模型的无源特性，其对于有约束的动力学模式也是成立的。很容易看出对能在关节空间保证矩阵 $\dot{\boldsymbol{H}}(\boldsymbol{q})-2\boldsymbol{C}(\boldsymbol{q},\dot{\boldsymbol{q}})$ 的反对称性的矩阵

$C(q,\dot{q})$的选取,也会使矩阵$\Lambda(q)-2\Gamma(q,q)$为反对称。这是在无源性控制算法基础上的拉格朗日系统基本特性。

①刚性环境。控制力螺旋 h_c 可以选取为

$$h_c=\Lambda(q)S_v\dot{v}_r+\Gamma'(q,\dot{q})v_r+(S_v^+)T+K_v(v_r-v)+\eta(q)+S_f f_\lambda \tag{8.42}$$

式中,$\Gamma'(q,\dot{q})=\Gamma S_v+\Lambda\dot{S}_v$;$K_v$ 是合适的对称正定矩阵;v_r 和 f_λ 是适当设计的控制输入。把式(8.42)代入式(8.39),得

$$\Lambda(q)S_v\dot{s}_v+\Gamma'(q,\dot{q})s_v+(S_v^+)^{\mathrm{T}}K_v s_v+S_f(f_\lambda-\lambda)=0 \tag{8.43}$$

其中,$\dot{s}_v=\dot{v}_r-\dot{v}$ 和 $s_v=v_r-v$,表明闭环系统仍保留非线性和耦合。式(8.43)两边都左乘矩阵 S_v,可以得到下面的降阶动力学表达式:

$$\Lambda_v(q)\dot{s}_v+\Gamma_v(q,\dot{q})s_v+K_v s_v=0 \tag{8.44}$$

其中 $\Gamma_v=S_v^{\mathrm{T}}\Gamma(q,\dot{q})s_v+S_v^{\mathrm{T}}\Lambda(q)\dot{S}_v$。可以很容易看出矩阵 $\dot{\Lambda}(q)-2\Gamma(q,\dot{q})$ 的反对称性意味着矩阵 $\dot{\Lambda}_v(q)-2\Gamma_v(q,\dot{q})$ 也是反对称的。

②柔顺环境。控制力螺旋 h_c 可以选取为

$$h_c=\Lambda(q)\dot{v}_r+\Gamma(q,\dot{q})v_r+K_s(v_r-v_e)+h_e+\eta(q) \tag{8.45}$$

式中,K_s 是合适的对称正定矩阵;v_r 及其时间导数 $\dot{v}_r$ 则选取为

$$v_r=v_d+\alpha\Delta x \tag{8.46}$$

$$\dot{v}_r=\dot{v}_d+\alpha\Delta v \tag{8.47}$$

式中,α 是正增益;v_d 及时间导数;$\dot{v}_d$ 是适当地设计的控制输入;$\Delta v=v_r-v_e$,并且 $\Delta x=\int_0^t\Delta v\mathrm{d}t$。把式(8.45)代入式(8.39)得

$$\Lambda(q)\dot{s}+\Gamma(q,\dot{q})s+K_s s=0 \tag{8.48}$$

其中,$\dot{s}=\dot{v}_r-\dot{v}_e$ 和 $s=v_r-v_e$。

(3)分解速度方法。

分解加速度方法以及基于无源性的方法都需要改造现有工业机器人控制器。像阻抗控制那样,如果接触足够柔顺,运动控制的机器人闭环动态可以由对应于速度分解控制的 $\dot{v}_e=v_r$ 近似。

按照末端执行器扭矢分解(8.40),要实现力和速度控制,控制输入 v_r 可以选取为

$$v_r=S_v v_v+C'S_f f_\lambda \tag{8.49}$$

其中

$$v_v=v_d(t)+K_{Iv}\int_0^t[v_d(t)-v(t)]\mathrm{d}t \tag{8.50}$$

$$f_\lambda=\dot{\lambda}_d(t)+K_{P\lambda}[\lambda_d(t)-\lambda(t)] \tag{8.51}$$

式中,K_{Iv} 和 $K_{P\lambda}$ 是合适的对称正定矩阵增益。速度控制和力控制子空间之间的解耦,以及闭环系统的指数渐近稳定性可以像分解加速度方法中一样证明。而且,由于力误差具有二阶动态,可以在式(8.51)上增加一个积分作用来提高扰动抑制能力,即

$$f_\lambda=\dot{\lambda}_d(t)+K_{P\lambda}[\lambda_d(t)-\lambda(t)]+K_{Iv}\int_0^t[v_d(t)-v(t)]\mathrm{d}t \tag{8.52}$$

并且如果矩阵 $K_{P\lambda}$ 和 K_{Iv} 是对称正定的,可以保证指数渐进稳定性。

与分解加速度方法一样,如果在式(8.48)中使用环境刚度矩阵的估计 $\hat{C}$,对于式(8.50)和式(8.51)仍然还能保证 λ 指数收敛到常数 λ_d。

8.3.3 基于力控制的机器人去毛刺作业系统

本小节基于力控制技术，介绍了一个机器人去毛刺作业系统，并说明该系统主要组成部分的功能。

1. 机器人构型介绍

去毛刺作业机器人为一种5自由度混联结构，其结构简图如图8.32所示。3组丝杠机构由电机驱动分别进行平动，其中，前两组并联驱动组件带动整个机器人在水平方向平动，后一组丝杠结构带动机器人在竖直方向平动；末端两个关节为转动关节。末端执行器由高速电主轴驱动。

该机器人构型具有如下优点：并联驱动组件的驱动方式可简化构型、提高系统结构刚度和降低成本；导轨组件具有龙门结构承载大、结构稳定等特点，可将机身大部分重力和倾覆力矩通过导轨组件传递到机架上；滚珠丝杠驱动组件因省去减速机而使成本降低，且容易匹配线性轴，能有效而平顺地将旋转运动变成直线运动；串联机构串接在并联机构上，弥补了并联机构工作空间小的缺陷。

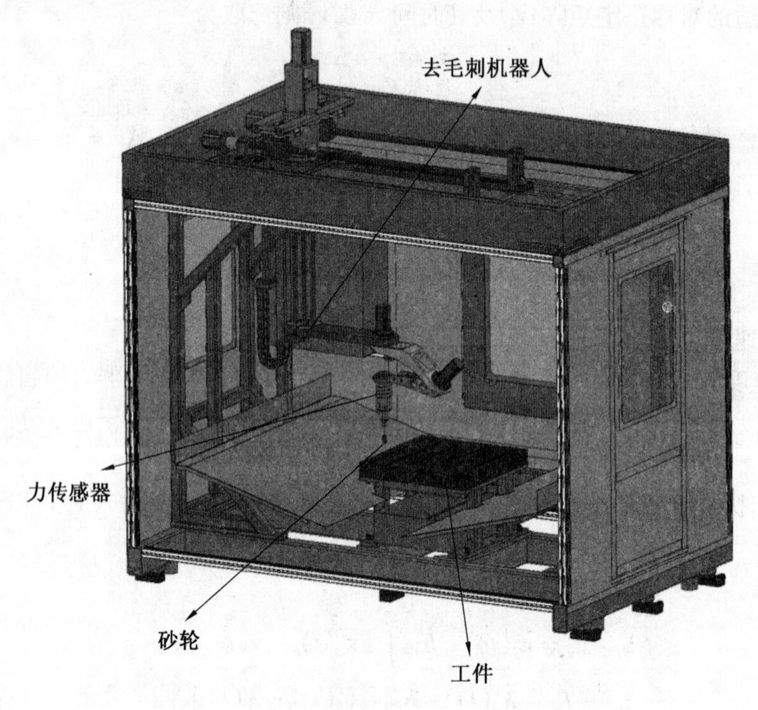

图8.32　基于力控制的机器人去毛刺作业系统结构简图

2. 机器人开放式控制系统

当前机器人技术正朝着智能化、开放式、模块化及产业化方向发展。随着机器人广泛地应用在不同领域，为了实现各种现场工艺需求，要求机器人控制系统具有更好的开放性。目前市场上机器人控制系统大多采用封闭式体系结构，仅能适用于特定机器人构型和应用场合，其开放性和兼容性不足。

去毛刺机器人采用高速、高精度的开放式控制系统，该控制系统包括软硬件平台，采用

1.2 G 双核处理器，标配可达 450M CF 存储器，512 M 内存，支持结构化文本、梯形图语言及 C++多种语言开发机器人控制软件，同时支持 Ethercat、CANopen、Profibus、Devicenet、Modbus TCP 等主流现场总线。

该开放式机器人控制系统可进行应用程序开发、人机界面设计、运动规划控制、逻辑管理及网络数据交互等，并集成视觉处理、机器人标定、移动导航等新的功能模块和算法，完成多传感器信息融合与机器人作业控制，满足开放性需求。该去毛刺机器人开放式控制系统简图如图 8.33 所示。

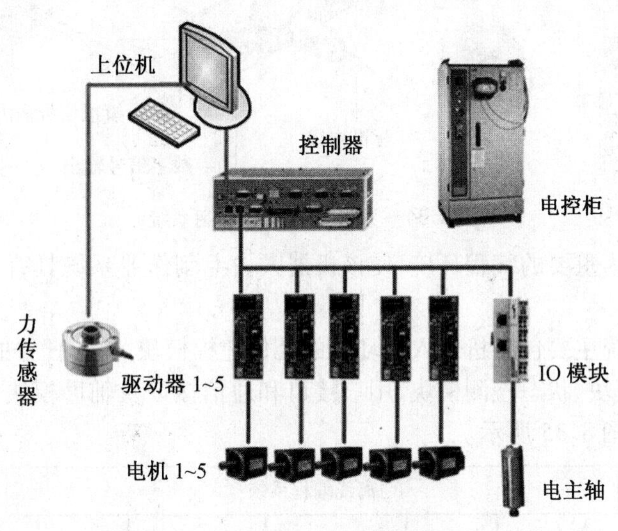

图 8.33　毛刺机器人开放式控制系统简图

3. 六维力传感器及其控制系统

为使机器人去毛刺作业系统基于力控制技术进行机器人去毛刺作业，力传感器及其控制系统将是整个机器人系统至关重要的组成部分。

力/扭矩传感器用于测量 6 个自由度的力和扭矩大小（F_x，F_y，F_z，T_x，T_y 和 T_z）。通过控制器上各种接口，将采集到的传感器压力和扭矩信号转化为可读取的高电平信号并传输给相应的上位控制器；该控制器的供电电源为标准的交流电源，并支持 RS-232 串口。力传感器及其控制系统如图 8.34 所示。

4. 去毛刺机器人离线编程系统

随着机器人技术的发展，使得机器人离线编程技术已成为工业机器人智能化的一个关键组成部分。目前，多数工业机器人产品仍采用在线示教编程方式，这种编程方法简单方便，但占用了机器人大量的有效工作时间，无法更为明显地体现机器人的优越性。解决此问题的有效途径之一是采用离线编程技术，这样就可以便于 CAD/CAM 系统结合，使得利用 CAD 方法进行最佳轨迹规划成为可能，做到 CAD/CAM/Robotics 一体化，同时也便于修改去毛刺机器人的作业程序。

去毛刺机器人作业系统在去毛刺作业任务环境（被加工件）中不能完全确定或未知，作业接触力情况复杂这样的特殊工作状况，在采用在线示教编程方式不能达到理想的预期加工效果时，应采用离线编程技术作为一个补充解决技术手段，机器人为去毛刺作业系统的柔

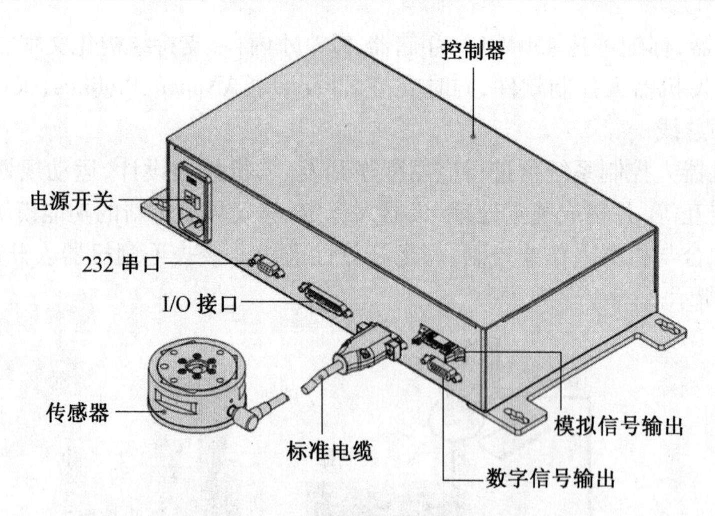

图 8.34 力传感器及其控制系统

顺作业提供一个较为重要的编程环境,使该机器人去毛刺作业系统具有更大的灵活性和更高的智能性。

该离线编程系统主要包括机器人和环境的几何建模模块、作业任务的运动仿真模块、轨迹规划模块、程序模块、状态检测模块、用户接口和通信接口及辅助模块等。该系统各部分的基本功能模块如图 8.35 所示。

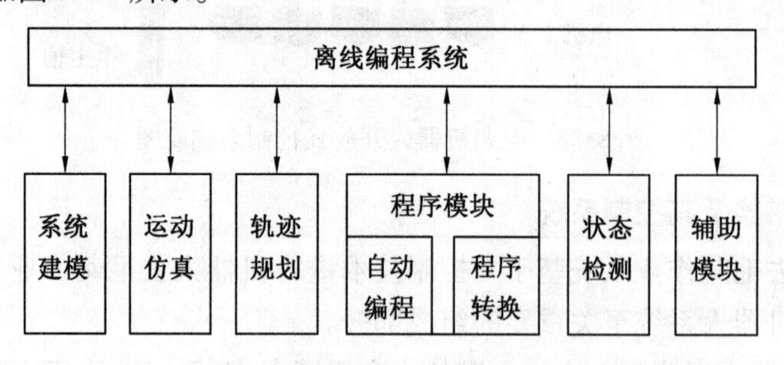

图 8.35 离线编程系统基本功能模块图

8.4 小 结

本章主要讲述了机器人的智能应用技术,着重介绍了工业机器人的常用传感器,并且分别详细阐述了工业机器人的视觉控制和力控制设计过程。

参 考 文 献

[1] 计时鸣,黄希欢. 工业机器人技术的发展与应用[J]. 机电工程,2015,32(1):1-13.
[2] 王田苗,陶永. 我国工业机器人技术现状与产业化发展战略[J]. 机械工程学报,2014,50(9):1-13.
[3] 宗光华,程君实. 机器人技术手册[M]. 北京:科学出版社,2007:939-942.
[4] 陈华斌,黄红雨. 机器人焊接智能化技术与研究现状[J]. 电焊机,2013,43(4):8-15.
[5] 缪新,田威. 机器人打磨系统控制技术研究[J]. 机电一体化,2014,11:8-15.
[6] 孟庆春,齐勇. 智能机器人及其发展[J]. 中国海洋大学学报,2004,34(5):831-838.
[7] 李瑞峰. 21 世纪中国工业机器人的快速发展时代[J]. 中国科技成果,2001,18:1-3.
[8] 丁渊明. 6R 型串联弧焊机器人结构优化和控制研究[D]. 杭州:浙江大学,2009.
[9] 黄真. 并联机器人机构学基础理论的研究[J]. 机器人技术与应用,2001,6:11-14.
[10] 牛宗宾. 工业机器人交流伺服驱动系统设计[D]. 哈尔滨:哈尔滨工业大学,2013.
[11] KALTSOUKALAS K, MAKRIS S, CHRYSSOLOURIS G. On generating the motion of industrial robot manipulators[J]. Robotics and Computer-Integrated Manu facturing,2015,32:65-71.
[12] 杨晶. 基于 Windows 的工业机器人实时控制软件的研发[D]. 哈尔滨:哈尔滨工业大学,2012.
[13] 丁学恭. 机器人控制研究[M]. 杭州:浙江大学出版社,2006:64-65.
[14] 黄文嘉. 工业机器人运动控制系统的研究与设计[D]. 杭州:浙江工业大学,2014.
[15] 王东署,王佳. 未知环境中移动机器人环境感知技术研究综述[J]. 机床与液压,2013,41(15):187-191.
[16] 刘蕾,柳贺. 六自由度机器人圆弧平滑运动轨迹规划[J]. 机械制造,2014, 10:4-5.
[17] ADEL O, RICHARD B. Feedrate planning for machining with industrial six-axis robots[J]. Control Engineering Practice,2010,18(5):471-482.
[18] 张涛,陈章. 空间机器人遥操作关键技术综述与展望[J]. 空间控制技术与应用,2014,40(6): 1-10.
[19] 姚磊,覃正海. 浅谈焊接机器人系统自主集成实施的过程控制[J]. 装备制造技术,2013,12: 195-197.
[20] ERIK H, MATS L. Utilizing cable winding and industrial robots to facilitate the manufacturing of electric machines[J]. Robotics and Computer-Integrated Manufacturing,2013,29(1):246-256.

[21] 李瑞峰,于殿勇. 轻型机器人本体设计与开发[J]. 机器人(增刊),2000,22(7):636-640.
[22] 韩建海. 工业机器人[M]. 武汉:华中科技大学出版社,2009:77-90.
[23] 于殿勇,李瑞峰. 120 kg 负载工业机器人的开发[J]. 高技术通信,2002,12(6):79-82.
[24] 朱同波,蔡凡. 工业机器人结构设计[J]. 机电产品开发与创新,2012,25(6):13-15.
[25] SARAVANAN R, RAMABALAN S. Optimum static balancing of an industrial robot mechanism[J]. Engineering Applications of Artificial Intelligence,2008, 21:824-834.
[26] 管贻生,邓休. 工业机器人的结构分析与优化[J]. 华南理工大学学报,2013, 41(9):126-131.
[27] 徐会正,金晓龙. 工业机器人手腕结构概述[J]. 工程与试验,2015,3: 45-48.
[28] 熊有伦. 机器人技术基础[M]. 武汉:华中科技大学出版社,2002:32-35.
[29] 屈岳陵. 直线导轨的原理与发展[J]. 现代制造,2003,20: 40-42.
[30] 朱临宇. RV 减速器综合性能实验与仿真[D]. 天津:天津大学,2013.
[31] 李克美. 谐波传动的原理特点及应用[J]. 设备与技术,2006,8: 29-30.
[32] 梁锡昌. 珠绳传动的研究[J]. 机械传动,2010,34(4): 13-16.
[33] 魏禹. 跳跃机器人带传动系统的建模及仿真分析[J]. 应用科技,2013,40(2): 53-58.
[34] 许立新. 滚子链传动系统动力学理论与实验研究[D]. 天津:天津大学,2010.
[35] 方旭. 基于绳驱动的机械臂创新设计与研究[D]. 青岛:中国海洋大学,2014.
[36] 柳贺,李勋,刘蕾. 工业机器人可靠性设计与测试研究[J]. 中国新技术新产品,2014,7: 9-10.
[37] 袁静,林远长. 工业机器人检测系统研究[J]. 计量与测试技术,2015,42(6): 3-4.
[38] 赵巍,李焕英,叶振环. 机械工程控制理论及新技术研究[M]. 北京:中国水利水电出版社,2014:11-15.
[39] 郭洪红. 工业机器人技术[M]. 西安:西安电子科技大学出版社,2012: 138-140.
[40] 王天然,曲道奎. 工业机器人控制系统的开放体系结构[J]. 机器人,2002,24(3):256-261.
[41] 王政. 开放式工业机器人控制系统及运动规划[D]. 哈尔滨:哈尔滨工业大学,2012.
[42] GU J S, SILVA C W. Development and implementation of a real-time open-architecture control system for industrial robot systems [J]. Engineering Applications of Artificial Intelligence,2004,17:469-483.
[43] 马琼雄,吴向磊. 基于 IPC 的开放式工业机器人控制系统研究[J]. 机电产品开发与创新,2008,21(1): 15-17.
[44] KLAN N, ROLF J. Integrated architecture for industrial robot program-ming and control [J]. Robotics and Autonomous Systems,1999, 29:205-226.
[45] 陈友东,王田苗. 工业机器人嵌入式控制系统的研制[J]. 机器人技术与应用,2010,

5:10-13.

[46] 李瑞峰,陈健,葛连正. 基于 Windows CE 的弧焊机器人控制系统[J]. 华中科技大学学报,2011,39: 21-23.

[47] TORGNY B. Present and future robot control development—an industrial perspective[J]. Annual Reviews in Control,2007, 31:69-79.

[48] 王晓珏. WF160 工业机器人的模糊滑模控制方法研究[D]. 哈尔滨:哈尔滨工业大学,2012.

[49] 李文波,王耀南. 基于神经网络补偿的机器人滑模变结构控制[J]. 计算机工程与应用,2014,50(23): 251-256.

[50] 陈海忠,沃松林. 并联机器人系统的一种新型自适应滑模控制策略[J]. 机床与液压,2014,42(3): 30-34.

[51] 秋夷. 滑模变结构控制策略在机器人控制中的应用研究[D]. 秦皇岛: 燕山大学,2010.

[52] YANG C F, ZHENG S T, LAN X W, et al. Adaptive robust control for spatial hydraulic parallel industrial robot[J]. Procedia Engineering,2011,15:331-335.

[53] JOSEF S, IGOR K. Enhancement of positioning accuracy of industrial robots with a reconfigurable fine-positioning module[J]. Precision Engineering,2010, 34:201-217.

[54] 张福海,付宜利. 惯性参数不确定的自由漂浮空间机器人自适应控制研究[J]. 航空学报,2012,33(12): 2347-2354.

[55] 田崇兴,李锡文,胡照,等. 基于 PMAC 的模糊自整定 PID 算法的研究[J]. 机械与电子,2010,12:60-63.

[56] 蔡自兴. 机器人学[M]. 北京:清华大学出版社,2008:46-51.

[57] 葛连正,陈健,李瑞峰. 移动机器人的仿人双臂运动学研究[J]. 华中科技大学学报,2011,39: 1-4.

[58] KALRA P, MAHAPATRA P B, AGGARWAL D K. An evolutionary approach for solving the multimodal inverse kinematics problem of industrial robots [J]. Mechanism and Machine Theory,2006,41:1213-1229.

[59] GASPARETTO A, ZANOTTO V. Optimal trajectory planning for industrial robots[J]. Advances in Engineering Software,2010,41:548-556.

[60] 孙立宁,于晖,祝宇虹. 机构影响系数和并联机器人雅可比矩阵的研究[J]. 哈尔滨工业大学学报,2002,34(6): 810-814.

[61] 杨育林,黄世军,刘喜平,等. 2-RUUS 机构动力学性能分析水[J]. 机械工程学报,2009,45(11) :1-9.

[62] 吴静,刘品宽. 基于 ADAMS 和 Matlab 的硅片搬运机器人联合仿真研究[J]. 机电一体化,2013,7:16-21.

[63] 廖玉城,曾小宁. 基于 MATLAB 与 Pro_E 码垛机器人动力学分析[J]. 工业自动化,

2013,42(12):4-8.
[64] 杨国良. 工业机器人动力学仿真及有限元分析[D]. 武汉:华中科技大学,2007.
[65] 殷际英,何立婷. HP6 机器人运动学动力学分析及运动仿真研究[J]. 机械设计与制造,2009,3:189-192.
[66] 王航,祁行行. 工业机器人动力学建模与联合仿真[J]. 制造业自动化,2014,36(9):73-76.
[67] 赵欣翔. 考虑关节柔性的重载工业机器人结构优化研究[D]. 哈尔滨: 哈尔滨工业大学,2013.
[68] 仝勋伟. 码垛机器人动态特性分析及其优化[D]. 哈尔滨:哈尔滨工业大学,2014.
[69] 丁凯. 6R 型串联弧焊机器人结构优化及其控制研究[D]. 哈尔滨:哈尔滨工业大学,2011.
[70] 管贻生,邓休. 工业机器人的结构分析与优化[J]. 华南理工大学学报,2013,41(9):126-131.
[71] 马国庆. 移动服务机器人机械臂结构设计及其优化研究[D]. 哈尔滨:哈尔滨工业大学,2014.
[72] 陈健. 面向动态性能的工业机器人控制技术研究[D]. 哈尔滨:哈尔滨工业大学,2015.
[73] 艾青林,黄伟锋. 并联机器人刚度与静力学研究现状与进展[J]. 力学进展,2012,42(5):583-592.
[74] 张轲,谢姝. 工业机器人编程技术及发展趋势[J]. 焊接与切割,2015,12:16-18.
[75] 郭显金. 工业机器人编程语言的设计与实现[D]. 武汉:华中科技大学,2013.
[76] CHEN H P,SHENG W H. Transformative CAD based industrial robot program generation [J]. Robotics and Computer-Integrated Manufacturing,2011,27(5):942-948.
[77] FUSAOMI N, SHO Y. Development of CAM system based on industrial robotic servo controller without using robot language [J]. Robotics and Computer-Integrated Manufacturing,2013,29(2):454-462.
[78] XIAO W L,HUAN J,DONG S X. A STEP-compliant industrial robot data model for robot off-line programming systems[J]. Robotics and Computer-Integrated Manufacturing,2014,30(2):114-123.
[79] 宋金虎. 我国焊接机器人的应用与研究现状[J]. 电焊机,2009,39(4):18-21.
[80] 李铁柱. 焊接机器人在汽车焊装领域中的应用[J]. 汽车零部件研究与开发,2014,12:64-67.
[81] 张锋. 焊接机器人的应用进展分析[J]. 中国新技术新产品,2014,11:4-4.
[82] 刘风臣,姚赟峰. 高速搬运机器人产业应用及发展[J]. 轻工机械,2012,30 (2):108-112.
[83] 李晓刚,刘晋浩. 码垛机器人的研究与应用现状问题及对策[J]. 包装工程,2011,32

(3):96-102.

[84] 李业林. 喷涂机器人在汽车车身涂装的应用与质量控制研究[D]. 长沙:湖南大学,2012.

[85] IJEOMA W M,TAVIG F. Implementation of industrial robot for painting applications[J]. Procedia Engineering,2012,41:1329-1335.

[86] 董欣胜,张传思. 装配机器人的现状与发展趋势[J]. 组合机床与自动化加工技术,2007,8:1-5.

[87] 高金刚,于佰领,张永贵,等. 机器人装配工作站设计[J]. 机械设计与制造,2014,4:47-49.

[88] 库卡公司. 开启自动化新时代库卡推出首款轻型人机协作机器人LBR iiwa[J]. 现代焊接,2014,12:14-15.

[89] ANDREA C, ROBIN P, PHILIPPE F, et al. A unified multimodal control framework for human-robot interaction[J]. Robotics and Autonomous Systems,2015,70:106-115.

[90] 王健强,李斌. 基于SoftPLC和现场总线技术的点焊机器人柔性工作站系统集成[J]. 机床与液压,2010,38(15):47-50.

[91] ABELE E, WEIGOLD M, ROTHENBÜCHER S,et al. Modeling and identification of an industrial robot for machining applications[J]. Annals of the CIRP,2007, 56:387-390.

[92] MANLEY J D, SMITH T J. Modular approaches to automation system design using industrial robots[J]. JALA,2008, 13:13-23.

[93] RAO R V, PADMANABHAN K K. Selection, identification and comparison of industrial robots using digraph and matrix methods [J]. Robotics and Computer-Integrated Manufacturing,2006,22:373-383.

[94] YIER W, ALEXANDR K. Geometric calibration of industrial robots using enhanced partial pose measurements and design of experiments [J]. Robotics and Computer-Integrated Manufacturing,2015,35:151-168.

[95] 刘祥,陈友东,王田苗. 一种工业机器人切削加工的系统集成与仿真方法[J]. 技术应用,2014,6:19-22.

[96] 赵学增. 现代传感技术基础及应用[M]. 北京:清华大学出版社,2010:50-55.

[97] KOSMOPOULOS D I,VARVARIGOU T A. MD-SIR a methodology for developing sensor-guided industry robots[J]. Robotics and Computer-Integrated Manufacturing,2002,18:403-419.

[98] ECKART U, FLORIAN H. Applicability of industrial robots for machining and repair processes[J]. Procedia CIRP,2013, 11:234-238.

[99] MAJ S, JACEK M. Knowledge-based instruction of manipulation tasks for industrial robotics[J]. Robotics and Computer-Integrated Manufacturing,2015,33:56-67.

[100] 杨龙. 基于立体视觉的工业机器人装配系统研究[D]. 广州:华南理工大学,2014.

[101] FLORDAL H, FABIAN M, AKESSON K, et al. Automatic model generation and PLC-code implementation for interlocking policies in industrial robot cells[J]. Control Engineering Practice, 2007, 15:1416-1426.

[102] LARSSON S, KJELLANDER J A P. Motion control and data capturing for laser scanning with an industrial robot[J]. Robotics and Autonomous Systems, 2006, 54:453-460.

[103] 陈立松. 工业机器人视觉引导关键技术的研究[D]. 合肥:合肥工业大学, 2013.

[104] 邓桦. 机械臂空间目标视觉抓取的研究[D]. 哈尔滨:哈尔滨工业大学, 2013.

[105] 王宪伦. 不确定环境下机器人柔顺控制及可视化仿真的研究[D]. 济南:山东大学, 2006.

[106] 李正义. 机器人与环境间力/位置控制技术研究与应用[D]. 武汉:华中科技大学, 2011.

[107] ANTONIO L, FERNADO A. A force-impedance controlled industrial robot using an active robotic auxiliary device[J]. Robotics and Computer-Integrated Manufacturing, 2008, 24: 299-309.

[108] TOMAS O, MATHIAS H. Cost-efficient drilling using industrial robots with high-bandwidth force feedback[J]. Robotics and Computer-Integrated Manufacturing, 2010, 26:24-38.

名 词 索 引